A. W. Blagowestschenski

Die biochemischen Grundlagen des Evolutionsprozesses der Pflanzen

A. W. BLAGOWESTSCHENSKI

DIE BIOCHEMISCHEN GRUNDLAGEN DES EVOLUTIONSPROZESSES DER PFLANZEN

MIT 94 TABELLEN IM TEXT

AKADEMIE-VERLAG · BERLIN · 1955

А. В. Благовещенский

Биохимические основы эволюционного процесса у растений

Erschienen im Verlag der Akademie der Wissenschaften der UdSSR

Moskau-Leningrad 1950

Übersetzung aus dem Russischen von Dr. E. Kraack

Wissenschaftliche Redaktion: Dozent Dr. E. Goetze,

Physiologisch-Chemisches Institut der Humboldt-Universität zu Berlin

Die Herausgabe dieses Werkes wurde gefördert vom Kulturfonds der Deutschen Demokratischen Republik

Erschienen im Akademie-Verlag Berlin W 8, Mohrenstraße 39

Lizenz-Nr. 202 Druckgenehmigungs-Nr. 100/408/55

Gesamtherstellung: Druckerei „Thomas Müntzer" Langensalza

Bestell- und Verlagsnummer 5165

Printed in Germany

VORWORT

Die Pläne zur Umgestaltung der Natur, die von der KPdSU und von der Regierung der UdSSR in den letzten Jahren beschlossen wurden, verlangen von jedem sowjetischen Biologen Kenntnisse über die gegenseitigen Beziehungen, die zwischen den Organismen und ihrer Umwelt bestehen, und die Beherrschung der Entwicklungsgesetze der Organismen, insbesondere der pflanzlichen, unter den sich ständig ändernden natürlichen Bedingungen. Die Evolution der Pflanzen, die in ihrem Verlauf von der ursprünglich einfachen Zelle zu der jetzigen großen Mannigfaltigkeit der Algen, Bakterien, Pilze, Moose, Farnkräuter und Blütenpflanzen führte, erfolgte unter der richtunggebenden Einwirkung von Wärme und Kälte, Licht und Dunkelheit, Überfluß und Mangel an Wasser und darin gelösten Stoffen.

Unter der umgestaltenden Einwirkung der äußeren Bedingungen erwarben einzelne Pflanzen eine Anpassung an diese Bedingungen und blieben dort am Leben, wo andere Pflanzen umkamen, die diese Fähigkeit zur Anpassung nicht entwickelt hatten. Die erworbenen Eigenschaften wurden erblich und so zur Entwicklungsgrundlage der Nachkommen. Die Wege der Entwicklung gingen auseinander und führten zu stets neuen und neuen Formen. Bei einem Teil der Pflanzen ist der Konservativismus ihrer Natur geringer, sie sind plastischer und geben den verändernden Einwirkungen der äußeren Natur leichter nach als andere weniger plastische und konservativere Pflanzen, bei denen die Prozesse der Anpassung schwerer vor sich gehen. Entweder ändern diese ihre Vererbung nicht oder sie vollziehen diese Abänderung bedeutend langsamer als die ersten. Wenn Pflanzen nicht die Fähigkeit besitzen, sich den wechselnden Bedingungen anzupassen, sterben sie aus und machen anpassungsfähigeren Pflanzen Platz, die den Weg der progressiven Evolution fortsetzen. Der Konservativismus bzw. die Plastizität der erblichen Grundlage der pflanzlichen Organismen hängt mit dem Charakter ihres Stoffwechsels auf engste Weise zusammen.

Aufgabe des vorliegenden Buches ist es, zu zeigen, daß sich der Stoffwechsel der verschiedenen Pflanzen durch eine außerordentliche Mannigfaltigkeit unterscheidet, aber daß trotz all dieser Mannigfaltigkeit eine Analyse der Daten der biochemischen Untersuchungen es ermöglicht, gewisse Gesetzmäßigkeiten festzustellen. Dieses Buch ist das Ergebnis unserer und unserer Schüler Arbeiten. Es sind Arbeiten, die über ein Vierteljahrhundert dauerten und zu einigen verallgemeinernden Schlußfolgerungen führten. Wie weit uns diese Verallgemeinerung gelang, wie weit unsere Darstellungen die biochemische Evolution der Pflanzen richtig widerspiegeln, darüber haben nicht wir zu urteilen sondern die wissenschaftliche Kritik, deren Urteil wir mit Ungeduld erwarten.

Ohne Mithilfe meiner Frau Jekaterina Dimitrijewna Blagowestschenskaja hätte ich meine Arbeit nicht ausführen können. Ihr gilt meine innige Dankbarkeit und Anerkennung.

Meinen Schülern und Mitarbeitern: A. G. Tostschewikowa, A. Ju. Daragan-Sustschowa, O. N. Granitowa, A. A. Borodulina, P. G. Marsakowa, O. A. Semichatowa, I. I. Tschikalo und meinem Sohn W. A. Blagowestschenski, die meine Arbeit mit Rat und Tat unterstützten, spreche ich meine tiefe Dankbarkeit aus.

A. W. Blagowestschenski

INHALTSVERZEICHNIS

EINLEITUNG

„Leben ist die Daseinsweise der Eiweißkörper, deren wesentliches Moment im fortwährenden Stoffwechsel mit der äußeren sie umgebenden Natur besteht...“

F. Engels

Die Erforschung der Gesetze der Evolution der Pflanzen liegt vorwiegend in den Händen von Vertretern der morphologischen Wissenschaften. Der Mehrzahl der theoretischen Forschungen, die dieser Frage gewidmet sind, liegen die Angaben der äußeren Morphologie der Pflanzen, das Studium des Aufbaus der reproduktiven und in geringerem Maße der vegetativen Organe, die Beobachtungen über die geographische Verbreitung und die Untersuchung der fossilen Reste zugrunde. Das auf diesen Wegen angesammelte Material wurde zur Grundlage der von CHARLES DARWIN und seinen Nachfolgern aufgestellten Leitsätze, die in der Lehre des Darwinismus vereinigt sind.

Nach DARWIN bilden die Grundlage der Evolution drei Erscheinungen: die Veränderung der Organismen, die Vererbung der Veränderungen und die Auslese der Anpassungsfähigsten.

Wenn DARWIN von Veränderlichkeit sprach, meinte er nicht nur die Grenzen, bis zu denen sich dieses oder jenes Merkmal ändern konnte, sondern vor allem interessierte ihn der Prozeß, der bei Organismen ein und derselben systematischen Einheit zu quantitativen und qualitativen Unterschieden führt. Beim Studium der Werke DARWINS läßt sich klar seine Anschauung erkennen, daß der sich verändernde Organismus eine Reihe von verschiedenen physiologischen Stadien durchläuft, in denen sich die morphologischen Merkmale in verschiedenen Richtungen entwickeln. Für DARWIN war nicht das Primäre, daß in dem vom Typ abweichenden Individuum Staubfäden, Stempel und Blütenblätter entstehen oder verschwinden, sondern wichtig waren für ihn die Prozesse, die zu allen diesen Veränderungen der Merkmale führten.

Er unterstrich die Notwendigkeit, die Fähigkeit der Organismen, sich zu verändern, zu studieren und diejenigen Prozesse im Innern der Pflanze zu erforschen, die zum Auftreten quantitativer und qualitativer Unterschiede führen. Diese Fähigkeit der Organismen zur Veränderung ist ihre Haupteigenschaft, die nach DARWIN den ganzen Verlauf der Evolution bestimmt. DARWIN schrieb: „Die Wirksamkeit der Zuchtwahl, mag dieselbe vom Menschen ausgeübt oder im Naturzustande durch den Kampf ums Dasein und das davon abhängige Überleben des Passendsten ins Spiel gebracht werden, hängt absolut von der Variabilität der organischen Wesen ab.“ (CH. DARWIN, Das Variieren der Tiere und Pflanzen im Zustande der Domestikation. Stuttgart 1873, Bd. II, S. 220.)

Die Fähigkeit, sich zu verändern, ist das wichtigste Merkmal der Organismen. Worin besteht nun das Wesen dieser Fähigkeit? Warum bleiben Merkmale, die die Organismen charakterisieren, nicht stetig, sondern schwanken beständig, so daß sie bisweilen über die Grenzen rein quantitativer Unterschiede hinausgehen und etwas Neues bilden, das qualitativ von dem verschieden ist, was als typisch für die betreffende Form angesehen wird?

Wir können mit Berechtigung annehmen, daß DARWIN nicht aufhörte, nach den Ursachen dieser Veränderlichkeit zu suchen; denn er arbeitete viele Jahre auf dem Gebiet der Physiologie der Pflanzen. Die Ernährung und die Bewegungen der insektenfressenden Pflanzen beschäftigten ihn außerordentlich. Ein aufmerksames Studium seiner Leistungen auf diesem Gebiet läßt in überraschender Weise erkennen, wie tief DARWINS Gedanken eindrangen. Es ist bewunderungswürdig, wie der große Naturforscher, um die Gesetze der Veränderlichkeit zu ergründen, noch an seinem Lebensabend begann, sich mit dem ihm bis zu dieser Zeit vollkommen unbekannten Gebiete der biochemischen Prozesse zu beschäftigen, und anfing, an Fragen der Fermentausscheidung bei *Drosera, Sarracenia, Nepenthes* und an der Erforschung der Eigenschaften ihrer Fermente zu arbeiten. Diese Arbeiten DARWINS wurden zwar nicht vollendet, und doch war in ihnen das ganze Programm der zukünftigen Forschungen enthalten. DARWIN lenkte die Aufmerksamkeit der Biologen auf das Gebiet der kleinsten strukturellen Einheiten (der Moleküle), denn er sah gewissermaßen voraus, daß nur in den Prozessen, die sich zwischen diesen Molekülen (vor allem denen des Eiweißes) abspielen, der Schlüssel zu den Erkenntnissen gefunden werden kann, die einem rein morphologischen Studium unergründbar sind.

Leider wurde in der Periode nach DARWIN die von ihm angegebene Richtung lange Zeit nicht weiterverfolgt. Die metaphysische Dogmatik des Weismannismus, die unklaren Theorien der Deterministen, die formale Genetik des Mendelismus-Morganismus, die die Evolution schließlich völlig verneinte und die ganze Veränderlichkeit nur auf Umgruppierungen der Gene zurückführte, und verschiedene Psycho- und Mechanolamarckismen und Neovitalismen verdeckten das einzig Mögliche und Erforderliche, worauf DARWIN bestand: das Studium derjenigen Prozesse in den Organismen, die zur Entstehung erblich gefestigter Veränderungen führen. Außerdem waren die Physiologie und die Biochemie der Pflanzen in der zweiten Hälfte des neunzehnten und in den ersten Jahrzehnten des zwanzigsten Jahrhunderts durch eine schroffe Loslösung von den Hauptrichtungen der morphologischen Wissenschaften gekennzeichnet. Während letztere schon vom Geist einer vergleichenden Forschung und von den Evolutionsprinzipien DARWINS durchdrungen waren, fehlte in der Pflanzenphysiologie eine ähnliche Richtung fast vollständig. Hier führen die Forscher in der Mehrzahl der Fälle ihre Versuche nicht mit einer genau bestimmten systematischen Einheit durch, die sich von anderen systematischen Einheiten in einer Reihe von Prozessen scharf unterscheidet, sondern mit der berüchtigten „grünen Pflanze“.

Für diese Art Physiologen war es vollkommen gleichgültig, ob ein Maisblatt oder die einzellige Alge *Pleurococcus* erforscht wird: beide Objekte waren grün und das genügte schon, um die an ihnen erforschten Eigenschaften auf alle Pflanzen zu übertragen. In einer bestimmten Entwicklungsperiode der Wissenschaft war dies zulässig und auch in Fällen der Lösung von Fragen allgemeinen Charakters, wie es beispielsweise die Erforschung der Rolle des Chlorophylls bei der Photosynthese, der Zusammenhänge zwischen Gärung und Atmung, des Baus des Chlorophyllmoleküls usw. sind. Die aus Untersuchungen solcher Art gewonnenen Ergebnisse konnte man mit einer gewissen Berechtigung auf alle grünen Pflanzen übertragen. Jedoch stießen die Forscher sogar in dieser Periode auf Tatsachen, die in den Rahmen der angeblich für alle grünen Pflanzen feststehenden Gesetze nicht hineinpaßten. Wenn ein wohlerprobter Versuch an Pflanzen, die bisher nicht für diesen Versuch verwendet wurden, nicht gelingen wollte, so konnte man nicht immer das Mißlingen darauf zurückführen, daß die Pflanze „Launen“ hat.

Einige scharf beobachtende Forscher hatten schon längst bemerkt, daß einzelne Pflanzengruppen sich von anderen durch charakteristische Verbindungen unterscheiden. In einigen Fällen spiegelte sich das sogar in den Bezeichnungen der Reihen wider (z. B. *Guttiferales*); in anderen Fällen wurden zur Charakterisierung der Familien, Gattungen und Arten chemische Merkmale benutzt: die *Labiatae* sind durch ätherische Öle gekennzeichnet, die Gattungen *Papaver* und *Strychnos* durch bestimmte Alkaloide, *Rubia tinctoria* und *Isatis tinctoria* durch bestimmte Farbstoffe. Diese Tatsachen hätten eigentlich die Gedanken der Physiologen und der Biochemiker auf eine Überprüfung der Begriffe über die Universalität der Prozesse hinlenken müssen, die in den grünen Pflanzen vor sich gehen. Erst seit ganz kurzer Zeit wird die vergleichende Methode angewandt, und man kann, wie zu erwarten war, schon jetzt gewisse Erfolge feststellen. Es wurde ein großes Tatsachenmaterial über die Physiologie und die Biochemie verschiedener Kulturpflanzen gesammelt und es erschienen einige Verallgemeinerungen, die das Bestreben zeigten, die Beziehung zwischen dem Chemismus der Pflanzen und ihrer Evolution zu ergründen.

Die Bedeutung der Biochemie in solchen Fragen, die noch vor kurzer Zeit ausschließlich von der Morphologie behandelt wurden, wird immer größer. So schreibt W. L. Komarow und fußt dabei auf den von verschiedenen Forschern gefundenen Tatsachen, daß die biochemischen mit den morphologischen weitestgehend übereinstimmen:

„An solchen Beispielen besteht kein Mangel. Sie erlauben es anzunehmen, daß eben allen, sogar den rein morphologischen Merkmalen, auf deren Grundlage man die Pflanzen klassifiziert und in Arten einteilt, biochemische Unterschiede zugrunde liegen.

Gewöhnlich betrachtet man die Morphologie als etwas gegenüber der Physiologie und Biochemie sehr Fremdes und sogar Feindliches. Diese Betrachtungsweise ist aber falsch, da die Morphologie eigenartig und untrennbar mit den biochemischen Prozessen verbunden ist.

Von einem gewissen Standpunkt aus stellt die Art eine biochemische Erscheinung dar. Legt man eine bestimmte Zusammensetzung von Aminosäuren oder von Polypeptiden der

Art zugrunde, oder zieht man auch noch die Lipoide der osmotischen Zellwand, die Hormone und die Wirkung der Fermente als Katalysatoren in Betracht, so kommt man immer wieder darauf, daß die Art biochemischer Natur ist. Sowohl die Einheitlichkeit der Art als auch ihre Veränderlichkeit hängen hauptsächlich von der Einheit und von der Veränderlichkeit ihrer biochemischen Grundlage ab." (W. L. KOMAROW, Ausgewählte Werke, Band I, 1945, S. 331—332.)

In diesen Worten W. L. KOMAROWS ist das Endergebnis der Lehre von den Beziehungen zwischen biochemischer und morphologischer Entwicklung der Pflanzen während der Periode zusammengefaßt, die man als die Periode der allerersten Forschungen und Versuche bezeichnen kann, in der die Verbreitung dieser oder jener Stoffe in den Pflanzen mit ihrer Stellung in der Systematik verbunden wurde. Diese Periode dauert in der westlichen Wissenschaft sogar bis zur jetzigen Zeit an. Anders ist es in der Sowjetunion. Die Grundlage der wissenschaftlichen Forschungen, die Weltanschauung des dialektischen Materialismus, die die Natur „... nicht als einen Zustand der Ruhe und Unbeweglichkeit, ... sondern als Zustand unaufhörlicher Bewegung und Veränderung, unaufhörlicher Erneuerung und Entwicklung ..." (J. STALIN, Fragen des Leninismus, S. 649) ansieht, gibt hier den sowjetischen Biologen die Möglichkeit, auch die Fragen der Evolution der Pflanzen auf prinzipiell neue Weise zu lösen.

Gestützt auf ein umfangreiches Tatsachenmaterial, angehäuft als Ergebnis sowohl der Tätigkeit zahlreicher in der Sowjetzeit gegründeter und weiterentwickelter Forschungsinstitute als auch der Massenversuche der Kolchos- und Sowchosarbeiter sowie der praktischen Erfahrungen der Stachanowarbeiter der Landwirtschaft bricht die sowjetische Biologie kühn mit den scheinbar fest eingebürgerten Traditionen und beschreitet neue Wege auf den verschiedenen Gebieten der Landwirtschaftswissenschaft, der Botanik, der Zoologie u. a.

Die Begründer der neuen sowjetischen biologischen Wissenschaft, von T. D. LYSSENKO treffend als Agrobiologie bezeichnet, waren K. A. TIMIRJASEW, I. W. MITSCHURIN und W. R. WILJAMS.

K. A. TIMIRJASEW, der erste Verfechter der Lehre DARWINS in Rußland, führte einen unversöhnlichen Kampf gegen den Vitalismus und Mendelismus und entlarvte das idealistische und popenhafte Wesen aller Abarten dieser Pseudowissenschaften. So teilte K. A. TIMIRJASEW im Jahre 1913 mit besonderer Genugtuung den russischen Lesern mit, daß die Physiologie die komplizierte Frage der Pigmentvererbung gelöst habe, wodurch die Mendelianer in Verlegenheit gerieten: „Nicht die mendelistische ‚Analyse' mit ihren Wortklaubereien und papierenen Theorien, sondern die Analyse eines Chemikers löste die Frage dadurch, daß er dem Vorgange den Willen des Experimentators aufzwang". (K. A. TIMIRJASEW, Ausgewählte Werke, Band IV, S. 392, Selchosgis, 1949.)

W. R. WILJAMS nahm an, daß der Boden keine erstarrte tote Formation, sondern ein sich ständig verändernder Komplex von Boden, Pflanzen und Mikroflora ist und schuf die Lehre von der Erhaltung und Steigerung der Fruchtbarkeit des Bodens, dieser grundlegenden Lebensbedingung der Pflanze.

Schließlich begründete I. W. MITSCHURIN eine neue Richtung des Darwinismus. Auf ein umfangreiches Versuchsmaterial begründete er die bedeutungsvolle Theorie, die sich dahingehend zusammenfassen läßt, daß nur durch Zusammenwirken der von den Vorfahren ererbten Eigenschaften und der Umweltbeeinflussung alle Formen der lebenden Organismen entstanden und entstehen. Zugleich mit dieser Behauptung wurden von ihm bemerkenswerte Methoden zur gerichteten Lenkung der Vererbung auf Grund der Anerkennung der Vererbung erworbener Eigenschaften, die durch den Umwelteinfluß im Organismus hervorgerufen werden, ausgearbeitet. Diese Methoden beruhen auf der Veränderung der Umwelteinflüsse, die die Erbanlagen des Organismus lockern, und vor allem auf der Hybridisierung. Derartige Organismen mit gelockerten plastischen Erbanlagen (besonders im jungen Alter), die unter zweckmäßigen Bedingungen aufgezogen wurden, verwandelten sich unter den Händen I. W. MITSCHURINS in neue Formen, die bisher noch nicht in der Natur existierten. I. W. MITSCHURIN bewies — mit anderen Worten ausgedrückt —, daß die Menschheit sich bereits soweit entwickelt hat, daß sie nicht mehr auf die zufälligen Gnadengeschenke der blinden Natur angewiesen ist. Er leitete eine neue, schöpferische Periode in der Evolutionslehre ein, die nicht nur neue Formen beschreibt, sondern sie auch nach dem Willen des Experimentators schafft.

Weiterentwickelt wurde die Lehre MITSCHURINS durch die Arbeiten T. D. LYSSENKOS, der die Stadienlehre der Pflanzen schuf und die MITSCHURINsche Methode der Lockerung der Erbanlagen des Organismus auf einjährige Pflanzen anwendete, die vegetativ hybridisiert wurden. Er bewies überzeugend, daß die Erbanlagen durch den spezifischen Stoffwechseltyp bestimmt werden.

„Wenn Sie den Stoffwechseltypus des lebenden Körpers ändern können, dann werden Sie auch die Erbanlagen ändern.“ (Die Situation in der biologischen Wissenschaft, Stenographischer Bericht der Tagung der Lenin-Akademie der landwirtschaftlichen Wissenschaften der UdSSR, Seite 424.) „Der Organismus und die für sein Leben notwendigen Bedingungen stellen eine Einheit dar. Die verschiedenen lebenden Körper verlangen für ihre Entwicklung verschiedene Umweltbedingungen. Indem man die Besonderheiten dieser Forderung untersucht, erkennt man auch die qualitativen Besonderheiten der Natur der Organismen, die qualitativen Eigenheiten ihrer Erbanlagen. Die Vererbung ist eben nichts anderes als die Eigenschaft des lebenden Körpers, für sein Leben, für seine Entwicklung bestimmte Bedingungen zu verlangen und in bestimmter Weise auf diese oder jene Bedingungen zu reagieren.“ (Ebenda, S. 23.)

T. D. LYSSENKO behandelt in seinen Arbeiten wiederholt die Frage der Bedeutung des Stoffwechsels für die Bildung neuer Formen. Beispielsweise sagt er in seiner TIMIRJASEW-Vorlesung am 28. April 1940 „Über Mittel zur Lenkung pflanzlicher Organismen“:

„Es unterliegt keinem Zweifel, daß der gesamte Entwicklungsprozeß, darunter auch die Entwicklung der Eigenschaften der Vererbung und Veränderlichkeit von der Quelle allen Lebens, der Nahrung, abhängt. Alles, was Leben besitzt, ist einst aus dem Unbelebten hervorgegangen und stützt sich nun mit seinen Wurzeln auf die unbelebte Natur, um von ihr die Bausteine für das eigene Leben zu empfangen. Ohne Nahrung, ohne Stoffwechsel vermag sich das Lebende nicht zu entwickeln.

Assimilation, Stoffwechsel, dieser Wesensinhalt des Lebens, ist auch die Basis so wichtiger Eigenschaften aller Organismen, wie es die Vererbung und die Veränderlichkeit sind." (T. D. LYSSENKO, Agrobiologie, 1948, S. 299.)

Dieser Stoffwechsel zwischen Organismus und Umwelt gestaltet sich bei den verschiedenen Pflanzen je nach ihrer Natur auf verschiedene Art und Weise.

„Die Natur (Genotypus), jeder Kulturart — schreibt T. D. LYSSENKO — ist historisch entstanden und in der Regel ausgesprochen konservativ. Jahrhunderte und Jahrtausende befassen sich die Menschen mit Landwirtschaft und der Reis beansprucht immer wieder überstautes Wasser, jedoch der Weizen könnte es niemals vertragen. In derselben Umwelt können zwei verschiedene Organismen leben und sich entfalten, aber in derselben Umwelt werden sie sich auf ihre eigene Art bilden, weil sie verschiedene und keinesfalls dieselben Stoffe aufnehmen, und weil jede Pflanze spezifisch, auf ihre eigene Art und Weise, diese Stoffe verwertet und verändert.

Darin bestehen gerade die Erbanlagen oder die Natur des Organismus als Eigenschaft des Organismus, Eigenschaft des Lebenden, aus der Umwelt die ihm zusagenden Stoffe und Lebensbedingungen zu entnehmen und zu assimilieren." (Ebenda, S. 306.)

Im Artikel „ENGELS und einige Fragen des Darwinismus" schreibt T. D. LYSSENKO:

„Über die Frage nach den Ursachen der Veränderlichkeit der Organismen waren und sind sich die Wissenschaftler nicht einig. Um Aufschluß über diese Frage zu bekommen, die für die Theorie und auch für die Praxis so wichtig ist, muß man unbedingt die Werke von ENGELS zu Hilfe nehmen."

In einem Kapitel des „Anti-Dühring" lesen wir: „Aus dem durch Ernährung und Ausscheidung vermittelten Stoffwechsel als wesentlicher Funktion des Eiweißes und aus der ihm eigenen Plastizität leiten sich alle übrigen einfachsten Faktoren des Lebens ab. . . ." (F. ENGELS, Anti-Dühring, S. 98.)

„Weiterhin zählt ENGELS diese Faktoren des Lebens auf. Er verweist auf die Reizbarkeit, die in der Wechselwirkung zwischen dem Eiweiß und seiner Nahrung eingeschlossen ist, auf die Kontraktions- und Wachstumsfähigkeit. Hier finden wir auch, daß die Wachstumsfähigkeit auf niedrigster Stufe auch die Fortpflanzung durch Teilung umfaßt.

Aus diesem Hinweis von ENGELS ergibt sich weiter, daß mit Veränderung des Assimilations- und Dissimilationsprozesses sich auch die Eigenschaften der Organismen, einschließlich der Erbanlagen, ändern." (T. D. LYSSENKO, Agrobiologie, S. 338/339.)

Nicht alle Organismen können ihre Natur unter dem Umwelteinfluß in gleichem Umfang verändern. T. D. LYSSENKO führt die Hinweise von ENGELS auf eine geringe Veränderlichkeit der Getreidearten (Gerste) und auf die Plastizität der Zierpflanzen (Orchideen und Dahlien) zurück und behauptet, daß „. . . die Getreidearten auf experimentellem Wege plastisch, nachgiebig gemacht werden können", und etwas weiter sagt er:

„Wenn Sie es verstehen, den Stoffwechsel zu ändern, dann ändern Sie damit auch sofort die Natur, die Erbanlagen und Sie machen die Pflanze plastisch." (Ebenda, Seite 340.)

Der Stoffwechsel und seine Veränderungen bestimmen die Natur des Organismus. ENGELS definiert das in klassischer Weise folgendermaßen:

„Leben ist die Daseinsweise der Eiweißkörper, deren wesentliches Moment im fortwährenden Stoffwechsel mit der äußeren sie umgebenden Natur besteht und die mit dem Aufhören dieses Stoffwechsels auch aufhört und die Zersetzung des Eiweißes herbeiführt." (F. ENGELS, Dialektik der Natur, Seite 321.)

Somit bildet das Eiweiß Anfang und Ende des gesamten Stoffwechsels und die Grundlage des Protoplasmas. Das Eiweiß verändert sich ständig. Es ist bei allen Organismen mit seinen vielen physikalischen und chemischen Eigenschaften sehr ähnlich und doch zugleich für die einzelnen Arten hoch spezifisch, charakteristisch und unersetzbar. Um die Natur des Organismus und seiner Erbanlagen erkennen zu können, ist die Kenntnis der spezifischen Eiweißgrundlage des Protoplasmas des Organismus und der biochemischen Prozesse seiner Synthese und des Zerfalls außerordentlich wichtig. So ist es nichts Merkwürdiges, wenn von jeher die Aufmerksamkeit der Forscher dem Eiweiß und seinem Stoffwechsel galt. Außerordentlich interessant sind DARWINS Bemerkungen hierzu:

„... große und geheimnisvolle Veränderungen in der Struktur und Färbung können das bestimmte Resultat chemischer Veränderungen der ernährenden Flüssigkeiten oder Gewebe sein." (CH. DARWIN, Das Variieren der Thiere und Pflanzen im Zustande der Domestikation, Band II, Seite 332, Stuttgart 1873).

Darwin gibt besonders folgenden Hinweis:

„Die chemischen Eigenschaften, Gerüche und Gewebe der Pflanzen werden oft durch eine uns unbedeutend scheinende Veränderung modifiziert. Der Schierling soll in Schottland kein Coniin enthalten; die Wurzel des *Aconitum napellus* wird in kalten Klimaten unschädlich; die pharmakologischen Eigenschaften der *Digitalis* werden durch Kultur leicht affiziert... Da die *Pistacia lentiscus* so reichlich im Süden von Frankreich wächst, muß das Klima ihr zusagen; sie ergibt aber keinen Mastix. Der *Laurus sassafras* verliert in Europa den ihm in Nordamerika eigenen Geruch. Viele ähnliche Fälle ließen sich noch anführen; sie sind deshalb merkwürdig, weil man hätte denken können, daß bestimmte chemische Verbindungen einer Veränderung entweder der Qualität oder der Quantität wenig ausgesetzt sein würden." (Ebenda, Seite 314.)

Diese Worte DARWINS stellten den Anfang der künftigen vergleichenden Physiologie und Biochemie der Pflanzen dar. In der nachfolgenden Zeit erschienen viele Arbeiten, die einzelnen Pflanzen gewidmet waren. Vorwiegend wurden Kulturpflanzen behandelt, die dem Menschen wichtige Produkte liefern.

Die Forschungsergebnisse der westlichen Wissenschaft sind in den Arbeiten von WIESNER, WEHMER, TH. WOLFF, KÖNIG, CZAPECK und in den „Biologischen Tabellen" von JUNK zusammengefaßt. Sie alle sind nur eine Zusammenfassung der Analysen, die größtenteils kein höheres Ziel verfolgen, als das Material für den Gebrauch in übersichtlicher und bequemer Weise zu ordnen. Selbst das Buch von MOLISCH, der 1933 versucht, einige Verallgemeinerungen über mögliche Gesetzmäßigkeiten in der Verteilung einzelner Stoffe in den Pflanzen zu finden, enthielt keine verallgemeinernden Schlußfolgerungen.

In der sowjetischen wissenschaftlichen Literatur wurden die Fragen der vergleichenden Biochemie und Physiologie von Anfang an auf eine vollkommen andere Grundlage gestellt. Die Sammlung des Tatsachenmaterials verlief in unserem Lande in außerordentlich energischem Tempo. Es erschienen Monographien, die einzelnen Pflanzen gewidmet waren:

A. I. SMIRNOW (1933), Über den Tabak;

Kollektiv der Kiewer Physiologen und Biochemiker (A. S. OKANENKO, I. M. TOLMATSCHEW), Über die Zuckerrübe;

Biochemie der Kulturpflanzen, in sieben Bänden unter der Redaktion N. N. IWANOWS zusammengefaßte Untersuchungen, 1936—1938;

Akademiemitglied A. P. ORJECHOW, Untersuchungen über die Alkaloide, 1938;

W. I. NILOW, Über ätherische Öle, 1938;

A. I. OPARIN, Über die Biochemie des Tees, 1935—1943;

A. W. BLAGOWESTSCHENSKI und Mitarbeiter, Über die Physiologie und Biochemie der Baumwollstaude, 1929; Über die Biochemie des Brotbackens, 1940; Über die Biochemie und Physiologie der Gebirgspflanzen, 1924—1925;

N. P. KOSMINA und W. L. KRETOWITSCH, Über die Biochemie der Getreidearten 1944;

A. A. PROKOFJEW, Über die Physiologie der Kautschuk produzierenden Pflanzen, 1948;

B. A. RUBIN, Über die Biochemie der Gemüsepflanzen und der Zuckerrübe, 1938;

S. M. PROKOSCHEW, Über die Biochemie der Kartoffel, 1947; und viele andere.

Gleichzeitig mit diesen Tatsachensammlungen erschienen auch Arbeiten, die danach strebten, diese Tatsachen in einer Theorie zusammenzufassen.

Zum erstenmal nicht nur in der sowjetischen sondern auch in der Weltliteratur fragte E. A. SCHAZKI (1889) in seiner bemerkenswerten Untersuchung nach dem Zusammenhang zwischen der systematischen Stellung der Pflanzen und ihrer Fähigkeit bestimmte chemische Verbindungen im Stoffwechsel zu erzeugen. In dieser Arbeit, die in vielem seiner Zeit vorauseilte, stellt E. A. SCHAZKI fest, daß die Alkaloide Stoffwechselprodukte der höchsten pflanzlichen Organismen darstellen. Das wird nicht nur durch das Fehlen von Alkaloiden in Algen, die bekanntlich zu den niedrigsten Organismen gehören, sondern auch dadurch bestätigt, daß die kompliziertesten Alkaloide in Pflanzen erzeugt werden, die zu den höheren Klassen, Gruppen und Familien gehören. Außerdem stellte er fest, daß die Eigenschaften der Alkaloide, die aus Pflanzen ein und derselben botanischen Familie gewonnen werden, sehr ähnlich sind. Dies führte SCHAZKI auf den engen genetischen Zusammenhang zwischen Pflanzen, die ähnliche Alkaloide bilden, zurück. Dies behauptete er nach sorgfältiger Untersuchung der Verteilung von mehr als 130 Alkaloiden in einzelnen Reihen und Familien der Pflanzen. Dadurch zeigen sich die großen Kenntnisse SCHAZKIS auf chemischem und botanischem Gebiet.

Im Jahre 1915 erschienen die Untersuchungen S. L. IWANOWS über Fragen der biochemischen Evolution der Pflanzen. Er studierte die Öle verschiedener Pflanzen und stellte Begriffe für die physiologisch-chemischen Merkmale auf. Er zeigte, daß bestimmte Öle an diese oder jene Pflanzengruppe gebunden sind. Er bewies auch zum erstenmal, daß nicht nur die Endprodukte des Stoffwechsels bei den einzelnen Pflanzen ähnlich sind, sondern auch die physiologischen Prozesse, die diese Produkte liefern.

Im Jahr 1924 zeigte S. L. IWANOW gesetzmäßige Veränderungen des chemischen Aufbaus der Öle je nach dem geographischen Standort der Pflanzen.

Er fand, daß diese oder jene Pflanzen beim Anbau in nördlicheren Gebieten Öle mit geringerem Sättigungsgrad und höherer Jodzahl liefern. Auf Grund seiner Untersuchungen stellte S. L. Iwanow folgende Leitsätze auf, die von ihm als das „grundlegende biochemische Gesetz" bezeichnet wurden:

„I. Jede Art bewahrt bei unveränderten Umweltbedingungen stets die Fähigkeit, die für sie charakteristischen Stoffe zu bilden, die ihre physiologischen Merkmale darstellen.

II. Jede Art teilt ihre Merkmale mit Arten, die miteinander genetisch verbunden sind. Je näher die Verwandtschaft der Arten ist, um so mehr gemeinsame Merkmale besitzen sie, je entfernter die Verwandtschaft — desto weniger gemeinsame Merkmale.

III. Die physiologisch-chemischen Merkmale der Pflanzen ändern sich durch Änderung der Umweltbedingungen im Laufe langer Jahrhunderte. Diese Änderungen gehen äußerst langsam vor sich und sind durch einfache chemische Veränderungen gekennzeichnet (Oxydation, Methylierung, Azetylierung, Benzoylierungen, usw.). Die physiologisch-chemischen Merkmale unterliegen der Evolution. Mit einer Lösung der Verwandtschaft entstehen neue Stoffe, die in einfachen chemischen Verhältnissen zu den Stoffen der vorhergehenden Arten stehen, aus denen sie entstanden.

IV. Die Reihen der chemischen Stoffe stellen bei verwandten Gruppen (Gattungen und Familien) die Evolutionswege der physiologisch-chemischen Merkmale der Pflanzenwelt dar." (1926, Seite 110/111.)

Aus diesen Leitsätzen zieht S. L. Iwanow eine Reihe von Schlußfolgerungen, die wir nicht teilen können. So nimmt er beispielsweise an, daß

„jede Art mit ein und denselben Stoffen entsteht und lebt und sie unverändert bis zum Aussterben beibehält. Fossilien der Eiche oder Weide aus dem Kreidezeitalter können sich in ihrem Chemismus von einer jetzigen Eiche oder Weide wohl quantitativ aber nicht qualitativ unterscheiden". (Ebenda.)

Wenn man berücksichtigt, daß sogar im individuellen Leben jeder Pflanze der Stoffwechsel nicht ein und derselbe bleibt, so ist die oben ausgesprochene Behauptung bezüglich des Lebens der Art um so merkwürdiger. Es ist nicht richtig, daß „gelungene Kreuzungen immer von einer völligen Ähnlichkeit der physiologischen Merkmale beider Pflanzen zeugen müssen". Alle Arbeiten I. W. Mitschurins und seiner Anhänger bezüglich der Kreuzung entfernter Arten, z. B. die Züchtung von *Cerapadus* sprechen gegen diese Behauptung. Schließlich kann man auch mit der Ansicht S. L. Iwanows nicht einverstanden sein, daß man nach fossilen Funden jetzt noch lebender Pflanzen über das Klima früherer geologischer Zeitalter urteilen kann: Wenn sich auch die morphologischen Merkmale unverändert erhalten haben mögen, so könnten doch die physiologischen Merkmale in früheren Zeiten völlig andere gewesen sein.

Ich habe 1919 festgestellt, daß der Charakter der stickstoffhaltigen Reservestoffe in den Samen verschiedener Pflanzen uneinheitlich ist, und daß sich die Samen in der Höhe des sogenannten Aminoindex unterscheiden, d. h. des Verhältnisses des Gesamtstickstoffs des Samens zum Stickstoff der freien Aminogruppen. Gleichzeitig wurde gezeigt, daß die Energie der Autolyse bei den Samen direkt proportional zur Höhe ihres Aminoindex ist. In demselben Jahre konnte ich nachweisen, daß die proteolytischen Fermente aus gekeimten Samen verschiedener Pflanzen am leichtesten Eiweißstoffe aus den Samen derselben

Art aufspalten; auf die Eiweißstoffe aus Samen anderer Arten wirken sie aber gar nicht ein oder spalten sie bedeutend weniger energisch.

Durch Untersuchungen über den osmotischen Druck der Gebirgs- und Wüstenpflanzen Mittelasiens, die in den Jahren 1922—1924 durchgeführt wurden, zeigte ich, daß die Höhe des osmotischen Druckes in den Epidermiszellen der Blätter bei bestimmten Umweltbedingungen ein stets charakteristisches Merkmal einzelner Einheiten des Pflanzensystems ist (einzelner Arten, Gattungen oder Familien). Unter anderen Umweltbedingungen ändert sich dieses Merkmal (bei plastischeren Pflanzen) oder bleibt mehr oder weniger konstant (bei mehr konservativen). Im Jahr 1925 analysierte ich das Vorkommen verschiedener Produkte einer zweiten Stoffwechselgruppe bei den Pflanzen und kam zu der Schlußfolgerung, daß ihr Vorkommen nicht zufällig ist und die einzelnen Prozesse, die diese oder jene Stoffe bilden, für bestimmte Pflanzengruppen charakteristisch sind.

Meine weiteren Untersuchungen führten zur Entstehung von Vorstellungen über die Qualität der Fermente, über Steigerungsmöglichkeiten dieser Qualität und gleichzeitig damit auch über den Energiegehalt der ganzen Pflanze als Folge der Umwelteinwirkungen. Durch die Forschungen der letzten Jahre wurde gezeigt, daß die Umwelteinwirkungen Abweichungen im Stoffwechsel und die Entstehung solcher Stoffwechselprodukte hervorrufen, die gewöhnlich bei der betreffenden Pflanze nicht auftreten, also Änderungen der Qualität der Fermente, eine Steigerung des Energiegehaltes der Pflanze und in der Folge den Übergang in den Zustand der „Lockerung der Erbanlagen“. Die Pflanze wird gewissermaßen in dieser Entwicklungsstufe jünger und formbarer, ihre Fähigkeit zur Veränderung wird größer, sie geht in das Stadium einer energischen Formbildung über. Das Tatsachenmaterial, das zur dargelegten Konzeption führte, wird in dem vorliegenden Buch wiedergegeben.

Es ist erforderlich, hier noch bei einigen Untersuchungen zu verweilen, die allgemeinen biochemischen Fragen der Pflanzen gewidmet sind. Zu diesen Arbeiten gehören vor allem die von A. M. Goldowski (1941—1948), der genau wie S. L. Iwanow aus dem Studium der pflanzlichen Öle eine Reihe von Gesetzmäßigkeiten ableitete. Bereits in seinen ersten Arbeiten bemerkt A. L. Goldowski die sehr interessante Besonderheit, daß in den Organismen jede engere Gruppe organischer Stoffe regelmäßig nicht durch einen chemisch individuellen Stoff, sondern durch eine ganze Reihe solcher Stoffe vertreten wird, die in ihrer Zusammensetzung und in ihren Eigenschaften nahe verwandt sind. Er schlug vor, diese Besonderheit als Gesetz der vielfältigen Vertretung einzelner Stoffgruppen im Pflanzenorganismus zu bezeichnen. Weiter nimmt er an, daß Veränderungen des gesamten Komplexes der Umweltbedingungen und Veränderungen ihrer Schwankungsbreite bestimmte Varianten verstärken und andere in jeder hauptsächlichen und für die betreffende Art spezifischen Richtung abschwächen können. Ferner wurden noch drei Gesetze hinzugefügt:

1. Die Wiederholung der Ketten in den Pflanzenstoffen (Isoprenreste der Terpene, Aminosäuren der Eiweißstoffe).

2. Das zahlenmäßig geringe Vorkommen zyklischer Skelette, ihre Verbindungen miteinander und mit aliphatischen Ketten, als Grundlage des Aufbaues der zyklischen Stoffe der Pflanzen.
3. Das Gesetz von der allgemeinen und besonderen Begrenzung der chemischen Zusammensetzung der Pflanzen.

Die allgemeine Begrenzung bestimmt den allgemeinen Rahmen, über den die chemische Tätigkeit der Pflanzen nicht hinausgehen kann, und ergibt, daß in der chemischen Zusammensetzung der Pflanze ganze Stoffgruppen fehlen (beispielsweise Nitro- und Nitrosoverbindungen, Stickstoffverbindungen, die Komponenten von Thiophen usw.). Die besondere Begrenzung bestimmt den besonderen Rahmen, über den die chemische Tätigkeit der Pflanze bei der Bildung von Stoffen innerhalb einzelner Gruppen nicht hinausgehen kann (die höheren Fettsäuren, die zum Bestande der Fette zählen, enthalten ausschließlich eine gerade Zahl von Kohlenstoffatomen; die Höchstlänge einer Kohlenstoffkette in der Reihe der Fettsäuren und Alkohole beträgt in der Pflanze C_{36}).

Im Jahre 1946 prägt A. M. Goldowski den Begriff der Ströme biochemischer Veränderungen, im einzelnen: der glyziden, protiden, lipiden und isoprenen, und spricht von den Korrelationen zwischen den einzelnen Strömen. Als sehr interessant muß man seine Erwägungen über die vielfältige Variabilität der chemischen Reaktionen anerkennen, d. h. über die Fähigkeit zur Bildung einer ungeheuren Zahl verschiedenartiger Verbindungen in Haupt- und Nebenreaktionen. Diese große Variabilität muß nach seiner Meinung auch im Evolutionsprozeß der Pflanzen eine große Rolle spielen, da sie die innere unerschöpfliche Voraussetzung des Organismus zur Bildung neuer Stoffe darstellt.

In seinen letzten Arbeiten macht Goldowski den Versuch, die grundlegenden Begriffe der Evolutionsbiochemie herauszuarbeiten. Dabei weist er gerechterweise darauf hin, daß die Lösung von Evolutionsproblemen der Evolutionslehre zukommt. Die Lösung erfolgt auf der Grundlage der Zusammenfassung der Forschungsergebnisse einer Reihe von Wissenschaften, zu denen auch die Evolutionsbiochemie gehört.

In einigen Fällen spürt man in seinen sehr interessanten Ausführungen, daß Goldowski vor allem Chemiker und nicht Biologe ist, so z. B. in seinen Einwendungen gegen Makner. Dieser Gelehrte zieht die Schlußfolgerung für eine Reihe tropischer Pflanzen, daß je höher organisiert eine Pflanze ist, desto komplizierter auch ihre chemischen Produkte werden. A. M. Goldowski ist hiermit nicht einverstanden und führt zum Beweise an, daß schon auf den niedrigsten Evolutionsstadien der Algen hochgradig ungesättigte Fettsäuren gefunden wurden. Dabei übersieht er, daß die jetzigen Algen einen langen Evolutionsprozeß durchlaufen haben und somit nicht als Vertreter der ursprünglichen Pflanzen angesehen werden können. Übrigens muß man bemerken, daß er in der Arbeit vom Jahre 1948 schon den hohen Grad der Spezialisierung vieler Einzeller anerkennt.

Interessante Erwägungen über den Zusammenhang zwischen dem Chemismus der Pflanzen und ihrer Stellung in der Systematik entwickelte S. S. Nenjukow

(1938, 1939) in bezug auf Pflanzen der Familien der *Papaveraceae*, *Compositae* und *Campanulaceae*; jedoch tragen seine Angaben einen allzu fragmentarischen Charakter, und die Schlußfolgerungen sind besonders im chemischen Teil (beispielsweise hinsichtlich der „Thiophyten“ und deren Abstammung) überaus problematisch. Die Arbeiten S. M. MANSKAJAS (1946, 1947), die das Fehlen von Lignin in den niederen Pflanzengruppen feststellte, verdienen Beachtung, wie auch die interessanten Untersuchungen G. W. PIGULEWSKIS (1935, 1949) auf dem Gebiet der Terpene.

So wurde in unserer Zeit eine genügend große Menge von Untersuchungsmaterial und von Versuchen, aus diesem Material verallgemeinernde Schlußfolgerungen abzuleiten, angehäuft. Sie ergibt die Möglichkeit, sich die Evolution der Pflanzenwelt als einen Prozeß vorzustellen, der nach den Gesetzen der Bewegung der Materie verläuft, spezifisch für jene Formen derselben, die wir als Eiweißkörper bezeichnen und deren Teilchen in ihren Kombinationen und Verwandlungen das Plasma der Pflanzenorganismen bilden, zwar gleichartig in allgemeinen Zügen, aber auch spezifisch für jede Art und jede Spielart.

KAPITEL I

DIE QUANTITATIVE VERÄNDERLICHKEIT DER BIOCHEMISCHEN MERKMALE

„Individuelle Unterschiede sind für uns äußerst wichtig, da sie bekanntlich teilweise erblich sein können; sie liefern der natürlichen Zuchtwahl für den Einfluß und die Anhäufung genauso Material, wie der Mensch bei seinen Haustieren und den Kulturpflanzen individuelle Unterschiede in jeder beliebigen Richtung anhäuft."

Ch. Darwin

Bei einer quantitativen Erforschung der morphologischen Merkmale gilt allgemein, daß diese ihre Form selbst unter gleichen Umweltbedingungen nicht beibehalten. Genauso wie die morphologischen sind auch die biochemischen Merkmale, z. B. der Gehalt an den so wichtigen Eiweißstoffen der Pflanzen, veränderlich.

Vom Allunionsinstitut für Pflanzenzucht wurde ein großes und interessantes Material über die Veränderlichkeit des Eiweißgehaltes in den Samen und in den vegetativen Organen verschiedener Pflanzen gesammelt. Die an verschiedenen Orten während einiger Jahre mit etlichen landwirtschaftlichen Kulturen durchgeführten Anbauversuche lieferten wertvolles Material. In diesen Versuchen wurden überall dieselben Sorten angebaut, die in ihren morphologischen Merkmalen streng konstant waren. Ihre biochemischen Merkmale erwiesen sich aber in vielen, wenn nicht in allen Fällen, nicht als so streng konstant. So wurden beispielsweise zwei Sorten Sommerweizen (Nr. 53 und 54) in den drei Jahren 1923, 1924 und 1925 in Kotlas, Nowgorod, Gorki, Moskau, Dnjepropetrowsk und Taschkent und damit unter verschiedenen natürlichen Bedingungen (Boden und Klima) angebaut und geerntet. In den Samen des Weizens dieser Ernten wurde der Eiweißgehalt bestimmt. Die Ergebnisse zeigten einerseits eine starke Veränderlichkeit innerhalb der Sorte (mittlere quadratische Abweichung für die Sorte Nr. 53 $\sigma = \pm 2{,}53$ und für die Sorte Nr. 54 $\sigma = \pm 2{,}42$). Andererseits bestand ein konstanter Unterschied zwischen den Sorten im Eiweißgehalt. Im Durchschnitt betrug er bei der Sorte Nr. 53 $14{,}55 \pm 0{,}69\%$ und bei der Sorte Nr. 54 $18{,}37 \pm 0{,}67\%$ (in Gewichtsprozenten der Trockensubstanz). Der Eiweißgehalt schwankte, bedingt durch die verschiedenen Standorte, bei der Sorte Nr. 53 von 10,10—19,83% und bei der Sorte Nr. 54 von 14,00—23,14%, hielt sich jedoch an den einzelnen Standorten von Jahr zu Jahr fast immer innerhalb des Schwankungsbereichs.

Ähnliche Verhältnisse fand M. I. Knjaginitschew, als er einzelne Körner der Weizensorte Barbarossa aus ein und derselben Ähre auf ihren Stickstoff- und Eiweißgehalt untersuchte (Tabelle 1):

TABELLE 1 *Der Stickstoff- und Eiweißgehalt in den einzelnen Körnern des Barbarossa-Weizens*

Nr. des Ährchens von unten gerechnet	Anzahl der Körner im Ährchen	Korngewicht in mg	Stickstoff %	Eiweiß %
6	2	23,4	3,08	19,25
		32,6	3,19	19,94
8	3	15,3	3,21	20,06
		22,9	3,17	19,81
		26,3	3,28	20,50

Etwas andere Ergebnisse hatte eine ähnliche Analyse bei der Sorte *Milturum*, wie aus Tabelle 2 zu ersehen ist. Die Tabellen 1 und 2 zeigen, daß in ein und derselben Ähre Körner mit verschiedenem Eiweißgehalt bei beiden Sorten gebildet werden und die Barbarossasamen zweifellos eiweißreicher als die Milturumsamen sind.

TABELLE 2 *Der Stickstoff- und Eiweißgehalt in den einzelnen Körnern des Milturum-Weizens*

Nr. des Ährchens von unten gerechnet	Korngewicht in mg	Stickstoff %	Eiweiß %
	7,0	2,16	13,50
4	16,6	2,41	15,06
	19,5	2,50	15,63
	18,0	2,55	14,69
5	21,5	2,75	17,19
	27,4	2,88	18,00

In den angeführten Zahlen kann man noch ein interessantes biochemisches Sortenmerkmal entdecken: bei Barbarossa enthalten die großen (32,6 mg) und die kleinen (15,3 mg) Körner ungefähr die gleiche Eiweißmenge (19,94 und 20,06%), während die großen Körner bei Milturum (27,4 mg und 23%) mehr Eiweiß als die kleinen Körner (7,0 mg) enthalten. Offensichtlich ist also der Eiweißgehalt bei der Sorte Barbarossa konstanter als bei Milturum.

Ebenso wie beim Weizen sind die biochemischen Merkmale auch beim Roggen veränderlich. Nach Angaben F. I. Gontscharenkos (1936) schwankt der Eiweißgehalt in den Roggenkörnern je nach dem Standort von 12,26 bis 17,54% und je nach Sorte von 13,46—14,61%. Bei der Gerste halten es N. N. Iwanow und W. A. Kirsanowa (1936) nicht für möglich zu behaupten, daß man über einen Durchschnittsgehalt an biochemischen Stoffen sprechen kann.

Die Schwankungen des Eiweißgehalts erstreckten sich nach ihren Angaben für die sowjetischen Gersten von 7,0—21% und für die grannenlosen Gerstenarten sogar von 7,0—23,4%. Ebenso schwankte nach Angaben von M. I. LISCHKEWITSCH (1936) der Eiweißgehalt von Haferkörnern (*Avena sativa*) von 9,03—19,01% bei einem Durchschnittswert von 13,26% bei 18 Sorten, die zu 9 Haupttypen der Art zählten und an 5 Anbauorten (Djetskoje Selo, Kamennąja Step, Otrada Kubanskaja, Krasny Kut und Omsk) geerntet wurden. Schließlich wurde bei neun Maissorten (M. I. SMIRNOWA, 1936) im dreijährigen Durchschnitt ein Eiweißgehalt von 12,54% mit Schwankungen von 10,47 bis 14,46% gefunden. Der durchschnittliche Eiweißgehalt von sieben in Italien angebauten Reissorten betrug nach M. I. KNJAGINITSCHEW (1936) beim geschälten Reiskorn 8,13% mit einem Schwankungsbereich von 6,62—10,01%.

Die Schwankungen des Eiweißgehalts der Samen sind nicht nur auf die Familie der Gramineen beschränkt, sondern auch in den Samen anderer systematischer Gruppen deutlich vorhanden. So enthält beispielsweise die gewöhnliche Erbse (*Pisum sativum*) aus der Familie der Leguminosen im Samen 22—34% Eiweiß (KURGATNIKOW, 1938). Der Stickstoffgehalt in einzelnen Samen der Erbse *Tschudo Ameriki* schwankte bei 11 Analysen von 3,65—5,05% um den Mittelwert 4,37%. Aus diesen Zahlen errechnet sich der Eiweißgehalt auf 22,81—31,56% bei einem Mittelwert von 26,31%. M. I. KNJAGINITSCHEW (1936) untersuchte die Unterschiede des Eiweißgehalts an einzelnen Körnern bei verschiedenen Erbsensorten der Ernte des Jahres 1933. Er fand, daß die Schwankungsbreite des Eiweißgehalts, wie Tabelle 3 zeigt, bei den einzelnen

TABELLE 3 *Schwankung im Eiweißgehalt in einzelnen Körnern bei verschiedenen Erbsensorten* (in Gewichtsprozenten der Trockensubstanz)

Sorte	Anzahl der Samen	Schwankungen in %	Schwankungsbreite in %
Heines Viktoria	12	20,5—21,4	0,9
Solotoi	20	21,2—23,8	2,6
Abessinische L 1862/I	14	28,5—31,4	2,9
Irländische L 48	18	26,1—29,0	2,9
Woskowoi 1531/II	12	23,0—29,5	4,5
Tschudo Ameriki 2414/VI	15	31,2—39,6	8,4
„ „ L 2414/I . .	8	26,6—38,4	11,8
„ „ 493/I . . .	18	22,5—34,6	12,1
„ „ L 2414 . .	4	23,4—46,0	12,6
Krupnoplodnyi Mosgowoi . . .	8	27,8—38,8	11,0

Sorten sehr verschieden ist. In diesen Daten treten die schroffen Unterschiede der einzelnen Erbsensorten im Eiweißgehalt ihrer Samen hervor. Außerdem wird die große Veränderlichkeit des Eiweißgehalts innerhalb der Sorte sehr deutlich.

Die Gartenbohne (*Phaseolus vulgaris*) ist nicht weniger veränderlich. Die Schwankungen des Eiweißgehalts ihrer Samen, im Mittel 23,0%, weisen die ungeheure Amplitude von 10,35—31,65% auf.

In den Samen der Familie der Doldenblüter kann man ebensolche Schwankungen des Eiweißgehaltes feststellen. So beträgt der Eiweißgehalt bei Anis 24,10—26,34% bei einem Durchschnitt von 25,15% (KUPTSCHE, 1938). Fenchelsamen (*Foeniculum vulgare subsp. sapillaceum*) enthalten an Eiweiß 10,3 bis 17,9% nach Angaben verschiedener Forscher, Schlafmohn (*Papaver somniferum*) 18,87—25,4% (BERG, 1938).

Ähnliche Beispiele über die Veränderlichkeit des Eiweißgehalts in den Samen verschiedener Pflanzen ließen sich allein schon durch Angaben sowjetischer Forschungsinstitute beliebig vermehren. Dies erscheint uns unnötig, da auch die angeführten Zahlen ausreichen, um die Schlußfolgerung zu ziehen, daß die Veränderlichkeit des Eiweißgehalts in den Samen besonders groß ist. Diese Tatsache gewinnt Bedeutung, wenn man bedenkt, daß die Zusammensetzung des Samens im großen Maße nicht nur das Wachstumstempo des Keimlings sondern auch seine Entwicklungsmöglichkeit unter ungünstigen Ernährungsbedingungen dadurch bestimmt, daß die Zusammensetzung unter solchen Umständen einen der wichtigsten Faktoren im Aufbau des Organismus darstellt.

Der Eiweißgehalt ist nicht nur in den Samen veränderlich, sondern ebenso großen Schwankungen in den vegetativen Teilen der Pflanzen unterworfen. So schwankt beispielsweise der Eiweißgehalt in den grünen Teilen des Klees *Trifolium pratense* zwischen 12,81 und 24,40% bei einem Durchschnitt von 19,60% der Trockensubstanz (M. I. SMIRNOWA und M.M. KURGATNIKOW, 1938.) Nicht weniger signifikant sind die Daten für die Luzerne (*Medicago sativa*), dessen Heu einen Eiweißgehalt von 11,8—23,0% besitzt (GELTSCHINSKAJA, 1938), während im Heu des Timotheusgrases (*Phleum pratense*) 6,3—9,1% Roheiweiß enthalten ist (M. A. SMIRNOWA, 1938).

Nicht weniger veränderlich ist der Eiweißgehalt auch in den unterirdischen Organen. So wurden beispielsweise nach der zusammenfassenden Arbeit S. M. PROKOSCHEWS (1938) für die Kartoffel Schwankungen von 0,69—3,67% bei einem Durchschnitt von 1,99% des Trockengewichts beobachtet. Bei zehn Sorten der Zuckerrübe waren nach B. A. RUBIN (1938) 0,103—0,132% Eiweißstickstoff enthalten, d. h. daß die Eiweißmenge von 0,64—0,83% schwankte. Außerordentlich veränderlich ist der Bestandteil an stickstoffhaltigen Substanzen in der Kohlrübe (*Brassica napus subsp. rapifera*) und in der Runkelrübe (*Brassica rapa rapifera*).

W. N. BUKIN weist 1938 in seinem Artikel darauf hin, daß schon KÖNIG 103 Analaysen verschiedener Kohlrübensorten aufführt, die einen durchschnittlichen Gehalt an stickstoffhaltigen Substanzen von 1,39% bei Schwankungen von 0,44—3,13% des Trockengewichts zeigten. 72 Runkelrübenanalysen hatten einen Durchschnittsgehalt von 1,12% bei Schwankungen von 0,37—2,34%. Auf Trockensubstanz umgerechnet betragen die Stickstoffverbindungen der

Kohlrübe 12,40% (5,24—31,01%) und der Runkelrübe 21,01% (4,01—26,32%). W. N. BUKIN hebt hervor, daß nach einheitlicheren Angaben WEBENSKIOLDS auch in diesen noch eine große Veränderlichkeit des gegebenen chemischen Merkmals in Erscheinung tritt, „im Einzelnen: bei Kohlrüben im Jahre 1893 in 15 Proben ein Gehalt an stickstoffhaltigen Substanzen von 6,19—13,8% Trockengewicht, aber im Jahre 1894 in 8 Proben 5,71—11,05%. Für die Rübe „Gelbfleischige Turnip" 1893 6,47—15,56% und 1894 4,17—12,84%; für die Rübe „weißfleischige Turnip" 1893 6,40—15,90% und 1894 5,0—10,6%".

MORROW, DUSTMAN und HENDERSON (W. I. BUKIN 1938) untersuchten ein und dieselbe Kohlrübensorte im Laufe von drei Jahren und fanden sehr große Schwankungen in dem Gehalt an stickstoffhaltiger Substanz während der einzelnen Jahre: 1925—1926 11,07—23,12%, 1926—1927 12,16—21,16% und 1927—1928 5,26—11,84%. Diese Zahlen spiegeln die große Veränderlichkeit des Gehalts an stickstoffhaltiger Substanz in nur einer botanischen Unterart wieder. In den Mohrrübenwurzeln (*Daucus carota* L. *subsp. sativa Hayek*) sind 5,5—12,2% der Trockensubstanz stickstoffhaltig (MURRI, 1938).

Ebensolchen Veränderungen ist der Eiweißgehalt in den generativen Organen der Pflanzen unterworfen. In den Keimen folgender Maissorten fand M. I. SMIRNOWA 1936 nachstehende Eiweißmengen (Angaben in Gewichtsprozenten der Trockensubstanz): Hikkor-King 18,88, *Zea mays indurata var. vulgata* 20,18, Aiwori-King 19,31 und *Zea mays indurata var. leucodon* 17,72.

Der Gehalt an stickstoffhaltiger Substanz, insbesondere an Eiweiß, ist somit außerordentlich veränderlich. Jedoch schwankt in den Pflanzen nicht nur der Gehalt an Eiweiß; solche Stoffe wie Kohlenhydrate, Fette, ätherische Öle, Vitamine, Alkaloide usw. bleiben ebenfalls nicht beständig in den Grenzen der einzelnen Arten, sondern zeigen mehr oder weniger große Schwankungsbreiten.

In den Samen einiger Pflanzen kommen die Kohlenhydrate und insbesondere die Stärke bisweilen in riesigen Mengen als Reservestoffe vor. Zu den kohlenhydratreichen Pflanzen gehören Weizen, Reis, Roggen, Gerste, Hirse, Sorghum und Mais. Eine große Anzahl alter Analysen über den Kohlenhydratgehalt der Samen dieser Pflanzen ist von KÖNIG zusammengefaßt, neuere Ergebnisse erscheinen nur in geringer Zahl. Beim Marquis-Weizen wurden in Sotschi 71,07% und in Krasno Wodopad 52,03% Stärke gefunden (N. N. IWANOW und M. I. KNJAGINITSCHEW, 1936). Roggensamen enthalten nach F. I. GONTSCHARENKO (1936) je nach den örtlichen Umweltbedingungen 55,59—62,66% Stärke, 5,07—5,80% Zucker und 2,26—2,54% Zellulose. In Abhängigkeit von der Sorte schwankt der Gehalt an Stärke von 58,96—60,39% an Zucker von 15,18—5,50% und an Zellulose von 2,24—2,44%. Bei der Gerste beträgt nach N. N. IWANOW und W. A. KIRSANOWA (1936) der Gehalt an Kohlenhydraten 44,7—66,12%. Bei *Hordeum vulgare* subsp. *tetrastichum var. Pallidum* verändert sich der Stärkegehalt während der Erntejahre 1925, 1926 und 1927 an 18 verschiedenen Anbauorten von 45,21% (Saratow 1925) bis 59,59% (Jalta 1925). Bei 18 Hafersorten (*Avena sativa*), die in Djetskoje Selo,

Kamennaja Step, Otrada Kubanskaja, Krasno Kut und Omsk angebaut wurden, betrug der durchschnittliche Stärkegehalt 40,08% (Minimum 31,08%, Maximum 50,98%), und der durchschnittliche Zellulosegehalt 13,22% (Minimum 7,71%, Maximum 19,21%). Mais enthält nach M. I. SMIRNOWA (1936) 56,6—61,2% Stärke, 9,8—11,7% Hemizellulose und 2,0—2,8% Zellulose. Nach Angaben von M. I. KNJAGINITSCHEW, die in der Arbeit von M. I. SMIRNOWA angeführt werden, verändert sich der Stärkegehalt bei den einzelnen Maissorten wie folgt: Aiwori-King an 17 Arten 63,28—69,71%, Minnesota 23 an 12 Arten 62,92—70,05%, und Minnesota 13 an 7 Arten 64,50—66,89%.

Deutlich sind auch die Angaben über die Unterschiede des Kohlenhydratgehaltes beim Reis. So enthielten sieben Reissorten 1,20—1,80% Zellulose und 71,79—78,03% stickstofffreie Extraktstoffe (KNJAGINITSCHEW, 1936). Analoge Daten ließen sich auch für Hirse (KUDRJAWZEWA, 1936), für Buchweizen (STEINBACH, 1936) und für die Bohnenarten *Phaseolus vulgaris, Phaseolus aureus, Phaseolus mungo, Phaseolus acutifolius, Phaseolus aconitifolius, Phaseolus lunatus* und *Phaseolus multiflorus* (KNJAGINITSCHEW 1938) anführen.

Damit seien die Betrachtungen über die Schwankungen des Kohlenhydratgehalts der Samen abgeschlossen. Im folgenden wird nun der Kohlenhydratgehalt der vegetativen Organe ebenso wie bisher derjenige der Samen bei einigen Kulturpflanzen behandelt. Nach R. B. GELTSCHINSKAJA (1938) enthält Luzerneheu (*Medicago sativa*) an Kohlenhydraten 21,16—46,50% Zellulose und 31,81—53,60% stickstofffreie Extraktstoffe. In den Wurzeln der Zuckerrübe ist der Saccharosegehalt nach B. A. RUBIN (1938) nach einer langjährigen Auslese jetzt sehr beständig, trotzdem schwankten bei zehn Sorten der Gehalt an Saccharose von 19,9—21,4%, Monosen von 0,13—0,46%, Raffinose von 0,005—0,01%, Zellulose von 1,08—1,24% und Pentosanen von 0,68—1,52 des Rohgewichts. Knollenzwiebeln enthalten an Zucker 2,5—5,7%, an Rohfaser 0,5—0,8% und an stickstofffreien Extraktstoffen 8—20% (SCHIWRINA, 1938). Nach anderen Angaben beträgt der Zuckergehalt in der Zwiebelknolle 4—11% des Rohgewichts.

In den Früchten der Melonen verschiedener Arten änderte sich nach W. W. ARASSIMOWITSCH (1938) der Zuckergehalt folgendermaßen (Tabelle 4).

Es ist nicht notwendig, die Zahl dieser Beispiele zu vermehren, da offensichtlich die Schwankungen des Kohlenhydratgehalts der Pflanzen nicht geringer als die des Eiweißgehalts sind. Wie aus nachfolgenden Beispielen zu ersehen ist, gilt dasselbe auch für den Fettgehalt der Pflanzen.

In ölhaltigen Samen ist außer Eiweiß als Reservestoff Fett gespeichert. Als Beispiel sei die Sojabohne (*Soja hispida*) angeführt. KUDRJAWZEWA hat 1938 an 3118 Analysen aus neun Erntejahren nachgewiesen, daß der Fettgehalt in den Samen der Sojabohne sich außerordentlich stark verändert. Er beträgt bei einem Durchschnitt von 19,23% 15,5—25 Gewichtsprozente der Trockensubstanz. In den Kernen verschiedener Zuckermelonensorten ist 46,9—56,2% und in den Kernen der Wassermelone 39,5—55,2% Öl enthalten (ARASSIMOWITSCH, 1938).

TABELLE 4 *Die Schwankungen des Zuckergehaltes in den Früchten verschiedener Melonen* (in Prozent des Rohgewichts)

Art	Gesamtzucker		Glukose		Fruktose		Saccharose	
	min.	max.	min.	max.	min.	max.	min.	max.
Cucumis eu-melo . . .	5,90	12,85	1,12	3,55	0,46	3,73	1,02	8,0
„ *microcarpus* . .	5,46	9,20	1,47	3,18	0,33	2,43	1,03	6,61
„ *flexuosus* . . .	1,92	5,98	1,23	2,35	0,22	1,23	0,18	2,40
„ *chinensis* . . .	3,85	5,99	1,76	2,52	1,44	2,30	0,31	4,80
„ *agrestis*	1,45	5,70	1,19	4,87	0,20	1,60	fehlt	
„ *dipsaceus*. . . .	2,97		1,45		1,64		„	
„ *prophetarum* . .	1,68		1,33		0,09		„	
„ *angurira*	1,15		1,27		0,0		„	

Analoge Daten wurden auch für Samen von Mohn (Berg, 1938), Mais (M. I. Smirnowa, 1936), Sonnenblumen und Flachs (Jermakow, 1938), Baumwolle (Bylinkina, 1938), Hanf (Kuptsche, 1938), Walnuß (Schifrin, 1938), *Corylus avelana, C. ponticus, C. maxima* (Krusser, 1940), *Amygdalus communis* (Pawlenko, 1940), *Camelina sativa* und *Brassica juncea* (Dodonowa, 1938), *Ricinus communis* (Kirjanow, 1938), *Arachis hypogoea* (Schifrin, 1938), *Aleuritis Fordii, A. cordata, A. mollucana* und *A. montana* (Taran, 1938) angegeben.

Nach Mitteilungen von A. I. Jermakow unterscheiden sich sogar einzelne Samen ein und desselben Standorts im Ölgehalt stark voneinander. Dies zeigen die Untersuchungen der Proben 258 und 524, wie aus Tabelle 5 hervorgeht.

TABELLE 5 *Unterschiede im Ölgehalt einzelner geschälter Sonnenblumenkerne* (in Gewichtsprozent der Trockensubstanz)

Nr. der Probe	Nr. der Reihe	Anzahl der Kerne, die aus der Reihe entnommen wurden	Öl im geschälten Kern
258	1	6	57,8—65,7
	9	6	55,1—64,4
524	1	4	45,6—60,9
	7	4	40,6—55,4

Andere Pflanzenteile wurden nicht in dem Umfang wie die Samen analysiert. Trotzdem liegen einige Analysen vor. Untersuchungen des Fruchtfleisches der Oliven (*Olea europaea L.*) ergaben einen Ölgehalt von 38,11—73,95% (Knischewskaja, 1940). In Kartoffelknollen sind 0,04—0,96%, bei einem Durchschnitt von 0,15% Fett vom Rohgewicht enthalten (Prokoschew, 1938). Salatblätter (*Lactuca sativa*) haben nach Wehmer einen Fettgehalt von 0,22—0,44% des Rohgewichts. In den grünen Teilen des Steinklees (*Melilotus officinalis*) findet sich nach W. S. Dwornikow (1938) 2,25—2,74% des Trockengewichts Fett.

Damit ist bewiesen, daß der Fettgehalt genauso wie der Eiweiß- und Kohlenhydratgehalt sowohl in den Samen, als auch in den Blättern und unterirdischen Organen unbeständig ist.

Noch größere Schwankungen zeigen die Pflanzen in ihrem Gehalt an sekundären Stoffwechselprodukten wie z. B. den Alkaloiden. Nach W. A. Berg (1938) kann der Opiumgehalt einer Kapsel von 0,02—0,075% schwanken. Im Opium selbst verändert sich der Gehalt an Morphin und anderen Alkaloiden außerordentlich stark. Beispielsweise sind im Opium 8—23% Morphin, 0,3—2% Codein, 0,15—1% Thebain, 0,1—40% Narkotin, 0,6—1% Papaverin und 0,1—0,2% Narzein enthalten. In 119 Proben bulgarischen und mazedonischen Opiums änderte sich der Morphingehalt folgendermaßen: 27,8% der Proben enthielten 10—15% Morphin, 41% der Proben 15—17%, 21,3% der Proben 17—19% und 6,8% der Proben 19—21%.

Opium ist im erstarrten Milchsaft vorhanden, den die Mohnköpfe, wenn sie angeritzt werden, ausscheiden. Seine Zusammensetzung kann als Anhalt für die chemischen Prozesse dienen, die in der Pflanze ablaufen. Auf Grund der angeführten Zahlen kann man feststellen, daß im Milchsaft von *Papaver somniferum* der Gehalt an den verschiedenen Alkaloiden außerordentlich schwankt. Dasselbe gilt auch von *Atropa belladonna*, deren trockene Blätter 0,14—1,32%, deren Wurzeln 0,21—0,86% und deren trockene Früchte 0,476 bis 0,884% Alkaloide enthalten (Michelson, 1938). Bei den Lupinenarten treten noch größere Schwankungen im Gehalt an Alkaloiden auf. In ihnen fand M. I. Smirnowa (1938) 0,005—3,87 Gewichtsprozent Trockensubstanz an Alkaloiden.

Die Lupinen riefen in der letzten Zeit ein besonderes Interesse hervor, da es nach einigen Veröffentlichungen gelungen sein sollte, alkaloidfreie Lupinen zu züchten. Diese Angaben erwiesen sich bei Überprüfung als unrichtig. Die „alkaloidfreie" Lupine enthält ebenfalls Alkaloide, allerdings in einer geringeren Menge als die gewöhnlichen Formen: so beträgt der Alkaloidgehalt der Süßlupine („alkaloidfrei") 0,020%, des *Lupinus luteus* 0,240% und des *L. angustifolius* 0,492% (auf die ganze Pflanze bezogen).

Ähnliche Verhältnisse werden auch bei anderen Pflanzen beobachtet: es enthalten an Nikotin Bauerntabak (*Nicotiana rustica*) 1,46—8,77% (Grebinsk, 1938), echter Tabak (*Nicotiana tabacum*) A) Sorte Samsum 0,75 bis 7,91%, B) Sorte Trapezunt 1,00—2,88% (A. A. Schmuk u. A. I. Smirnow, 1934). Es enthalten an Chinin: *Chinchona Ledgeriana* 4,0—13,0%, *Chinchona officinalis* 0,45—10,6%, *Chinchona Succirubra* 0,82—1,37% usw. Somit gilt auch für den Alkaloidgehalt dieselbe große Veränderlichkeit wie für die anderen von uns untersuchten Verbindungen.

Sehr unterschiedlich ist auch der Gehalt der Pflanzen an ätherischen Ölen. Nach W. I. Nilow (1938) schwankt der Gehalt an ätherischen Ölen verschiedener Lavendelformen (*Lavandula vera DC.*) im blühenden „Ährchen" von 0,5—11,3% (auf Trockengewicht bezogen). Von 798 Proben enthalten 120 etwa 4%. Bei der wildwachsenden Art *Lavandula spica DC.* derselben Gattung, betrugen die Erträge an ätherischem Öl 0,4—1% des frischen Materials.

Bei *Mentha piperita L.* schwankt der Ertrag an ätherischem Öl von 0,1—1,83% des Gewichts des trockenen Krautes (Ürinson, 1938). Im rosafarbenen Geranium (*Pelargonium roseum Willd.*) beträgt der Ölgehalt in den Blättern 0,34 bis 6,24% auf das Trockengewicht bezogen, während er bei Koriandersamen 0,18—1,18% ausmacht (Nilow und Michelson, 1938).

Der Ertrag an ätherischen Ölen beträgt (bezogen auf das Trockengewicht) bei muskatfarbigem Salbei (*Salvia sclarea L.*) in den Blütenständen 0,72—1,29 %, in einzelnen Blüten 0,065—6,260% (Michelson, 1938); aus den Früchten von *Pimpinella anisum L.* werden 1,24—7,00% (Kuptsche, 1938), von *Carum carvi L.* 2,9—7% (Nilow, 1938), von *Trachyspermum copticum* 2—11% (Michelson) und aus den Samen von *Foeniculum vulgare Mill.* 2,45—11,95% (Nilow, 1958) gewonnen.

Schließlich ist der Gehalt an ätherischem Öl in den Blütenblättern der ölhaltigen Rose auch sehr unbeständig. Der Ertrag an ätherischem Öl aus der roten kasanlyksker Rose beträgt 0,033—0,038% und aus der weißen 0,020 bis 0,025% vom Gewicht der frischen Blütenblätter (Nilow, 1938). Bei anderen Rosenarten erntete man in den Jahren 1929—1933 folgende Mengen an ätherischem Öl (Siehe Tabelle 6).

TABELLE 6 *Der Ertrag an ätherischem Öl aus frischen Blütenblättern einzelner Rosenarten in den Jahren 1929—1933* (% der Trockensubstanz)

Art	1929	1930	1931	1932	1933
Rosa damascena	0,0353	0,0317	0,027—0,036	0,0229	0,0340
„ *Gallica*	0,0101	0,0091	0,0120	0,0110	0,0113
„ *alba*	0,0167	0,0157	0,005—0,010	0,0130	0,0060—0,0150
„ *centifolia*	—	0,0131	0,007—0,012	0,0080—0,0130	0,0070—0,0140

An ätherischen Ölen sind enthalten in Estragonblättern (*Artemisia dracunculus*) 0,25—0,80%, in den Blütenköpfchen von Zittwer-Wermut (*A. cina*) 2,0—3,0%, im Kraut von *A. absinthium* 0,2—0,47% usw. (Wulf und Nilow, 1937).

Genau wie bei den vorher untersuchten Stoffen ergeben sich auch beim Gehalt an ätherischen Ölen weite Schwankungsbreiten in verschiedenen Gruppen des Pflanzensystems (auch bei diesem biochemischen Merkmal sind die Pflanzen ebenso unbeständig wie bei den anderen).

Weitgehende Unterschiede weist der Gehalt der Pflanzen an einzelnen Vitaminen auf. Die Zahl der Untersuchungen ist bisher auf diesem Gebiet noch sehr gering. Trotzdem reichen sie aber aus, um die Schlußfolgerung zu ziehen, daß der Vitamingehalt der Pflanzen ebenfalls großen Schwankungen unterworfen ist. N. E. SCHUBERT fand bei einzelnen Untersuchungen, daß in 100 g reifer, frischer Früchte von *Actinidia colomitca* Max. 532—930 mg Ascorbinsäure (Vitamin C) enthalten sind. Bei *Actinidia arguta Alanch.* beträgt der Ascorbinsäuregehalt nur 65,8 mg% und ist damit bedeutend niedriger. Reife Früchte von *A. polygama Mig.* enthalten 127,0—225,0 mg% Ascorbinsäure. Verschiedene Rosensorten weisen nach W. N. BUKIN (1937) folgende Schwankungen im Ascorbinsäuregehalt in mg% des trockenen Fruchtfleisches auf:

TABELLE 7 *Gehalt an Ascorbinsäure in Hagebutten* (in mg bezogen auf 100 g des trockenen Fruchtfleisches)

Art	Gehalt an Ascorbinsäure
Rosa acicularis Lind.	3187— 6904
„ *rugosa Thunb.*	1774— 3295
„ *rubiginosa L.*	1399— 3876
„ *cinnamomea L.*	1433—14563
„ *canina L.*	100— 2165

Große Unterschiede im Vitamin-C-Gehalt wurden auch von verschiedenen Forschern in den Früchten von Schwarzen Johannisbeeren (*Ribes nigrum L.*) Apfelsinen, Zitronen, Äpfeln, Birnen und Weintrauben gefunden. In den Weißkohlblättern (*Brassica oleracea L. var. capitata*) schwankt der Vitamin-C-Gehalt zwischen 22 und 54 mg% und im Kohlrabi (*Brassica oleracea L. var. caulorapa*) zwischen 48 und 200 mg%.

Quantitative Bestimmungen anderer Vitamine sind sehr selten vorgenommen worden. Man kann annehmen, daß der Gehalt an Provitamin A (Carotin) von einem Kilogramm reifer Tomaten zwischen 2000 und 6000 Einheiten, von Valencia-Apfelsinen zwischen 0,57 und 1,65 mg/l, in Washington-Navel um 1,07 mg/l und in der Mohrrübe zwischen 0,050 und 0,077% der Trockensubstanz schwankt. Tomaten enthalten an Vitamin B_1 100—150 Einheiten, an Vitamin B_2 40—80 Einheiten bzw. nach andern Angaben 256—550 Einheiten. Der Vitamingehalt der Pflanzen ist somit ebensolchen Schwankungen unterworfen wie der Gehalt an anderen Stoffen. Da aber die Vitamine in den Pflanzengeweben immer nur in sehr geringen Mengen vorkommen und gleichzeitig eine große physiologische Bedeutung haben, ist anzunehmen, daß schon kleine Veränderungen ihrer Mengen und kleine Abweichungen von der Norm große Veränderungen Stoffwechsels zur Folge haben.

Die gleiche Schlußfolgerung muß man auch hinsichtlich der Fermente ziehen, da schon kleine Mengen von diesem oder jenem Ferment die Intensität seiner Wirkung stark verändern können. Die Fermentmenge kann in der Mehrzahl der Fälle nur an der Intensität ihrer Wirkung geschätzt werden. Leider gibt es bisher in der Literatur noch sehr wenig vergleichende Bestimmungen von Fermentmengen in den Pflanzen. Die Daten von M. I. LISCHKEWITSCH (1936) über die Aktivität der Amylase und Katalase deuten darauf hin, daß ihre Unterschiede sehr groß sein können: die Aktivität der Amylase des Weizens schwankte zwischen 6,3 und 21,9 und die Aktivität der Katalase zwischen 15,4 und 32,9 Einheiten. Bei Gerste schwankt die Aktivität der Amylase zwischen 10,6—26,4 Einheiten, die der Katalase zwischen 0,8—14,1 Einheiten und die der Protease zwischen 0,5—3,1 Einheiten. In den Wurzeln der Zuckerrübe beträgt die Aktivität der Katalase 16,5—24,3 Einheiten, die der Peroxydase 66,1—188,4 Einheiten und der Tyrosinase 4—22 Einheiten (B. A. Rubin, 1939). Abhängig von den Wurzeln schwankt beim Weißkohl die Aktivität der Saccharase von 214—298 und der Amylase von 1052—1533 Einheiten.

Somit erweist sich jedes chemische Merkmal in quantitativer Hinsicht als außerordentlich unbeständig. Es verändert sich der Gesamtgehalt an Eiweißstoffen, Kohlenhydraten, Fetten, Alkaloiden, Vitaminen und Fermenten. Es bleibt zu klären, ob man nicht irgendwelche Unterschiede in der quantitativen Veränderlichkeit einzelner Stoffe innerhalb bestimmter systematischer Einheiten—Arten, Unterarten und Sorten einerseits— und der höheren Einheiten— Gattungen, Familien und Reihen andererseits— finden kann.

KAPITEL II

DIE AUFSPALTUNG DER BIOCHEMISCHEN MERKMALE

„Es ist wirklich wunderbar (nur die Gewohnheit läßt uns das Wunder übersehen), daß die Tiere und Pflanzen aller Zeiten und Orte so nahe verwandt sind, daß sie Gruppen bilden, die Untergruppen übergeordnet sind, in der Weise nämlich, daß Varietäten einer Art am nächsten und daß Arten einer Gattung weniger eng und ungleichmäßig verwandt sind und Sektionen und Untergattungen bilden; daß Arten verschiedener Gattungen noch weniger verwandt sind, und daß Gattungen, die in verschiedenem Grade verwandt sind, Unterfamilien, Familien, Ordnungen, Unterklassen und Klassen bilden."

Ch. Darwin

In den vorangehenden Ausführungen wurden die Ergebnisse von Analysen von Pflanzen verschiedener Arten angegeben. Diese mengenmäßigen Angaben enthielten nicht nur die Mittelwerte sondern auch den beobachteten Schwankungsbereich der einzelnen biochemischen Merkmale. Aufgabe des vorliegenden Abschnittes ist es zu zeigen, daß es trotz der äußersten Unbeständigkeit der biochemischen Merkmale der Art möglich ist, nicht nur die einzelne Art sondern auch kleinere systematische Einheiten, die zur Art gehören, biochemisch zu charakterisieren.

Obwohl auch in diesen kleinen Einheiten die biochemischen Merkmale erheblich schwanken, grenzen sie sich doch alle durch die durchschnittlichen Daten der Analysen in einigen Fällen gut voneinander ab. Diese Daten können sogar dann sehr charakteristisch sein, wenn immer nur dieselben Elemente mengenmäßig berücksichtigt werden (Rohprotein, Rohfaser, Fett und stickstofffreie Extraktstoffe).

Solch ein konstanter durchschnittlicher Eiweißgehalt wurde in den Samen zweier Weizensorten gefunden:

Sorte	Schwankungsbereich	Durchschnitts-gehalt
53	10,10—19,83 %	14,55%
54	14,00—23,14 %	18,37%

Hochinteressant ist es, daß sich der hohe Eiweißgehalt der Sorte Nr. 54 im Vergleich zur Sorte Nr. 53 an allen Anbauorten und in den einzelnen Jahren sehr konstant erhielt.

Mit anderen Worten erhält sich bei allen Veränderungen der Umweltbedingungen der erhöhte Eiweißgehalt in den Samen der Weizensorte Nr. 54 oder vielmehr die Fähigkeit zur größeren Eiweißbildung. Dies geschieht mit einer Regelmäßigkeit, die durch Auslese gefestigten Merkmalen eigen ist.

TABELLE 8 *Sortenmäßige Unterschiede im Eiweißgehalt* (in Gewichtsprozenten der Trockensubstanz)

Anbauort des Weizens	Erntejahr	Sorte Nr. 53		Sorte Nr. 54	
		Eiweiß %	Durchschnitt	Eiweiß %	Durchschnitt
Kotlas	1924	12,80	12,30	15,30	16,46
	1925	11,80		18,12	
Nowgorod	1923	14,40	14,72	18,80	18,44
	1924	15,40		17,70	
	1925	14,36		18,81	
Gorki	1923	10,10	11,99	14,00	17,06
	1924	11,10		16,80	
	1925	12,70		19,10	
	1926	14,08	12,85	18,35	17,02
Moskau	1923	11,80		14,40	
	1924	14,60		17,00	
	1925	12,07		19,66	
Dnepropetrowsk	1923	16,90	18,07	19,40	20,88
	1924	18,90		23,14	
	1925	18,41		21,20	
	1926	—		19,78	
Taschkent	1923	17,90	17,38	20,40	20,35
	1924	14,40		19,00	
	1925	19,83		21,66	
Sorten-Durchschnitt ($M \pm m$)			14,55 ±2,53		18,37 ±2,42

Die gleiche Fähigkeit, den Eiweißgehalt auf konstanter Höhe zu halten, gilt auch für einzelne Gerstensorten. Von einigen vielzeiligen Gerstensorten war beispielsweise bei Pallidum 043 der Eiweißgehalt geringer als bei Kolchikum, während Medikum 026 eine Mittelstellung einnahm.

TABELLE 9 *Der Eiweißgehalt in Gerstenkörnern* (in Gewichtsprozenten der Trockensubstanz)

Sorte	Woronesh	Rostow	Leninakan
Pallidum 043	13,01	13,94	9,1
Medicum 026	14,54	14,34	9,98
Colchicum 10—30	16,31	15,45	10,46

Ebenso bestimmte Beziehungen wurden auch bei einem Vergleich von je zwei Hafersorten zweier Arten (*Avena sativa* und *A. byzantina*) für den Eiweißgehalt gefunden (LISCHKEWITSCH, 1936). Innerhalb der Art behält jede Sorte ihre biochemischen Eigenschaften, auch wenn man die Kulturbedingungen außerordentlich variiert, und obwohl der Eiweißgehalt innerhalb der Sorte stark schwanken kann. Der durchschnittliche Eiweißgehalt folgender Sorten der Art *Avena sativa* betrug bei Tscherwonny 12,40% und bei Schatilowski 14,92%; und bei Sorten der Art *Avena byzantina* bei Tunis 13,46% und bei Fulgum Amerika 14,84%. In jeder Art lagert also die eine der Sorten mehr Eiweiß in den Samen ab als die andere. Dieses stabile sortengebundene Merkmal tritt allerdings nur unter der Voraussetzung auf, daß die Pflanzen unter gleichen Umweltbedingungen aufgezogen werden, bei veränderten Umweltbedingungen schwankt der Eiweißgehalt der Sorte gesetzmäßig.

Man kann nach dem unterschiedlichen Eiweißgehalt nicht nur die einzelnen Getreidearten sondern auch die Leguminosen einteilen und bei ihnen dieselben Verhältnisse feststellen. So untersuchte N. N. Iwanow (1927) zwei Linsenvarietäten (*Lens esculenta var. nigra* und *L. esculenta var. nummularia*) auf den Eiweißgehalt. Der durchschnittliche Eiweißgehalt betrug bei *var. nigra* 30,63±0,47 und bei *var. nummularia* 29,23±0,46. Beide Varietäten sind also biochemisch außerordentlich verwandt, und man könnte sie für identisch halten, wenn nicht der Eiweißgehalt bei Veränderung ein und desselben Umweltfaktors in entgegengesetzter Richtung schwanken würde.

N. N. Iwanow (1927) untersuchte den Eiweißgehalt dreier Kichererbsensorten (*Cicer arientum*), die an verschiedenen Standorten geerntet wurden. Unsere Bearbeitung der Daten N. N. Iwanows führten zu der Schlußfolgerung, daß bei der Kichererbse genau wie bei der Linse keine wesentlichen Unterschiede im Eiweißgehalt der Samen, dem biochemischen Hauptmerkmal, zwischen den Sorten bestehen. Der Eiweißgehalt aller drei Sorten ist sehr gleichartig: er beträgt bei Sorte Nr. 1 21,38%, bei Sorte Nr. 2 23,30% und bei Sorte Nr. 3 21,20%. Die durch die Herkunft bedingten Schwankungen des Eiweißgehalts sind also völlig gleichartig.

Im Gegensatz dazu waren bei der Bohne (*Phaseolus vulgaris*) signifikante Sortenunterschiede im Eiweißgehalt der Samen vorhanden, die an verschiedenen Standorten aber in ein und demselben Jahr geerntet wurden. Die Angaben M. I. Knjaginitschews (1938) zeigen, daß jede Sorte, obwohl sie unter sehr verschiedenen Bedingungen angebaut wurde, im Verhältnis zu den anderen Sorten mehr oder weniger streng den ihr eigenen durchschnittlichen Eiweißgehalt beibehält.

TABELLE 10 *Der Eiweißgehalt verschiedener Bohnensorten* (in Gewichtsprozenten der Trockensubstanz)

Anbauort	Tepari	Oliwka selenaja	Robjust ulutschschenny	Bomba armawirskaja	Greidtkorsern	Triumph
Woronesh	26,75	24,38	24,75	24,75	28,06	26,13
Stalingrad	22,69	—	25,75	—	27,13	21,81
Krasnodar	23,68	—	26,06	—	28,81	25,50
Krim	22,35	23,38	27,63	—	25,69	21,94
Dagestan	27,44	24,75	33,44	21,69	27,63	—
Durchschnitt	24,59	24,17	27,53	23,22	27,50	23,85

Der durchschnittliche Unterschied zwischen dem Eiweißgehalt der Sorten Tepari und Greidt-korsern war 2,92±1,11, d. h. der Unterschied der biochemischen Merkmale ist hier schon so groß, daß er den durchschnittlichen Fehler dieser Differenz fast um das Dreifache übersteigt. Bei den Sorten Greidt-korsern und Triumph beträgt der durchschnittliche Fehler der Differenz zwischen den Durchschnitten 1,19. In diesem Falle übersteigt die Differenz den durchschnittlichen Fehler schon um mehr als das Dreifache. Damit ist trotz der geringen Anzahl von Varianten unbestreitbar festgestellt, daß der Eiweißgehalt von Sorte zu Sorte stark schwankt.

Bei der Untersuchung der vegetativen Teile findet man ähnliche Verhältnisse wie bei der der Samen. So führt beispielsweise R. B. GELTSCHINSKAJA (1938) folgende Angaben N. G. SOLOWJEWS (1936) über den Eiweißgehalt der einzelnen Ökotypen der gelben Luzerne (*Medicago falcata*) an, die auf das Gewicht der Trockensubstanz (I), und auf das Gewicht der Trockensubstanz ohne Zellulose (II) bezogen sind:

TABELLE 11 *Der Eiweißgehalt in den vegetativen Teilen der gelben Luzerne*

Herkunft	I	II
Iwanowsker Gebiet .	17,90	25,9
Saissan	16,12	24,9
Süd-Kasachstan . . .	15,31	24,2
Nord-Kasachstan . .	14,12	22,0

Unterschiede im Eiweißgehalt wurden auch für die vegetativen Teile einzelner Sorten der blauen Luzerne (*Medicago sativa*) beobachtet. Leider kann man auf Grund der in der Literatur angegebenen Analysen nur schwer den durchschnittlichen Fehler beurteilen. Nach R. B. GELTSCHINSKAJA betrug der Eiweißgehalt bei einzelnen Sorten der blauen Luzerne:

TABELLE 12 *Der Eiweißgehalt in den vegetativen Teilen der blauen Luzerne* (in Gewichtsprozenten der Trockensubstanz mit und ohne Zellulose)

Sorte	mit	ohne
Französische	22,63	31,0
Ontario	19,63	36,7
Grimm	20,75	31,8
Kopan	18,63	29,1

Am eiweißreichsten ist die Französische Luzerne. Außer einem hohen Eiweißgehalt besitzt sie eine verhältnismäßig kleine Menge Zellulose (27,0%). An zweiter Stelle im Eiweißgehalt steht die Grimmsche Luzerne. Der Eiweißgehalt der gelben Luzerne aller Herkünfte beträgt 24,25$\pm$0,83 und der der blauen 32,15$\pm$1,62 bezogen auf zellulosefreie Substanz. Hieraus berechnet sich die Differenz zwischen den Mittelwerten auf 7,90 und der mittlere Fehler der Differenz zwischen den Mittelwerten auf $\pm$1,82, d. h. die Differenz zwischen den Mittelwerten übersteigt mehr als dreimal den mittleren Fehler. Damit besteht zwischen beiden Arten zweifellos ein Unterschied im Eiweißgehalt, der keineswegs durch Versuchsfehler oder übergroße Schwingungsweite der Veränderlichkeit bedingt ist.

Die blaue Luzerne besitzt die Eigenschaft, daß ihre Sorten beim Vergleich untereinander den Eiweißgehalt in den vegetativen Teilen auf einem gewissen Stand halten. Dies geht aus Tabelle 13 hervor, die Analysen aus drei Jahren mit jährlich zwei Schnitten aufführt.

TABELLE 13 *Der Eiweißgehalt in den vegetativen Teilen der blauen Luzerne* (in %)

Sorte	erster Schnitt			zweiter Schnitt		
	1927	1928	1929	1927	1928	1929
Französische	18,05	15,56	19,67	21,09	15,13	18,65
Ungarische	17,83	13,81	19,23	20,10	14,62	18,57
Grimmsche	19,22	15,79	21,56	27,01	16,19	18,92

Der durchschnittliche Gehalt an Roheiweiß beträgt in Französischer Luzerne 18,13%, Ungarischer Luzerne 17,36% und Grimmscher Luzerne 17,88%. Berechnet man den Korrelationskoeffizienten der angeführten Zahlenreihen, so erhält man Werte, die bei jeder Sorte deutlich zeigen, daß sortengebundene Prozesse vorhanden sein müssen. Diese Prozesse bedingen den höheren Eiweißgehalt der Grimmschen gegenüber der Ungarischen Luzerne auch in Fällen, in denen die Unterschiede innerhalb der Herkünfte in den einzelnen Jahren und bei den verschiedenen Schnittzeiten sehr unterschiedlich waren. Hier wiederholt sich also dieselbe Gesetzmäßigkeit, die wir für die Samen verschiedener Pflanzen fanden. Unter bestimmten veränderten Umweltbedingungen schwankt der Eiweißgehalt all dieser Luzerneformen in ein und demselben Sinne um den Mittelwert, der für jede Form charakteristisch ist.

Die Veränderlichkeit der biochemischen Merkmale gilt nicht nur für die Eiweißstoffe sondern auch für alle anderen Verbindungen. So treten beim Granatbaum (*Punica granatum*) ganz deutlich drei Richtungen der Veränderlichkeit hervor, die die Güte der Früchte bestimmen: die Früchte des Granatbaums sind sauer, süßsauer und süß. Entsprechende Analysen zeigen, daß der Gehalt an Zucker und Zitronensäure in diesen Früchten, die unter gleichen Bedingungen aufgezogen wurden, außerordentlich charakteristisch für jede Sortengruppe ist, die das Ergebnis der Auslese darstellen. Nach Angaben E. W. Kaposhnikows (1940) ändert sich der Zucker- und Zitronensäuregehalt in Granatäpfeln in folgender Weise:

Sorte	Gesamtzucker %	Zitronensäure %	Zucker-Säureverhältnis
8 saure Sorten	8,20—14,37	3,30—9,05	1,35— 3,32
Süßsauer.	12,18—17,28	2,06—3,31	4,61— 8,34
Süß	12,75—19,25	0,20—1,91	10,07—63,75

Nicht der absolute Gesamtzucker- oder Säuregehalt erscheint hier als das bezeichnendste Merkmal: saure Früchte können sogar mehr Gesamtzucker als süße enthalten, da aber die sauren Früchte bedeutend mehr Säure enthalten, so ist das Zucker-Säureverhältnis im ersten Fall bedeutend niedriger als im zweiten, und beide Gruppen sind damit biochemisch sehr exakt charakterisiert.

Hochinteressant sind die Angaben über den Gehalt an Eiweiß und anderen biochemischen Stoffen in den vegetativen Teilen verschiedener Steinkleesorten der Arten des weißen (*Melilotus albus*) und gelben Steinklees (*M. officinalis*). Die chemische Zusammensetzung zweijährigen Steinklees vor der Bildung von Blütenknospen ist aus nachfolgenden Angaben W. S. Dwornikows (1938) ersichtlich:

Art	Sorte	Eiweißgehalt (in % der Trockensubstanz
Melilotus albus	Mestny	12,59
	Karlikowy	12,53
	Bekassowski . . .	15,94
M. officinalis	Amerikanische . .	15,01
	Baranowski . . .	19,70
	Bekassowski . . .	20,37

Diese Angaben gestatten die Schlußfolgerung, daß genügend große Unterschiede der chemischen Zusammensetzung der Sorten vorhanden sind, die sich besonders im Eiweißgehalt der Sorte „Bekassowski“ des weißen und gelben Steinklees äußern.

Bei einem Vergleich von in Leningrad angebauten Sorten des gelben und weißen Steinklees mit luzerneähnlichen und sogar mit wildwachsenden Formen, die im gleichen Entwicklungsstadium analysiert wurden, erwies es sich, daß der luzerneähnliche Steinklee einen geringeren Eiweißgehalt oder vielmehr einen geringeren Stickstoffgehalt in den Blättern besitzt. Es enthalten an Roheiweiß:

	Durchschnitt %	Schwankung %
Sorten des weißen Steinklees	18,65	17,83—19,28
Luzerneähnlicher Steinklee	16,52	14,52—17,77

Bei wildwachsenden Steinkleearten beträgt der Roheiweißgehalt: bei *Melilotus dentatus* 15,71%, *M. altissimus* 20,47% und bei *M. wolgicus* 17,88% und 16,33%. Hieraus schloß W. S. DWORNIKOW, daß die großen morphologischen Unterschiede des Steinklees auch seine großen chemischen Unterschiede bedingen.

Weitere Zahlenangaben über den Eiweißgehalt in den Samen und in den vegetativen Teilen anderer Pflanzen erübrigen sich, weil das in der jetzigen Zeit vorliegende Untersuchungsmaterial wahrlich unerschöpflich ist und außerdem die angeführten Beispiele zu der Schlußfolgerung ausreichen, daß auf Grund der großen Unbeständigkeit des Eiweißgehaltes, dieses so wichtigen biochemischen Merkmals, innerhalb der Arten einzelne Sorten und Sortengruppen ausgesondert und charakterisiert werden können. Diese Sortenunterscheidung beruht, falls sie nicht schon durch den absoluten Eiweißgehalt gegeben ist, auf der Fähigkeit der betreffenden Sorten, auf eine Veränderung der Umweltbedingungen mit einer stärkeren oder schwächeren Eiweißbildung zu reagieren. Sehr wichtig erscheint die Möglichkeit, daß eine Aufspaltung der Art in Sorten mit Hilfe der biochemischen Merkmale feststellbar wird.

Noch deutlicher zeigt sich die Aufspaltung der biochemischen Merkmale zwischen Arten, die einer beliebigen Gattung angehören können. Beispielsweise fand M. I. LISCHKEWITSCH (1936) folgende durchschnittliche Eiweißgehalte verschiedener Haferarten: [Die Durchschnitte sind aus Untersuchungen aller Sorten der betreffenden Art berechnet und verdeutlichen die chemischen Unterschiede der einzelnen Arten der Gattung *Avena* (Tabellen 14 und 15).]

TABELLE 14 *Der Eiweißgehalt in den Körnern verschiedener Haferarten* (in Gewichtsprozenten der Trockensubstanz)

Art	Eiweiß	Art	Eiweiß
Avena sativa	13,26	*Avena strignosa*	14,77
„ *byzantina*	16,49	„ *abyssinica* . . .	16,97
„ *nuda*	19,16	„ *fatua*	15,55
„ *brevis*	15,82	„ *ludoviciana* . . .	11,85

TABELLE 15 *Die Schwankungen des Eiweißgehalts verschiedener Haferarten* (in Gewichtsprozenten der Trockensubstanz)

Anbauort	*Avena sativa*	*Avena nuda*	*Avena byzantina*
Djetskoje Selo	9,23—12,92	13,17—15,61	—
Kamennaja Step . . .	10,85—17,84	19,62—14,95	13,42—17,75
Otrada Kubanskaja . .	9,03—16,97	19,09—19,62	14,25—17,30
Krasny Kut	14,11—17,07	18,18—23,28	15,23—18,30
Omsk	15,16—19,01	20,23—22,87	15,67—20,63
Durchschnitt	14,22	19,18	16,58

Die Durchschnittswerte des Eiweißgehalts in den Samen von *Avena sativa* und besonders von *Avena byzantina* und *Avena nuda*, die aus den Summen der größten Abweichungen berechnet wurden, ähneln den in der Tablele 14 angeführten Werten sehr. Auf Grund dieser Werte kann man die Ansicht voll unterstützen, daß der Eiweißgehalt reifer Haferkörner ein typisches biochemisches Merkmal der verschiedenen Haferarten ist.

Ein anderes gutes Beispiel der unterschiedlichen biochemischen Merkmale innerhalb der Gattung liefern die Angaben A. N. Schiwrinas (1938) über den Gehalt an Roheiweiß in Zwiebeln verschiedener Arten der Gattung *Allium: Allium ampeloprasum* 9,00%, *Allium cepa* 11,54%, *Allium sativum* 19,13% und *Allium schoenoprasum* 21,44%.

Zur Charakterisierung verschiedener Arten der Gattung *Lupinus* genügt ebenfalls der Eiweiß- und Alkaloidgehalt (M. I. Smirnowa, 1938). Der Gehalt an Roheiweiß und Alkaloiden beträgt:

Art	Zahl der Anbauorte	Roheiweiß %	Alkaloide %
Lupinus angustifolius .	10	31,88 ± 1,07	1,31 ± 0,02
Lupinus luteus	6	38,08 ± 2,07	1,04 ± 0,09
Lupinus albus	12	36,12 ± 0,41	2,23 ± 0,06

In diesem Fall werden die Unterschiede der biochemischen Merkmale der einzelnen Lupinenarten besonders deutlich.

Im Eiweißgehalt der Samen unterscheiden sich auch verschiedene Arten der Gattung *Vicia* (Kuptsche, 1938): *Vicia sativa* 27,51%, *Vicia villosa* 23,40%, *Vicia narbonnensis* 22,81% und *Vicia hirsuta* 27,20%.

Selbstverständlich äußert sich der Unterschied zwischen den Arten nicht nur im Eiweißgehalt, obwohl dies das wichtigste Merkmal ist, sondern in allen biochemischen Merkmalen. Beispielsweise ist der Ölgehalt in den Samen verschiedener Mandelarten nach W. N. Pawlenko (1940) folgender:

Amygdalus spinosissima . .	44,24%
„ *bucharica*. . . .	48,20%
„ *Fenzliana* . . .	49,35%
„ *Fenzliana X* . .	52,42%
„ *communis* . . .	52,42%
„ *pedunculata* . .	53,29%
„ *Pentunnikovii* .	58,82%
„ *nana*	49,79%

Ähnliche Angaben macht Ch. O. Schifrin (1940) für verschiedene Arten der Gattung *Juglans:*

Juglans	*regia*	72,71%
„	*cinerea*	37,50%
„	*nigra*	50,5%
„	*Sieboldi*	45,0%
„	*manchurica*	57,48%

Der Alkaloidgehalt verschiedener Arten der Gattung *Anabasis* beträgt:

Anabasis	*aphylla*	1,29 —4,31% (⌀ 2,31)
„	*Eugeniae*	0,0207—0,0240%
„	*truncata*	0,071 —0,079%
„	*eriopoda*	0,062 —0,069%
„	*salsa*	0,148 —0,150%
„	*ramosissima*	0,152 —0,157%

Anabasis aphylla unterscheidet sich also stark von den übrigen Arten dieser Gattung durch ihren hohen Alkaloidgehalt.

Große Veränderlichkeit des Ascorbinsäuregehalts der Früchte zeigten verschiedene Arten der Gattung *Rosa.* Durch zahlreiche Analysen verschiedener Forscher wurde festgestellt, daß die Vertreter der Art *Canina* sehr geringe Mengen an Ascorbinsäure enthalten. Jedoch speichern die Vertreter der Art *Cinnamomea* sehr große Mengen. Der Ascorbinsäuregehalt beträgt bei den Hybriden *Rosa Webbiana* und *R. Fedschenkoana* nach Analysen unseres Laboratoriums bis 14% der Trockensubstanz des Fruchtfleisches.

Ähnliche Unterschiede kann man für jedes beliebige biochemische Merkmal herausfinden: es unterscheiden sich die Arten und Gattungen im Gehalt an Gerbstoffen, Harzen, Kautschuk und ätherischen Ölen. Zum Schluß seien noch einige Angaben über die ätherischen Öle der Gattung *Mentha* angeführt:

Mentha	*pulegium*	1,75%
„	*aquatica*	0,34—0,8%
„	*arvensis var. javanica*	1%
„	*canadensis*	1,23%
„	*velutina*	0,29%
„	*sylvestris*	0,9%
„	*satureioides*	0,2%
„	*sativa*	0,0878—0,1653%
„	*niliaca*	0,29%
„	*crispa*	1,5—2,23%

Diese Beispiele von mengenmäßigen Unterschieden der biochemischen Merkmale zwischen den Arten irgendeiner Gattung könnte man noch vermehren. Aber die angeführten Beispiele reichen aus, um zu zeigen, daß diese Merkmale sich genauso verhalten und sogar auf dem Gebiet eines rein mengenmäßigen Verhaltens ebensolchen Unterscheidungswert haben wie die morphologischen Merkmale. Die Bedeutung der biochemischen Merkmale wird noch größer, wenn man außer den quantitativen Merkmalen des Gehaltes an Eiweiß, Alkaloiden und ätherischen Ölen die quantitativen bestimmt und versucht, zu ermitteln, welche Eiweißarten, Alkaloide, ätherischen Öle, Vitamine usw. in den verschiedenen Organismen enthalten sind.

KAPITEL III

DIE QUALITATIVE UNBESTÄNDIGKEIT DER BIOCHEMISCHEN MERKMALE

„Es entstand und reifte die Notwendigkeit, die Frage der Artbildung unter dem Gesichtswinkel des Umschlagens eines quantitativen Anwachsens in qualitative Artunterschiede zu überprüfen."

T. D. Lyssenko

DIE EIWEISS-STOFFE

Eine der interessantesten Fragen der heutigen Pflanzenchemie ist die der Beziehungen zwischen einzelnen Gruppen chemischer Verbindungen und bestimmten Gruppierungen des Pflanzenreichs. Dies bezieht sich in erster Linie auf die komplizierten Verbindungen wie das Eiweiß. Die Familie der Gräser (*Gramineae*), die morphologisch ausgezeichnet charakterisiert ist, wird biochemisch nicht weniger gut dadurch gekennzeichnet, daß in den Samen ihrer Vertreter Eiweiße enthalten sind, die weder bei anderen Pflanzen noch bei Tieren vorkommen. Diese Eiweiße heißen Prolamine. Sie zeichnen sich durch einen hohen Prolin- und Glutamingehalt aus, sind in Wasser und schwachen Salzlösungen unlöslich, jedoch lösen sie sich in 70%igem Äthylalkohol. Es wurde wiederholt versucht, derartige Eiweißstoffe in anderen Pflanzen zu finden. Dies war aber vergeblich. In den Samen aller Getreidearten fand man immer wieder Prolamin. Jedoch muß hier unterstrichen werden, daß die Prolamine einzelner Getreidearten nicht identisch sind, obwohl sie sich alle in Alkohol lösen. Dies kommt in ihrer Zusammensetzung an Aminosäuren zum Ausdruck, die durch Hydrolyse bestimmt wird. Wie aus Tabelle 16 ersichtlich, ist der Prozentgehalt der einzelnen Aminosäuren (der Gliadine von Weizen und Roggen, des Hordeins der Gerste, des Kafirins des Sorghums und des Zeins des Maises) trotz allgemeiner Ähnlichkeit genügend spezifisch.

Außer dem gemeinsamen hohen Gehalt an Prolin und besonders an Glutaminsäure sind diese fünf Prolamine entweder durch völliges Fehlen oder geringen Gehalt an Glykokoll gekennzeichnet. Im Gliadin des Roggens und im Zein des Maises fehlt das Lysin und der Argingehalt ist sehr niedrig. Die Schwankungen im Gehalt an Glutaminsäure, Prolin und Leucin sind unter den einzelnen Eiweißarten sehr groß und gehen selbstverständlich weit über die möglichen Fehlergrenzen hinaus. Mit anderen Worten unterscheiden sich alle fünf Eiweißarten qualitativ voneinander.

Die qualitativen Unterschiede, die durch eine verschiedene Zusammensetzung der Eiweißstoffe bedingt sind, sind nicht geringer als die quantitativen Unterschiede der biochemischen Merkmale. Hoffman und Gortner (1927) fanden bei verschiedenen Weizenarten sehr bezeichnende Zahlen über den Arginin-, Histidin- und Lysingehalt im Gliadin (Tabelle 17). Die Werte, die höher als die oben angeführten sind, erklären sich aus der vollkommeneren Untersuchungsmethodik.

TABELLE 16 *Die Aminosäuren der Prolamine*
(in Gewichtsprozenten des absolut trockenen Eiweißes)

Aminosäure	Kafirin des Sorghums	Hordein der Gerste	Gliadin des Roggens	Gliadin des Weizens	Zein des Maises
Glykokoll . . .	0,0	0,0	0,1	0,0	0,0
Alanin	8,7	1,3	1,3	2,0	9,8
Valin	4,3	1,4	—	3,3	1,9
Leucin	15,0	7,0	6,3	6,6	25,0
Prolin	7,8	5,9	9,8	13,2	8,9
Phenylanalin . .	2,3	5,5	2,7	2,3	7,6
Asparaginsäure .	2,3	1,3	0,3	0,8	1,8
Glutaminsäure .	21,2	41,3	33,8	43,0	31,3
Serin	—	0,1	0,1	0,1	1,0
Tyrosin	5,5	4,0	1,2	3,3	5,2
Lysin	1,0	0,9	0,0	1,2	0,0
Cystin	0,6	1,6	2,6	1,6	0,9
Histidin . . .	1,1	2,3	0,4	2,2	0,8
Arginin	1,6	2,8	2,2	3,0	1,8
Tryptophan . .	0,9	9,8	0,6	1,4	0,0
Ammoniak . .	3,5	4,3	5,1	5,2	3,6

TABELLE 17 *Der Diaminosäuregehalt in Gliadinen verschiedener Arten der Gattung Triticum*
(in % des absolut trockenen Eiweißes)

Art	Arginin	Histidin	Lysin
Triticum vulgare	6,38	5,41	0,57
„ *spelta*	6,58	4,45	3,07
„ *durum*	6,44	3,88	1,88
„ *dicoccum* . . .	7,90	2,65	2,95
„ *monococcum* . .	7,20	5,05	2,20

Die Methodik zur quantitativen Bestimmung dieser drei Aminosäuren ist ausgezeichnet ausgearbeitet. Die Versuchsfehler sind sehr gering und die angeführten Daten erlauben mit vollem Recht festzustellen, daß die Gliadine einzelner Arten sich durch ihre Zusammensetzung an Aminosäuren unterscheiden. Derartige Unterschiede in der quantitativen Zusammensetzung der einzelnen Aminosäuren sind immer mit qualitativen Unterschieden der Eiweiße verbunden.

In anderen Pflanzengruppen kommen solche spezifischen Eiweißarten nicht vor, die für alle Vertreter der entsprechenden Gruppen charakteristisch sind. Jedoch erscheinen in etlichen untersuchten Fällen die spezifischen Unterschiede zwischen den Eiweißstoffen einzelner Arten und Sorten innerhalb der Art deutlich genug. Noch deutlichere Unterschiede bestehen zwischen den Eiweißstoffen verschiedener Arten einer Familie. Leider kann man vorläufig noch nicht das Gemeinsame feststellen, das für alle Eiweißarten irgendeiner bestimmten mehr oder weniger großen Systemgruppe gilt.

Hier seien noch einige Analysenserien angeführt. Die Analysen wurden jeweils von ein und demselben Forscher durchgeführt. Das ist deshalb wesentlich, weil nur so eine völlige Vergleichbarkeit der Ergebnisse gewährleistet werden kann. A. N. Beloserski (1928) untersuchte in Globulinen aus Samen verschiedener Vertreter der Familie *Malvaceae* den Anteil einiger Aminosäuren. In diesen Samen wurden zwei Globulinarten gefunden:

Globulin I, schon in einer 2%igen Lösung von benzoesaurem Natrium löslich und Globulin II, erst in einer 8%igen Lösung dieses Salzes löslich.

In Tabelle 18 werden die Analysenergebnisse über den Tyrosin-, Lysin-, Histidin- und Argininggehalt wiedergegeben.

Tabelle 19 enthält zum Vergleich Angaben über den Stickstoff der Aminosäuren in der Baumwollstaude *Gossypium hirsutum*, die ebenfalls zur Familie der *Malvaceae* gehört.

Somit enthalten alle in Tabelle 18 angeführten Arten aus dieser Familie in ihren Samen Globuline, die sich in ihrer Zusammensetzung zu Aminosäuren

TABELLE 18 *Der Gehalt an Tyrosin, Lysin, Histidin und Arginin in den Globulinen der Samen verschiedener Vertreter der Familie Malvaceae*
(in Gewichtsprozenten des absolut trockenen Eiweißes)

Art		Tyrosin	Lysin	Histidin	Arginin
Hibiscus cannabinus	I	2,0	2,0	3,2	12,2
„ „	II	2,1	2,6	3,7	13,6
„ *esculentus*	I	3,5	2,5	3,1	8,1
„ „	P	3,7	2,9	3,7	12,4
Abutilon Avicennae		4,3	4,0	4,3	10,3
Althaea nudiflora		2,0	3,3	2,4	8,9

unterscheiden. Die von anderen Forschern untersuchte Baumwollstaude erscheint in dieser Tabelle nicht. Aus Tabelle 18 ergibt sich, daß zwei Arten der Gattung *Hibiscus* einander näher stehen als den Vertretern der Gattungen *Abutilon* und *Althaea*.

TABELLE 19 *Stickstoff der Aminosäuren im Eiweiß der Baumwollstaude*
(in % des Gesamtstickstoffs)

Eiweiß	Stickstoff			
	Cystin	Arginin	Histidin	Lysin
α-Globulin . .	0,54	28,90	5,27	0,07
β-Globulin . .	0,51	23,94	6,15	4,36

Innerhalb der Art unterscheiden sich die Eiweißstoffe weniger. Obwohl die Eiweiße der verschiedenen Sorten der Bohne (*Phaseolus vulgaris*) und Erbse (*Pisum sativum*) nicht identisch sind, besteht doch nach Angaben A. N. Beloserskis und S. Skworzows (1927) zwischen den Phaseolinen der Bohne und den Legumelinen der Erbse zweifellos eine Verwandtschaft. Die Histidin- und Tyrosinmengen in den Phaseolinen sind aus Tabelle 20 ersichtlich.

TABELLE 20 *Der Histidin- und Tyrosingehalt im Eiweiß verschiedener Bohnensorten*
(in Gewichtsprozenten der Trockensubstanz)

Bohnensorte	Histidin	Tyrosin
B. 37	2,27 u. 2,66	2,89
B. 257	2,27	3,16
B. 94	2,77	3,24
B. 47	2,99	3,21
B. 81	2,66 u. 2,99	3,05

Vollkommen gleiche Verhältnisse fand man bei den Legumelinen (Tabelle 21).

TABELLE 21 *Der Histidin- und Tyrosingehalt im Eiweiß verschiedener Erbsensorten*
(in Gewichtsprozenten der Trockensubstanz)

Erbsensorte	Histidin	Tyrosin
A. 6013	2,75	2,0
K. 6022	2,71 u. 2,69	1,73
D. 6018	2,70	2,42
565	3,06	2,95

Interessante Forschungsergebnisse wurden von Tadokoro (zitiert nach M. I. Knjaginitschew, 1936) in den Arbeiten über Oryzenine erzielt, das aus verschiedenen Reissorten gewonnen wurde, die zu zwei sich stark unterscheidenden Gruppen gehören: zum gewöhnlichen Reis (*Oryza sativa L. utilissima Kern.*) und zum kleberhaltigen Reis (*Oryza sativa L. glutinosa Lom.*). Es stellte sich heraus, daß das Oryzenin aus gewöhnlichem Reis (α-Oryzenin) und das β-Oryzenin des Klebreises verschieden reagieren: das α-Oryzenin bindet weniger Silber und mehr Salzsäure als das β-Oryzenin. Dies weist darauf hin, daß im α-Oryzenin weniger freie Carboxyl- und mehr freie Aminogruppen enthalten sind.

In einem gewissen Mißverhältnis hierzu steht, daß die Analysenergebnisse bei Lysin und Histidin stark und bei Arginin wenig auseinandergehen. Auf Grund dieser Analysen muß aber das Übergewicht in den basischen Eigenschaften beim β-Oryzenin liegen. Es ist schwer erklärlich, wodurch dies Mißverhältnis bedingt ist. Im Durchschnitt der sieben untersuchten Proben wurden folgende Verhältnisse zwischen den Aminosäuren des α- und β-Oryzenins festgestellt:

	α-Oryzenin	β-Oryzenin
Monoaminosäuren	100	96
Arginin	80	100
Lysin	56	100
Histidin	100	60

Die Unterschiede zwischen den einzelnen Proben sind nicht groß und man kann deswegen annehmen, daß Tadokoros Analysen tatsächlich die Sachlage richtig widerspiegeln.

M. M. Kurgatnikow (1938) erhielt für die Eiweißstoffe verschiedener Erbsensorten etwas andere Ergebnisse. Diese Eiweißstoffe unterscheiden sich bedeutend voneinander. Die größten Unterschiede zeigen sich im Gehalt an Lysin, Cystin und Dicarbonsäuren. Der Lysingehalt beträgt bei der Markerbsensorte Tschudo Ameriki 797 6,23% und bei anderen Sorten 3,45—4,25%. An Dicarbonsäuren sind enthalten in der rosafarbenen Viktoriaerbse 079 30,09 und 29,88% und in der Markerbse Tschudo Ameriki 797 24,21%.

Nach Angaben M. A. Kudrjawzewas (1938) unterscheiden sich die Sojabohnensorten trotz gleichen Gehalts an Öl, Eiweiß und anderen Stoffen sehr häufig stark in der qualitativen Zusammensetzung dieser Stoffe. Mit der Erforschung der qualitativen Zusammensetzung des Sojabohneneiweißes, des Glycinins, beschäftigten sich Csonka und Jones, die mit kolorimetrischen Methoden Cystin, Tyrosin und Tryptophan in der Sojabohne bestimmten. Ihre Ergebnisse sind in Tabelle 22 angeführt.

Bei einigen Sorten ist der Gehalt der angeführten Aminosäuren im Glycinin ähnlich, jedoch gibt es auch solche Sorten, die sich darin stark unterscheiden.

Die Forscher weisen darauf hin, daß die erhaltenen Unterschiede größer als die möglichen Fehler der Methode sind. Sie nehmen an, daß Glycinin ein kompliziertes Eiweiß ist und aus zwei oder mehreren Globulinen besteht; denn sie erklären die Unterschiede im Gehalt der einzelnen Aminosäuren aus dem verschiedenen relativen Verhältnis der einzelnen Globuline, die zur Fraktion des Glycinins der untersuchten Sorten gehören.

Bisher wurden Analysenergebnisse mitgeteilt, die immer von denselben Forschern nach denselben Methoden erarbeitet worden waren. Jetzt folgen Forschungsergebnisse, die von verschiedenen Forschern aber nach denselben Methoden erzielt worden sind. Dazu muß bemerkt werden, daß die Genauigkeit

TABELLE 22 *Der Aminosäurengehalt im Glycinin verschiedener Sojabohnensorten* (in % des trockenen und aschefreien Eiweißes)

Sorten	Tryptophan	Cystin	Tyrosin	Gesamtstickstoff
Peking	2,03	0,81	3,94	17,18
Illinois	2,84	0,74	4,55	17,74
A. K.	2,26	1,17	4,38	17,41
Manshu	2,36	1,45	4,36	17,28
Virginia	2,28	0,95	4,49	17,43
Shelty mamont	1,89	0,92	4,44	17,30
Haberland	2,24	0,98	4,02	17,13
Denfield	2,20	0,98	4,26	17,37
Daiksi	2,16	0,93	4,22	16,60
Schikita	1,94	1,46	4,31	17,16

der Methoden, die zur Bestimmung der Hexonbasen (Arginin, Histidin und Lysin), der Dicarbonsäuren (Asparagin- und Glutaminsäure) und einiger Monoaminomonocarbonsäuern (Tyrosin und Tryptophan) angewandt werden, so groß ist, daß ein Vergleich der Ergebnisse verschiedener Analytiker durchaus möglich ist. Deshalb werden in den weiteren Ausführungen beim Vergleich der Eiweißzusammensetzung nur Angaben über die genannten Aminosäuren gemacht. Bisweilen erscheinen außerdem Angaben einzelner anderer Aminosäuren, wenn sie mit einem guten Genauigkeitsgrad bestimmt wurden (Prolin, Cystin und einige andere).

Zunächst sei bei den Prolaminen der Getreidearten verweilt. Nach Osborne ist der Gehalt an Diaminosäuren im Weizengliadin niedriger als nach Gortner und Hoffman:

	Osborne %	Gortner und Hoffman (verschiedene Weizenarten) %
Arginin	3,0	6,38—7,90
Histidin	2,2	2,65—5,11
Lysin	1,2	0,57—3,07

Das Eiweiß des Hafers, das Avenin-Prolamin, enthält nach KESTNER folgende Aminosäuremengen:

Glykokoll 1,0%, Alanin 2,0%, Valin 1,8%, Leuzin 15,0%, Asparaginsäure 4,0%, Glutaminsäure 18,4%, Prolin 5,4% und Phenylanalin 3,2%. Im Avenin werden nach der Methode von VAN SLYKE folgende Stickstoffmengen einzelner Aminosäuren gefunden (in Prozent vom Aveningesamtstickstoff, der 17,71 Gewichtsprozent des absolut trockenen Eiweiß ausmacht) (Tabelle 23):

TABELLE 23 *Der Stickstoffgehalt einzelner Aminosäuren im Avenin*

Stickstoff in	Stickstoffgehalt %	Stickstoff in	Stickstoffgehalt %
Ammoniak	21,83	Arginin	6,53
Melanin	1,19	Histidin	2,15
Cystin	3,77	Lysin	0,15

Hieraus errechnet sich der Gehalt der einzelnen Aminosäuren im Eiweiß folgendermaßen:

Arginin 6,3%, Histidin 2,18%, Lysin 0,20% und Cystin 1,38%. Aus den Angaben ist zu ersehen, daß sich das Avenin von den anderen Prolaminen durch den auffälligen Glykollgehalt (1%) stark unterscheidet, während die anderen Merkmale ähnlich sind.

Bedeutend größere Mannigfaltigkeit findet man beim Vergleich anderer Eiweißstoffe. In den Samen einiger Vertreter der Familie *Papilionaceae* wurden verschiedene Globuline gefunden. Sie unterscheiden sich nicht nur durch ihre Löslichkeit in neutralen Salzlösungen verschiedener Konzentrationen (in Samen ein und derselben Art sind bisweilen zwei und mehr Globuline enthalten) sondern auch durch ihre Aminosäurenzusammensetzung, von der die Löslichkeit, der isoelektrische Punkt und alle übrigen Eigenschaften der Eiweißstoffe abhängen (Tabelle 24).

Aus Tabelle 24 ersieht man, daß der Stickstoffgehalt im Reserveeiweiß der Samen der *Papilionaceae* recht bedeutend variiert (von 14,8—18,4%). Dies weist schon auf die qualitativen Unterschiede dieser Eiweißstoffe hin.

Hiervon zeugt auch ihr unterschiedlicher Aminosäuregehalt. Beispielsweise enthalten Erdnuß (*Arachis hypogaea*) und *Astragalus Sieversianus* bei gleichem Stickstoffgehalt in ihrem Eiweiß:

	Erdnuß	*Astragalus Sieversianus*
Arginin . .	13,5	19,95
Lysin . . .	5,0	2,9

Sehr interessant sind auch die Angaben über die Eiweißstoffe in den Blättern verschiedener systematischer Pflanzengruppen. CHIBNALL (1939) hebt hervor, daß der Aminosäuregehalt der Gluteline in den Blättern der systematisch weit entfernten Pflanzen Spinat, Mais, Rhizinus, Meerrettich, Crambe und Bohne sehr ähnlich ist (Tabelle 25).

TABELLE 24 *Der Aminosäurengehalt der Globuline in den Samen von Pflanzen aus der Familie der Papilionaceae*
(in Gewichtsprozenten des Eiweißes)

Art	Eiweiß	N-Gehalt im Eiweiß	Arginin	Histidin	Lysin	Tryptophan
Arachis hypogaea . .	Arachin	18,3	13,5	1,9	5,0	0,9
„ „ . .	Conarachin	18,3	14,6	1,8	6,0	2,1
Soja hispida.	Glycinin	16,9	8,1	1,4	9,1	1,7
Lupinus luteus . . .	Konglutin	—	10,9	2,5	2,7	—
Phaseolus angularis .	Globulin	15,6	5,5	2,3	8,3	1,7
„ „ .	„	16,5	7,0	2,5	8,4	1,0
Phaseolus aureus . .	„	15,7	5,1	3,3	6,1	2,0
„ „ . .	„	16,8	7,5	2,0	9,3	1,2
„ *lunatus* . .	„	15,6	5,7	3,7	7,8	1,9
„ „ . .	„	14,8	5,1	2,6	8,5	2,2
„ *vulgaris* . .	Phaseolin	16,0	6,1	3,3	7,9	0,9
„ „ . .	Conphaseolin	—	6,9	0,9	10,7	2,8
Pisum sativum . . .	Legumin	17,7	11,7	1,7	5,0	1,8
„ „ . . .	Vicilin	17,1	8,9	2,2	5,4	0,2
Vicia sativa	Legumin	18,0	11,1	2,9	4,0	—
Vigna sinensis	Vignin	17,2	7,2	3,1	4,3	1,7
Astragalus Sieversianus	Globulin	18,4	19,95	1,8	2,9	—
Medicago sativa . . .	„	—	9,89	4,82	5,44	—

TABELLE 25 *Der Stickstoffgehalt der Aminosäuren der Gluteline in den Blättern einiger Pflanzen*
(in % des Gesamtstickstoffs)

Stickstoff in	Spinat	Mais	Rhizinus	Meerrettich	Crambe	Bohne
Amidstickstoff	5,6	5,4	5,1	—	—	5,4
Arginin	14,1	14,4	12,9	13,9	—	14,9
Histidin	2,2	2,1	2,2	1,5	—	2,6
Lysin	6,2	6,1	6,5	4,95	—	6,1
Tryptophan	1,7	1,6	1,7	1,8	1,6	1,6
Tyrosin	2,7	2,3	2,6	2,7	2,4	2,5
Cystin	1,4	1,1	1,5	1,45	1,2	1,1
Methionin	1,3	1,3	1,45	1,35	1,2	1,1
Asparaginsäure	5,5	—	5,6	—	—	5,2
Glutaminsäure	6,5	—	6,7	—	—	6,7
(Gesamtstickstoff in % des Trockengewichts)	16,25	14,4	12,55	14,37	15,7	15,85

Auf Grund dieser Zahlen kann man jedoch nicht mit der Ansicht CHIBNALLS ganz einverstanden sein, daß die Gluteline in den Blättern aller angeführten Pflanzen gleich sind: die Unterschiede zwischen dem Histidin- (1,5—2,6% des Gesamtstickstoffs) und dem Cystinstickstoff (1,1—1,5%) sind absolut sehr gering, aber nicht relativ. Außerdem ist der Eiweißgehalt, wenn man den Gesamtstickstoff betrachtet, nicht identisch.

LUGG (1943) macht Angaben über die Stickstoffanteile in den Eiweißstoffen aus den grünen Teilen der Alge *Ulva lactuca*, des Mooses *Lunularia cruciata*, der farnähnlichen *Pteridium aquilinum* und *Selaginella uncinata*. Zur Bestimmung der Anteile des Stickstoffs unterzog man in einzelnen Fällen Präparate des ganzen Gewebes (W) und somit gleichzeitig die extrahierbaren (E) und nicht extrahierbaren (R) Eiweißstoffe der Hydrolyse. Man bestimmte den Amid-, Tyrosin-, Tryptophan-, Cystin- und Methioninstickstoff. Von *Pteridium aquilinum* wurde im Präparat E auch der Arginin-, Histidin- und Lysinstickstoff ermittelt.

Diese Daten sind in Tabelle 26 in Prozent des Gesamtstickstoffs angeführt. Wie leicht zu ersehen ist, ist auch hier die Reihenfolge der Werte dieselbe wie in Tabelle 25. Hier gilt das Gleiche, was über die Eiweißstoffe der Blätter gesagt wurde: trotz scheinbarer Einheitlichkeit unterscheiden sie sich sehr stark; denn die Unterschiede im Gehalt an Tryptophanstickstoff, die bei *Pteridium aqulinum* 1,70%, bei *Selaginella uncinata* 1,43% und bei *Ulca lactuca* 1,01% betragen, können natürlich nicht auf methodischen Fehlern beruhen.

TABELLE 26 *Der Stickstoffgehalt der Aminosäuren in den Eiweißstoffen einiger Kryptogamen* (nach LUGG) (in % des Gesamtstickstoffs)

Art	Eiweiß	Stickstoff						
		Tyrosin	Tryptophan	Cystin	Methionin	Arginin	Histidin	Lysin
Ulva lactuca . . .	W	1,34	1,01	2,2	1,2	—	—	—
Lunularia cruciata	W	2,43	1,70	1,31	1,36	—	—	—
Pteridium aquilinum . . .	E	2,14	1,19	1,16	1,74	15,3	2,4	6,45
Selaginella uncinata	W	2,60	1,43	1,22	1,49	—	—	—

Die in Tabelle 26 angeführten Daten beziehen sich auf die zytoplasmatischen Eiweißstoffe der Blätter. Außer diesen sind in den Blättern bedeutende Eiweißmengen enthalten, die CHIBNALL als „chloroplastisch" bezeichnet. Ein direkter Vergleich dieser Eiweißtypen ein und derselben Pflanzenart wurde bisher nur von CHIBNALL durchgeführt, der Eiweißgemische von verschiedenen Futterpflanzenblättern auf ihre Aminosäurenzusammensetzung hin analysierte. Gemäß diesen Angaben (Tabelle 27) unterscheiden sich die „chloroplastischen" Eiweißstoffe der verschiedenen Arten qualitativ ebenso wie die zytoplastischen, obwohl CHIBNALL in diesem Fall die Eiweißstoffe der Blätter für gleich hält.

Wenn auch diese Zahlen ähnlich erscheinen, muß doch bemerkt werden, daß die Unterschiede im Argininstickstoffgehalt bei *Dactylis glomerata* mit 13,9% und *Poa trivialis* mit 16,4% nicht zufällig sein können, da die angegebenen Werte weit über den möglichen methodischen Fehlern liegen.

Damit seien die Vergleiche der Aminosäurenzusammensetzung abgeschlossen. Man muß jedoch betonen, daß man aus den Zahlenverhältnissen dieser oder jener Eiweißstoffe (Arginin-, Histidin-, Glutaminsäuregehalt usw.), wie wichtig sie auch sein mögen, noch nicht auf die qualitativen Wechselwirkungen dieser Bestandteile schließen kann. Sogar bei völlig gleicher Aminosäurezusammensetzung können die Eiweißstoffe sehr verschieden sein: außerordentliche Bedeutung hat nämlich die Reihenfolge, in der sich die einzelnen Aminosäuren miteinander verbinden. Die Grundlage der Eiweißstoffe bilden Ketten aus Aminosäureresten, die peptidartig verbunden sind:

TABELLE 27 *Der Stickstoffgehalt in den Eiweißstoffen von Futterpflanzenblättern* (in % des Gesamtstickstoffs)

Stickstoff	*Dactylis glomerata*	*Lolium perenne*	*Poa trivialis*	*Lolium italicum*	*Cynosurus cristatus*	*Festuca rubra*	*Festuca duriuscula*	*Phleum pratense*	*Medicago sativa*	*Trifolium repens*	*Trifolium pratense*
Gesamtstickstoff	14,0	13,1	14,0	13,0	14,1	14,4	15,0	13,8	14,4	13,2	12,8
Amidstickstoff	5,3	5,0	5,1	5,0	4,7	5,1	4,8	4,8	5,2	5,7	5,4
Arginin	13,9	15,5	16,4	14,5	15,1	14,3	14,0	14,8	15,1	15,4	14,9
Histidin	2,3	2,3	2,3	2,4	2,6	1,9	2,4	2,4	2,3	1,6	2,9
Lysin	6,2	6,0	5,8	5,2	5,8	5,2	5,8	4,9	7,0	6,6	6,5
Tyrosin	2,3	2,3	2,3	2,2	2,2	2,4	—	—	2,8	2,5	2,5
Tryptophan	1,8	1,8	1,7	1,8	1,8	1,9	—	—	1,9	1,9	1,7
Cystin	1,5	1,4	1,4	1,3	1,5	1,5	—	—	1,3	1,2	1,2
Methionin	1,3	1,2	1,5	1,2	1,4	1,4	—	—	1,3	1,2	1,2
Glutaminsäure	—	7,8	6,8	7,2	—	6,6	—	—	6,4	6,6	—
Asparaginsäure	—	4,9	5,2	5,4	—	4,9	—	—	5,4	4,7	—

$$H_2N\text{—}\underset{\displaystyle R}{\underset{|}{CH}}\text{—CO—NH—}\underset{\displaystyle R_1}{\underset{|}{CH}}\text{—CO} \ldots\text{NH—}\underset{\displaystyle R_{n-1}}{\underset{|}{CH}}\text{—CO—NH—}\underset{\displaystyle R_n}{\underset{|}{CH}}\text{—COOH}$$

Schon bei Dipeptiden, d. h. bei Verbindungen, die nur aus zwei Aminosäuren bestehen, ist es durchaus nicht gleichgültig, welche der beiden Aminosäuren die Carboxyl- und die Aminogruppe enthält. So wurden beispielsweise in unseren Versuchen (Blagowestschenski, 1939) der thermische Koeffizient von Van 't

Hoff Q_{10} und der Koeffizient μ von Arrhenius für die Spaltung des Glycyl-l-leucin (I) und l-Leucylglycin (II) durch Dipeptidase (Erepsin) bestimmt:

I) $H_2N—CH_2—CO—NH—CH—COOH$
$\quad\quad\quad\quad\quad\quad\quad\quad\quad\quad\quad|$
$\quad\quad\quad\quad\quad\quad\quad\quad\quad\quad CH_2—CH(CH_3)_2$

II) $H_2N—CH—CO—NH—CH_2—COOH$
$\quad\quad\quad\quad|$
$\quad\quad\quad CH_2—CH(CH_3)_2$

In verschiedenen Versuchen wurden für jedes Peptid die Konstanten der Spaltungsgeschwindigkeit bei 25 und 35° bestimmt. Die Werte der thermischen Koeffizienten von Van't Hoff und Arrhenius[1]) schwankten auf Grund schwer feststellbarer Ursachen in jedem einzelnen Versuch, aber die Reihenfolge der Werte blieb für jedes Dipeptid streng erhalten, wie aus Tabelle 28 zu ersehen ist.

TABELLE 28 *Die thermischen Koeffizienten der Spaltung des Glycyl-l-leucins und des l-Leucylglycins durch Dipeptidase* (Erepsin)

Dipeptid	k 25°	k 35°	$Q_{10}\ \frac{k_{35}}{k_{25}}$		μ, cal
Glycyl-l-leucin . .	0,00805	0,02040	2,54		
	0,00353	0,00881	2,50		
	0,00850	0,02138	2,51	2,41	16 000
	0,00252	0,00691	2,74		
	0,00533	0,01083	2,03		
l-Leucylglycin . . .	0,00327	0,00439	1,34		
	0,00292	0,00416	1,42	1,43	6 500
	0,00296	0,00453	1,53		

$$k = \frac{2,3}{t} \lg \frac{a}{a - x}$$

$$\mu = \ln Q_{10} \cdot R \cdot \frac{T_1 \cdot T_2}{10}$$

Somit verläuft die Spaltung zweier Dipeptide, die sich nur durch die Stellung der beiden Aminosäuren im Molekül unterscheiden, unter vollkommen verschiedenen energetischen Bedingungen. Um den Zerfall der Peptidbindung im Glycyl-l-leucin herbeizuführen, ist eine bedeutend größere Energiezufuhr als zur Spaltung derselben Bindung im l-Leucylglycin erforderlich. Analoge Verhältnisse findet man auch bei den anderen Dipeptiden. In unseren Untersuchungen konnten wir begründen, daß die thermischen Koeffizienten sowohl der Spaltung der Dipeptide durch Dipeptidasen, wie das Erepsin, als auch der gekeimten Samen der Lupine *Lupinus angustifolius* größer bei denjenigen Dipeptiden sind, deren freie Aminogruppe Bestandteil des Glykokolls ist.

[1]) Eingehendere Behandlung im Kapitel VIII.

Einen gleichen Einfluß auf die qualitativen Merkmale des Eiweißes (die Widerstandsfähigkeit gegen die Wirkung der proteolytischen Fermente bildet zweifellos ein äußerst wichtiges qualitatives Merkmal des Eiweißes) in bezug auf die Verteilung der einzelnen Aminosäurereste kann man auch im Eiweißmolekül finden. In meinen Arbeiten, die 1919 begonnen wurden, konnte ich in der Tat feststellen, daß die Angreifbarkeit verschiedener Eiweißstoffe durch ein und dasselbe proteolytische Ferment bei weitem nicht gleich groß ist. In einigen Fällen wird das Eiweiß überhaupt nicht angegriffen, in anderen Fällen spaltete es je nach Herkunft des Eiweißes stärker oder schwächer auf. Hierbei gelang es mir zu zeigen, daß in denjenigen Fällen, in denen Ferment und Eiweiß ein und derselben Herkunft waren, die Aufspaltung am leichtesten vor sich ging.

Aron und Klempin (1908) und Bialosuknja (1909) beobachteten, daß Präparate proteolytischer Fermente aus Weizen, Roggen und Hafer, die auf die Eiweißstoffe der Getreidearten und der Wicke energisch einwirken, die tierischen Eiweiße überhaupt nicht angreifen. Außerdem wurde festgestellt, daß die Proteasen aus Luzernesamen, die Kasein und Witte-Pepton verdauen, auf Eieralbumin, Molkenalbumin, Legumin und Konglutin nicht einwirken. Von diesen Beobachtungen ging ich aus und stellte 1919 Globulinpräparate aus Samen von *Phaseolus aureus, Lupinus luteus, Cannabis sativa* und *Brassica rapa* her und ließ unter vollkommen gleichen Bedingungen die Fermente einwirken, die aus den Keimen derselben Pflanzen gewonnen wurden (Blagowestschenski, 1919).

Die Ergebnisse dieser Versuche sind in Tabelle 29 dargestellt. Hierin wird die Wirkung jedes Ferments auf sein Eiweiß (d. h. des Cannabis-Ferments auf das Cannabis-Globulin) gleich 100 gesetzt. Aus Tabelle 29 ergibt sich, daß die Wirkung der Fermente auf fremde Eiweißstoffe entweder ganz fehlte oder bedeutend schwächer war.

Im Jahre 1923 setzte ich diese Untersuchungen allerdings mit einer etwas veränderten Methode an den Globulinen und proteolytischen Fermenten von *Phaseolus aureus, Hibiscus esculentus, Cannabis sativa, Dolichos melaophthalmus* und *Lathyrus sinensis* fort.

TABELLE 29 *I. Die Wirkung verschiedener Proteasen auf das Globulin verschiedener Pflanzen*
(in % der Wirkung auf das eigene Eiweiß)

Ferment aus	Globulin			
	Phaseolus aureus	*Lupinus luteus*	*Brassica rapa*	*Cannabis sativa*
Phaseolus aureus	100	38	18	71
Lupinus luteus	72	100	—	38
Brassica rapa	0	73	100	0
Cannabis sativa	0	0	0	100

Die Ergebnisse waren nicht weniger bezeichnend (Tabelle 30).

TABELLE 30 *II. Die Wirkung verschiedener Proteasen auf das Globulin verschiedener Pflanzen*
(in % der Wirkung auf das eigene Eiweiß)

Ferment aus	Globulin				
	Phaseolus aureus	*Dolichos melanophthalmus*	*Cannabis sativa*	*Hibiscus esculentus*	*Lathyrus sinensis*
Phaseolus aureus	100	99	20	57	4
Dolichos melanophthalmus	67	100	—	—	53
Cannabis sativa	—	—	100	44	0
Hibiscus esculentus	—	84	—	100	26

Bei der Veröffentlichung dieser Angaben schrieb ich:

„Obwohl man die angeführten Versuche durchaus als vorläufige betrachten kann, die noch dringend einer Überprüfung und Ergänzung bedürfen, so ist es doch schon klar, daß in allen untersuchten Fällen das eigene Eiweiß energischer als das fremde zersetzt wird. Die nahe systematische Verwandtschaft zwischen den Gattungen *Phaseolus* und *Dolichos* drückt sich deutlich in den Wechselbeziehungen ihrer Fermente und Globuline aus. Die Wirkungsunterschiede hängen sowohl von den Fermenten als auch von den Globulinen ab: ein und dasselbe Ferment wirkt auf die einzelnen Globuline verschieden ein, und ein und dasselbe Globulin wird von den einzelnen Fermenten verschieden stark aufgespalten. Wenn diese vielmals beobachtete Regelmäßigkeit bei weiteren Untersuchungen bestätigt wird, so kann der Gedanke von Roaf (1909) über den Zusammenhang zwischen artspezifischem Ferment und der phylogenetischen Entwicklungsstufe des Organismus eine völlig andere Richtung erhalten. Es wird nämlich statthaft sein, anzunehmen, daß sowohl die Fermente als auch die Eiweißstoffe eine bestimmte Evolution durchmachen, die die Struktur der Zelle tiefgehend verändert und damit die Evolution der physiologischen Eigenschaften der Pflanze oder des Tieres bedingt. Die in letzter Zeit entstandene vergleichende Physiologie zwingt immer mehr dazu anzunehmen, daß zwischen den physiologischen Eigenschaften und der Form des Organismus ein enger Zusammenhang besteht. Infolgedessen konnte die Frage der Entstehung neuer systematischer Einheiten schließlich anscheinend auf die rein chemische Frage der Evolution der in das Protoplasma und in den Kern eintretenden Eiweißstoffe und anderer Stoffe zurückgeführt werden" (Blagowestschenski, 1923 und 1924).

Weitere Untersuchungen ergaben in der Tat etliche Beweise zur Bekräftigung und Entwicklung der damals von mit geäußerten Ansichten. In demselben Jahr 1919, als meine erste Arbeit erschien, veröffentlichte E. A. Fischer seine Untersuchungen, die mir unter den damaligen Umständen nicht bekannt waren. In dieser Untersuchung zeigte E. A. Fischer, daß die Fermente der vegetativen Teile der Erbse das Legumin aus den Samen der Erbse sehr leicht und die Eiweißstoffe aus den Samen anderer Pflanzen schwerer hydrolysierten. Im Jahre 1934 bearbeitete ich gemeinsam mit R. M. Melamed dieselbe Frage. Wir richteten die Aufmerksamkeit auf die Spaltung des einen oder anderen Substrats durch Fermente verschiedener Herkunft und zeigten, daß die gewöhnlich untersuchten Fermente wie Casein (für Kathepsin oder Papain), Pepton (für katheptische Polypeptidase und Aminopolypeptidase) und Glycylglycin (für die Dipeptidase) durch Präparate verschiedener Herkunft nicht gleich intensiv aufgespalten werden (Tabelle 31).

TABELLE 31 *Die relative Aktivität der proteolytischen Fermente in den Samen verschiedener Pflanzen* (in % der größten Wirkung)

Pflanze, aus der das Ferment gewonnen wurde	Kathepsin	Katheptische Poly-peptidase	Dipeptidase
Phaseolus vulgaris . .	33	56	45
Vicia sativa	100	—	56
Soja hispida.	67	100	2
Brassica rapa . . .	22	94	10
Thlaspi arvense . . .	33	44	11
Ricinus communis . .	78	78	100

Da die proteolytischen Fermente selbst Eiweißstoffe sind, kann man deutlich sehen, wie diese Eiweiß-Fermente sich in den verschiedenen Pflanzen voneinander unterscheiden. Man kann sich leicht davon überzeugen, daß diese Eiweiß-Fermente einen verschiedenen Aufbau haben müssen, obwohl sie chemisch die gleiche Eiweißreaktion besitzen; denn die bestimmte Anordnung der Aminosäurereste in den Molekülen äußert sich in ihrer artspezifischen Wirkung.

Die spezifische Wirkung, die durch den Molekülaufbau des Eiweißferments bedingt ist, zeigt sich nicht nur in den verschiedenen Geschwindigkeiten, mit denen die Aufspaltung der Substrate vor sich geht, sondern auch darin, daß eine Aktivierung des Spaltungsprozesses der Peptidbindungen eine unterschiedliche Energiemenge erfordert. In einer gemeinsamen Arbeit mit N. A. Kudrjaschowa (1944) gelang es uns zu zeigen, daß Präparate von Papain, Trypsin und eines von uns aus keimenden Samen des *Phaseolus aureus* gewonnenen Papains die Aktivierungenergie zur Aufspaltung folgender Eiweißstoffe auf verschiedene Art und Weise senkten:

Amandin der Mandel (*Amygdalus communis*),
Phaseolin der Bohne (*Phaseolus vulgaris*),
Gliadin des Weizens (*Triticum vulgare*),
Glycinin der Sojabohne (*Soja hispida*),
Casein und Gelatine.

Wie aus Tabelle 32 zu ersehen ist, differieren die Werte des Koeffizienten μ von Arrhenius, die aus der Gleichung $\mu = \ln Q \cdot R \cdot \frac{T_1 \cdot T_2}{T_2 - T_1}$ berechnet und in kleinen Kalorien pro Mol gemessen wurden, bei der Wirkung ein und desselben Ferments auf verschiedene Eiweißstoffe sehr stark. Diese Differenzen sind, wie die von mir schon erwähnten Versuche mit Dipeptidase zeigten, offenbar durch die Reihenfolge bedingt, in der die einzelnen Glieder der Polypeptidketten untereinander verbunden sind.

TABELLE 32 *Die Werte des Koeffizienten von* ARRHENIUS *für die Aufspaltung der Eiweißstoffe durch Fermente* (in cal/mol)

Eiweiß	Papain	Trypsin	Papainase aus *Phaseolus aureus*
Gelatine .	7500	5700	—
Casein .	5300	9400	—
Edestin .	6000	6800	—
Gliadin .	4900	—	14 600
Phaseolin .	wirkungslos	6700	9 600
Amandin .	6800	—	—

Die Eiweißqualität kann nicht nur mit der verschiedenen Anordnung der Aminosäuren im Eiweißmolekül zusammenhängen. Es ist durchaus möglich, daß bei einem gleichen Prozentgehalt an einzelnen Aminosäuren im Molekül und bei deren gleichmäßiger Anordnung die Eiweißstoffe trotzdem verschieden sein können. In der Tat ergeben die Berechnungen des Molekulargewichtes der einzelnen Eiweißkörper aus dem Gehalt an diesen oder jenen Aminosäuren gewöhnlich nur minimale Werte: das tatsächliche Molekulargewicht, das durch physikalische Methoden, beispielsweise mittels der Ultrazentrifuge bestimmt wurde, übersteigt häufig die Berechnungen um ein vielfaches. So ergibt beispielsweise eine Analyse des Edestins einen Gehalt an Serin von 0,3%. Das Molekulargewicht dieser Aminosäure beträgt 106,06. Hiermit ist das Molekulargewicht des Eiweißes, unter der Voraussetzung, daß ein Molekül, und zwar nur ein Molekül des Serins hinzutritt, gleich $\frac{106{,}06}{8{,}3} \times 100 = 35\,353$. Die Bestimmungen von Svedberg ergaben aber für Edestin ein Molekulargewicht von 303 000, d. h. im Molekül dieses Eiweißkörpers müssen wenigstens 9 Moleküle Serin enthalten sein. Es ist außerordentlich interessant, daß eine Bestimmung des Molekulargewichtes des Edestins mittels einer Messung des osmotischen Druckes in einer 6,66 molaren Lösung von Harnstoff 49,500 ergibt, wobei natürlich die Aminosäurezusammensetzung dieselbe bleibt. Mit anderen Worten, es kommt ein und derselbe Eiweißstoff in zwei Aggregatzuständen vor, die sich zweifellos qualitativ voneinander unterscheiden.

Wenn man die Bilanz daraus zieht, was uns über die qualitative Veränderlichkeit der Eiweißkörper bekannt ist, muß man als sicher feststehend annehmen, daß sogar dort, wo die Mengen ein und dieselben oder sehr nahestehend sind, die Qualität dieser Eiweißstoffe, sowohl in bezug auf die verschiedenen relativen Mengen an einzelnen Aminosäuren, als auch in ihrer gegenseitigen Anordnung, wie auch der Größe des Eiweißmoleküls nach, völlig verschieden sein kann. Man kann behaupten, daß jede Pflanzenart eigene Eiweißstoffe haben kann, die sich von den anderen Eiweißarten qualitativ unterscheiden. Die große Zahl an Tatsachen, die von der Immunchemie angesammelt wurden und von der arteigenen und gruppenmäßigen Spezifität der Eiweißstoffe zeugen, bestätigen diesen Gesichtspunkt vollkommen.

DIE ALKALOIDE

„Eine besondere Beachtung verdienen die allgemeinen chemischen und physikalischen Eigenschaften der Alkaloide von Pflanzen, die zu einer botanischen Familie gehören. Wenn wir die Eigenschaften derartiger Alkaloide betrachten, werden wir unvermeidlich zu der Schlußfolgerung kommen müssen, daß sie das Ergebnis eines genetischen Zusammenhanges zwischen den Pflanzen sind, die die Alkaloide erzeugen."

E. A. SCHAZKI. Die Lehre über die pflanzlichen Alkaloide, Glykoside und Ptomaine. 1889.

Wie schon gezeigt wurde, sind die quantitativen Unterschiede des Gehalts an Alkaloiden bei den einzelnen alkaloidhaltigen Pflanzen außerordentlich groß. Jedoch sind die Zeichen der qualitativen Veränderlichkeit bedeutend interessanter, die in den einzelnen Gruppen deutlich in Erscheinung treten. Das bekannteste Beispiel einer solchen Anpassung stellt die Fähigkeit der Vertreter der Familie des Mohnes (Papaverazeen) dar, Alkaloide der Morphingruppe zu erzeugen, eine Fähigkeit, die anderen Pflanzengruppen fehlt. Ein typisches Alkaloid dieser Gruppe ist das im Opium enthaltene Morphin, dessen Aufbau sich in hohem Maße kompliziert erwies.

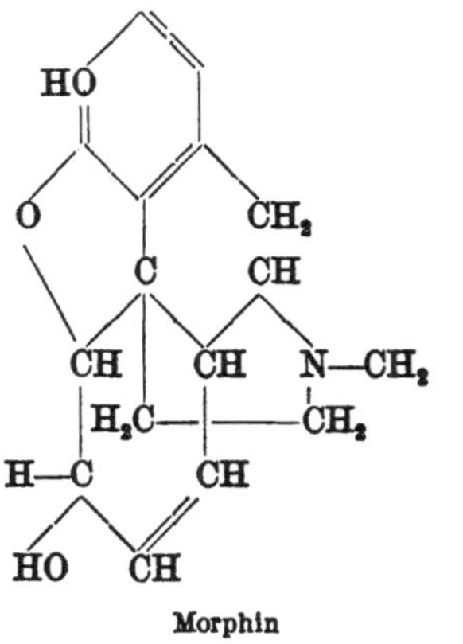

Morphin

Sowohl Morphin, als auch sein ortho-Methyläther, das Kodein, wurden bisher nur in Opiumpräparaten aus *Papaver somniferum* gefunden. Hinweise auf ihr Vorkommen in anderen Pflanzen (beispielsweise in *Argemone mexicana* und in *Escholtzia californica*) erwiesen sich bei einer Überprüfung als nicht der Wirklichkeit entsprechend. Jedoch wurde das dem Morphium und dem

Kodein im Aufbau ähnliche Thebain (ein Dimethyläther des Morphins) außer im *Papaver somniferum* in einer nahestehenden Art — dem *Papaver orientale* gefunden. Beim *Papaver rhoeas* und beim *Papaver hybridum* wurde das Alkaloid Rhöadin $C_{21}H_{21}NO_6$ in sehr geringen Mengen angetroffen, das gleichfalls auch aus dem Opium gewonnen wurde. In *Papaver dubium* wurde Aporein $C_{11}H_{16}NO_2$ gefunden. In *Papaver hybridum* existiert außer Rhöadin ein zweites Alkaloid unbekannter Zusammensetzung. *Papaver Armeniacum* enthält Armepavin $C_{19}H_{23}NO_2$, das gleichfalls im *Papaver foribundum* gefunden wurde, wo außer ihm noch Floripavin $C_{19}H_{21}NO_4$ und Floribundin $C_{18}H_{19}NO_2$ gefunden wurde. Leider ist der Aufbau dieser Alkaloide noch unbekannt.

Neben Morphin und seinen Verbindungen wurden im Opium auch andere Alkaloide gefunden. Ein Teil von diesen hat einen sekundären Ursprung und wird erst im Prozeß der technologischen Verarbeitung des Opiums gebildet, der andere Teil wurde zweifellos in der Pflanze umgebildet. Zu den letzteren gehören: erstens die Verbindungen des Benzyltetrahydroisochinolins: Papaverin $C_{20}H_{21}NO_4$, Narkotin $C_{22}H_{20}NO_4$, Narzein $C_{20}H_{22}NO_8$, Laudanosin $C_{21}H_{27}NO_4$, Laudanin $C_{20}H_{25}NO_4$, Laudanidin $C_{20}H_{22}NO_4$ und Kodamin $C_{21}H_{22}NO_4$; zweitens die Alkaloide der Aporphingruppe. d. h. diejenigen, die als Basis eine Gruppierung haben, die unten abgebildet ist, und zwar die des Isothebains $C_{11}H_{21}NO_3$.

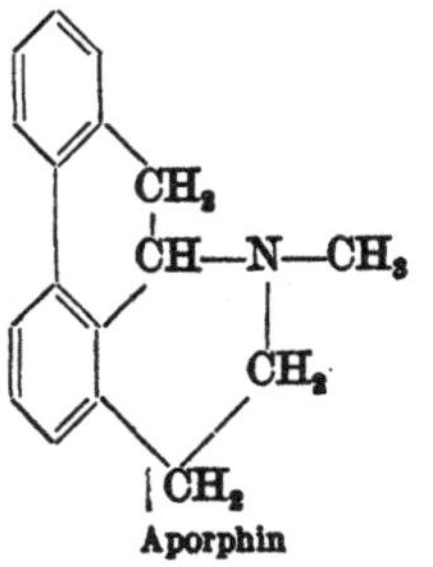

Aporphin

Ein genetischer Zusammenhang der aufgezählten Alkaloide untereinander ist sicher: die Unterschiede äußern sich vor allem in der Anzahl und Stellung der Oxy- und der Oxymethylgruppen. Nur das Narzein weicht etwas ab, da bei ihm ein Bruch des Isochinolinringes und ein Vorkommen zweier Methylgruppen am Stickstoff festgestellt wurde.

Es ist interessant, daß zu den soeben behandelten Alkaloiden sehr nahestehende Verbindungen des Benzyltetrahydroisochinolins anderen Arten der Familie der Papaverazeen und der mit dieser eng verwandten Familie der Fumariazeen festgestellt wurden. So wurden beispielsweise bei *Dicentra cucculаria, Corydalis sempervirens, Corydalis aurea* und bei *Adlumia fungosa* Bikukullin $C_{20}H_{17}NO_6$ gefunden, das sich in seinem Aufbau von dem von *Hydrastis canadensis* (der Familie der Ranunculazeen) ausgeschiedenem Hydrastin nur dadurch unterscheidet, daß beim Bikukullin zwei Oxymethylgruppen des Hydrastins durch eine Dioxymethylengruppe ersetzt sind. Bei derselben

Dicentra cucullaria, aber auch bei *Corydalis sempervirens* und bei *Corydalis aura* wurde das Alkaloid Bikuzin $C_{20}H_{11}NO_7$ gefunden, das sich vom Bikukullin durch eine freie Karboxylgruppe an der Stelle einer Anhydridgruppe unterscheidet. Bei *Adlumia fungosa* wurde das Alkaloid Adlumin $C_{21}H_4NO_6$ gefunden, das sich vom Hydrastin dadurch unterscheidet, daß bei ihnen die Oxymethyl- und die Dioxymethylgruppe die Plätze tauschten.

Außerhalb der Grenzen der Familien der Papaverazeen und der Fumariazeen und der ihnen außerordentlich nahestehenden Gattung *Hydrastis* wurde ein Alkaloid von einem ähnlichen Aufbau nur bei der japanischen Pflanze *Cocculus laurifolius* aus der Familie der Menispermazeen gefunden. Es wurde Coclaurin benannt und hat die Zusammensetzung $C_{17}H_{19}NO_3$.

Die Alkaloide der Aporphingruppe, die bei *Papaver somniferum* als Isothebain dargestellt wurden, sind im Gegensatz zu den Alkaloiden der Morphingruppe bedeutend weiter verbreitet und kommen nicht nur unter den Papaverazeen vor, sondern auch bei den ihnen ziemlich entfernten Monimiazeen und bei den Laurazeen. Unter der mohnfarbigen *Rhoeadiflora* wurde in *Dicentra canadensis* und *Corydalis cava* Bulbocapnin $C_{19}H_{19}NO_4$ und in *Corydalis cava* und *Dicentra formosa* das Koryturbin $C_{13}H_{21}NO_4$ (+5 H_2O) gebildet. In derselben *Corydalis cava*, aber auch bei *Coradalis ternata* wurde Isokorydin gebildet. Die Formel dieser Verbindungen ist ein und dieselbe — $C_{20}H_{23}NO_4$, der Aufbau aber ist verschieden:

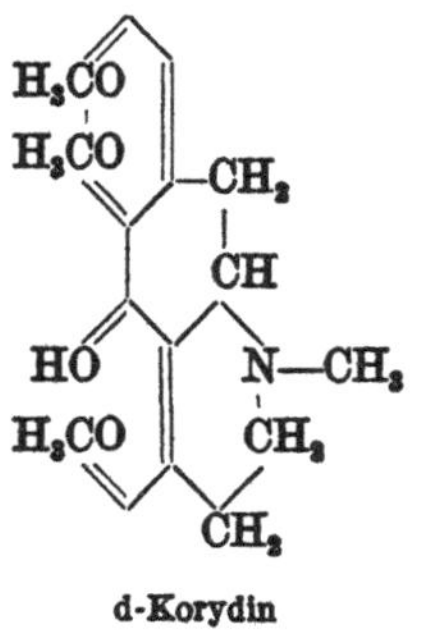

d-Korydin

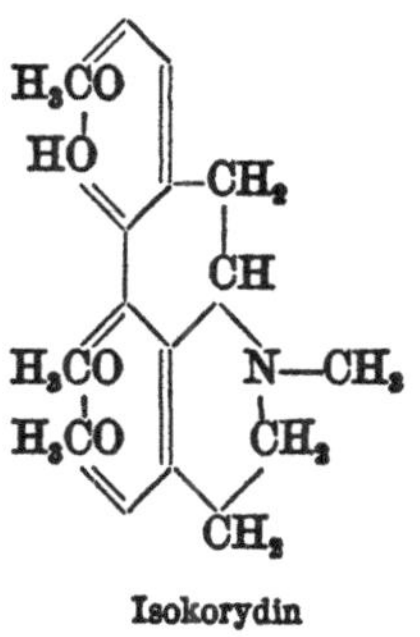

Isokorydin

In den oberirdischen Teilen von *Glaucium luteum*, aber auch bei den Arten *Dicentra eximia*, *Dicentra oregana* und bei *Dicentra formosa* wurde Glauzin $C_{21}H_{25}NO_4$ gefunden, für verschiedene Dizentraarten (*Dicentra formosa*, *Dicentra pulsilla*, *Dicentra eximia* und *Dicentra oregana*) ist das spezifische Alkaloid Dizentrin $C_{20}H_{21}NO_4$ eigentümlich, das im Aufbau und in den Eigenschaften dem Glauzin sehr ähnlich ist. In der Familie der Laurazeen wurden die Alkaloide dieser Gruppe in verschiedenen Arten gefunden. Beispielsweise wurde in *Litsea citrata* und einigen anderen Vertretern dieser Familie Lauro- tetanin $C_{19}H_{21}NO_4$ und in *Actinodaphne* in *Hookeri* — Actinodaphnin $C_{17}H_{19}NO_4$ gefunden. In der Familie der Monimiazeen wurde in *Boldus fragrans* (= *Pneumus boldus*) Boldin $C_{19}H_{17}NO_4$ und in *Laurelia Novae Zealandiae*—Laurelin $C_{19}H_{19}NO_3$, Laurepuzin $C_{18}H_{17}NO_4$ und Puzatein $C_{18}H_{17}NO_3$ gefunden.

Durch die aufgezählten Alkaloide ist jedoch die Unterschiedlichkeit dieser Verbindungen bei den verschiedenen Vertretern der Papaverazeen und der Fumariazeen nicht erschöpft. Die Verbindungen des Diisochinolins sind ebenso reich in ihnen vertreten, besonders in der in dieser Hinsicht gut erforschten *Corydalis cava*, in der außer Korydalin $C_{22}H_{27}NO_4$ Palmatin, Koptisin, Isokorypalmitin, Korylpalmin, 2,9-Dioxy-3,10-o-Dimethoxyprotoberberin, Koribulbin, Isokoribulbin und Kanadin gefunden wurden. Letzteres ist in seinen chemischen Eigenschaften nichts anderes, als eine linksdrehende Form des Tetrahydroberberins. Es wurde außer in *Corydalis cava* in *Hydrastis canadensis* (Ranunculazeen) und *Xanthoxylum brachyacanthum* (Rutazeen) gefunden.

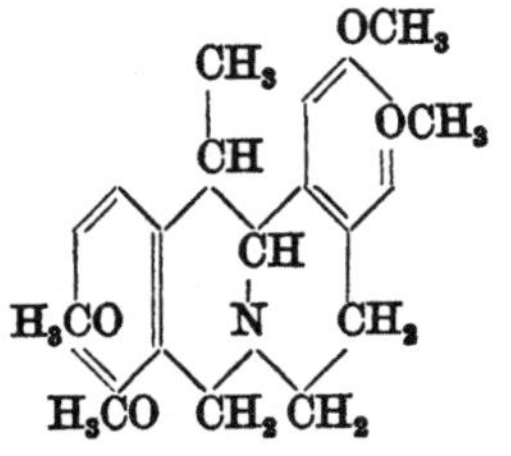

Korydalin

Im Typ ähnliche Alkaloide wurden noch in drei weiteren Familien gefunden und zwar: in den Ranunkulazeen, den Berberidazeen und den Menispermazeen. Am meisten erforscht von allen diesen Alkaloiden ist zweifellos das Berberin $C_{20}H_{18}NO_4(OH)$, das unter den Ranunculazeen in *Coptis trifolia, Coptis tecta, Hydrastis canadensis* und *Xanthoriza*; unter den Berberidazeen in *Berberis aquifolium, Berberis buxifolia, Berberis glauca, Berberis athonsis, Berberis nervosa, Berberis Thunbergii, Berberis heteropoda* und in *Nandina domestica* sowie in der Familie der Menispermazeen in *Coscinium fenestratum, Archangelisia flava* und *Archangelisia lemniscata* gefunden wurde. Berberin wurde auch in *Xanthoxylon clava Herckli* (Familie der Xanthoxylazeen) gefunden. Der Aufbau des Berberins wird durch die Formel ausgedrückt:

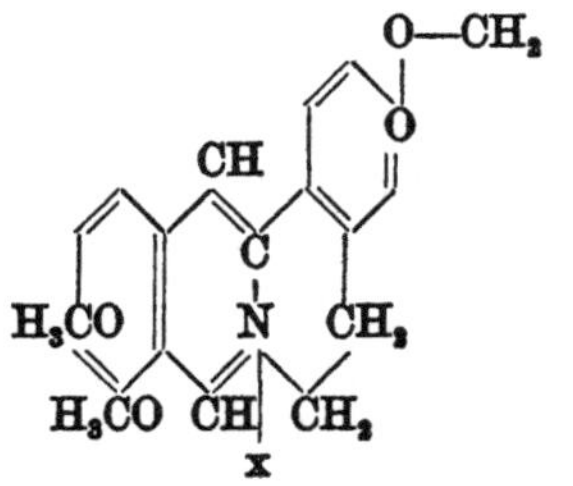

Berberin

Das vorher erwähnte Palmatin wurde in den Wurzelstöcken von *Jatrorhiza Columbo* (Mensispermazeen), wie auch bei *Berberis Thunebergii* und bei *Berberis heteropoda* (Berberidazeen), bei *Coptis japonica* (Ranunkulazeen) und *Phellodendron amurense* (Rutazeen) festgestellt. In *Jatrorhiza Columbo, Berberis vulgaris, Berberis Thunebergii* und *Berberis heteropoda* wurden die Komponenten des Berberins Jatrorhizin $C_{20}H_{20}NO_4(OH)$ und das Kolumbalin $C_{20}H_{20}NO_4(OH)$ gefunden, die sich voneinander nur durch die Plätze der benachbarten Oxymethyl- und Hydroxylgruppen unterscheiden. Schließlich wurde noch bei einem Vertreter der Menispermazeen, und zwar bei *Sinomenium acutum* ein Alkaloid, das Sinaktin $C_{20}H_{21}NO_4$ gefunden, dessen Aufbau auch auf seine Verwandtschaft mit dem Berberin hinweist:

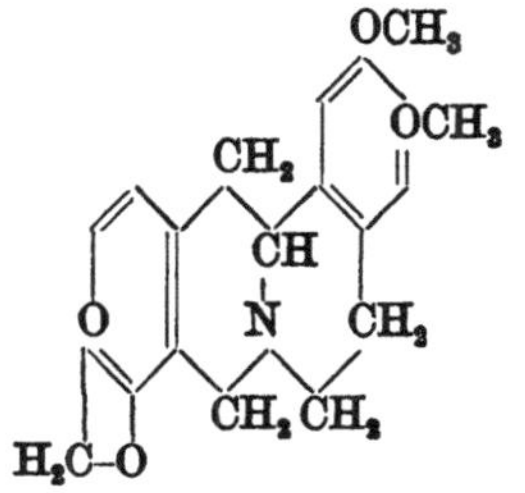

Sinaktin

Außer den in der Familie der Papaverazeen genannten Alkaloiden, kommen noch Alkaloide der Gruppen des Chelidonins vor, die vor allem beim *Chelidonium majus* gefunden wurden. Ein typisches Alkaloid dieser Gruppe, das Chelidonin $C_{20}H_{19}NO_5$ wurde in *Chelidonium majus* und in *Stylophorum diphyllum* gefunden; die ihm nahestehende Hämochelidonin in *Chelidonium majus*, das Sanguinarin in den Wurzeln der *Sanguinaria canadensis*, aber auch in *Chelidonium majus, Stylophorum diphyllum*, in *Eschholtzia californica*, in

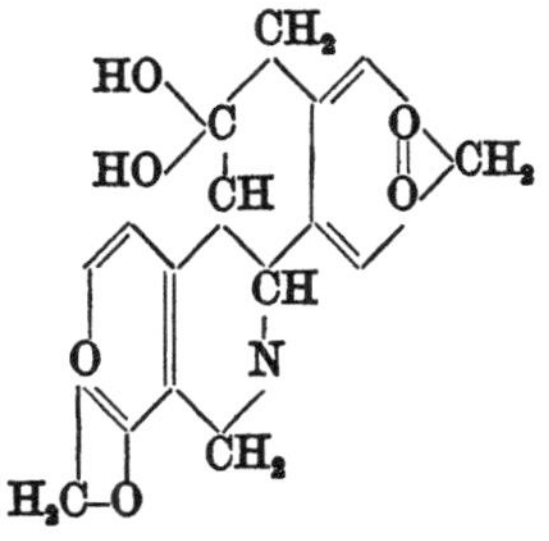

Chelidonin

Bocconia cordata und in *Glaucium luteum*, das Cheleritrin in den Wurzeln von *Chelidonium majus* und in den gleichen Pflanzen wie das Sanguinarin. In *Chelidonium majus* wurde Oxymethylchelidonin gefunden.

Die interessanten Verbindungen des zehngliedrigen Ringes des Kryptopintyps und ihnen nahestehender Alkaloide bilden die nächste Gruppe der Alkaloide der Familie der Papaverazeen. Außer Kryptopin $C_{21}H_{23}NO_5$, das im Opium von *Papaver somniferum* gefunden wurde, zählt zu dieser Gruppe das Protopin $C_{20}H_{19}NO_5$ mit einer weiteren Verbreitung unter den Papaverazeen und den Fumariazeen (es wurde bei verschiedenen Vertretern der Familien *Papaver, Chelidonium, Dicentra, Corydalis, Argemone, Eschholtzia, Sanguinaria, Bocconia, Glaucium, Adlumia, Stylophorum* und *Fumaria* gefunden). Hierher gehört auch das Allokryptopin, das Karykavin, das Korykavilin und das Korykavidin, die bei den Arten *Chelidonium, Sanguinaria, Bocconia, Eschholtzia, Adlumia* und *Dicentra* gefunden wurden. Außer bei den Papaverazeen wurde Allokryptopin in *Xanthoxylon brachyacanthum* unter den Rutazeen gefunden. Der Aufbau des Protopins, aus dem auch alle übrigen Verbindungen dieses Typs abgeleitet werden, ist folgender:

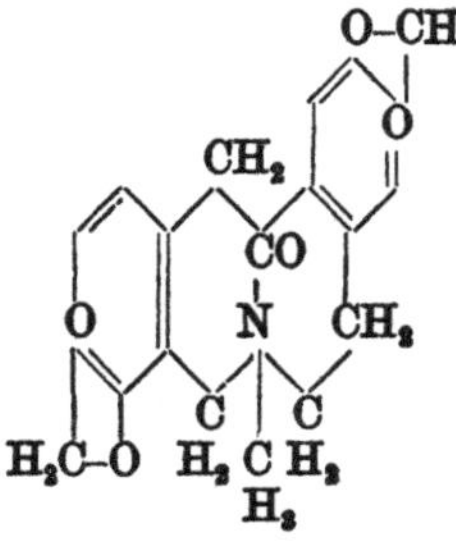

Protopin

Als selbständige Alkaloide aus der Isochinolinreihe wurden ätherartige bimolekulare Basen der Gruppe des sogenannten Oxyakanthins $C_{17}H_{40}N_2O_6$ in der Familie der Menispermazeen gefunden. Dieses Alkaloid wurde in vielen Arten der Gattung Berberis (*Berberis vulgaris, Berberis aquifolia, Berberis heteropoda* u. a.) gefunden, sowie das ihm isomere Berbamin. Der Aufbau des Berbamins ist noch nicht endgültig geklärt, ebenso wie auch der des dem Oxyakanthin nahestehenden Trilobins $C_{36}H_{36}N_2O_4$, das in *Coccolus trilobus* und in *Coccolus sarmentosus* (Familie der Menispermazeen) gefunden wurde, und des mit ihm isomeren Isotrilobins. Das Oxyakanthin hat folgenden Aufbau:

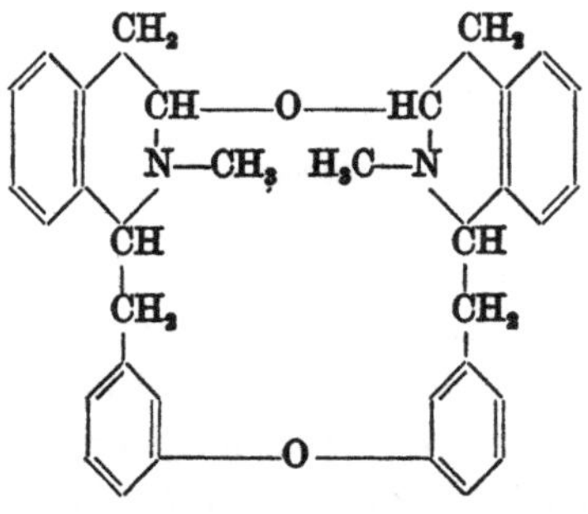

Oxyakanthin

Verbindungen des Oxyakanthins wurden in *Phaeacanthus ebracteolatus* (Pheantin), *Stephania tetrandra* (Tetrandrin), *Cisampelos insularis* (Insularin), *Cocculus sarmentosus* (Menisarin) und anderen Vertretern der Menispermazeen gefunden.

Bemerkenswert ist, daß alle aufgeführten Alkaloide, Verbindungen des Isochinolins und in ihrem Aufbau einander überaus ähnlich, aus Pflanzen isoliert wurden, die sich systematisch sehr nahe stehen. Tatsächlich ruft die Ähnlichkeit der Papaverazeen, Fumariazeen, Berberidazeen, Ranunculazeen, wie auch der Laurazeen und der Monimiazeen keinerlei Zweifel hervor. Alle gehören zu den Ordnungen *Ranales* (Ranunkulazeen), *Laurales* (Monimiazeen, Laurazeen), *Berberidales* (Berberidazeen, Menispermazeen), *Rhoeadales* (Papaverazeen, Fumariazeen). N. I. Kusnezow (1936) vereinigt diese Ordnungen zu der Unterklasse *Polycarpicae* der Klasse *Protoanthophyta*, indem er hierzu die Pflanzen mit größtenteils vielgliedrigen und unbestimmt gliedrigen, azyklischen oder hemizyklischen Blüten (mit einem allmählichen Übergang zu einem Euzyklismus) mit einem im Typ vielgliedrigen apokarpen Gynäzeum mit allmählichem Übergang zur Synkarpie zusammenfaßt. Alle diese Pflanzen zeigen Anlagen zur Insektenbestäubung, weshalb ihre Blüten größtenteils doppeltgeschlechtlich, groß und mit einem grellen, gut entwickelten Blütenstande versehen sind.

Die Ordnung *Ranales*, zu der die Ranunkulazeen gehören, ist ein uralter, archaischer, phylogenetisch den fossilen Bennetitalen nahestehender Typ. Die Ordnung der *Rhoeadales* stellt nach N. I. Kusnezow eine weitere Entwicklung und Vervollkommnung der Ordnung der *Ranales*, mit einer Bildung von zyklischen Blüten, deutlich ausgeprägten, schon teilbaren Beziehungen und mit einem Wechsel der Organe dar. Die Blüten sind bei ihnen jedoch größtenteils nach dem zweifachen oder nach dem vierfachen Typ angelegt und noch nicht fünfzyklisch, sondern vielzyklisch (unbestimmt zyklisch). Etwas abseits steht die Familie der Rutazeen, zu der die Pflanzen gehören, die die Alkaloide der untersuchten Gruppe enthielten. Jedoch ist gemäß dem Schema von Hallir (siehe Kusnezow, 1936) die Ordnung der *Terebinthales*, zu der die Rutazeen gehören, nicht so weit von den *Polycarpicae* entfernt, da sie mit diesen durch die *Hamamelidales* und *Rosales* in Beziehung stehen. Da wir nicht weiter bei der Charakteristik der Familien verweilen wollen, die Alkaloide mit Isochinolinkernen enthalten, wollen wir nur feststellen, daß alle diese Familien zweifellos sehr alt und stark spezialisiert sind.

Außerhalb der Gruppe der soeben behandelten Pflanzenfamilien wurden die Komponenten des Isochinolins in den Familien der Kaktazeen und der Chenopodiazeen gefunden. Beide zählen zur Ordnung der Zentrospermen. Charakteristisch ist für sie, daß im allgemeinen bei der Mehrzahl ihrer Vertreter die Alkaloide fehlen. Bei den Kakteen kommen sie nur bei der Gruppe *Anhalonium* der Gattung *Echinocactus* und bei den Chenopodiazeen in der Gattung *Salsola* vor. In *Anhalonium Lewinii* und *Anhalonium fussuratum* wurden Anhalonin $C_{12}H_{15}NO_3$, Anhalamin, Anhalonidin, Pellodin und Zophophorin und in *Salsola*

Richteri Salsolin, $C_{11}H_{15}NO_2$, und Salsolidin gefunden. Der Aufbau des Anhalonins und des Salsolins ist aus nachfolgenden Formeln zu ersehen:

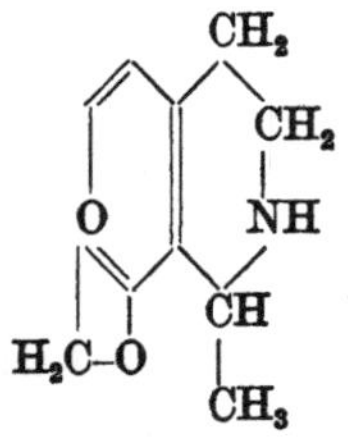

Anhalonin

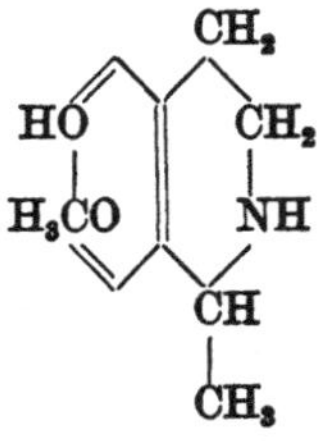

Salsolin

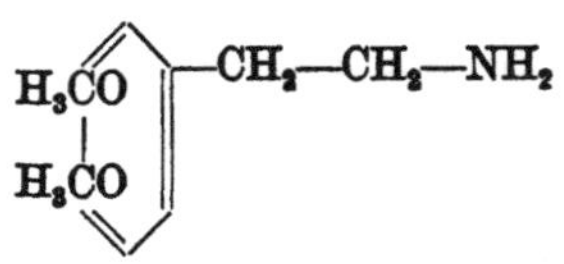

Meskalin

Aus den Aufbauformeln ist leicht zu ersehen, daß diese Alkaloide die einfachsten Glieder dieser Gruppe von Alkaloiden darstellen und das zu ihnen gewöhnlich hinzugezählte Meskalin keinen heterozyklischen Kern bildet und der Struktur nach eher zu den Aminen gerechnet werden muß. Nach den Angaben von A. P. Orjechow hat dieser Unterschied jedoch eher einen formellen Charakter, da Meskalin genetisch mit den übrigen Alkaloiden dieser Reihen zusammenhängt. Das Auffinden solcher einfacher Alkaloide bei den Vertretern von Familien, deren Mehrzahl der Glieder Alkaloide überhaupt nicht bilden, ist außerordentlich interessant.

Bei den Chenopodiazeen wurden außer den Verbindungen der Isochinolinreihe Alkaloide eines vollkommen anderen, aber gleichfalls eines verhältnismäßig einfachen Typs gefunden. Ich meine das im Jahre 1929 von A. P. Orjechow im mittelasiatischen Wüstensalzkraut (*Anabasis aphylla*) gefundene Anabasin $C_{10}H_{14}N_2$, eine bizyklische Komponente, die zwei nicht kondensierte Piperidinringe enthält und im Aufbau ein α-Piperidin-β-Pyridin ist. Alkaloide eines derartigen Aufbaues, d. h. mit zwei unkondensierten heterozyklischen Ringen, sind sehr selten und wurden nur noch bei den zur Familie der Papilionazeen gehörenden und in der Wüste Kara-Kum vorkommenden *Ammodendron Conollyi* und bei dem zu einem ganz anderen Abschnitt der Pflanzenwelt gehörenden Vertreter der Familie der Solanazeen des Tabaks (*Nicotiana tabacum, Nicotiana rustica* und andere Arten) festgestellt. In *Ammodendron* wurde das Alkaloid Ammodendrin $C_{12}H_{20}N_2O$-N — eine Acetylverbindung des α-β-Piperidins gefunden. Der Aufbau des Ammodendrins ist endgültig nicht festgestellt. Der Aufbau des Nikotins des Tabaks ist gut bekannt und wird durch nachfolgende Formel ausgedrückt:

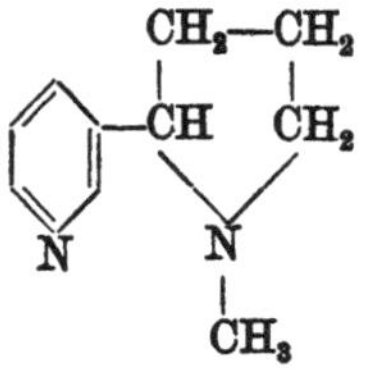

Nikotin

Neben Nikotin wurde im Tabak Anabasin und neben Ammodendrin in *Ammodendron conollyi* noch ein Alkaloid, das Pachykarpin gefunden, das auch bei anderen Vertretern der Papilionazeen, und zwar bei *Sophora pachycarpa, Sophora Massagetowi, Thermopsis lanceolata* und bei *Cytisus caucasicus* festgestellt wurde. Das Pachykarpin $C_{15}H_{26}N_2$ hat einen komplizierteren Aufbau als das Ammodendrin, aber nach Ansicht von A. P. Orjechow vollzieht sich wahrscheinlich ein Übergang eines strukturellen Typs in den anderen, da die Verhältniszahl beider Alkaloide sich während der Vegetationszeit der Pflanze stark ändert. Uns scheint es, daß ein derartiger Übergang kaum möglich ist, das ist im Grunde genommen auch nicht so wichtig, da das Pachykarpin zu einer völlig anderen Reihe der Alkaloide gehört, und einen dem Spartein ähnlichen Aufbau besitzt. Diese beiden Verbindungen unterscheiden sich auch nur durch ihre optische Drehung: $[\alpha]_D$ ist für Spartein —5,4° und für Pachykarpin +5,4°. Interessant dagegen erscheint uns, daß Anabasin, Nikotin und Ammodendrin alle drei von verhältnismäßig sehr einfacher Konstruktion, in voneinander ziemlich entfernten Familien gefunden wurden. Derartige Fälle sind für komplizierte Alkaloide unbekannt.

Die Alkaloide, die gewissermaßen Splitter des Nikotins und des Anabasins, und sicherlich ihre Vorgänger, nämlich die monozyklischen Komponenten des Pyrrolidins und des Pyridins darstellen, können gleichfalls in voneinander ziemlich entfernten Systemgruppen der Pflanzen vorkommen. Beispielsweise wurden Hygrin $C_8H_{15}NO$ und das ihm nahestehende Kuskhygrin bei *Erythroxylon Coca* (der Familie der Erythroxylazeen) und das von ihnen sich nur durch den Aufbau der Seitenkette unterscheidende Karpin $C_{14}H_{25}NO_2$ bei *Carica Papaya* (aus der Familie der Karikazeen) gefunden. Der Aufbau des Hygrins ist genau bestimmt; was aber das Karpain anbetrifft, so ist für dieses nach Barger (1914) die unten angeführte Formel am wahrscheinlichsten:

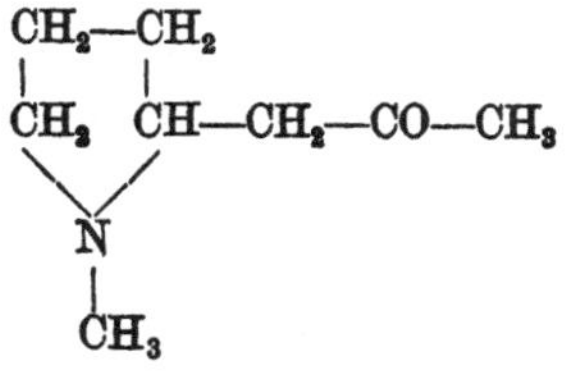

Hygrin

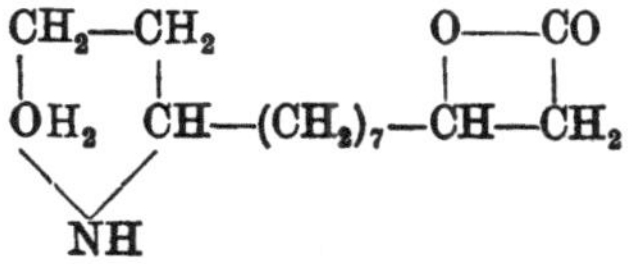

Karpain

Die Familie der Karikazeen führt A. A. Grossheim auf die Ordnung *Parietales*, Warming auf *Passiflorales*, Hutchinson (1926) auf die *Cucurbitales* zurück. Die Familie der Erythroxylazeen führen Wettstein und A. A. Grossheim auf die Ordnung *Geraniales*, Warming auf die *Aesculinae* und Hutchinson auf die *Malpyghiales* zurück. Welches auch die wahre systematische Lage der Karikazeen und der Erythroxylazeen sein möge, wesentlich ist, daß sie voneinander sehr weit entfernt sind. Von einer Verwandtschaft zwischen ihnen kann man nicht reden. Auch kann man das Auftreten von im Aufbau nahestehenden und zugleich einfachsten Vertretern der Alkaloide bei ihnen nur verstehen, wenn man die Einfachheit und die Leichtigkeit berücksichtigt, mit der sich Alkaloide aus den ihnen vorangehenden Aminosäuren bilden können.

Dasselbe wiederholt sich auch für die Alkaloide der Gruppe des Koniins, die Komponenten des α-Propylpiperidins

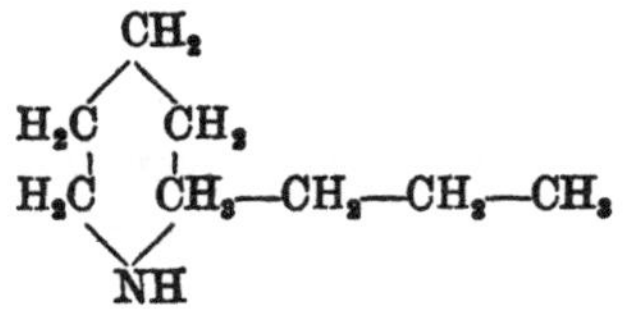

Koniin

Hierher gehört das aus *Conium maculatum* (der Familie der Umbelliferen) ausgeschiedene Koniin, das Konhydrin, das Pseudokonhydrin, das γ-Konizein, das Methylkoniin und das aus *Punica granatum* (der Familie der Puniazeen) ausgeschiedene Pelletierin, dessen Aufbau sich vom Koniin nur dadurch unterscheidet, daß am Ende der Seitenkette bei ihm statt der Methylgruppe eine Aldehydgruppe, das Isopelletierin, das Methylisopelletierin und das N-Methylpiperidinpropanon steht.

Die Lage der Doldenblütler und der Ordnung der *Myrtales*, zu denen die Puniazeen gehören, ist im Pflanzensystem wiederum derartig, daß sie eine unmittelbare Verwandtschaft nicht zuläßt und eine unabhängige Abstammung (Konvergenz) der einfachsten Alkaloide der Koniingruppe bei ihnen anzunehmen zwingt. Man muß bemerken, daß nach Angaben von Czapeck (1921) das echte Koniin bei *Sambucus nigra* (der Familie der Kaprifoliazeen) und bei *Sarcolobus Spanoghei* (der Familie der Asklepiadazeen), d. h. auch in den Umbelliferen und Punizeen außerordentlich entfernt stehenden Familien gefunden wurde.

Ein derartiges konvergentes Auftreten einfach aufgebauter Alkaloide wird noch interessanter, wenn man darauf achtet, daß den Komponenten des Koniins im Aufbau nahestehende Verbindungen auch in anderen, bisweilen voneinander sehr entfernt stehende Pflanzengruppen vorkommen. Bei den Lobeliazeen, die teils als selbständige Familie abgesondert und teils zu den Kampanulazeen gezählt werden, wurden die Alkaloide Lobelin, Lobelandin,

Lobelanin und andere gefunden, die in ihrem Aufbau dem Koniin sehr nahe stehen, beispielweise das Lobelin:

$$C_6H_5\text{—}CH(OH)\text{—}CH_2\text{—}[C_5H_8N(CH_3)]\text{—}CH_2\text{—}CO\text{—}C_6H_5$$

Andererseits wurden bei den zu eindoldigen Palmen gehörenden *Areca Catechu* Alkaloide beinahe desselben Typs wie das Koniin, nur mit einer Doppelbindung im Piperidin-Ring, gefunden, beispielsweise das Arekolin, das Arekaidin, das Norarekolin und das Arekolidin. Schließlich kann man hierher auch das Vorkommen des Rizinins in *Ricinus communis* (Euphorbiazeen) oder des Nitrils, eines N-Methyl-α-Pyridins hinzuzählen.

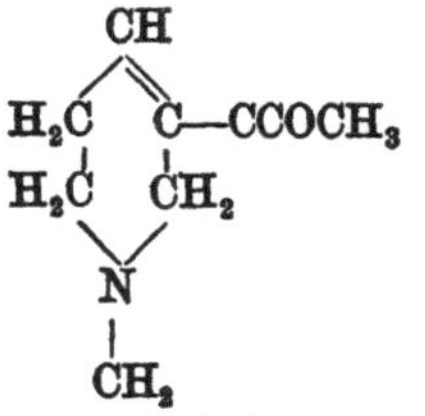

Arekolin

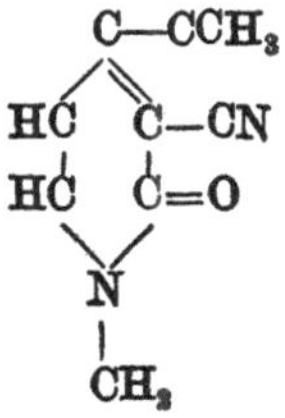

Rizinin

Das Vorkommen von gleichen oder im Aufbau nahestehenden, aber komplizierteren Alkaloiden bei entfernten Pflanzen wird äußerst selten beobachtet.

Hier muß man vor allem auf die Gruppe der Verbindungen des Tropain hinweisen, zu der das in der Familie der Solanazeen bei *Atropa belladonna* gefundene Atropin, das Hyoszyamin bei verschiedenen Arten von *Hyoscyamus, Datura, Scopolia, Mandragora* und *Duboisia*, das Norhyosziamin bei *Duboisia myoporoidis, Mandragora officinalis, Scopolia japonica* und bei einigen Daturaarten; das Atropamin bei *Atropa belladonna*, das Skopolamin bei *Scopolia atropoides* und *Scopolia japonica*, wie auch bei *Datura metel* und das Meteloidin bei *Datura meteloides*, als dann in der Familie der Erythroxylazeen das Kokain und das Tropakokain bei *Erythroxylon Coca, Erythroxylon montanum, Erythroxylon returum, Erythroxylon acuminatum, Erythroxylon laurifolium* und schließlich in der Familie der Konvolvulazeen das Konvolvin und das Konvolamin in den Samen und Blättern des *Convolutus pseudocantabricus* gehören. Die Ähnlichkeit dieser Alkaloide ist aus nachfolgender Formel zu ersehen:

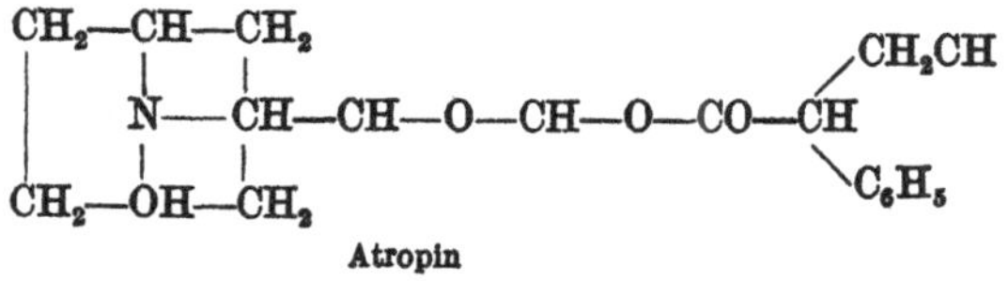

Atropin

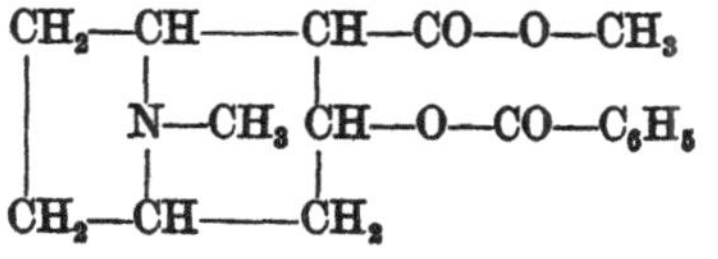

Kokain

Diesen Alkaloiden nahestehend ist auch das in der Rinde der *Punica granatum* gefundene Pseudopelletierin:

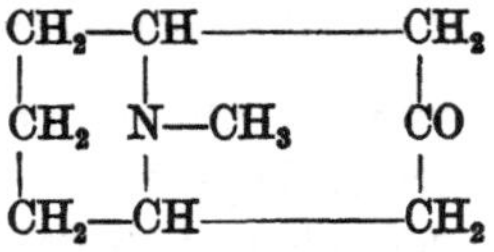

Ein anderes Beispiel des Vorkommens eines zusammengesetzten Alkaloids bei Vertretern zweier entfernter Familien stellt das Auftreten einer Verbindung des bizyklischen Kerns des Chinoxalins im Alkaloid Peganin aus *Peganum harmala* (der Familie der Zygophyllazeen) und in dem mit ihm identischen Vasizin aus *Adhatoda vasica* (der Familie der Akanthazeen) dar. Die erste dieser Familien gehört zur Ordnung *Geraniales* und die zweite zu *Personatae* (*Tubiflorae* von A. A. GROSSHEIM), d. h. zu sehr entfernten und genetisch untereinander vollkommen unzusammenhängenden Gruppen. Der Aufbau des Peganins-Vasizins ist aus der Formel zu ersehen

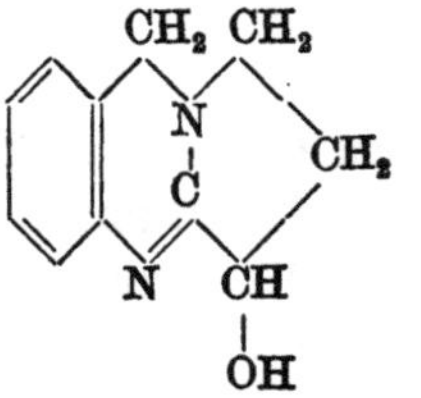

In der Regel kommen Alkaloide zusammengesetzten Aufbaues nur bei nahe verwandten Pflanzen vor, woran deutlich zu erkennen ist, wie eng die Gemeinsamkeit der Abstammung mit den biochemischen Merkmalen zusammenhängt. Nun kommen wir zu den Alkaloiden, die zu der Gruppe des Chinolins gehören.

Bei *Galipea cusparia* (der Familie der Rutazeen) wurden in der Rinde vier kristalline Alkaloide: das Kusparin, Galipin, Galipoidin und das Galipolin und außerdem einfache Basen der Chinolinreihe, Ausgangsstellungen für die Synthese dieser Alkaloide und zwar Chinolin, 2-Methylchinolin, 2-n-Amylchinolin, das 2-n-Amyl-4-Methoxychinolin und das 1-Methyl-2-Keto-1,2-Dihydrochinolin gefunden. Der Aufbau des Kusparins und des Galipins ist aus ihren Formeln zu ersehen:

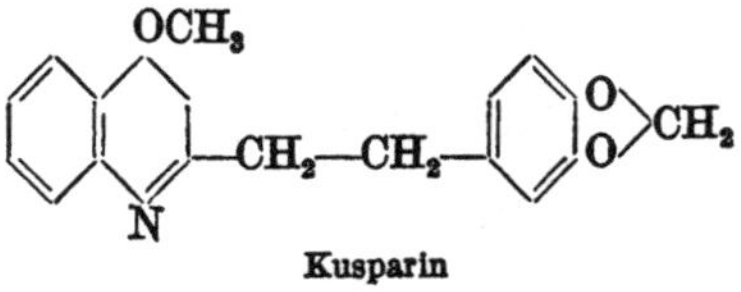

Kusparin

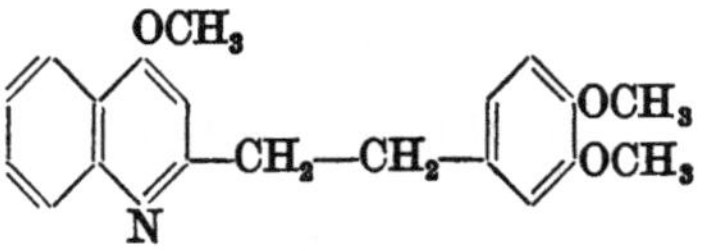

Galipin

In der Familie der Rutazeen wurden in zwei einander nahestehenden Pflanzen, *Skimia japonica* und *Dictamnus albus* Skimmianin und Dictamnin gefunden, die sonst nirgends in der Pflanzenwelt vorkommen. Beim dritten Vertreter derselben Familie, *Orixa japonica* wurde das Alkaloid Kokusagin gefunden, dessen Struktur endgültig nicht feststeht, aber durch eine vorläufige Formel ausgedrückt werden kann, nach der auch diese Verbindung dieselbe Gruppierung wie bei Skimmianin und Diktamnin zugrunde liegt.

In zwei Gattungen der *Chinchona* und *Remija*, der Unterfamilie der Chinchonoideen der Familie der Rubiazeen ist eine ganze Serie von Verbindungen des Chinolins, und zwar Alkaloide der Chiningruppe enthalten. Die außerordentliche Kompliziertheit der Struktur macht die enge Verbindung des Chinins mit einer sehr begrenzten Pflanzengruppe vollkommen verständlich. Ebenso kompliziert sind auch die anderen Vertreter dieses Typs der Alkaloide: das Chinchonin, das Chinchonidin, das Chinidin und andere. Alle Versuche, das Vorkommen der Alkaloide der Chiningruppe in einer beliebigen anderen Pflanze außer den Arten *Chinchona* und *Remija* nachzuweisen, waren völlig erfolglos.

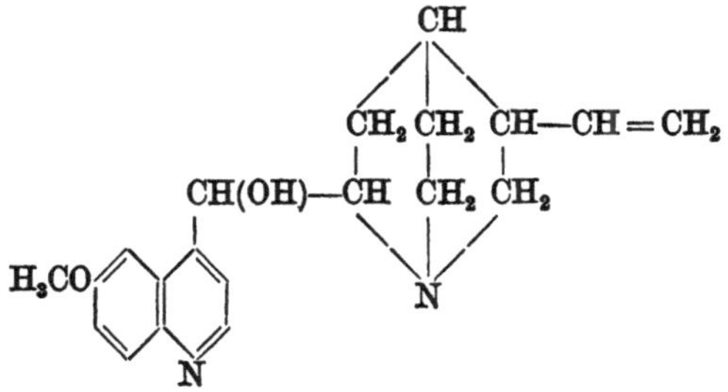

Chinin

Eigenartige Alkaloide, die zwei kondensierte Piperidinringe enthalten, wurden bei den Leguminosen gefunden, deren Vertretern in der Mehrzahl übrigens Alkaloide vollkommen fehlen. Hierher gehört das charakteristische Alkaloid der Art *Lupinus*: das Lupinin, das in *Lupinus luteus* und *Lupinus niger*, wie auch dank seiner verhältnismäßig einfachen Struktur bei *Anabasis aphylla* gefunden wurde, die zur Familie der Chenopodiazeen gehört. Die Struktur des Lupinins wird durch folgende Formel dargestellt:

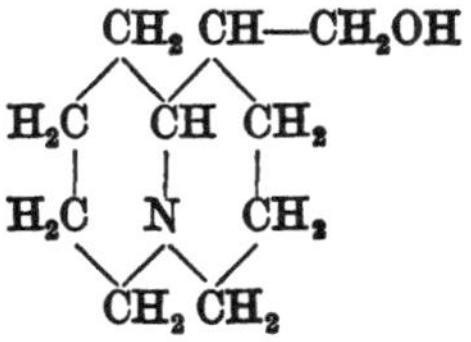

Lupinin

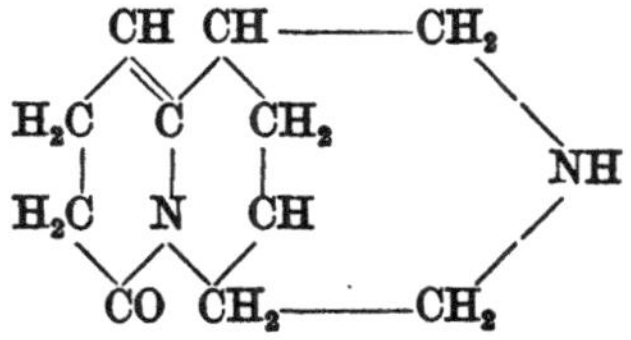

Zytisin

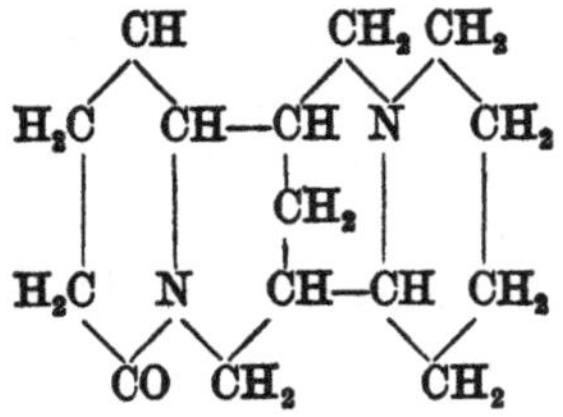

Lupanin

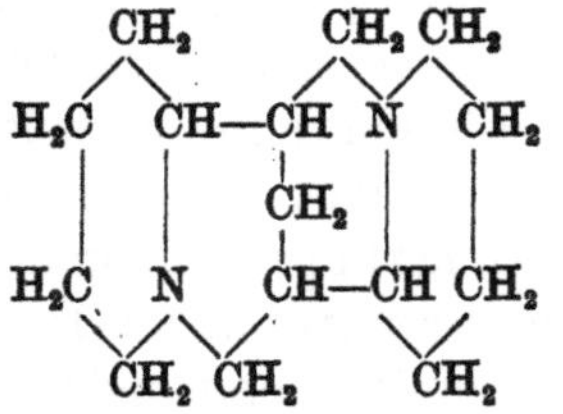

Spartein (=Pachykarpin)

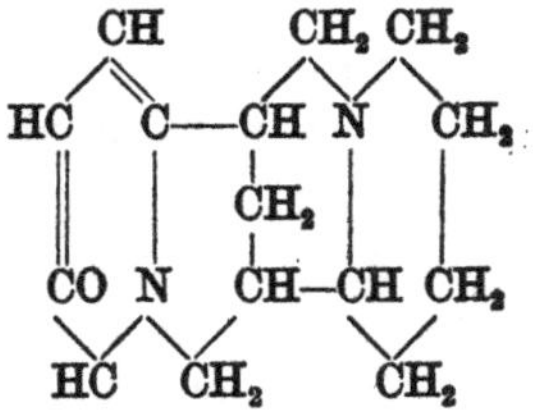

Anagyrin

In verschiedenen Arten der Gattungen *Sophora, Ulex, Baptisia, Genista, Thermopsis* und in anderen Vertretern der Leguminosen wurde Zytisin und in *Anagyris foetida* und *Thermopsis lanceolata* — Anagyrin gefunden. In verschiedenen Lupinusarten (*Lupinus albus, Lupinus angustifolius, Lupinus perennis, Lupinus termis*) ist Lupanin; in *Spartium scoparium, Lupinus luteus, Lupinus niger* und in anderen — Spartein und in *Sophora pachycarpa, Thermopsis lanceolata, Sophora Massagetowi* und in *Ammodendron Conollyi* das ihm isomere Pachykarpin enthalten. Letztere vier sind in ihrer Struktur sehr ähnlich. Es ist interessant, daß gleichartige Alkaloide auch in einigen anderen Pflanzen gefunden wurden. Beispielsweise wurden am Stickstoff methylierte Verbindungen des Zytisins bei *Leontice thalictrum* aus der Familie der Berberidazeen und bei *Anabasis aphylla* (Chenopodiazeen) das dem Spartein überaus nahestehende Aphyllin und Aphyllidin gefunden.

In den Wurzeln der *Saphora flavescens* wurde Matrin gefunden, dessen Struktur bei all ihrer deutlichen Kompliziertheit auf die Anwesenheit ebensolch einer Pyridingruppierung wie auch bei den oben angeführten Alkaloiden hindeutet.

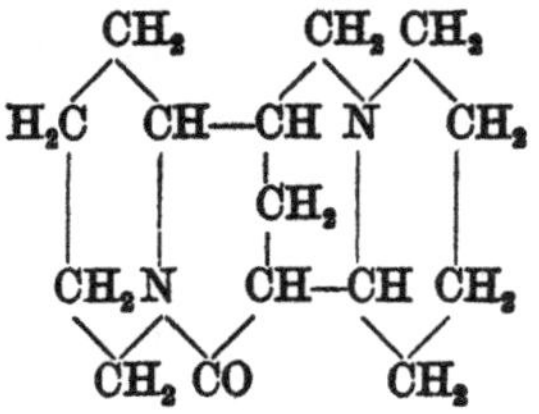

Phyllin

Eigenartige Alkaloide sind in der sogenannten Brechwurz oder *Ipecachuana*, den Wurzeln der *Psychotria Ipecachuana* (Familie der Rubiazeen) und zwar in Emetin, Zephelin, Psychotrin u. a. enthalten. Die Aufmerksamkeit der

Forscher war vor allem auf die Klärung der Struktur des Emetins konzentriert. Wir führen einer der wahrscheinlichsten Formeln für das Emetin an:

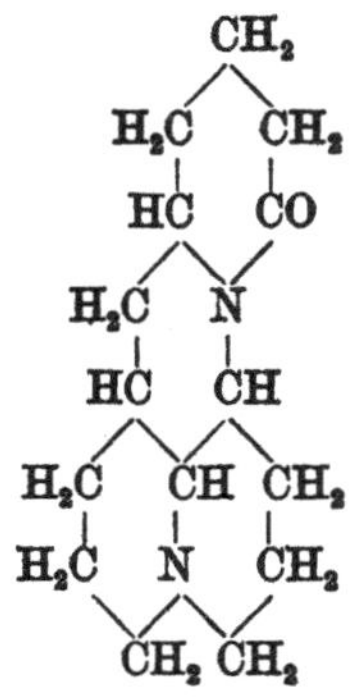

Matrin

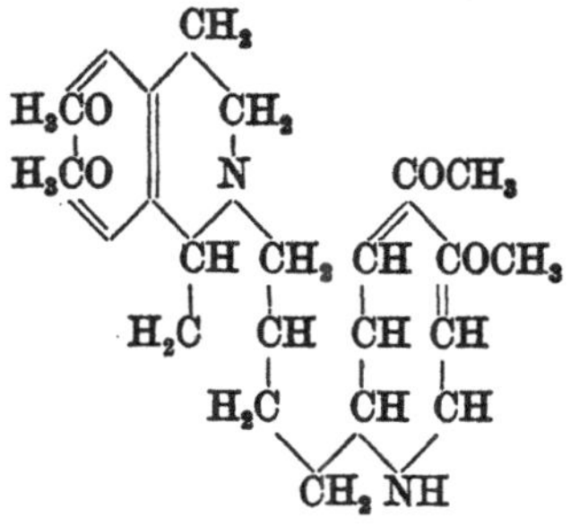

Emetin

Nach Angaben von A. P. Orjechow gehört das Zephelin zu Emetin, wie Phenol zu seinem Methyläther gehört; Psychotrin geht bei der Reduktion in Zephelin über und durch Methylieren des Psychotrins wird o-Methylpsychotrin erhalten.

Ein gleichartiges Verhalten, d. h. eine weitgehendere Verbreitung der einfacheren Verbindungen und eine beschränktere Verbreitung der komplizierteren Verbindungen, wird auch bei den Verbindungen des Indols beobachtet, von denen man einige, beispielsweise das Hypaphorin nur mit Mühe und Not zu den Alkaloiden zählen kann, da sie sich vielmehr den sogenannten biogenen Aminen des Betainstyps nähern. Andererseits gehören hierher auch solche typischen Alkaloide wie Strychnin, Bruzin, Physostigmin und Yohimbin. Das Hypaphorin wird aus den Blättern der *Erythrina hypaphorus* (Leguminosen) ausgeschieden und ist ein typisches Betain des Tryptophans. Ihm nahestehend ist das aus den Samen von *Abrus precatorius* (Leguminosen) ausgeschiedene Abrin:

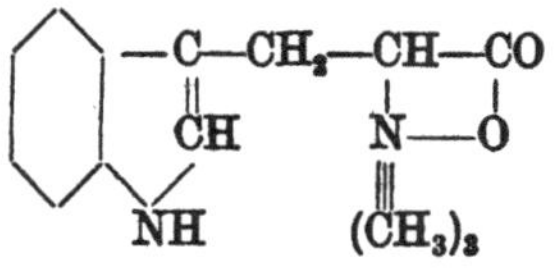

Hypaphorin

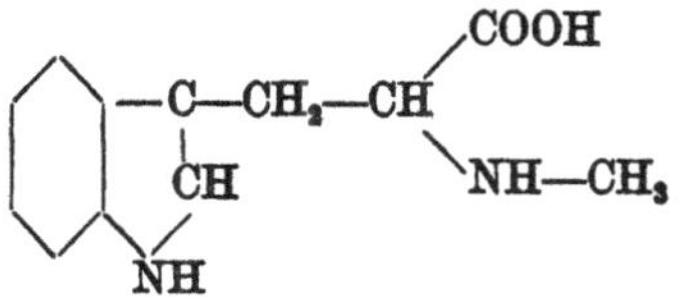

Abrin

In den Samen, wie auch in allen anderen Teilen von *Peganum harmala* (der Familie der Zygophyllazeen) ist Harmin enthalten:

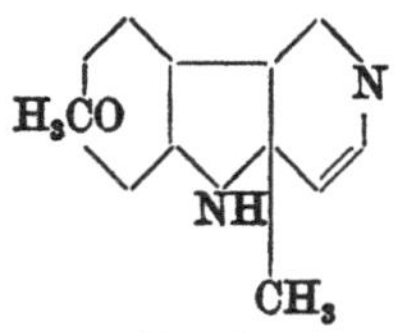

Harmin

Bei einer Entfernung der Oxymethylgruppe des Harmins aus dem Molekül wird eine sauerstofffreie Base, das Harman, erhalten, das sich als identisch erwies mit zwei Alkaloiden: dem Loturin, das von *Symplocos racemosa* (aus der Familie der Symplozazeen) und dem Aribin, das von *Arariba rubra* (der Familie der Rubiazeen) ausgeschieden wird. Hier kann man wiederum das Auftreten ein und derselben einfach aufgebauten Verbindung in voneinander entfernt stehenden Pflanzengruppen hervorheben. Die komplizierteren Verbindungen des Indols kommen mehr isoliert vor. So wurden beispielsweise Evodiamin und Rutaekarpin nur bei *Evodia rutaecarpa* (aus der Familie der Rutazeen) gefunden und ihr Aufbau weist deutlich darauf hin, daß man kaum deren Vorkommen noch in irgendwelchen Gruppen der Pflanzenwelt erwarten kann.

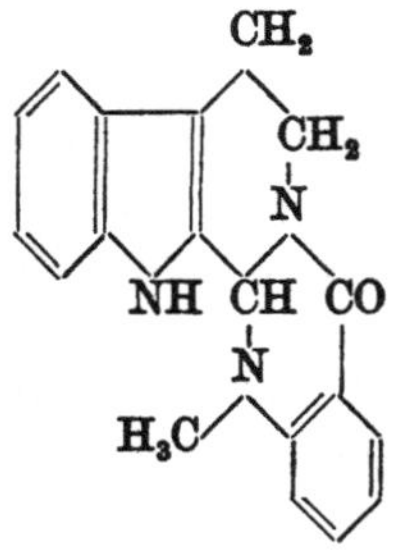

Evodiamin

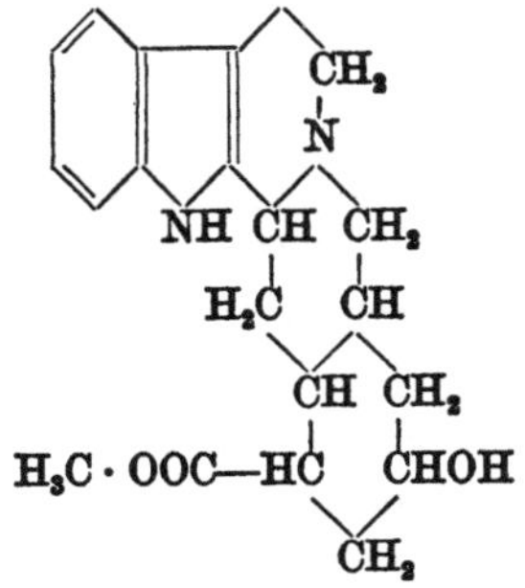

Yohimbin

Ein großer Reichtum an spezifischen Alkaloiden wurde in der Rinde des Baumes *Corynanthe Johimbe* (der Familie der Rubiazeen) gefunden. Hiervon wurden acht Alkaloide, das Yohimbin und seine Isomeren ausgeschieden. Etwas einfacher ist die Struktur einer anderen Verbindung des Indols, nämlich des Physostigmins oder des Eserins, das neben einer Gruppe von Alkaloiden ungeklärter Struktur (Henserin, Physovenin und Eseramin) in den Kalabarbohnen, *Physostigma venenosum* (Leguminosen) gefunden wurde.

Laut ORJECHOW ist die Struktur des Physostigmins folgende:

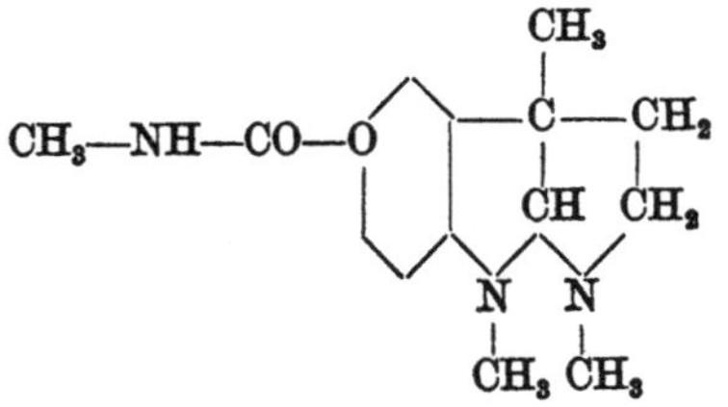

Physostigmin

Bei verschiedenen Arten der Gattung *Strychnos* (der Familie der Loganiazeen) wurde schon längst eine Gruppe überaus komplizierter Alkaloide gefunden, die gleichfalls Verbindungen des Indols darstellen. Am bekanntesten sind unter ihnen das Strychnin und das Bruzin. Nach ORJECHOW schwankt der Gehalt an Strychnin und Bruzin in den verschiedenen Strychnosarten in ziemlich weiten Grenzen. Wenn bei *Strychnos nux vomica* fast die gleichen Mengen des einen und des anderen Alkaloids enthalten sind, so entfallen auf den Strychninanteil bei *Strychnos Ignatii* zwei Drittel, in *Strychnos Tienté* sind nur Spuren von Bruzin enthalten. *Strychnos ligustrina*, *Strychnos Rhedii* und *Strychnos aculeata* enthalten nur Bruzin. Überaus interessant ist es, daß in *Strychnos toxifera* und *Strychnos Cartelneai* statt der Verbindungen des Indols die zu den Kurarebestandteilen zählenden Alkaloide l-Curin und Tubocurarin enthalten sind.

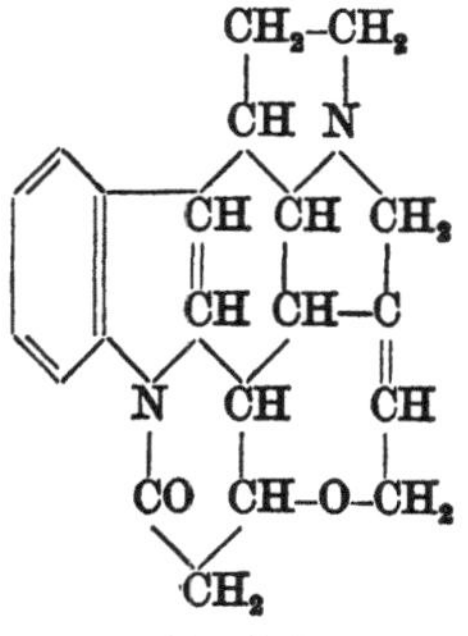

Strychnin

Ein Gemisch von Alkaloiden, aber schon von einer völlig anderen Struktur, und zwar Verbindungen des Imidazols, wurde in verschiedenen Arten der Gattung *Pilocarpus* gefunden, nämlich bei: *Pilocarpus Jaborandi*, *Pilocarpus nicrophyllus*, *Pilocarpus spicatus* und bei *Pilocarpus pennatifolius*. Hier wurden Pilocarpin, Pilosin, Pilocarpidin u. a. gefunden. Diese eigenartigen Verbindungen kann man übrigens wohl kaum zu den echten Alkaloiden hinzuzählen; man muß sie vielmehr als Verbindungen eines Betains des Histidins ansehen.

Eine große Zahl eigenartiger Alkaloide ungeklärter Struktur wurde bei verschiedenen Veratrumarten (der Familie der Liliazeen) gefunden. Diese Alkaloide erhielten die Namen Cevodin, Sabadin, Jervin usw. Von diesen ist nur für das Cevadin eine ungefähre Strukturformel bekannt, aus der das Vorhandensein eines Piperidins mit einer Doppelbindung in der Seitenkette und einer Hydroxylgruppe zu ersehen ist. In den anderen Arten der Liliazeen wurden bei *Fritillaria*, *Zygadenus* und *Tulipa* Alkaloide unbekannter Struktur gefunden.

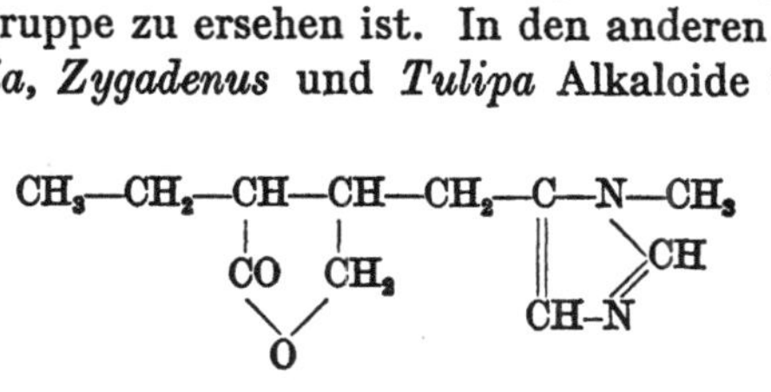

Pilokarpin

In der Familie der Amaryllidazeen wurden Alkaloide bei vielen Arten gefunden, die zu verschiedenen Gattungen gehörten. Das bekannteste von diesen

Alkaloiden ist das aus den Zwiebeln der *Lycoris radiata* ausgeschiedene Lykorin, das mit dem Narzissein aus *Narcissus pseudonarcissus* identisch ist und außerdem bei *Buphane, Zephyranthes, Crinum, Hymenocallis, Eucharis, Eurycles, Amaryllis* und bei *Cyrthantes* gefunden wurde. Seiner Struktur nach ist das Lykorin eine Verbindung des Phenantridins, an das an einem noch nicht festgestellten Ort eine Seitenkette mit vier Kohlenstoffen angeschlossen ist.

Außer dem Lykorin wurden aus *Lycoris radiata* noch acht Alkaloide ausgeschieden, von denen eines, unter dem Namen „Ossnowanije Nr. VIII" bekannt, sich als identisch mit dem von *Narcissus Tacetta* ausgeschiedenem Tazettin und mit dem Ungernin aus *Ungernia Severzowi* erwiesen hat. Seinen chemischen Eigenschaften nach stellt dieses Alkaloid gleichfalls eine Verbindung des Phenanthridins dar, bei dem die Stellung des Oxymethyls und der $C_3H_6O_2$-Gruppe nicht geklärt ist. Auf diese Weise kann man annehmen, daß die Familie der Amaryllidazeen durch ihre Eigenschaft, Verbindung des Phenanthridins zu erzeugen und aufzuspeichern, charakterisiert ist.

Bei *Dioscorea hirsuta* (aus der Familie der Dioskoreazeen) wurde das Dioskorin gefunden, dessen Eigenschaften das Bestehen eines Tropinkerns vermuten ließen. Die hypothetische und eine Bestätigung benötigende Formel des Dioskorins ist folgende:

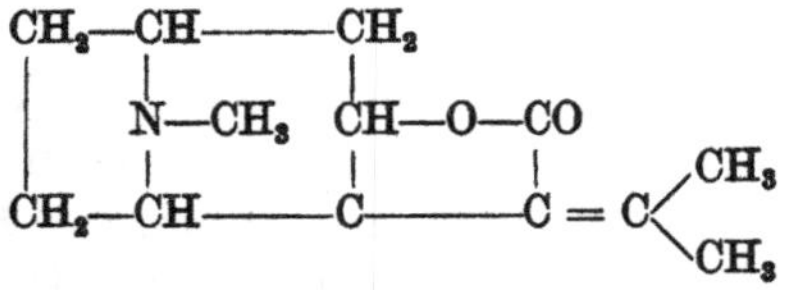

Dioskorin

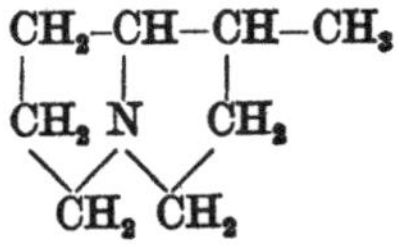

Heliotridan

Ein im höchsten Grade eigenartiges Alkaloid, das Heliotrin, wurde aus *Heliotropum lasiocarpum* (der Familie der Borraginazeen) ausgeschieden. Ihm liegt ein heterozyklisches System zugrunde, das aus zwei kondensierten Pyrrolidinringen aufgebaut ist und die Bezeichnung (A. P. ORJECHOW) Pyrrolizidin erhielt. Heliotrin zerfällt in Heliotridin und Heliotrinsäure. Heliotridin kann durch eine Reihe von aufeinanderfolgenden Prozessen in eine gesättigte sauerstofffreie Verbindung des Heliotridans überführt werden, dessen Formel oben angeführt wurde.

Wenn man eine Bilanz aus diesem Abschnitt zieht, kann man schlußfolgern, daß in ihrer Struktur einfachere Alkaloide bei Vertretern von mehr oder weniger Familien vorkommen können. Alkaloide komplizierter Struktur aber werden sich in der Regel in den engen Grenzen der Gattung und bisweilen auch der Art halten. Die Ausbreitung der Alkaloide über verschiedene Vertreter des Pflanzensystems ist mit dem Erscheinen einer gewissen Gesetzmäßigkeit verbunden, über die in den weiteren Ausführungen berichtet werden wird. Die ersten Hinweise hierfür gab bereits im Jahre 1889 der hervorragende russische Gelehrte E. A. SCHAZKI.

Die ätherischen Öle

Zu der Gruppe der Stoffe, die unter dem Namen ätherische Öle zusammengefaßt werden, gehören die verschiedenartigsten Verbindungen, die als gemeinsame Merkmale nur den mehr oder weniger ausgeprägten Geruch, hohe Brechungskoeffizienten (den geringsten beim Eukalyptusöl 1,4610 und den größten beim Öl der *Cassia* 1,6065) und die Flüchtigkeit, d. h. die Fähigkeit, sich mit Wasserdampf zu destillieren, besitzen. Die ätherischen Öle gehören zu ganz verschiedenartigen Verbindungen, da unter ihnen alipathische und aromatische Kohlenwasserstoffe, Alkohol, Aldehyde, Ketone und Säuren bekannt sind. Eine besonders große Bedeutung besitzt unter den ätherischen Ölen die Gruppe der Terpene $C_{10}H_{16}$[1]), wie bisweilen, wenn auch vollkommen unberechtigt, alle ätherischen Öle bezeichnet werden. In der gegenwärtigen Zeit erreicht die Anzahl der erforschten ätherischen Öle 1500, und immerhin ist das nur ein Bruchteil dessen, was die Pflanzenwelt der Erdkugel hergeben kann. Interessant ist, daß nach Angaben von MAKNER unter 295 Familien von Blütenpflanzen bei 87 Familien wohlriechende Pflanzen vorkommen.

Hinsichtlich der Herkunft der ätherischen Öle (im besonderen der Terpene) in den Pflanzen wurde von EILER die Vermutung ausgesprochen, daß sie aus Zucker bei seinem anaeroben Zerfall in den Geweben gebildet werden. Bei einem derartigen Zerfall wird Azetaldehyd erhalten, der eine Verbindung mit Azeton eingeht, das seinerseits in den ersten Stadien der Alkoholgärung aus Triose oder aus Methyloxal entstehen kann. Die Verbindung des Azetaldehyds und des Azetons ergibt einen β-Methylcrotonaldehyd $CH_3 \cdot COH + CO(CH_3)_2 \rightarrow (CH_3)_2C{=}CH \cdot COH + H_2O$. Zwei Moleküle des letzteren ergeben ohne Aufspaltung und neue Verbindung ein aliphatisches Terpen, das Geraniol

$$2\,(CH_3)_2C{=}CH \cdot COH + 4\,H \rightarrow$$
$$(CH_3)_2C{=}CH{-}CH_2{-}CH_2{-}\underset{\displaystyle CH_3}{\underset{|}{C}}{=}CH{-}CH_2OH + H_2O$$

Durch Schließen dieses aliphatischen Terpens zu einem Ring werden zyklische Terpene gebildet. Es muß hervorgehoben werden, daß die Vermutungen EILERS einen rein hypothetischen Charakter tragen und sich nicht auf Pflanzenversuche stützen, aber nichtsdestoweniger durchaus wahrscheinlich sind.

Wenn wir zu der Beschreibung der Verbreitung einzelner Stoffe in der Pflanzenwelt übergehen, die in den ätherischen Ölen vorkommen, wollen wir mit den aliphatischen Ölen, und unter diesen mit den Kohlenwasserstoffen beginnen. Unter den Kohlenwasserstoffen ist das normale Heptan C_7H_{16} der einfachste, der in den ätherischen Ölen vieler Nadelbäume gefunden wurde, darunter bei *Pinus Jeffrei* in einer Menge von 95% des aus dieser Pflanze insgesamt erzielten Öles. Heptan wurde gleichfalls bei *Pittosporum resiniferum*

---

[1]) Ihnen ist das im Jahre 1949 erschienene Buch von G. W. PIGULEWSKI gewidmet.

gefunden; Hexadekan $C_{16}H_{34}$ im Rosenöl; Pentodekan $C_{15}H_{32}$ bei *Kampferia sporum* (der Familie der Zingiberazeen); Petrosilan $C_{20}H_{42}$ bei *Petroselinum* (Umbelliferen); Heptakosan $C_{27}H_{56}$ bei *Cyclopia genistoides, Iris sporum, Lippia scaberrima* (Verbenazeen) und bei *Tussilago Farfara* (Kompositen); Triakontan $C_{30}H_{62}$ bei *Linaria sporum* (Scrophulariazeen), *Arnica sporum* und *Matricaria chamomilla* (Kompositen); Pentatriakontan $C_{35}H_{72}$ bei *Aethusa cynapium* (Umbelliferen). Somit kommen diese in der Struktur eigentlich auch einfachen, aber im Organismus sich schwer bildenden Verbindungen in verschiedenen Abschnitten des Pflanzensystems verstreut vor.

Alipathische Alkohole kommen größtenteils in Form von komplizierten Äthern vor, und nur in einigen Fällen wurde freier ungebundener Äther gefunden. Am häufigsten kommen Methyl- und Äthylalkohole in komplizierten Äthern vor, aber es wurden auch Butyl-, Amyl-, Hexyl- und Oktylalkohole gefunden. Oktylalkohol wurde beispielsweise in *Pastinaca sporum* (Umbelliferen) festgestellt. Von aliphatischen Säuren wurden in verschiedenen Pflanzen Ameisen-, Elaidin-, Valerian-, Pelargon-, Angelikasäure und andere Säuren angetroffen. Ebenso sind aliphatische Aldehyde und Ketone weit verbreitet. Beispielsweise wurde das Methylheptenon $H_2C{=}C(CH_3){-}(CH_2)_3{-}CO{-}CH_3$ in *Bursera Delpechiana, Citrus sporum, Andropogon citratus* und *Barosma pullchela* festgestellt.

Weit verbreitet sind auch die einfachsten aromatischen Verbindungen. Aromatische Kohlenwasserstoffe wurden in den Bestandteilen der ätherischen Öle in geringer Menge gefunden, darunter vor allem p-Zymol (1-Methyl-4-Isopropylbenzol) in den Harzen verschiedener Nadelbäume, im Eukalyptusöl und einigen anderen Ölen. Aromatische Alkohole sind in einer bedeutend größeren Zahl von Vertretern bekannt. Benzylalkohol $C_6H_5CH_2OH$ kommt im freien Zustande im Öl der Tuberose, der *Conaga odorata* (der *Cassia*) und in Nelkenölen vor. In Azetatform wurde Benzylalkohol im Hyazinthenöl, als Benzoat in Perubalsam und als Zinnamat in *Liquidambar orientale* (der Familie der Hamamelidazeen) gefunden. β-Phenyläthylalkohol $C_6H_5 \cdot CH_2CH_2OH$ kommt im freien Zustande oder als Ätherform der Benzoe- und der Phthalsäure in Rosen- und Geraniumölen, sowie in den Ölen der *Citrus aurantium L.* spp. *amara Engl.* vor. Anethol (p-Propenylanisol), 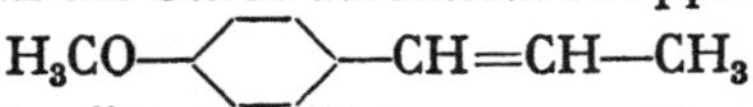 bildet den Hauptbestandteil des Anisöls und des Öls des *Illicium verum* (der Familie der Magnoliazeen). Eugenol 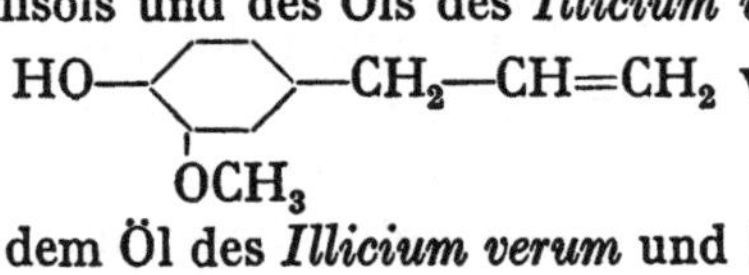 wurde im Nelken- und im Kampferöl, sowie in dem Öl des *Illicium verum* und im Betelöl (*Piper betle*) festgestellt. Das sich vom Eugenol nur durch die Stellung der Doppelbindung in der Seitenkette unterscheidende Isoeugenol wurde in den Ölen der *Canaga odorata* (der Familie der Anonazeen), der *Michelia champaka* (der Familie der Magnoliazeen) und im Muskatöl festgestellt. Safrol 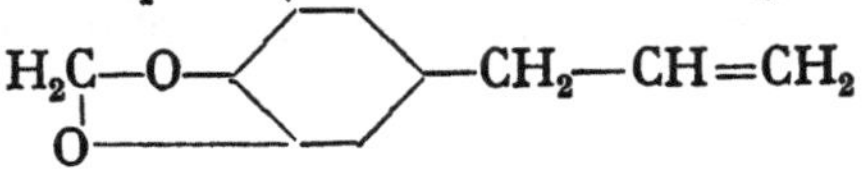

wurde im Öl der *Sassafras officinalis* (der Familie der Laurazeen), sowie im Kampferöl und im Öl des *Illicium verum* gefunden. Myristizin wurde im Muskat- und im Dillöl, sowie im Öl der *Cinamonum glanduliferum* (Laurazeen) und das Apiol im Öl des Petersiliensamens und im Kampferöl festgestellt.

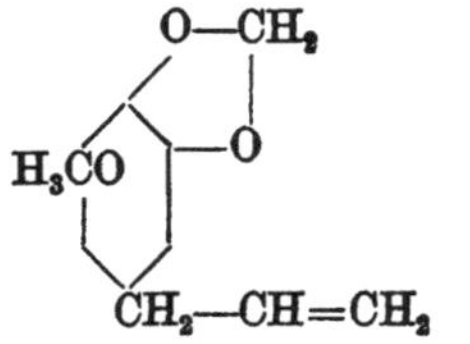

Myristizin

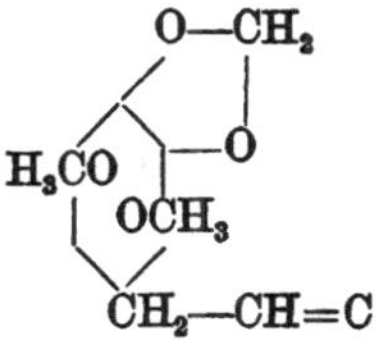

Apiol

Von den aromatischen Aldehyden ist Benzaldehyd $C_6H_5 \cdot COH$ in den verschiedensten ätherischen Ölen der Bittermandel, der *Cassia*, im Nerolöl und in anderen Ölen überaus verbreitet. Zimtaldehyd $C_6H_5 \cdot CH{=}CH \cdot COH$ wurde im Ceylon- und im japanischen Zimtöl sowie in den ätherischen Ölen der Cassia, der Myrrhe u. a. gefunden. Kuminaldehyd $(CH_3)_2CH \cdot C_6H_4 \cdot COH$— wurde im Kuminöl (*Cuminum cymium L.*, Fam. Umbelliferen), im Cassiaöl (*Cassia floribunda*, Fam. Caesalpinazeen), im Öl der japanischen Pfefferminze, im Myrtenöl und in anderen festgestellt. Salizylaldehyd $OH \cdot C_6H_4 \cdot COH$ wurde im Cassiaöl und in dem Öl verschiedener Arten der *Spiraea* (Fam. Rosazeen) und bei *Crepis foetida* (Fam. Kompositen) gefunden. Weit verbreitet ist auch Vanillin 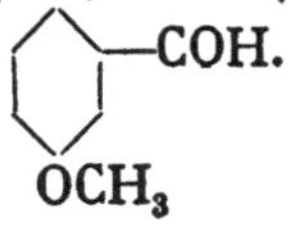

Heliotropin 

wurde bei *Spiraea ulmaria* (Fam. Rosazeen), bei *Robinia pseudoacacia* (Fam. Leguminosen) und bei Monarda fistulosa (Labiaten) gefunden.

Von den aromatischen Säuren ist die Benzoesäure in dem Öl der Tuberose, der Hyazinthe, der *Michelia champaka*, der *Canaga odorata*, der *Cassia*, der Nelke und anderer enthalten. Somit wird auch für die einfachsten aromatischen Verbindungen dasselbe wie bei den aliphatischen Verbindungen beobachtet: sie treten bei systematisch voneinander sehr entfernten Pflanzenformen auf.

Dasselbe muß man auch hinsichtlich solcher Stoffe wie der aliphatischen Terpene, d. h. der Verbindungen (Polymeren) des Isoprens $CH_2{=}C(CH_3){-}CH{=}CH_2$ wiederholen. Im Grunde genommen sind Terpene Dimere des Isoprens und die Sesquiterpene und Diterpene ihre Polymeren.

Der einfachste der aliphatischen Terpenkohlenwasserstoffe, das Myrzen $H_3C{-}C(CH_3){=}CH{-}CH_2{-}CH_2{-}C({=}CH_2){-}CH{=}CH_2$ kommt im Baiöl, im Hopfenöl und in den Ölen der *Ferula galbanifera*, der *Barosma venusta*, des *Andropogon citretus* und des Sumachs der Krim vor.

Ozimen

$$H_2C-C(CH_3)-CH_2-CH_3CH=C(CH_2)CH=CH_2$$

wurde in dem Öl der *Ocimum basilicum*, des *Ocimum Gratissimum* und *Homorenthus flavescens* gefunden.

Der einfachste aliphatische Terpenalkohol, das Linalool

$$(CH_3)_2C=CH-CH_2-CH_2-C(CH_3)(OH)-CH=CH_2$$

wurde im Koriander festgestellt, in der süßen Pfefferminze, in *Canaga odorata* und im Nerol-, Petigrain- und Lavendelöl sowie im Öl der krausen Pfefferminze, d. h. wiederum in einer Reihe im System weit entfernter Pflanzen. Völlig gleiche Verhältnisse muß man auch für das Geraniol hervorheben, das ein Gemisch beider Isomeren darstellt:

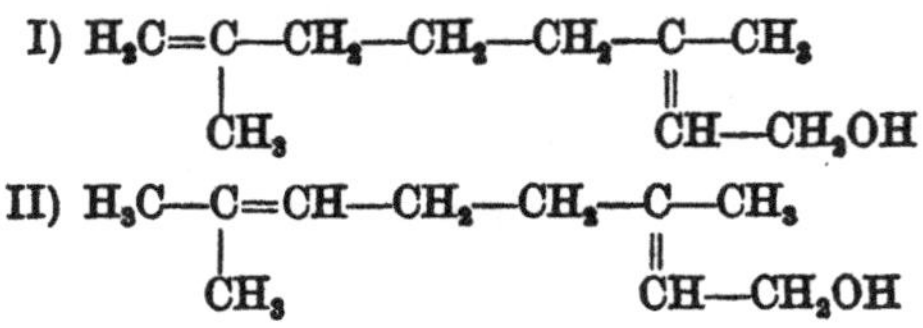

Geraniol bildet den Hauptbestandteil des Palmrosenöls und des Rosenöls und ist in bedeutenden Mengen im Geranien-, Citronella-, Tuberosen-, Petitgrain- und im Nerolöl enthalten.

Nerol, das gleichfalls in zwei Formen als Stereoisomer des Geraniols vorkommt, wird im freien Zustande und als Essigäther im Öl von *Helychrysum angustifolium* (Kompositen) und im Nerol-, Rosen, Thymianöl, sowie im Öl der Ceylon-Citronella gefunden, d. h. es verhält sich ebenso wie das Linalool und das Geraniol. Durch eine weite Verbreitung zeichnet sich auch der aliphatische Sesquiterpenalkohol Farnesal aus.

$$H_3C-C(CH_3)=CH-CH_2-CH_2-C(CH_3)=CH-CH_2-C(CH_3)=CH-CH_2OH,$$

der im Öl der Ceylon-Citronella, im Nerol- und im Palmrosenöl, sowie im Öl der Akazien- und der Lindenblüten festgestellt wurde. Die gleiche weite Verbreitung zeigen die aliphatischen Aldehyde des Terpens: das Zitral und das Zitronellal.

Monozyklische Terpene mit ihrer verhältnismäßig einfachen Struktur sind gleichfalls weit verbreitet in der Pflanzenwelt. So stellt beispielsweise das Limonen (δ-1,8(9)-p-Menthadien) eins der verbreitesten Terpene dar: es wurde im Öl der Pomeranzrinde, im Sellerie-, Thymian-, Zitronen- und Mandarinenöl, sowie im Öl der Nadeln und der Zapfen der europäischen Tanne, wie auch im Harz von *Pinus ponderosa, Pinus pinea,* im Öl der Nadeln und der jungen Triebe der *Pinus excelsa, Pinus Sabiana* und im Pfefferminzöl gefunden.

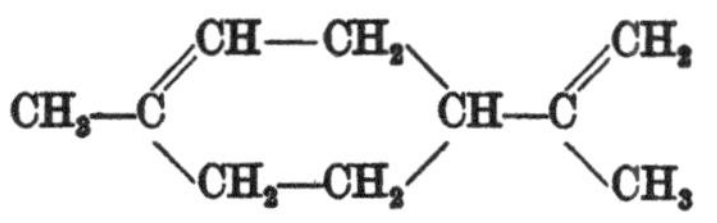

Limonen

Interessant ist, daß Limonen, das gewissermaßen vom Geranium in den Ring eingeschlossen ist, in denselben Familien vorkommt wie auch Geranium, mit Ausnahme der Rosazaeen. Bei Labiaten und Kompositen wurde Geraniol nur bei wenigen Arten gefunden, Limonen kommt aber bedeutend häufiger vor.

Durch ebensoweite Verbreitung wie das Limonen zeichnen sich auch das ihm in der Struktur nahestehende Terpinolen, die α- und β-Terpinene das Krithmen, das Phellandren, das Silvestren, wie auch das monozyklische Sesquiterpen α-Bisabolen aus. Bisabolen wurde im Öl der Myrrhe (*Commifora sp.* der Familie der Burserazeen), im Nadelöl der sibirischen Tanne, sowie im Kampfer-, Zitronen-, Bergamottöl, wie auch in anderen ätherischen Ölen gefunden. Jedoch ist das dem Bisabolen sehr nahestehende Zingiberen weit weniger verbreitet, da es vorläufig nur im Ingweröl gefunden wurde.

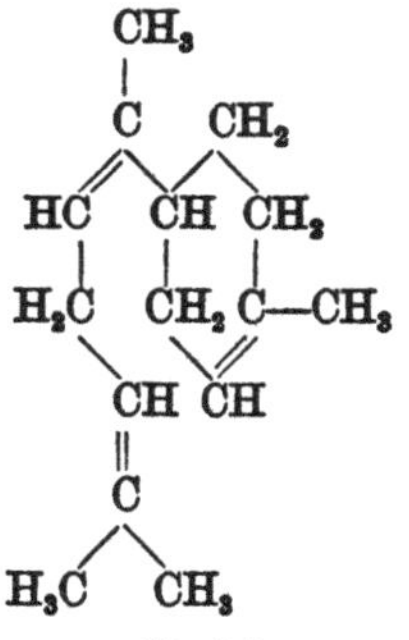

α-Bisabolen

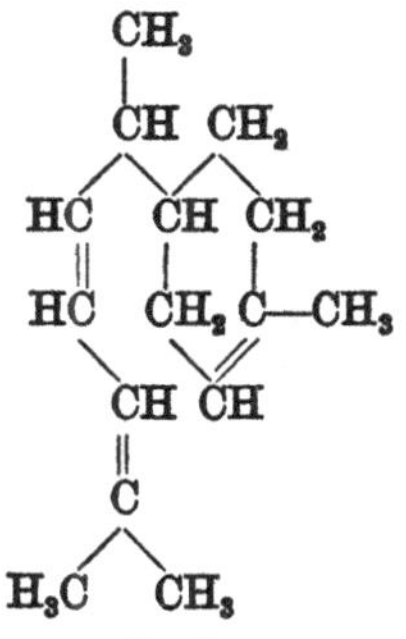

Zingiberen

Von den monozyklischen Alkoholen des Terpens wurde der Perillaalkohol im Wacholder, in der krausen Pfefferminze und im Bergamottöl festgestellt. Ein anderer Vertreter dieser Gruppe von Verbindungen, das α-Terpineol wurde im russischen Terpentin, im Pomeranz-, Nerol- und im Petitgrainöl, im Öl aus Nadeln der *Abies pindrow*, im Terpentin aus *Pinus palustris* und *Pinus excelsa*, sowie im Kampferöl u. a. gefunden.

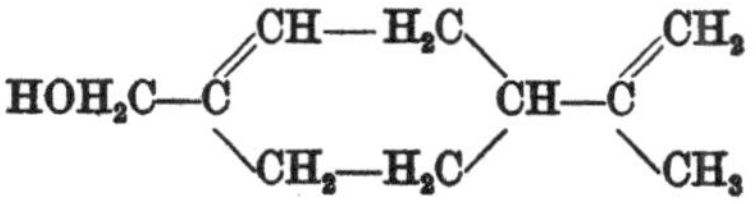

Perilla-Alkohol

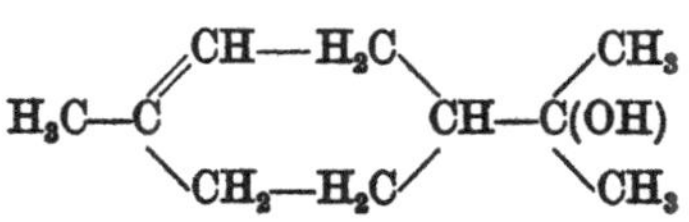

α-Terpineol

Die anderen monozyklischen Alkohole des Terpens weisen eine beschränktere Verbreitung auf. So wurde beispielsweise Dihydrokarveol in Kümmelöl und im Öl der amerikanischen krausen Pfefferminze und das Piperitol in verschiedenen Eukalyptusölen, besonders in *Eucalyptus radiata* festgestellt. Menthol, das den Hauptbestandteil des Öles der *Mentha piperita* bildet, wurde letzten Endes auch bei anderen Pfefferminzarten angetroffen, aber nicht bei Vertretern anderer Gattungen der Lippenblütler (*Labiatae*) gefunden, genauso wenig aber bei anderen Familien. Von den monozyklischen Ketonen des Terpens wurde Karvon im Öl des Kümmels, des Dills, der krausen Pfefferminze und des Geraniums und Pulegon in dem Öl von *Mentha pulegium, Origanum dictamus, Ziziphora clinopodioides* und von *Calamintha nepeta,* d. h. bei verschiedenen Arten der Familie der Labiaten gefunden. Außerhalb der Familie wurde Pulegon nicht festgestellt. Menthon ist im Öl der *Nepeta japonica, Barosma pulchella,* der Pfefferminze, der *Mentha pulegium* und der Geranie enthalten.

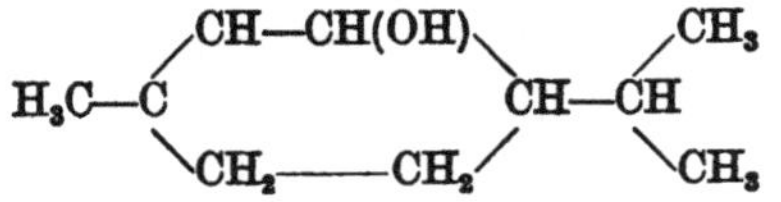

Piperitol

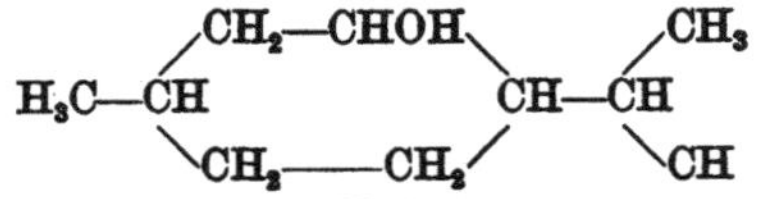

Menthol

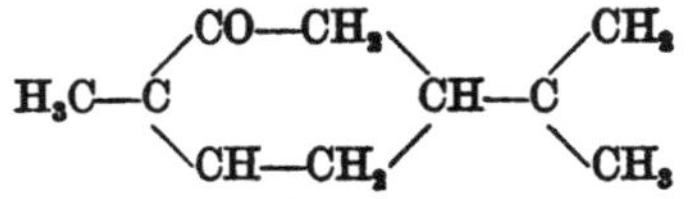

Karvon

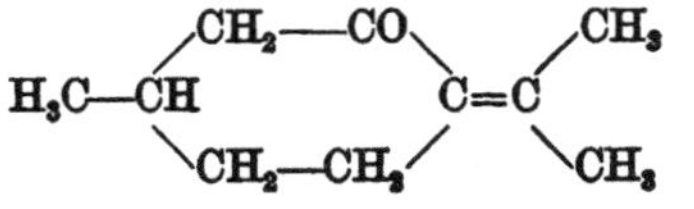

Pulegon

Etwas anders sind die Verhältnisse bei den ätherischen Ölen komplizierterer Struktur. Sie sind weniger verbreitet und gehen seltener über die Grenzen der Art und äußerstenfalls der Gattung hinaus. So wurde beispielsweise Δ_5-Karen nur bei Vertretern der Pinusart (*Pinus silvestris, Pinus pumilo* und *Pinus longifolia*) gefunden. Sein Isomer Δ_4-Karen wurde aber außer im Öl und Terpentin der Kiefer, im Öl der Grasart *Andropogon iwarancusu* festgestellt und das ihnen nahestehende α-Pinen stellt im großen ganzen eines der in der Natur verbreitetsten Terpene dar, das in russischen, schwedischen, französischen und deutschen Terpentinen, wie auch in den ätherischen Ölen der Nadelbäume, der Zypressen, des Eukalyptus, des Kampfers, der Zitrone und vieler anderer vorkommt. Ebenso weit verbreitet ist auch das β-Pinen. Das bizyklische Sesquiterpen, Selinen, wurde aber nur im ätherischen Öl der Sellerie und das dreizyklische Sesquiterpen α-Santalen nur bei den Arten *Pterocarpus* (*Papilliona-zeen*) angetroffen. Das Longifolen wurde aber nur bei *Pinus longifolia* und das Dipepten *α-Kampforen* nur im Kampferöl gefunden. Der bizyklische Alkohol Sabinol wurde nur in *Juniperus sabina* und in *Cypressus*-Arten, Nocpiarvenol nur in *Eucalyptus Globulus* und Myrtenol nur in Myrthenöl festgestellt.

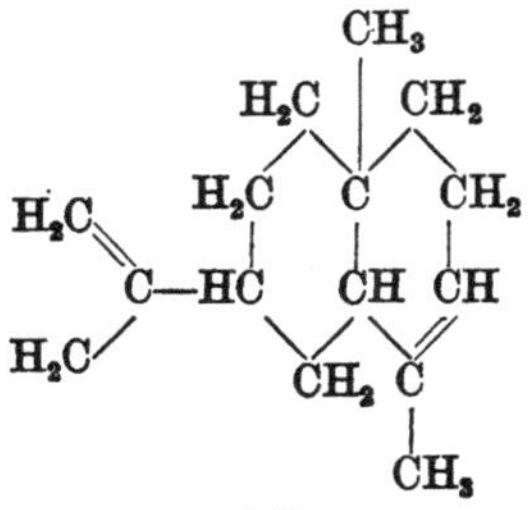

Selinen

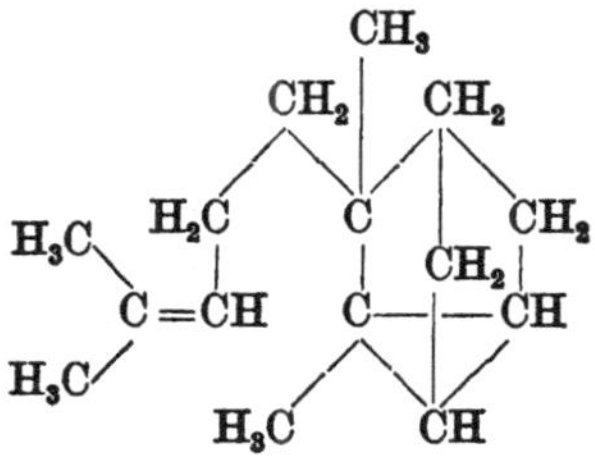

α-Santalen

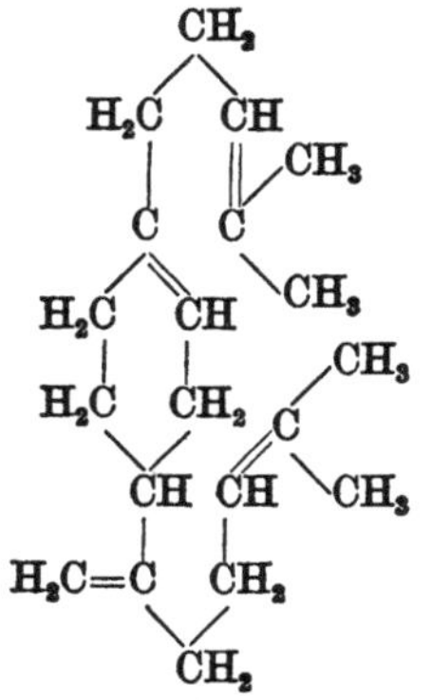

α-Kamforen

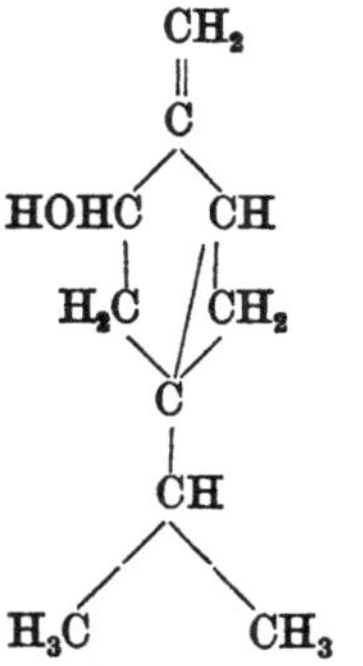

Sabinol

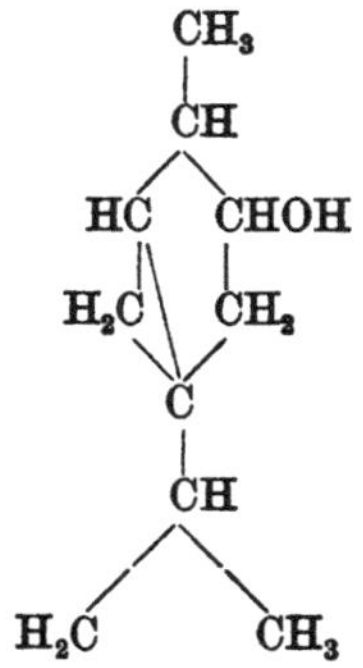

Thujylalkohol

Weiter verbreitet ist das Borneol, der Thujylalkohol, der im Öl des Zitwerkrautes *Artemisia cina*, im Öl der *Artemisia camphorata* und in *Thuja plicata* vorkommt, sowie der Fenchylalkohol der im Öl der Holzfaser des *Pinus palustris*, im amerikanischen Terpentin und im Öl der *Lavandula stoechas* gefunden wurde. Im Zusammenhang mit einer derartigen Verbreitung steht auch die einfache Struktur dieser Verbindungen im Vergleich zu den soeben besprochenen Verbindungen.

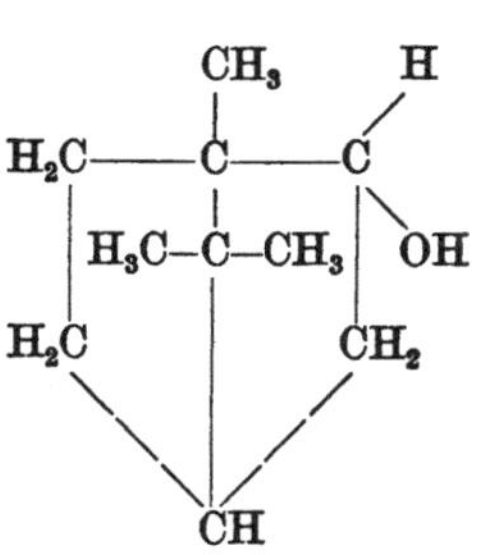

Borneol

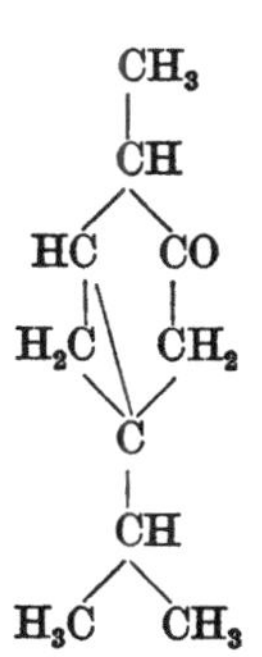

Thujon

Das bizyklische Terpenketon Thujon kommt in der Natur in zwei Isomeren vor. Das α-Isomer bildet den Hauptteil des Thujonöls und ist außerdem im Öl der Salbei, *Artemisia Barrelieri* und *Artemisia indica* enthalten; das β-Thujon kommt in den Ölen der *Tanacetum vulgare*, des Salbeis und der *Artemisia arborescens* vor. Ein anderes Keton, das Verbenon, wurde im spanischen Verbeninöl gefunden. Sein Isomer, das l-Pinocamphon, wurde im Isopöl festgestellt. Im Gegensatz zu diesen Ketonen mit einer beschränkten Verbreitung wurde ein ihnen in der Struktur nahestehender d-Kampfer in der Holzfaser und im Öl der Blätter der *Cinnamonum camphora*, der Blätter der *Alpinia nutans* und in Rosmarinöl, im Salbeiöl und in anderen Ölen festgestellt. Sein optischer Antipode der l-Kampfer befindet sich in den Ölen der *Salvia triloba, Artemisia herba-alba*, der *Artemisia leucodes*, der *Artemisia annua* und der *Artemisia Astrachanica*.

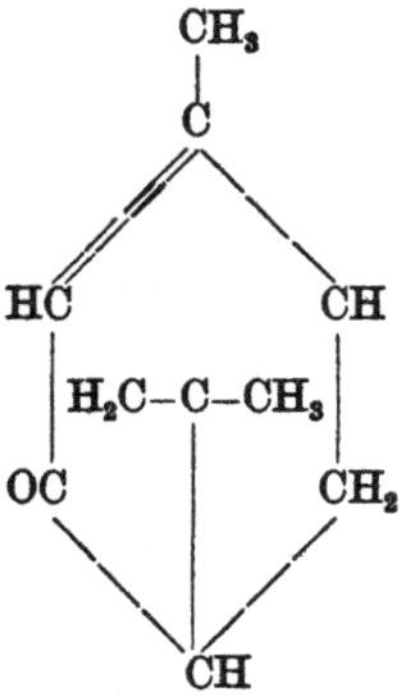
Verbenon

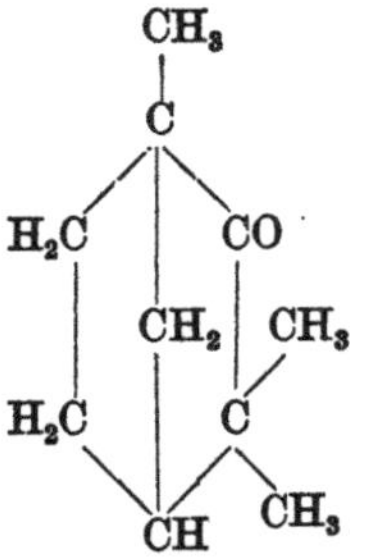
Fenchon

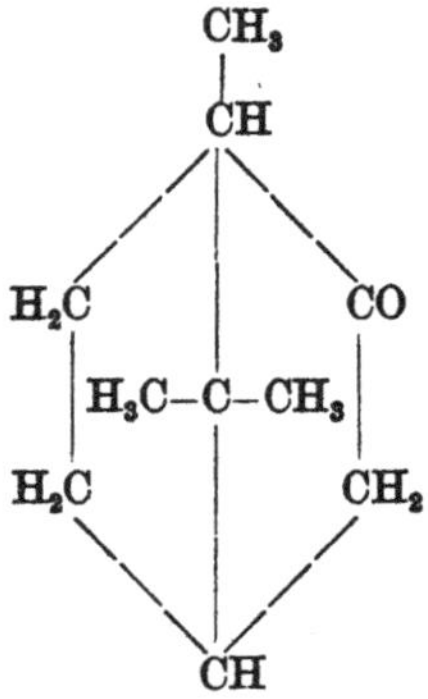
Kampfer

Weit verbreitet ist das Fenchon, das im Fenchelöl, im Öl der *Lavandula stoechas*, im Thujonöl und im Öl der *Artemisia frigida* gefunden wurde. Iron wurde nur im Schwertlilienöl und Doremon im Harz der *Dorema ammoniacum* festgestellt.

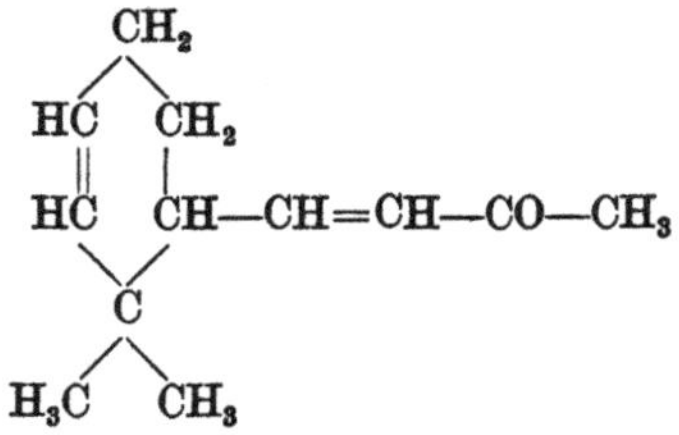
Iron

Gesetzmäßigkeiten der Verteilung der verschiedenen ätherischen Öle nach einzelnen systematischen Gruppierungen der Pflanzenwelt festzustellen, ist eine etwas schwierigere Aufgabe als bei den Alkaloiden, da ein und dieselben mitunter sehr komplizierte Verbindungen in den allerverschiedensten und sehr entferntstehenden Familien vorkommen. Jedoch kann man einige Gesetzmäßigkeiten immerhin auch für die ätherischen Öle feststellen, wie ich es schon vor 20 Jahren getan habe (BLAGOWESTSCHENSKI, 1925).

Vor allem macht es keine besonders große Mühe, sich davon zu überzeugen, daß die aliphatischen Verbindungen, die in ihrem Molekül keinen geschlossenen Ring besitzen, sich einer äußerst weiten Verbreitung erfreuen. So wurde beispielsweise Geraniol bei vielen Vertretern der Familien der Koniferen, Gramineen, Kruziferen, Magnoliazeen, Myristizazeen, Aristolochiazeen, Geraniazeen, Rosazeen, Rutazeen, Myrtazeen, Burserazeen, Umbelliferen und der Labiaten festgestellt. Linalool, das sich strukturell vom Geraniol nur wenig unterscheidet, kommt außer in den vorher für das Geraniol aufgezählten Familien noch in den Myriazeen, Santalazeen, Kannabazeen, Anonazeen, Euphorbiazeen und bei den Kompositen vor. Die anderen aliphatischen Terpene (Myrzen, Ozimen, Rhodinol, Bupleurol, Zitral und Zitronellal) haben ungefähr dieselbe und nur in einigen Fällen eine beschränktere Verbreitung. Bemerkenswert ist, daß alle diese aliphatischen Terpene in den Familien der Koniferen, der Umbelliferen, der Zingibirazeen, der Kompositen und Labiaten nur in einzelnen Fällen bemerkt wurden. Dieser Umstand muß unterstrichen werden, da gerade diese Familien an ringbildenden Terpenen der Typen des Dipentens, Pinens, Menthols, wie auch an Sesquiterpenen und an Polyterpenen reich sind. Wenn die systematische Stellung dieser fünf Familien in Betracht gezogen wird, die zu den in der Pflanzenwelt am weitesten spezialisierten Familien gehören, gewinnt das derartige Vorherrschen der ringbildenden Terpene bei ihnen ein besonderes Interesse. Andererseits wurden in der Familie der Rosazeen nur bei der Art *Rosa* aliphatische Terpene festgestellt und keine Terpene bei anderen Arten dieser Familie gefunden. Es ist von Interesse, diese Erscheinung dem völligen Fehlen der Alkaloide bei den Rosazeen gegenüberzustellen.

Wenn man die Verteilung der ringbildenden Terpene studiert, ist es erforderlich, nochmals hervorzuheben, daß die einfachsten von ihnen weit verbreitet sind. So wurde beispielsweise Zymol bei den Labiaten gefunden, bei den Umbelliferen, den Laurazeen, Chenopodiazeen und bei der Gattung *Ribes* der Familie der Saxifragazeen. Thymol und Karvakrol sind bei den Labiaten und den Umbelliferen weit verbreitet. Außerdem wurden sie gefunden bei *Michelia longifolia* der Magnoliazeen und bei *Monodora grandiflora* der Anonazeen. Eugenol wurde festgestellt bei vielen Ranales, bei den Myrtazeen, den Laurazeen, bei *Dacrydium* (Koniferen), *Asarum Blumei* (Aristolochiazeen) und bei *Acacia Lavenda* (Leguminosen). Schon aus diesen Daten ist zu ersehen, daß die Verteilung der zyklischen Terpene, analog der Verteilung der Alkaloide, an ganz bestimmte Familien angepaßt ist, und zwar an solche Familien, die entweder die eine oder die andere phylogenetische Reihe beschließen oder zu den ältesten, teils aussterbenden Gruppen gehören. Beispielsweise wurden Sesquiterpene, d. h. Verbindungen des Hydronaphtalins in den Familien der Laurazeen, Anonazeen, Koniferen, Piperazeen, Myriazeen, Betulazeen, Hammamelidazeen, der Pittosporazeen und der Kompositen gefunden. Pinen wurde festgestellt in den Koniferen, den Gramineen, Arazeen, Piperazeen, Myriazeen, Magnoliazeen, Aristolochiazeen, Laurazeen, Pittosporazeen, Geraniazeen, Rutazeen, Kalykanthazeen, Burserazeen, Anakardiazeen, Myrtazeen, Umbelliferen, den Labiaten und in Kompositen.

Die Verbreitung der kompliziertesten Vertreter der Stoffe dieser Klasse, und zwar der Polyterpene, ist sehr beschränkt. Sie wurden nur bei den Koniferen, den Kompositen und bei den Sterkuliazeen gefunden. Die Familie der Sterkuliazeen ist analog den Koniferen und den Kompositen durch ihre hohe Spezifizierung charakterisiert, wobei sie Staubfäden aufweist, die zu einem Rohr zusammenwachsen. Von der Mehrzahl der Systematiker wird diese Familie der Sterkuliazeen zu der Ordnung der Malvales (Busch, 1940; Golenkin, 1937) gezählt, wobei sie hier die Stelle der Familie der Malvazeen, der Bombazeen und der Tiliazeen einnimmt.

Die an zyklischen Terpenen, Sesquiterpenen, Pinen, Borneol und an Menthol reiche Familien der Labiaten gehört zur Ordnung der Tubifloren, die gewöhnlich unmittelbar von den Rosales abgeleitet werden. Die Familien der Umbelliferen und der Kompositen, bei denen ebenso wie bei den Labiaten und den Koniferen zyklische Terpene vorherrschen und aliphatische nur in einzelnen Fällen bemerkt wurden, nehmen im System die gleiche Stellung wie die Labiaten ein. Diese Familien stellen die Endglieder in einer Kette von Formen dar, die entsprechende phylogenetische Reihen bilden und ebenso wie diese sich durch eine Vielzahl der sie bildenden Arten und durch eine weite Verbreitung auf der ganzen Erdkugel auszeichnen. Hierbei sind die Doldenblütler vor allem in den gemäßigten Gebieten der nördlichen und der südlichen Halbkugel verbreitet. Die Kompositen können aber unter den verschiedenartigsten Bedingungen leben: in tropischen Wäldern, in Steppen verschiedener Art, in Wüsten, auf hochgelegenen Bergwiesen, in den Tundren, in Sümpfen, an den Ufern von Flüssen und Seen und sogar im Wasser (Golenkin, 1937). Sowohl in der einen als auch in der anderen Familie, wie auch bei den Labiaten überwiegen die Krautformen. Sowohl die Umbelliferen als auch die Kompositen stellen höhere Entwicklungsstadien der phylogenetischen Reihen dar, die bis zu den ältesten *Polycarpicae* zurückreichen und mit ihnen folgenderweise verbunden sind: die Umbelliferen über die *Rosales*, *Terebinthales*, *Celastrales*, und die Kompositen über *Parietales* und Glockenblumen. Die Nadelbäume sind in der jetzigen Zeit unter den nacktsamigen Pflanzen die häufigsten Bäume, deren Arten an Zahl (ungefähr 400) die anderen Gruppen (*Cycadeae* — 85, *Ginkgoinae* — 1, *Gnetinae* — ungefähr 60) übertreffen. Die Nadelhölzer sind ausschließlich durch Bäume vertreten und über die ganze Erdkugel verbreitet. Ihr Alter ist sehr groß. Beispielsweise wurden Taxodiumüberreste sogar in paläozoischen Formationen gefunden.

Wenn man eine Bilanz des über die Verteilung der einzelnen ätherischen Öle in den Pflanzen schon Bekannten zieht, kann man behaupten, daß es einerseits Familien gibt, in denen die ätherischen Öle entweder vollständig fehlen (bei den Gramineen wurden sie nur bei einer Art, *Cymbopogon*, gefunden), oder zu ihrem Bestande nur aliphatische Verbindungen gehören (Rosazeen). Andererseits gibt es Familien mit einem erheblichen Gehalt an ätherischen Ölen, zu deren Bestandteilen komplizierteste Verbindungen gehören. Qualitative Unterschiede in der Zusammensetzung der sekundären Produkte der Stoffumwandlung wurden hier überaus deutlich.

Glykoside, Amine und Chlorophyll

Mit Eiweiß, Alkaloiden und ätherischen Ölen sind die Stoffe nicht erschöpft, die für diese oder jene Pflanzengruppe charakteristisch sind. Zum Unterschied von den Alkaloiden und den ätherischen Ölen gibt es Stoffe, die sich zweifelsohne an den Stoffwechselprozessen aktiv beteiligen, und gleichzeitig für die einzelnen systematischen Gruppen charakteristisch sind und in anderen Gruppen nicht vorkommen. Zu derartigen Stoffen gehören beispielsweise die Glykoside, z. T. auch Gerbstoffe, Amine, Betaine und verschiedene Pigmente; die Karotinoide, Flavone und Antozyane. Unter der Bezeichnung Glykoside werden Verbindungen zusammengefaßt, einfache Äther eines Zuckers und verschiedener Aglukone, am häufigsten eines Alkohols. Diese Verbindungen sind eine der Formen, in denen Zucker als Reserven abgelagert werden, und sind überaus verschiedenartig, wobei sie gewöhnlich eine hohe Spezialisierung zeigen. Die Aglukone können sehr kompliziert sein, doch können sie auch sehr einfach sein, wobei in der Regel Glykoside mit Aglukonen einfacher Struktur in Arten anzutreffen sind, die zu sehr entfernten Familien gehören. Dagegen weisen Glykoside mit komplizierten Aglukonen eine beschränktere Verbreitung auf.

Für eines der einfachsten Glykoside ist das aus *Phaseolus lunatus* ausgeschiedene Phaseolunatin oder das Linamarin, ein Äther der Glukose und des Zyanhydrins des Azetons.

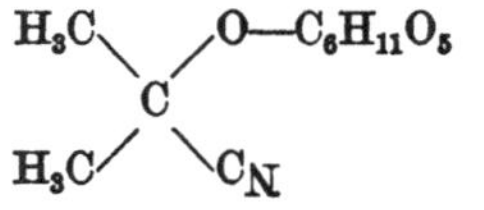

Phaseolunatin wurde außer in der angeführten Pflanze in einigen anderen Vertretern der Familie der Papilionazeen (*Trifolium repens*, *Ornithopus sp.*, *Lotus corniculatus*), in einer Reihe von Arten aus der Familie der Ranunkulazeen (*Thalictrum aquilegifolium*, *Thalictrum angustifolium*, *Isopyrum thalichroides*), in *Linum perenne* und *Linum usitatissimum* (der Familie der Linazeen), *Manihot utilissima* und *Manihot apii* (der Familie der Euphrorbiazeen) und in *Gynocardia odorata* (der Familie der Flacourtiazeen) gefunden. Von den unbegrenzten aliphatischen Alkoholen kann Allylalkohol in Gestalt seines Isorhodanäthers und in Begleitung des sauren schwefelsauren Kaliums in den Bestand der Glykoside eingehen, wobei er das Glykosid des Senfes (*Sinapis nigra*), das Sinigrin, bildet.

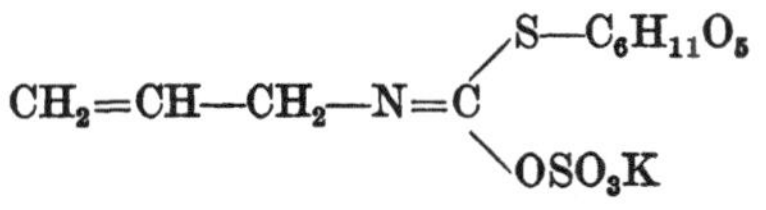

Derartige Glykoside, in denen der Alkohol nicht durch Sauerstoff, sondern durch Schwefel gebunden ist, sind außerordentlich charakteristisch für die Vertreter der Familien der Kruziferen, der Resedazeen, Kapparidazeen, Tropaelazeen und der Limnanthazeen. Durch diese ist der spezifische Geruch und Geschmack der Rübe, des Rettichs, des Radieschens, des Meerrettichs, des Kohls und der Kresse bedingt.

Bedeutend häufiger als aliphatische Alkohole sind im Bestande der Glykoside aromatische Alkohole enthalten. Monophenole sind in den pflanzlichen Glykosiden unbekannt, aber Diphenole und Polyphenole sind weit verbreitet. So ergibt Hydrochinon, das sich mit Glukose verbindet, Arbutin 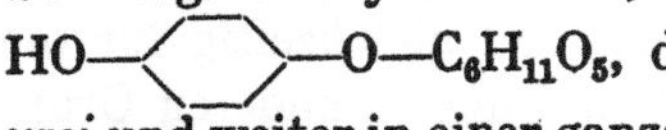, das zuerst in den Blättern von *Arctosaphyllos uvae ursi* und weiter in einer ganzen Reihe von Pflanzen gefunden wurde, in verschiedenen Arten der Familie der Erikazeen, der Pirolazeen, der Proteazeen und in der gewöhnlichen Birne *Pirus communis.* In den Blättern des Steinbrechs (*Saxifraga crassifolia*) wurde Arbutin bis zu 10% des Trockengewichtes festgestellt. Bei den aromatischen Alkoholen muß auf Salizylalkohol (Saligenin) hingewiesen werden, der zum Bestandteil des Salizins 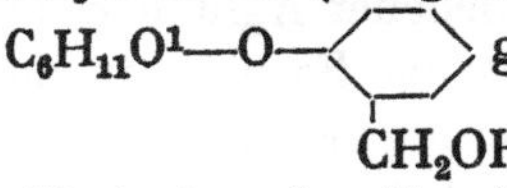 gehört, des charakteristischen Glykosids verschiedener Vertreter der Familie der Salizazeen. Das diesem Alkohol entsprechende Aldehyd ist in einem anderen Glykosid aus der Familie der Salizazeen, dem Helizin, und Benzoesäure im Glykosid Populin enthalten, das bei verschiedenen Arten der Gattung *Populus* und im *Salix purpurea* vorkommt. Unter den verschiedenen Koniferen ist das Koniferin

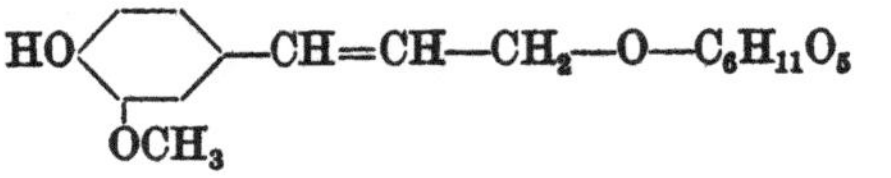

weit verbreitet.

Bei *Gaultheria procumbens* (Erikazeen), *Spirea ulmaria* (Rosazeen), *Monotropa hypopitis* (Pirolazeen) und bei verschiedenen Polygalaarten (Polygazeen) ist Gaultherin (Betulin), das α-Glykosid eines Methyläthers der Salizylsäure enthalten. In den Früchten verschiedener Vanillearten (Orchidazeen) und in der Wurzel des Hafers *Avena sativa* ist Vanillin (3-Methoxy-3,4 dioxybenzaldehydglykosid) enthalten. Das Aglukon des Floridins, des Glykosids, das in der Rinde der Apfelbäume, der Birn-, Kirsch-, Pflaumenbäume und anderer Rosazeen enthalten ist, enthält zwei aromatische Ringe und heißt Florentin

$$C_6H_2(OH)_3—CO—\underset{\displaystyle CH_3}{\underset{|}{CH}}—C_6H_4—O—C_6H_{11}O_5$$

Florentin ergibt in einer Verbindung mit dem Zucker Rhamnose das Glykosid Glyziphyllin, das in den Blättern der *Smilax glycophyla* (Liliazeen) gefunden wurde. Bei *Hiptoge malabdata* (*Malpighiacea*) wurde das Glykosid Hiptogin mit einem Aglukon überaus eigenartiger Struktur festgestellt:

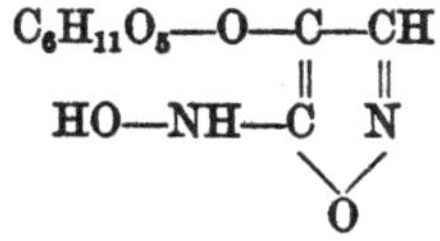

In den Kernen der Mandel, des Pfirsichs, der Kirsche, der Pflaume, der Eberesche und anderer Vertreter der Rosazeen ist Amygdalin

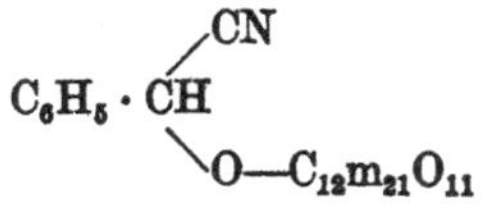

weit verbreitet.

Von den komplizierteren organischen Verbindungen kann zu dem Bestand der Glykoside beispielsweise Alizarin gehören, das mit zwei Glukoseteilchen die sogenannte Rubierythrinsäure, die färbende Grundlage der Färberwurzel (*Rubia tinctoria*, Familie der Rubiazeen) bildet.

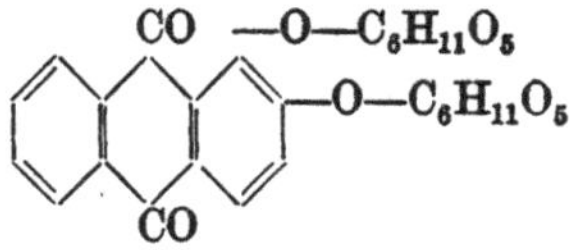

Rubierythrinsäure

Das in der Regel in unreifen und reifen Früchten verschiedener Citrusarten (Rutazeen) vorkommende und bei anderen Vertretern der Rutazeen, wie auch bei einigen Arten der Familien der Labiaten, Skrophulariazeen und der Umbelliferen verbreitete Hersperidin zerfällt bei der Hydrolyse in Rhamnose, zwei Glukosemoleküle und in Hesperetin, eine Phlorogluzinverbindung der Hesperetinsäure (des Methyläthers der Kaffeesäure).

$$C_6H_3(OH)\,(O \cdot CH_3)CH{=}CH \cdot CO \cdot C_6H_2(OH)_3$$

Hesperetin

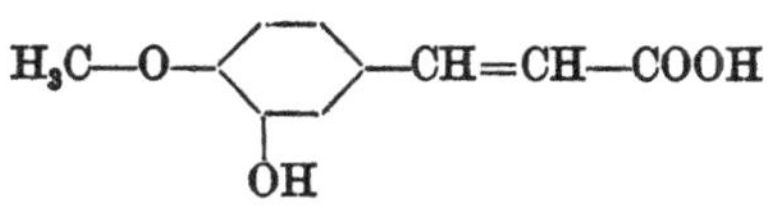

Hesperetinsäure

Man kann Hesperetin auch als eine Chalkonverbindung ansehen und gewinnt auf diese Weise eine Brücke zu bemerkenswerten Glykosiden, den Antozyanen und Flavonen, die rote, blaue und gelbe Pigmente der Pflanzen bilden.

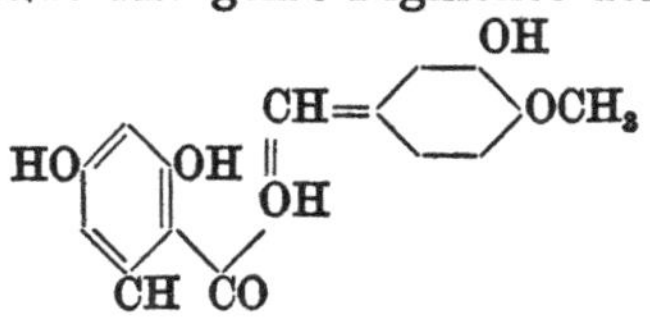

Es ist möglich, daß sich die Verbindungen des Chalkontyps bei einer Kondensation des Benzaldehyds mit Azetophenon bilden:

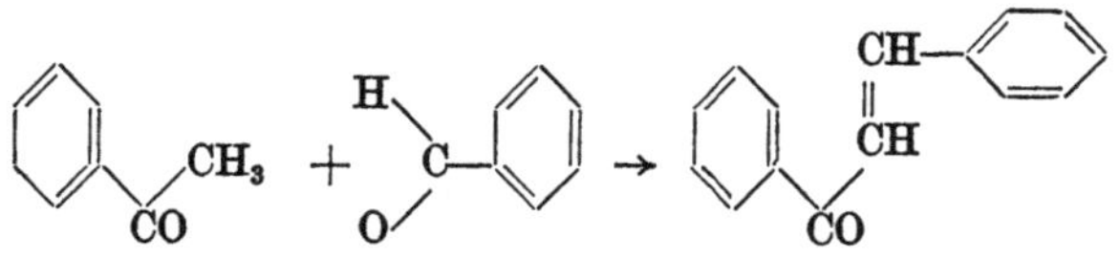

Azetophenon Benzaldehyd Benzalazetophenon (Chalkon)

Flavonverbindungen werden bei einfacher Schließung des Ringes durch Sauerstoff unter Abgabe von zwei Atomen Wasserstoff gebildet.

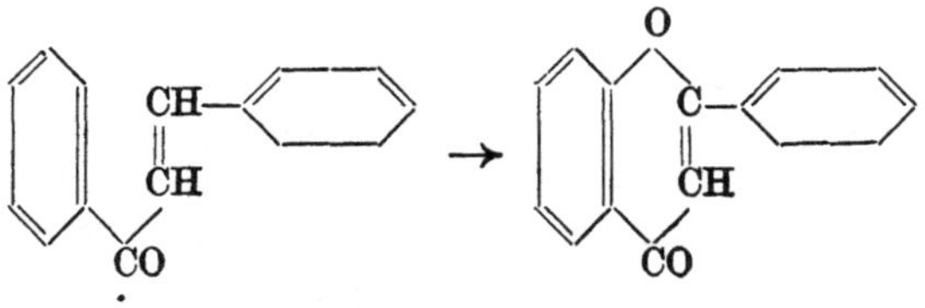

Die Flavone verbinden sich entweder mit d-Glukose oder mit Rhamnose und bilden so Glykoside. Sie kommen häufig in großen Konzentrationen im Zellsaft gelöst vor. Sie sind in Pflanzen weit verbreitet, häufen sich vorwiegend in Epidermisteilen an, kommen aber auch im Holz vor. Sehr interessant ist die Anreicherung der Flavone in tropischen und alpinen Pflanzen, bei denen die Flavone die wichtige Aufgabe der Absorption der ultravioletten Strahlen haben und hierdurch das Chlorophyll und das Plasma vor der Zerstörung schützen. Nach den Arbeiten von SZENT-GYÖRGYI sind die Flavone unentbehrliche Komponenten des Atmungssystems der sogenannten Peroxydasepflanzen, und ihre Verbreitung im System der Pflanzenwelt muß gleichfalls gewisse Gesetzmäßigkeiten aufweisen. Das am weitesten verbreitete Flavon ist das Querzetin.

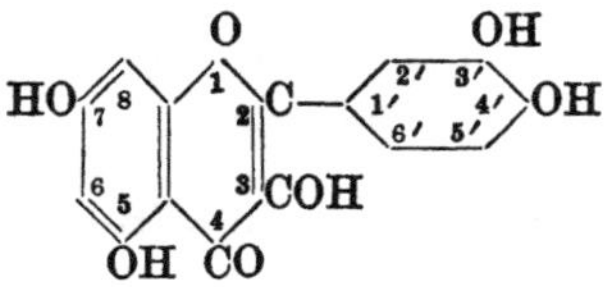

Die Hydroxylgruppen sind in dieser Verbindung nicht gleichwertig: die in der Stellung 5 und 7 stehenden dienen der Bindung der Zucker und die Gruppen in Stellung 3′ und 4′ sind frei. Die Verbreitung des Querzetins in der Pflanzenwelt ist noch ungenügend erforscht. Man kann aber hervorheben, daß Querzetin außer bei der Gattung *Quercus*, von der es seinen Namen erhielt, auch bei der Gattung *Aesculus* (*Hippocastaneaceae*), in der Rinde von *Carya tomentosa* (*Juglandaceae*), in den Blättern von *Vitis* (*Vitaceae*), *Humulus* (*Cannabinaceae*), *Thea* (*Camelliaceae*), *Fraxinus* (*Oleaceae*), *Viola* (*Violaceae*), *Euphorbia* (*Euphorbiaceae*), *Hibiscus* und *Gossypium* (*Malvaceae*), *Capparis* (*Capparidaceae*),

Sophora und *Trifolium* (*Leguminosae*), *Polygonum* (*Polygonaceae*), *Rosa*, *Pirus*, *Prunus* und *Crataegus* (*Rosaceae*) gefunden wurde.

Durch Reduktion des Pyronrings der Flavone zu einem Pyrylring werden die Anthozyanine gebildet.

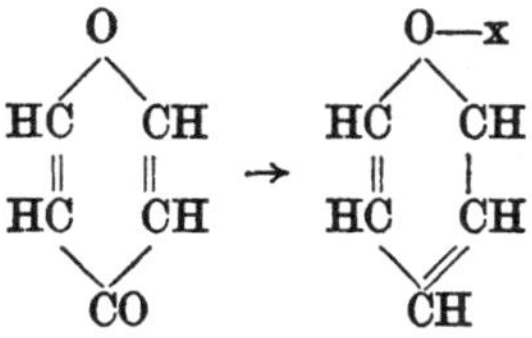

Diese Verbindungen sind in den Pflanzen (in Form von Glykosiden) durch drei Grundtypen, das Pelargonidin, das Zyanidin und das Delphinidin, vertreten, die sich nur durch die Zahl der Hydroxylgruppen am Phenolkern unterscheiden:

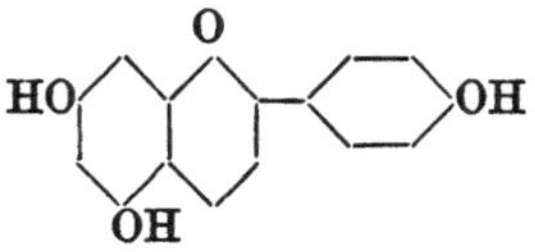

Pelargonidin

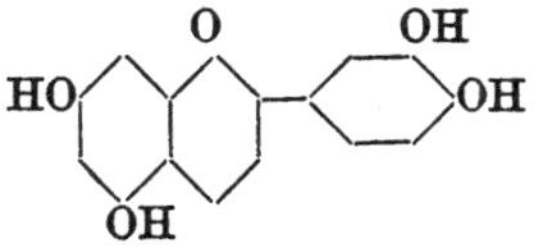

Zyanidin

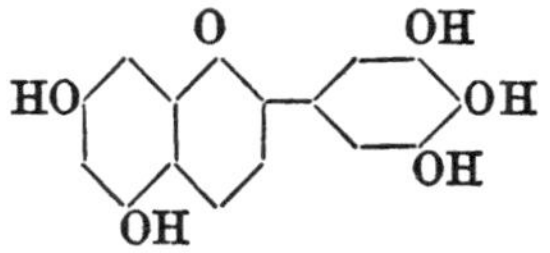

Delphinidin

Außer den freien Anthozyaninen kommen in den Pflanzen auch einige ihrer Verbindungen vor, die Monomethyläther des Zyanidins, (3′)-Päonidin, (4′)-Delphinidin und Myrtillidin, wie auch die Dimethyläther des Delphinidins, Änidin und Malvedin. Alle drei Typen der Anthozyanine können gleichzeitig in ein und derselben Pflanze, aber in ihren verschiedenen Teilen auftreten. So enthalten die Blütenblätter von *Tropaeolum* Pelargonidin, in der Samenkapsel wurde Zyanidin und in den Blättern Delphinidin festgestellt. Bedeutend ververbreiteter ist jedoch das Vorkommen nur einer der Gruppen der Anthozyanine in den Pflanzen einer bestimmten Art.

G. Robinson und R. Robinson (1931, 1932) untersuchten die Verbreitung der drei wichtigsten Anthozyanine an mehr als zweihundert Pflanzenarten. Ihre Angaben zeigen, daß die einzelnen Familien durch das Vorherrschen von bestimmten Anthozyaninen charakterisiert sind. So besteht beispielsweise kein Zweifel, daß die Unterscheidungsmerkmale der Labiaten, der Solanazeen, der Primulazeen und der Ranunkulazeen das Vorherrschen des Delphinidins und seiner Verbindungen sind. Dagegen wurde bei keinem Vertreter der Rosazeen dieses Anthozyanin gefunden. Bei den Saxifragazeen überwiegt das Zyanidin, ebenso bei den Umbelliferen und bei den Kompositen. In anderen Familien (Leguminosen, Scrophulazeen) kommen Vertreter aller drei Anthozyanine vor, aber man kann immer die Tendenz zu einer bevorzugten Bildung eines der Anthozyanine bemerken.

Was die Verbreitung der anderen Glykoside in verschiedenen systematischen Pflanzengruppen anbetrifft, so kann sie kurz mit folgenden Bemerkungen charakterisiert werden, wobei man berücksichtigen muß, daß die Struktur der Aglukone für sehr viele Glykoside unbekannt bleibt.

Unter den Gymnospermen wurden Glykoside in *Cycas circinalis* gefunden, bei der sie giftige Eigenschaften besitzen. Sie wurden auch festgestellt bei *Picea excelsa*, die das Pizein $CH_3 \cdot CO \cdot C_6H_4 \cdot O \cdot C_6H_{11}O_5$ enthält.

Die Struktur des in verschiedenen Koniferen weit verbreiteten Aglukons Pinipikrin, wie auch des im Taxus vorkommenden Taxikotins $C_{23}H_{22}O$ ist unbekannt.

Für die Monokotyledonen ist eine ganze Reihe von Glykosiden bekannt, von denen ein Teil über giftige Eigenschaften verfügt. Ihre Struktur ist in einigen Einzelheiten unbekannt. Glykoside kommen vor in den Familien der Gramineen (Avenin $C_{14}H_{10}O_8$), der Arazeen (Akorin $C_{36}H_{60}O_6$), der Liliazeen (Konvallarin der Maiglöckchen, das einen aromatischen Ring enthält; das Szillamin verschiedener Liliazeen, das eine aliphatische Struktur aufweist und andere), der Palmazeen, Dioskorazeen und der Orchidazeen (Loroglossin bei *Himantoglossum hircinum*). Bei anderen Monokotyledonen wurden keine Glykoside gefunden.

Unter den Dikotyledonen wurden Glykoside festgestellt in den Familien der Piperazeen, Urtikazeen, Morazeen (giftiges Antiarin des Antschars), Aristolochiazeen, Polygonazeen (*Rheum*), Phytolazeazeen, Ranunkulazeen, Magnoliazeen, Kalykanthazeen, Monimiazeen, Kruziferen, Saxifragazeen, Rosazeen und der Leguminosen (das giftige Gastrolobin, Koronillin und Vistariin). Es ist nicht uninteressant, daß das in *Glycyrrhyza* gefundenen Glyzyrrhizin gleichfalls bei *Astragalus glycyphyllus, Periandra mediterranea, Abrus precatorius* und in den Familien der Unbelliferen (bei *Myrrhis odorata*), der Sapotazeen (bei *Pratesia lactescens*), der Palmazeen (bei *Bactris speciosa*) und im Wurzelstock des Farnkrauts der Filizinen festgestellt wurde. Einige Forscher weisen auf das Vorkommen einer Naphthalingruppe im Glyzyrrhizin hin.

Glykoside sind fernerhin bekannt bei den Familien der Linazeen, der Simaburazeen, Rutazeen, Koriariazeen, Anakardiazeen, Zelastrazeen, Vitazeen, Tiliazeen (das giftige Korchorin, ein Tiliedin, das gleichfalls in dem zur Familie der Kompositen gehörenden *Cirsium arvense* gefunden wurde), der Melastomazeen, Zistazeen, Karikazeen, Myrtazeen, Kornazeen (Aukubin, das gleichfalls in *Plantago* gefunden wurde), der Araliazeen und der Umbelliferen. In allen diesen Familien der Choripetalen kommen Glykoside bei einigen wenigen Vertretern vor und sind häufiger nur bei den Leguminosen. Eine bedeutend größere Rolle spielen die Glykoside bei den Sympetalen. Viele Glykoside wurden bei den Erikazeen gefunden: das Erikolin, das in der ganzen Familie weit verbreitet ist, das Rhododendrin, das Andromedotoxin, das außerhalb der Erikazeen bei Monotropa uniflora der Familie der Pirolazeen festgestellt wurde. Die Primulazeen enthalten charakteristische Glykoside, das Primaverin und das Primulaverin, Verbindungen des aromatischen Kerns. Das Phylirin der Oleazeen ist auch eine aromatische Verbindung, die Koniferylalkohol enthält. Die Glykoside der Loganiazeen enthalten Stickstoff und stellen gewissermaßen einen Übergang zu den Alkaloiden dar, beispielsweise das Glykosid des *Strychnos vacacina* $({}_{16}H_{10}O_3N)$. Sehr reich an Glykosiden unbekannter Struktur sind die Familien der Gentianazeen, wie auch die Apozynazeen (Strophanthin, Oleandrin), die Asklepiadazeen, Skrophulariazeen und die Konvulvalazeen.

Bedeutend ärmer an diesen Verbindungen sind die Borraginazeen, die Labiaten und die Solanazeen. Die Bignoniazeen, die mit den Scrophulariazeen verwandt sind, unterscheiden sich von diesen dadurch, daß ihre Glykoside über eine weniger komplizierte Struktur als die Glykoside der Sklophulariazeen verfügen. Unter den Rubiazeen enthalten einige Gattungen gleichfalls Glykoside (Chinosin bei *Chinchona*). Die Kukurbitazeen sind sehr reich an Glykosiden (Koloquintin, Bryonin). Schließlich wurden bei den Kompositen verschiedenartige Glykoside gefunden, bei *Helianthus annuus* sogar stickstoffhaltige.

Stickstoffhaltige Glykoside, die zur Gruppe der sogenannten Nukleoside gehören, d. h. zu denjenigen zählen, deren Bestandteile die Purin- und Pyrimidinbasen, Adenin, Guanin, Hypoxanthin, Xanthin, Zytosin, Urazil und Thymin, sind, spielen in den innergeweblichen Atmungsprozessen eine so wichtige Rolle, daß ihre Verbreitung für allgemein gehalten werden muß. Jedoch werden sie bei weitem nicht von allen Pflanzen, sondern nur von denjenigen Pflanzen ausgeschieden, wo sie aus dem einen oder dem anderen Grunde angesammelt wurden, ohne daß sie wie gewöhnlich mit Phosphorsäure verbunden sind. Als Beispiel eines derartigen freien Puringlykosids kann das d-Ribosid des Guanins dienen, das mit dem Guanosin des tierischen Organismus identisch und unter dem Namen Vernin bekannt ist. Vernin wurde in den Keimen verschiedener Pflanzen, im Saft der Zuckerrübe, im Blütenstaub der Haselnuß und der Kiefer festgestellt. Bei *Vicia sativa wurde* ein anderes ähnliches Glykosid, das Vizin gefunden, das bei der Hydrolyse zwei Moleküle d-Glukose und ein Molekül Divizin oder 4,6-Dioxy-2,5-Diaminopyrimidin ergibt:

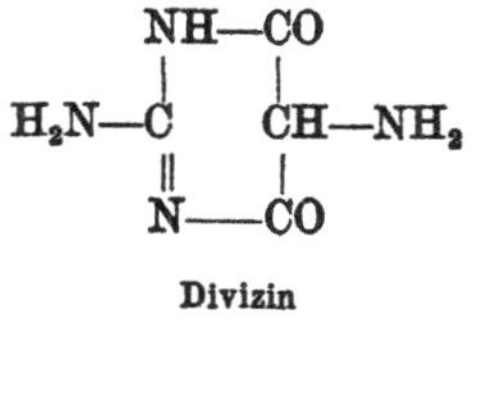

Divizin

Bei der Zusammenfassung der Daten über die Verbreitung der Glykoside bei verschiedenen Pflanzen muß hervorgehoben werden, daß die einen und die anderen Aglukone nicht regellos verstreut sind, sondern analog den Alkaloiden und den ätherischen Ölen in einigen bestimmten Abschnitten des Systems sich konzentrieren, so daß sie charakteristische Verbindungen einzelner Familien sind und hiermit auf den eigenartigen Charakter der Stoffumwandlungen bei diesen Familien hinweisen.

Bei einer Abspaltung der Karboxylgruppe von den Aminosäuren nach der allgemeinen Gleichung

$$R \cdot CH(NH_2) \cdot COOH \rightarrow R \cdot CH_2NH_2 + CO_2$$

werden Amine der Aminosäuren gebildet. Auf diese Weise werden bei der bakteriellen Spaltung des Aminosäuren Amine gebildet. In höheren Pflanzen entstehen Amine, aller Wahrscheinlichkeit nach, durch Einwirkung von Ammoniak auf Aldehyde mit einer Synthese von sogenannten Hydraminen als Zwischenstufe und nachfolgender Reduktion derselben:

1. $R \cdot COH + NH_3 = R—CH\,(OH)\,(NH_2)$;
2. $R—CH(OH)\,(NH)_2 + H_2 = R \cdot CH_2NH_2 + H_2O$

Methylamin und das Amin des Glykokolls sind die einfachsten Amine. Es kann bei einer Einwirkung des bei der Photosynthese erhaltenen Formaldehyds auf Ammoniak in den Pflanzen gebildet werden. Die Reaktion erfolgt über die Zwischensynthese von Aldehydammoniak, der hierauf mit einem zweiten Molekül Formaldehyd in eine Wechselwirkung eingeht, das hierbei zu Ameisensäure oxydiert wird:

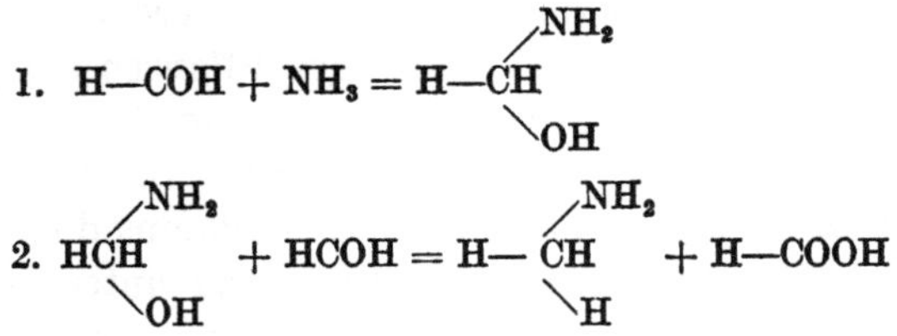

Freies Methylamin wurde bei zwei Arten der Gattung *Mercurialis* (*Mercurialis perennis* und *Mercurialis annua*), die zu der Familie der Euphorbiazeen gehört und bei *Acorus calamus* (*Araceae*) gefunden. Dimethylamin kommt im freien Zustande bei Blütenpflanzen nicht vor. Trimethylamin $N(CH_3)_3$ wurde aber als ständiger Bestandteil in den Blättern von *Chenopodium vulvaria*, in den Blüten von *Crataegus oxycantha* (*Rosaceae*) und in den Blättern von *Arnica montana* (*Compositae*) gefunden. In den grünen Tabaksblättern wurde das Vorkommen von Isoamylamin festgestellt. Das Diamin des Ornithins, ein giftiges Putreszin, wurde bei *Datura sp.* (*Solanaceae*) und als eine Tetramethylverbindung bei

Hyoscyamus muticus (*Solanaceae*) gefunden. Das Diamin des Lysins, Kadaverin, wurde bei Pflanzen nicht festgestellt. Phenyläthylamin wurde bei der Mistel, *Viscum album* (*Loranthaceae*) und Phenyläthylsenföl

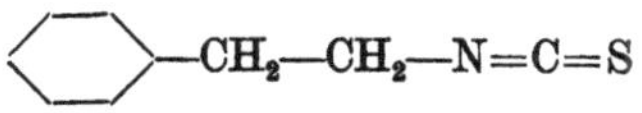

in den Wurzeln der Reseda und in Blättern der *Nasturdium officinalis* (*Cruciferae*) gefunden. Dies ist sehr interessant, da die Ähnlichkeit der Resedazeen und der Kruziferen auch in den morphologischen Merkmalen in Erscheinung tritt. Zwei interessante Homologe des Phenyläthylamins, das Ephedrin und das Pseudoephedrin

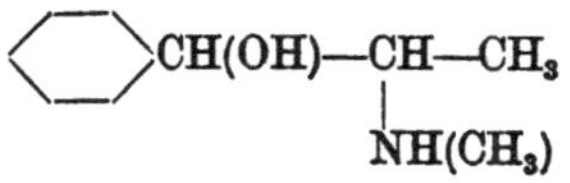

Ephedrin

wurden bei verschiedenen Vertretern der Ephedra gefunden. Diese beiden Verbindungen sind analog dem Phenyläthylamin und allen seinen anderen Verbindungen giftig, haben aber mit den Alkaloiden, wozu sie gewöhnlich gezählt werden, nichts gemeinsam. Das Amin des Tyrosins, das Tyramin, das in den letzten Jahren eine große Berühmtheit erlangte,

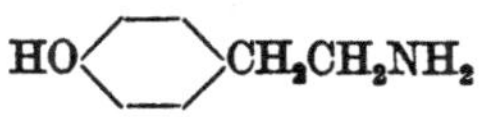

wurde bei amerikanischen Vertretern der Familie der Loranthazeen (*Phorodendron flavescens, Phorodendron villosum, Phorodendron Californicum*) gefunden. Eine Methylverbindung des Tyramins, das Hordein,

wurde in keimender Gerste festgestellt. Die sich bei der Fäulnis aus Tryptophan und Histidin bildenden Indoläthylamin und Histamin wurden bisher als normale Stoffwechselprodukte in Pflanzen nicht gefunden. Von großem Interesse ist es, daß bei verschiedenen Vertretern der Gattung *Pilocarpus* (*Rutaceae*) das Vorkommen von Pilokarpin, einer Verbindung von l-Methylimidazols, festgestellt wurde

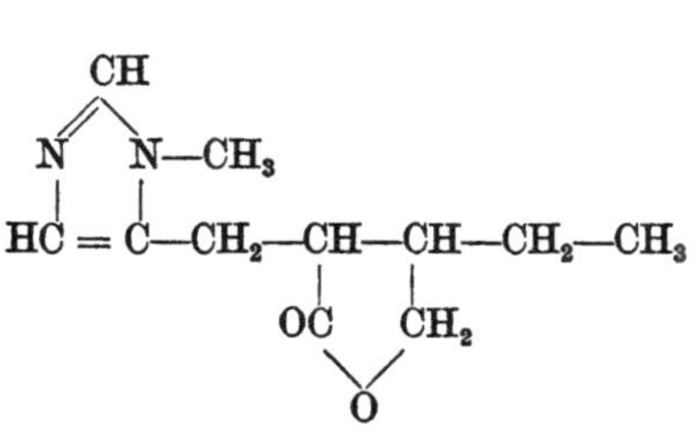

Pilokarpin

Das Auffinden des Pilokarpins gewinnt dadurch an Interesse, daß, wie bekannt Windaus und Knoop bereits im Jahre 1905 durch Einwirkung des wäßrigen Ammoniaks auf eine Hexoselösung in Gegenwart des Hydrats des Zinkoxyds in vitro Methylimidazol erhielten, womit sie die Möglichkeit der Bildung dieser Verbindung nicht durch Zerfall des Histidins, sondern durch eine direkte Synthese aus den bei den Pflanzen immer vorkommenden Komponenten bewiesen. Es wäre eine überaus dankbare Aufgabe, die energetischen Bedingungen der Bildung des Histidins und des Methylimidazols zu verfolgen, um zu klären, welcher Weg der wahrscheinlichere ist.

Sehr reich sind in den Pflanzen solche Verbindungen der Aminosäuren vertreten, bei denen drei Atome Wasserstoff an einem Stickstoffatom durch Methylgruppen ersetzt sind und das Kohlenstoffgebäude der Aminosäuren in den Ring einer anhydridförmigen Verbindung[1]) eingeschlossen ist. Derartige Verbindungen tragen den Namen Betaine. Das einfachste von diesen, das Betain des Glykokolls oder das Betain im engeren Sinne des Wortes,

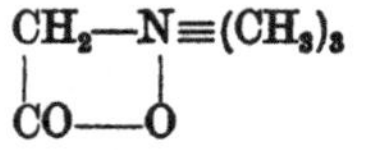

Betain

wurde in den verschiedensten Pflanzen festgestellt, wobei viele sehr große Werte (Blätter von *Amaranthus* 2—16% und alte Blätter der Zuckerrübe 2,62—2,97%) erlangen können. Außer in den angeführten Vertretern der Chenopodiazeen wurde Betain im Hafer, in Bambuskeimen, in Reiskleie, in grünen Tabaksblättern, in den Samen der Baumwollpflanze, in den Blüten und Samen der Sonnenblume, in der Alteiwurzel, in den Samen der Platterbse und im Zitwerwermut gefunden. Mit anderen Worten, die Verbreitung dieses Betains ist sehr weitreichend. Betain kommt in beliebigen Teilen des Systems der Blütenpflanzen vor, wurde aber auch in Champignons, Steinpilzen, Fliegenpilzen, in der Hefe und im Mutterkorn festgestellt. Das Betain des Prolins, Stachydrin, wurde zuerst in den Knollen von *Stachys tuberifera* (*Labiatae*) und später in den Blättern von *Citrus aurantium* (*Rutaceae*), in den Blättern und Blüten von *Chrysanthemum Sinense* und von *Chrysanthemum cinaerarifolium* (*Compositae*), in *Galeopsis grandifolium* und *Betonica officinalis* (*Labiatae*), in der Zitrone und im Luzerneheu (*Medicago sativa, Leguminosae*) gefunden.

Der genetische Zusammenhang des Stachydrins mit Prolin, wie auch mit Ornithin und Glutaminsäure wurde in den Versuchen von Klein und Linser

---

[1]) Die angeführte Strukturformel des Betains als viergliedrigen Heterozyklus ist, obgleich auch allgemein angenommen, nach den Aussagen von J. K. Syskin und M. E. Djatkina (Der chemische Zusammenhang und die Struktur des Moleküls, Moskau-Leningrad. 1946, Seite 208) wenig wahrscheinlich. Mit den jetzigen Begriffen stimmt eine Struktur in Form eines Zwitterions besser überein

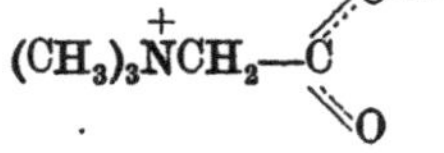

gezeigt, die mittels einer Spritze in den Stengel verschiedener Arten von *Stachys* und *Galeopsis ochroleuca* 0,1—0,2%ige Lösungen neutralisierten Prolins, Ornithins und von Glutaminsäure einführten und zeigten, daß sich hierbei in den Blättern der Versuchspflanzen der Stachydringehalt bedeutend vergrößert.

Das Betain des Oxyprolins, Betonizin, das neben dem ihm isomeren Turizin immer vorkommt, wurde zuerst in *Betonica officinalis* und später in den Blättern und Stengeln von *Stachys silvatica* festgestellt. Außerhalb der Labiaten wurde es nicht gefunden. Die Struktur des Betonizins ist aus seiner Formel zu ersehen.

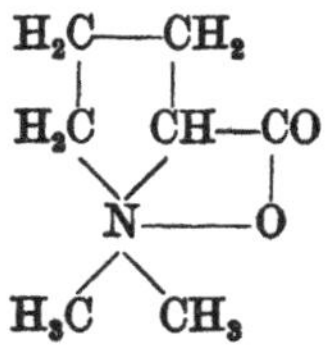

Stachydrin

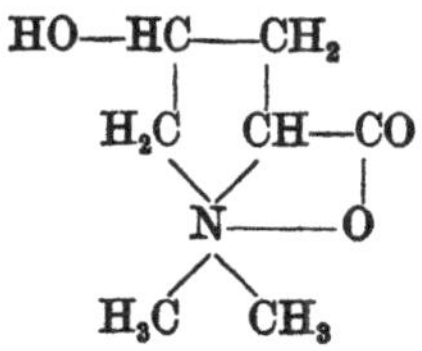

Betonizin

Das Betain des Histidins, Hercynin und seine Schwefelverbindung, Ergothionein, wurden in höheren Pflanzen nicht gefunden. Das Betain des Tryptophans, Hypaphorin, wurde bei *Erythrina hypyphorus* festgestellt, die zu den Leguminosen gehört.

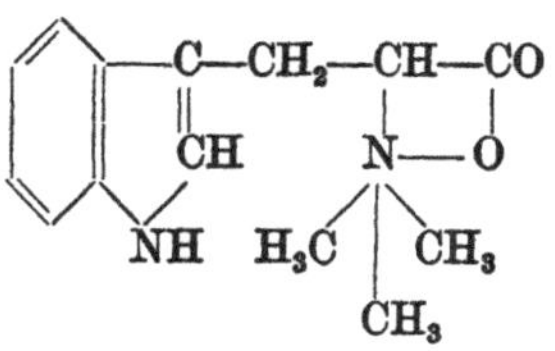

Hypaphorin

Somit besteht sowohl für die Amine, als auch für die Betaine dieselbe Gesetzmäßigkeit für ihre Verbreitung in den verschiedenen Teilen des Pflanzensystems: die einfachsten (Betain des Glykokolls und Methylamin) sind weit verbreitet, die komplizierteren (Hypaphorin, Betonizin) haben eine wesentlich beschränktere Verbreitung und sind nur an bestimmte Gruppen angepaßt. Der Zusammenhang mit den Aminosäuren ist für das Stachydrin experimentell unwiderlegbar bewiesen, für die anderen ist er durchaus wahrscheinlich. Es besteht absolut kein Zweifel, daß sowohl der Nachweis einer derartigen Verbindung, als auch die Feststellung der Energetik der entsprechenden Reaktion nur eine Frage der Zeit ist.

Es ist vorläufig schwer, etwas über die qualitativen Unterschiede des Chlorophylls in verschiedenen Pflanzen zu sagen, sogar wenn man diesen Begriff etwas weiter als gewöhnlich auffaßt und unter Chlorophyll ein kompliziertes Chromoproteid versteht, das aus einfachem Eiweiß und aus einer prosthetischen chromogenen Gruppe besteht, d. h. ein Gebilde ist, das als Chloroplastin bezeichnet wird. Dieses Proteid in einer unveränderten Form zu gewinnen, gelang bisher noch nicht. Es ist bisher auch nur bekannt, daß der isoelektrische Punkt des Chlorophyll- und Eiweißkomplexes bei *Phaseolus vulgaris* bei pH = 4,7 und bei *Aspidistra elatior* bei pH = 3,9 liegt. Für die qualitativen Unterschiede des Chloroplastins verschiedener Pflanzen spricht die Tatsache, daß bei sonst gleichen Bedingungen die Energie der Photosynthese der verschiedenen Pflanzen nicht gleich ist. Vielleicht hängt diese Erscheinung damit zusammen, daß die Fähigkeit der Eiweißstoffe, der Chloroplastine, prosthetische Chloro-

TABELLE 33 *Der Chlorophyllgehalt in den Blättern der Pflanzen verschiedener Familien*
(in Gramm pro kg grüner Blätter)

Familie	Durchschnittlicher Chlorophyllgehalt $M \pm E$	σ	Zahl der Arten n
Cycadeae	1,23±0,073	±0,29	7
Coniferae	1,40±0,035	±0,30	32
Ranunculaceae	2,16±0,057	±0,35	17
Betulaceae	2,18±0,033	±0,13	7
Compositae	2,21±0,054	±0,36	20
Oleaceae	2,25±0,070	±0,33	9
Chenopodiaceae	2,29±0,103	±0,31	4
Labiatae	2,38±0,074	±0,43	15
Scrophulariaceae . . .	2,40±0,077	±0,33	8
Liliaceae	2,40±0,188	±0,98	12
Rosaceae	2,49±0,045	±0,50	54
Caprifoliaceae	2,56±0,087	±0,51	15
Umbelliferae	2,57±0,184	±0,78	8
Anacaraiaceae	2,56±0,195	±0,89	11
Palmae	2,65±0,167	±1,09	19
Cupuliferae	2,68±0,070	±0,30	8
Polypodiaceae	2,82±0,171	±0,99	15
Urticiflorae	2,88±0,123	±0,76	17
Leguminosae	3,33±0,088	±0,94	51
Gramineae	3,38±0,120	±1,00	31

phyllgruppen zu binden, für verschiedene Pflanzen nicht gleich ist. Hiervon berichten die Zahlen, die auf den Chlorophyllgehalt in den verschiedenen Pflanzen hinweisen, die zu verschiedenartigen Familien gehören.

Das beste Material über den Chlorophyllgehalt wurde von W. N. Ljubimenko gesammelt, der in dieser Hinsicht einige Hundert Arten Pflanzen aus verschiedenen Familien im Leningrader botanischen Garten, im Nikitsker Botanischen Garten in der Krim und im Botanischen Garten Büitensorg auf der Insel Java studierte. Das von W. N. Ljubimenko erhaltene Material wurde von ihm in Gestalt eines Pflanzenverzeichnisses in alphabetischer Reihenfolge herausgegeben und spricht deutlich von der außerordentlichen Veränderlichkeit des Chlorophyllgehaltes der Pflanzen im allgemeinen. Blagowest-

SCHENSKI wählte aus der Monographie von W. N. LJUBIMENKO 360 Arten, die zu 20 Familien gehörten, wobei er für jede Familie das ganze Material nahm, unabhängig davon, wo es erhalten wurde, in Leningrad, in Jalta oder in Büitensorge. Für jede Familie wurde von BLAGOWESTSCHENSKI der Durchschnittsgehalt an Chlorophyll, die vermutliche Fehlergrenze dieses Durchschnittes und die durchschnittliche quadratische Abweichung berechnet. Die Ergebnisse wurden in der Tabelle 33 zusammengefaßt, wo M den durchschnittlichen Chlorophyllgehalt in Gramm pro kg frische Blätter und σ — die durchschnittliche quadratische Abweichung darstellt, die nach der üblichen Formel $\sigma = \pm \sqrt{\sum (m_1 - M) n}$ errechnet wurde, wo m_1 den Chlorophyllgehalt in den Blättern der einzelnen Art, n die Anzahl der untersuchten Arten, E den vermutlichen Fehler bedeuten, der nach der Formel $E = \frac{2\sigma}{3\sqrt{n}}$ errechnet wurde.

Es verdient vor allem Beachtung, daß der Chlorophyllgehalt am geringsten in der Familie der Zykadeen ist, die ein Überbleibsel einer einst riesigen Gruppe darstellt, die ihre Entwicklung schon in der Steinkohlenzeit nahm und jetzt fast vollständig ausgestorben ist und an einer Anzahl von nur 85 Arten besteht. Hierbei verfügt die australische Gattung *Bowenia*, ebenso wie auch die afrikanische Gattung *Stangeria* nur über eine Art. Die afrikanische *Encephalartos* besteht aus 15 Arten, die amerikanische *Ceratozamia* aus 4 Arten, die australische *Macrozamia* aus 12—15 Arten, die amerikanische *Microcycas* aus einer Art, die amerikanische *Dioon* aber aus 3—4 Arten und die *Zamia* aus 30 Arten. Die eine unterbrochene Fläche beherrschende *Cycas*, die in Ostafrika, in Ostasien und in Australien verbreitet ist, umfaßt 15 Arten. Alle Vertreter der Familie verfügen über archaische Merkmale, deren Gesamtheit sie zusammen mit den ausgegrabenen Formen zu einer besonderen Klasse des Zykadinentyps der nacktsamigen Pflanzen absondert. Das wichtigste dieser Merkmale besteht im Aufbau der Vermehrungsorgane mit ihren Makro- und Mikrosporangien, welche die Zykadinen den farnkrautartigen Pflanzen nähert. Ausgesprochen archaisch ist das Vorkommen von Spermatozoiden, die sich in den Antheridien der männlichen Sprossen bilden und mit zahlreichen an den Seiten sitzenden Flimmerhaaren versehen sind. Die Spermatozoiden der Zykadinen unterscheiden sich in der Form und im Typ der Flimmerhaare deutlich scharf von den Spermatozoiden der jetzt vorkommenden farnartigen Pflanzen. Dies veranlaßt anzunehmen, daß die Zykadinen von einer vorläufig unbekannten Gruppe *Pteridophyta* abstammen.

Die neben den Zykadinen stehenden Koniferen gehören zum selben Typ der nacktsamigen Pflanzen. Sie umfassen ungefähr 400 Arten und werden in Taxoideen und Pinoideen eingeteilt. Neun Gattungen und 100 Arten der Taxoideen werden in der Ordnung *Taxales* zusammengefaßt, die in zwei Familien, in die Taxazeen und in die Podokarpazeen eingeteilt ist, von denen die erste Familie (die Gattungen *Taxus*, *Cephalotaxus* und *Torreya*) in Europa und in den Bergen Asiens und die zweite Familie auf der südlichen Halbkugel verbreitet ist. Die Pinoideen werden in die Ordnungen *Abietales* (die Familien der Abietazeen, der Araukariazeen und der Taxodiazeen) und *Cupressales* (Kupressazeen) eingeteilt. Alle Koniferen verfügen über archaische Merkmale. In erster Linie sind unter ihnen keine Gräserpflanzen vertreten, was schon auf ihre Primitivität hindeutet. Ebenso ein charakteristisches primitives Merkmal ist das Fehlen von richtigen Gefäßen in ihrem Holz und die weite Verbreitung von Tracheiden mit umrahmten Poren. Die Organe der ungeschlechtlichen Vermehrung werden auf die Makro- und Mikrosporangien zurückgeführt, die auf den Makro- und Mikrosporophyllen sitzen. An den Sporen entwickeln sich Archegonien und Antheridien. Spermatozoiden werden nicht gebildet und in den Staubfäden, die zuallererst bei den Koniferen zum Vorschein kommen, kann man statt der Spermatozoiden nur Spermakerne feststellen.

Alle Koniferen sind sehr alte Gewächse: Taxodium-Überbleibsel wurden beispielsweise in paläozoischen Ablagerungen gefunden. In den unteren Kreideformationen sind die Koniferen (insbesondere die Pinoideen) derartig zahlreich, daß man annehmen kann, daß sie während dieses Zeitabschnittes eine vorherrschende Stellung einnahmen und erst sehr spät vor den bedecktsamigen Pflanzen zurückzuweichen begannen. In der gegenwärtigen Zeit stellen die Koniferen im Grunde genommen nur Überbleibsel einer früher blühenden Gruppe dar, obwohl sie häufig, beispielsweise in der sibirischen Taiga, und in den Wäldern Nordost-Europas riesige Flächen einnehmen. Besonders gut ist ein derartiger überkommener Charakter bei *Agathis* (*Dammara*) und bei *Araucaria* aus der Familie der Araukariazeen zu sehen. Gemäß M. I. Golenkin kommen beide Arten jetzt nur auf der südlichen Halbkugel vor. In früheren Zeiten waren aber ihre Arten weit verbreitet über die ganze Welt, da offensichtliche Überbleibsel der Araukariazeen in Jura-, Kreide und sogar in Tertiärablagerungen vieler Gebiete, z. B. in China und England gefunden wurden. *Agathis*-Überbleibsel sind nicht nur aus Sibirien bekannt, sondern sogar aus Grönland. Jetzt wird die Gattung *Agathis* nur auf der Halbinsel Malakka, auf den Sundainseln, in Neu-Guinea, im südöstlichen Teil Australiens und auf einigen Inseln Polynesiens angetroffen. Die Verbreitung der Araukariazeen ist noch merkwürdiger: ein Teil der Arten wird in Südamerika und zwar in Südbrasilien, in Chile und in Bolivien (*Araucaria brasiliensis*, *Araucaria imbricata*) und ein Teil in Neu-Guinea, in Neu-Caledonien und auf den Norfolk-Inseln angetroffen. Eine derartige Verbreitung der Araukariazeen ist vielleicht damit zu erklären, daß die auf der nördlichen Halbkugel entstandene Art später nach dem Süden wanderte, wobei sie zwei Wege ging, den amerikanischen und den asiatischen. Sowohl in der einen, als auch in der anderen Richtung gelangte sie bis zum äußersten Süden, wo sie sich auch im lebenden Zustande erhielt, während alle nördlichen Gebiete des Vorkommens späterhin vernichtet wurden.

Die Familie der Ranunkulazeen hat auf den ersten Blick mit den soeben besprochenen Gruppen nichts gemeinsam. In Wirklichkeit aber sind die Ranunkulazeen gleichfalls Vertreter einer sehr alten Gruppe der *Ranales*, die von der überwiegenden Mehrzahl der gegenwärtigen Systematiker ganz an der Wurzel des phylogenetischen Stammbaumes der bedecktsamigen Pflanzen untergebracht wird. Ihrer Struktur nach sind die Ranunkulazeen überaus primitiv, und nähern sich in dieser Hinsicht solchen Familien wie den Magnoliazeen, Anonazeen, Myristizazeen, Monimiazeen, Laurazeen, Berberidazeen und anderen, die häufig in der Ordnung der Polykarpizeen zusammengefaßt werden. Als charakteristisch für die Polykarpizeen muß die große Anzahl von einzelnen Fruchtblättern gehalten werden, von denen jedes einzeln gesondert eine Frucht bildet, die auf bauchigen Blütenachsen sitzen. Charakteristisch ist auch der anatomische Bau der Stengel, besonders des sekundären Holzes mit einfach konstruierten Gefäßen und bei einigen Vertretern (Gattung *Drimys*) mit Tracheiden mit umrahmten Poren, wie bei den Nacktsamigen.

Während die Familie der Ranunkulazeen sich den soeben erwähnten in der Spiralstellung der Blütenteile, der besonders zahlreichen Staubfäden und der meist freien Stempel nähert, unterscheidet sie sich von ihnen dadurch, daß die überwiegende Mehrzahl von den hierher gehörenden Arten aus Gräsern besteht, d. h., daß sie sich offensichtlich nach den ihnen vorangehenden Magnoliazeen, Anonazeen usw. bildeten. Charakteristisch für die Ranunkulazeen ist das Vorkommen von im Geschmack beißenden Stoffen und, bei sehr vielen von ihnen, von spezifisch giftigen Alkaloiden.

Einen völlig anderen Charakter besitzen die Familien, die sich am anderen Ende der Ordnung befinden, d. h. diejenigen Familien, bei deren Vertretern die Blätter einerseits bedeutend (mehr als das 2,5fache) reicher an Chlorophyll als die Zykadeenblätter sind, andererseits die Differenz im Chlorophyllgehalt zwischen den einzelnen Formen bedeutend größer ist. (σ ist bei Zykadeen $\pm$ 0,29 und bei den Gramineen $\pm$ 1,0). Die Familie der Gramineen zählt nach Golenkin nicht weniger als 4500 Arten, die über die ganze Welt verbreitet, aber vor allem in den Tropen konzentriert sind. Vertreten ist die Familie ausschließlich durch Gräser, die bei der Gattung *Bambus* riesenhafte Ausmaße bis zu 20 m Höhe und 30 cm im Durchmesser erreichen. Morphologisch sind sie sehr einfach: bei allen Vertretern der Familie bestehen die Stengel aus durch Knoten abgetrennten Halmen, die Blätter sind einfache, langgezogene Lamellen, die Blüten sind immer auf besonderen, kurzen Stielen zusammen gruppiert und bilden Ährchen, die zu einem komplizierteren Blütenstand (Ähre, Rispe) zusammengefaßt sind. Die Ährchen sind bei allen Gramimeen völlig einheitlich aufgebaut.

Diese Blüte kann auf die typische Blüte der Monokotyledonen zurückgeführt werden, bei der zwei Blättchen des äußeren Kreises der Blütendecke, die sich an den Stiel anlehnen, zusammenwachsen und die obere Blütenschuppe bilden. Zwei Blättchen des inneren Kreises ergeben die Lodikalae, die drei Staubfäden des äußeren Kreises verschwinden gewöhnlich und der Fruchtknoten aus drei Fruchtblättern behält normalerweise zwei Fruchtblätter. Diese Einfachheit des Aufbaues der Blüte der Klummifloren ist zweifellos nicht von primärem, sondern von sekundärem Charakter und ist ein Hinweis auf eine bestimmte morphologische Vereinfachung.

Eine vergleichende morphologische Analyse ermöglicht es auch, diejenigen Formen festzustellen, aus denen die Grasarten hervorgingen: sie können aus der Ordnung der Liliifloren und zwar der Familien der Zentrolepidazeen und der Restionazeen, durch Vermittlung der Familien, die zur Ordnung der Enantioblasten gehören, abgeleitet werden, bei denen sowohl die vegetativen Organe, als auch die Blütenstände denen der Gräser ähneln. Die Enantioblasten schließen sich an die Familie der Bromeliazeen der Ordnung der Liliifloren unmittelbar an, und unterscheiden sich dadurch von diesen, daß bei ihnen der Keim wie auch bei den Bromeliazeen sich von der Seite an das mehlige Endosperm anschließt, die Samenanlagen bei den Enantioblasten aber direkte, bei den ananasartigen Pflanzen aber und bei den übrigen Liliifloren umgekehrte sind. Die Blüte bei den Liliifloren ist voll, dreigliedrig, eine typische Blüte der monokotylen Pflanzen mit 5 Blattkreisen. Die Gräser entstanden somit aus den Liliifloren durch einen morphologischen Evolutionsprozeß, der den Weg der Vereinfachung ging, und stellen phylogenetisch eine neue, junge Gruppe dar. Ungeachtet ihrer morphologischen Vereinfachungen errangen sie solche Eigenschaften, die es ihnen ermöglichten, sich riesiger Gebiete zu bemächtigen und ihre morphologisch komplizierteren Vorgänger aus diesen Gebieten zu verdrängen.

Die außerordentliche Fähigkeit zu einer vegetativen Vermehrung, die zur Bildung von Rasenstücken führt, die hohe Widerstandskraft gegen Trockenheit und Kälte, die Widerstandsfähigkeit gegen ein Versalzen des Bodens oder gegen das Vorkommen von saurem Humus und gegen eine zeitweilige Anaerobiose des Wurzelsystems bei einer Überschwemmung (bei Vertretern der Arten der *Phragmites, Saccharum, Arundo, Oryza*) sind Eigenschaften, die es den Gräserarten ermöglichen, Flächen zu besiedeln, die für viele andere Pflanzen ungeeignet sind. Ihre Struktur war zwar einfacher, aber doch lebensfähiger als die Struktur der Liliifloren und Enantioblasten. Es besteht kein Zweifel, daß im engsten Zusammenhang hiermit auch der in den Arbeiten von W. N. Ljubimenko bei den Gräsern gefundene hohe Chlorophyllgehalt steht: der hohe Chlorophyllgehalt stellt gerade eine der Hauptursachen der großen Lebensfähigkeit der Struktur der Gräser dar.

Im hohen Chlorophyllgehalt stehen die Leguminosen neben den Gramineen. Sie zählen ungefähr 15 000 Arten, sind über die ganze Erde verteilt und durch Bäume, Sträucher, Lianen und Kräuter vertreten. Die Blüten sind bei ihnen entweder regelmäßig (*Mimosaceae*) oder unregelmäßig (*Caesalpiniaceae, Papilionaceae*). Die Blütendecke besteht fast immer aus zwei Kreisen, die sich aus 4—5 Gliedern zusammensetzen. Meistens sind 10 Staubfäden vorhanden, die bei ihnen in der Mehrzahl der Fälle verbunden, aber bei einigen Formen frei sind (Mehrzahl der Mimosazeen und der Caesalpiniazeen, die Stämme der Sophoreen und der Podalyreen der Papilionazeen). Viele Merkmale der Hülsenfrüchte ähneln denen der *Rosales* ähnlich, beispielsweise in der Unterfamilie der *Prunoideae*, die gleichfalls ein Fruchtblatt haben, das mit der Naht der Rückenachse zugewendet ist. Von den Leguminosen stehen den *Rosales* die

Mimosazeen am nächsten, die über getrennte Staubfäden, eine regelmäßige Blumenkrone, eine flügelartige Anordnung der Kelchblätter und andere Merkmale verfügen. Man kann annehmen, daß die Mimosazeen die ältesten Hülsenfrüchte darstellen, die sich von den Rosenblütlern abzweigten oder von irgendwelchen mit diesen gemeinsamen Vorfahren abstammen. Über die Unentwickeltheit der Mimosazeen unter den Leguminosen besagt auch das überwiegende Vorherrschen der hölzernen Gewächse in dieser Unterfamilie. Geographisch sind die Mimosazeen an die Tropen gebunden, wobei von 500 Arten der größten Gattung *Acacia* 300 Arten Australien und den anliegenden Inseln zukommen. 200 Arten der Gattung Inga kommen nur in Südamerika und 50 Allbizziaarten in den Tropen Asiens und Afrikas vor und schließlich sind 350 Mimosaarten hauptsächlich in Amerika verbreitet, aber eine gewisse Anzahl der Arten kommt auch in der alten Welt vor.

Die Caesalpiniazeen unterscheiden sich von den Mimosazeen durch unregelmäßige Blüten und sind vor allem durch Bäume, Lianen und Sträucher vertreten. Kräutergewächse gibt es unter ihnen nicht. Sie sind in den Tropen sowohl der alten als auch der neuen Welt verbreitet. Bei den Papilionazeen sind die Blüten unregelmäßig und von einer für die Schmetterlingsblütler charakteristischen Struktur (die beiden unteren Blütenblätter schmelzen zusammen, indem sie ein kleines Schiffchen bilden; die beiden seitwärtigen Blätter werden als Flügel und das oberste und größte als Fahne bezeichnet). Fünf Kelchblätter sind zusammengeschmolzen. Alle 10 Staubfäden bleiben nur bei den Sophoreen und bei den Podalyreen untereinander nicht verbunden; bei der überwiegenden Mehrzahl der Formen bleibt nur ein Staubfaden frei, die übrigen 9 Staubfäden sind aber untereinander verbunden. Es ist offensichtlich, daß die beiden genannten Gruppen unentwickelte und archaische Papilionazeen darstellen. Die Papilionazeen sind die umfangreichste Gruppe der Leguminosen, die über die Hälfte aller Arten der Hülsenfrüchte umfaßt, wobei diese Arten vor allem in den gemäßigten Ländern verbreitet sind und in der Mehrzahl der Fälle Sträucher und überwinternde Pflanzen, seltener einjährige Kräuter aufweisen.

In den tropischen Ländern herrschen die hölzernen Formen der Schmetterlingsblütler vor. Einige Gattungen der Papilionazeen sind sehr polymorph, beispielsweise die über 1500 Arten zählende Gattung *Astragalus*. Alle Leguminosen sind zweifellos, phylogenetisch gesehen, eine junge Gruppe, die sich von den *Rosales* oder von beiden gemeinsamen Vorfahren verhältnismäßig spät abzweigte und sich jetzt progressiv entwickelt. Im Einklang hiermit steht auch ihr Reichtum an Chlorophyll und die hohe Veränderlichkeit dieses Merkmals.

Es besteht keine Veranlassung, bei der Betrachtung der übrigen Familien der Zusammenstellung eingehend zu verweilen. Man müß nur darauf hinweisen, daß die Vorläufer der Kräuter, die Liliazeen und die Vorläufer der Hülsenfrüchte, die *Rosales*, im Chlorophyllgehalt eine Zwischenstellung einnehmen, was mit ihrer Stellung im System der bedecktsamigen Pflanzen gut übereinstimmt. In Wirklichkeit sind die Rosalesblüten in der ungeheuren

Mehrzahl der Fälle zyklisch, mit zwei Hüllen, bisweilen aber auch spiralförmig, d. h. dem archaischen Typ nahestehend, der für die Polykarpizeen, besonders für die Familie der Momiazeen charakteristisch ist, deren Blüten häufig den Rosalesblüten äußerst ähnlich sind. Die *Rosales* stehen auch den Ordnungen der *Myrtales* und *Hamamelidales* nahe. Andererseits hängen auch die Liliifloren mit verschiedenartigen Richtungen der morphologischen Spezialisierung bei den Monokotyledonen zusammen. Hier gibt es Formen mit einer mehr oder weniger deutlich ausgeprägten Entomophylie, die im Laufe der weiteren Entwicklung zu den Orchidazeen führen und anemophyle Formen, die zu den Ordnungen der Glumifloren und der Zyperalen führen. Es gibt Merkmale, durch die Liliifloren und die Polykarpizeen miteinander verbunden sind.

Die allgemeine Schlußfolgerung des Besprochenen ist, daß die Vertreter der Familien, die sich progressiv entwickeln, einen größeren Gehalt an Chlorophyll besitzen, als die Vertreter alter, teils schon aussterbender Familien.

KAPITEL IV

DIE VARIABILITÄT DER KOMPLEXEN PROZESSE

In der vorhergehenden Darlegung wurde eine große Zahl von Tatsachen angeführt, die zeigten, daß die einzelnen biochemischen Merkmale innerhalb der systematischen Einheiten im Rahmen weiter Grenzen schwanken können, obgleich sie in einzelnen Fällen für diese charakteristisch sind. Jedoch, wie wichtig das Vorkommen einzelner Stoffe für die Charakteristik der systematischen Gruppe auch sein möge, für das Verstehen des allgemeinen Verlaufes der Pflanzenentwicklung muß etwas anderes eine Hauptbedeutung haben. In der Tat, obwohl das Vorkommen einzelner chemischer Verbindungen in der einen oder anderen Zusammensetzung auch Hinweise für eine etwaige Verwandtschaft der zu erforschenden Formen geben kann, ist es nicht prinzipiell verschieden vom Vorkommen irgendeines beliebigen morphologischen Merkmals. Die beschreibende statische Biochemie ist im Wesen nur eine Fortsetzung der Morphologie im Reich der unendlich kleinen Größen. Die Unterschiede zwischen den biochemischen Merkmalen eines derartigen Typs und den morphologischen Merkmalen sind rein quantitative und nicht qualitative.

Völlig anders ist die Situation, die bei der Untersuchung nicht der einzelnen Stoffe, sondern der Umwandlungsprozesse dieser Stoffe entsteht, worauf schon Darwin seine Aufmerksamkeit richtete, als er schrieb, daß

„... große und geheimnisvolle Veränderungen in der Struktur und in der Verfärbung als Folge von chemischen Veränderungen in den Nährflüssigkeiten oder in den Geweben erscheinen können." (Ch. Darwin, Die Umwandlung der Tiere und der Pflanzen im domestizierten Zustande. Seljchosgis (Landwirtschaftlicher Staatsverlag) 1941. Seite 478).

Es wird darauf hingewiesen, daß hier nicht von den charakteristischen Stoffen, sondern gerade von den chemischen Veränderungen, d. h. von den chemischen Prozessen berichtet wird, die zur Bildung dieser oder jener Stoffe führen.

Ähnlich war auch die Auffassung von Nägeli, der seine Verwunderung darüber ausdrückte, daß die Erforschung des wichtigen biologischen Prozesses der Evolution ein Gebiet der Morphologen und nicht der Physiologen ist. Aus den Äußerungen Nägelis kann man die Folgerung ziehen, daß er die Veränderung der physiologischen Prozesse, die im Organismus sich abwickeln, den morphologischen Charakter verändern und verschiedene Typen entstehen lassen, für die Grundlage des Evolutionsprozesses hielt.

Die nachfolgenden Angaben werden erstens die Beurteilung der quantitativen Unterschiede der Intensität der einzelnen chemisch-physiologischen Prozesse ermöglichen, z. B. die Assimilation der Kohlensäure mittels der Licht- und der chemischen Energie oder die verschiedenen Atmungstypen; und zweitens beurteilen lassen, warum der interzellulare Stoffwechsel vorwiegend zur Bildung von Verbindungen des einen oder anderen Typs führt, d. h. welche Ursachen das Vorherrschen einer unspezifischen oder spezifischen Stoffumwandlung bestimmen.

Photosynthese. Seit den Zeiten der klassischen Arbeit von THEODORE DE SAUSSURE ist bekannt, daß der Prozeß der Photosynthese nach der Summengleichung $6 CO_2 + 6 H_2O = C_6H_{12}O_6 + 6 O_2$ verläuft. Die Untersuchung der Intensität der Photosynthese muß folglich zur quantitativen Bestimmung der assimilierten Kohlensäure oder der entstandenen Kohlenhydrate oder der Sauerstoffbildung führen unter Beziehung dieser Mengen auf eine bestimmte Zeiteinheit, selbstverständlich unter sonst gleichen Bedingungen. Leider gibt es in der Literatur nicht viele derartige Untersuchungen vergleichenden Charakters. Man muß hervorheben, daß einige der größten Autoritäten der Pflanzenphysiologie im allgemeinen die Fragestellung selbst, einen Vergleich der Energie der Photosynthese bei einzelnen Pflanzen für ganz unzuverlässig halten. Beispielsweise schrieb S. P. KOSTYTSCHEW (1937): „Seinerzeit versuchte eine Reihe von Autoren mehrmals die vergleichende Energie der Photosynthese verschiedener Pflanzen aufzuklären. Auf Grund der soeben beschriebenen neueren Ergebnisse erscheint eine derartige Aufgabe als aussichtslos: die Schwankungen der Energie der Photosynthese sind sogar bei einem Blatt irgendeiner Pflanze dermaßen groß, daß es unmöglich und außerdem auch aussichtslos wäre, verschiedene Pflanzen untereinander zu vergleichen.“

Aber eine derartige Behauptung bricht nicht nur den Stab über jeden beliebigen Versuch einer quantitativen Untersuchung der Photosynthese, sie ruft auch sehr bestimmte Zweifel an ihren Argumenten selbst hervor. In erster Linie ist es erforderlich, die Behauptung der „Zwecklosigkeit“ der Vergleiche einzelner Pflanzen in bezug auf die Energie der Photosynthese zurückzuweisen. Die Situation ist allein deswegen gerade umgekehrt, weil derartige Vergleiche das wertvollste Material, beispielsweise für die Selektion der landwirtschaftlichen Pflanzen geben können. Wirtschaftlich gesehen, ist es bei weitem nicht gleichgültig, ob die Photosynthese energisch oder langsam verläuft, da kein Zweifel besteht, daß eine große Energie der Photosynthese mit einer energischen Anhäufung von Stoffen, ihrer Ablagerung in Vorratsorganen, mit der Bildung von neuen Zellen und Organen und mit einer Anspannung der Atmungsprozesse verbunden ist. Nicht immer natürlich ist die Größe der Ernte direkt von der Energie der Photosynthese abhängig, wenn aber bei sonst gleichen Bedingungen von zwei Kartoffelsorten die eine Kohlensäure energischer aufnehmen und Stärke energischer in den Knollen ablagern kann, so wird die Auslese nach dem Merkmal der höheren Energie der Photosynthese hier vollkommen gerechtfertigt. Was die Unmöglichkeit der Vergleiche infolge von großen Schwankungen der Energie der Photosynthese „sogar bei einem Blatt irgendeiner Pflanze“ anbetrifft, so kann dieser Behauptung auch nicht zugestimmt werden. Natürlich, nach „einem“ Blatt kann man nichts vergleichen, aber statt eines Blattes kann man mehr nehmen, dann werden die Unterschiede in der Energie der Photosynthese zwischen den einzelnen Formen sehr schnell in Erscheinung treten. Wollen wir einige Tatsachen anführen und vor allem hervorheben, daß S. P. Kostytschew (1922) selbst auf Grund seiner Versuche meinte, daß die Energie der Photosynthese bei den Vertretern der Papilionazeen doppelt so groß ist als bei den Vertretern der anderen Familien.

W. N. Ljubimenko (1923) untersuchte die Kohlensäureaufnahme verschiedener Pflanzen in roten und blau-violetten Strahlen bei erhöhtem Kohlensäuregehalt (9—10%) der Luft und bei sonst gleichen Voraussetzungen. Die Ergebnisse waren sehr bezeichnend, und machten es verständlich, daß man die Energie der Photosynthese bei verschiedenen Formen nicht nur vergleichen kann, sondern auch vergleichen muß. Die Energie der Photosynthese, in Kubikzentimetern Kohlensäure ausgedrückt, die von einem Gramm Trockensubstanz der Blätter in rotem oder blau-violettem Licht aufgenommen wurde, ist in der Tabelle 34 dargestellt.

TABELLE 34 *Energie der Photosynthese* (in cm^3 CO_2 pro g Trockensubstanz)

Art	rot	blau-violett
Robinia pseudoacacia . . .	6,93	3,51
Fagus silvatica	4,37	2,87
Ampelopsis hederacea . . .	4,114	2,30
Hedera helix	2,70	2,36
Tilia silvestris	4,65	3,12
Catalpa bignonioides . . .	4,14	2,30
Phaseolus vulgaris	5,33	2,37
Aspidistra elatior	1,97	1,20

Der Unterschied zwischen der Energie der Synthese bei *Robinia pseudoacacia* und bei *Aspidistra elatior* ist derartig groß, daß er auf keinen Fall durch individuelle Schwankungen erklärt werden kann. A. I. Kokin (1926) kam, nach Untersuchung einer Reihe von Pflanzen, zu der Schlußfolgerung, daß jede Art und jede Sorte im Rahmen der Art über eine eigene spezifische Energie der Anhäufung der Trockensubstanz verfügt. Im Jahre 1929 wurden von A. W. Blagowestschenski, I. M. Kurbatow und von A. G. Tostschewikowa eine Untersuchung der Energie der Photosynthese nach der Methode von Sachs an einigen Sorten der amerikanischen Baumwollstaude (*Gossypium hirsutum*) durchgeführt. Durch vorhergehende Versuche wurden die Bedingungen festgestellt, welche die beste Vergleichsmöglichkeit gewährleistet, d. h. es wurde das Gewicht verschiedener Abschnitte untersucht, es wurden die Grenzen der Kontraktion der Blattfläche zu verschiedenen Tageszeiten festgelegt und es wurde die für den Vergleich geeignetste Tageszeit ausgewählt.

Die zuerst beobachteten Sorten „Nawrozki", „Triumpf von Nawrozki" und „Katta-bosch" lieferten folgende Ergebnisse (Tabelle 35).

TABELLE 35 *Zusammenhang der Energie der Photosynthese mit der Sorte der Baumwollstaude bei einer Belichtung von 7—14 Stunden* (in g)

Sorten	Datum	Zunahme an Trockensubstanz	Abzug bei Verdunkelung	Assimilation je m² pro Std.	Durchschnitt
Nawrozki	29. VIII.	0,096	0,100	1,75	1,95
	1. IX.	0,102	0,139	2,15	
Triumpf von Nawrozki . . .	29. VIII.	0,113	0,057	1,52	1,51
	1. IX.	0,122	0,045	1,50	
Katta-bosch	29. VIII.	0,081	0,109	1,69	1,74
	1. IX.	0,084	0,117	1,79	

Die größte Anhäufung an Trockensubstanz im Blatt ist bei „Triumpf von Nawrozki" festzustellen, aber in Anbetracht dessen, daß die Abgabe bei dieser Sorte mehr als doppelt so schwach als bei der Sorte Nawrozki und Katta-bosch ist, erweist sich die Energie der Assimilation bei ihr gegenüber den anderen beiden Sorten als bedeutend geringer. Da die Sorte Nawrozki über die größte Energie der Abgabe verfügt, macht sie das Blatt schnell frei von der Assimilation und im Endergebnis ist die Energie der Photosynthese bei ihr höher.

Im folgenden Versuch wurde die Sorte Nawrozki mit Nr. 1838 und 508 verglichen. Die Ergebnisse des Vergleiches der Assimilationszahlen sind aus der Tabelle 36 zu ersehen.

TABELLE 36 *Zusammenhang der Energie der Photosynthese mit der Sorte der Baumwollstaude bei einer Belichtung von 7—14 Stunden* (in g)

Sorte	Datum	Zunahme an Trockensubstanz	Abgabe bei Verdunkelung	Assimilation		Durchschnitt
				pro 160 cm²	pro 1 cm² je Std.	
Nawrozki	30. VIII.	0,094	—	—	—	
	2. IX.	0,092	0,128	0,220	1,97	
1838.	30. VIII.	0,081	0,098	0,179	1,60	1,74
	2. IX.	0,090	0,122	0,212	1,89	
508	30. VIII.	0,111	0,136	0,247	2,21	2,05
	2. IX.	0,084	0,128	0,212	1,89	

Wenn man in beiden Versuchsserien die Energie der Assimilation bei der Sorte Nawrozki als 100 annimmt, so werden für die anderen Sorten folgende Verhältniszahlen des Wertes dieses Merkmales erhalten: Nawrozki — 1000, Triumpf von Nawrozki — 77, Katta-Bosch — 89, Nr. 1838 — 88 und Nr. 508 — 104. Somit bleibt die Intensität des Assimilationsprozesses bei Triumpf von Nawrozki gegenüber Nr. 508 um 27% zurück.

Ähnliche Daten erhielten auch frühere Forscher. WEBER[1]) fand schon im Jahre 1882, daß pro Quadratmeter der Blattoberfläche in 10 Stunden folgende Mengen an organischen Stoffen (in Gramm) assimiliert werden: bei *Tropaeolum majus* — 4,466 (100%), bei *Phaseolus multiflorus* 3,215 (72%), bei *Ricinus communis* 5,292 (118,5%) und bei *Helianthus annuus* 5,529 (124,5%).

MÜLLER[2]) (1904) fand gleichfalls, daß verschiedene Pflanzen im Laufe einer Stunde pro Quadratmeter ihrer Fläche folgende Mengen an Trockensubstanz (in Gramm) aufspeichern: *Alliaria* 1,06, *Nicotiana* 1,38, *Petasites* 2,04, *Nymphaea* 2,37, *Arum* 1,00, *Colchicum* 1,22, *Helianthus* 1,82, *Verbascum* 2,03, *Rumex* 2,21, *Tulipa* 1,27, *Allium* 1,19. Ebenso große Unterschiede erhielten WILLSTÄTTER und STOLL (1913, 1918), die nach einer anderen Methode und mit anderen Pflanzen arbeiteten. In ihren Versuchen nahm ein Quadratdezimeter der Blattoberfläche in einer Stunde folgende Mengen an Kohlensäure (in Gramm) auf: *Aesculus Hippocastanum* 0,033, *Acer Negundo* 0,040, *Acer pseudoplantanus* 0,027, *Ampelopsis quinquefolia* 0,028, *Tilia cordata* 0,028, *Laurus nobilis* 0,029, *Sambucus nigra* 0,034. A. F. PETRUSCHEWSKAJA (1925) untersuchte die Energie der Stoffansammlung von Kartoffeln, Zucker- und Futterrüben und zeigte, daß die tägliche Ansammlung von Kohlenhydraten in den Blättern der Wurzelgewächse pro Quadratmeter der einseitigen Blattoberfläche bedeutend höher als bei der Kartoffel ist.

Wenn man sich schließlich den Arbeiten von S. P. KOSTYTSCHEW und seiner Schule zuwendet, muß man hervorheben, daß es in ihnen an interessantem Vergleichsmaterial nicht mangelt. S. P. KOSTYTSCHEW und S. SOLDATENKOW (1926) fanden durch Vergleich der Energie der Photosynthese bei verschiedenen Süßwasserpflanzen (*Cladophora glomerata, Ceratophyllum demersum, Spirogyra crassa, Rhizolonium sp., Mougeotia genuflexa, Ranunculus aquatilis, Utricularia vulgaris*), daß ihre Werte bei allen Objekten verschieden sind. In der Arbeit von S. P. KOSTYTSCHEW, M. KUDRJAWZEWA, M. MOISSEJEWA und M. SMIRNOWA (1926) wurden bedeutende Unterschiede im Verlauf der Photosynthese während eines Tages bei *Lappa tomentosa* und *Phragmites communis* einerseits und bei *Betula pubescens* andererseits gefunden. In der Abhandlung über den Tagesverlauf der Photosynthese an Pflanzen Mittelasiens weisen S. P. KOSTYTSCHEW und E. K. KARDO-SYSSOJEWA (1930) darauf hin, daß die Gräserarten sich immer durch eine riesige Produktivität der Photosynthese, berechnet auf die Einheit der Oberfläche auszeichnen. Eine enorme Tagesproduktivität wurde von ihnen auch bei der Melone und bei der Baumwollstaude (Tabelle 37) gefunden.

S. P. KOSTYTSCHEW und W. A. BERG (1930) führten Versuche über den Tagesverlauf der Photosynthese bei einer Reihe von Pflanzen in Suchumi durch (Tabelle 38).

---

[1]) Siehe BLAGOWESTSCHENSKI, TOSTSCHEWIKOWA, KURBATOWA, 1929
[2]) ibid.

In der Arbeit von S. P. KOSTYTSCHEW, E. N. BASYRINA und W. A. TSCHESNOKOW (1930) wurde der Tagesverlauf der Photosynthese bei nicht untergehender Sonne in der Polarzone (Murmansk) studiert. Es erwies sich, daß

TABELLE 37 *Tagesproduktivität der Photosynthese* (in mg CO_2 pro dm^2)

Art	Datum	Produktivität der Photosynthese	Art	Datum	Produktivität der Photosynthese
Weizen.	19. V.	176	Melone	26. VI.	174
„	21. V.	256	*Capparis herbacea* . .	30. VI.	390
„	8. VI	183	„ „ . .	10. VII.	127
Trifolium pratense . .	23. V.	85	*Zygophyllum*		
„ „	26. V.	171	*macropterum* . . .	28. VI.	65
Onosma dichroanthum	3. VI.	132	„ . . .	28. VI.	30
„ „	3. VI.	117	*Heliotropium*		
Alhagi camelorum . .	17. VI.	150	*arguzoides*	10. VII.	74
„ „ . .	17. VI.	140	„	10. VII.	128
„ „ . .	5. VI.	122	Baumwolle	3. VI.	136
„ „ . .	5. VI.	209	„	3. VI.	154
Arthrophytum haloxylon	17. VIII.	80	„	6. VI.	121
„ „	17. VIII.	161	„	6. VI.	89
Setaria viridis	12. VI.	233	„	8. VI.	164
Andropogon halepense	1. VI.	276	„	8. VI.	183
„ „	22. VI.	246	„	28. VI.	79
Aristida pennata . .	15. VI.	200	„	23. VI.	82
„ „	15. VI.	182	„	23. VI.	102
Cousinia pseudomollis	14. VI.	182	*Agriophyllum*		
			latifolium	12. VII.	80
			„	12. VII.	72

TABELLE 38 *Tagesproduktion der Photosynthese* (in mg CO_2 pro dm^2)

Art	Datum	Produktion der Photosynthese
Trifolium repens	29. V.	146,4
„ „	1. VI.	144,7
„ „	21. VI.	92,4
„ „	24. VII.	41,6
„ „	13. VIII.	53,7 und 51,2
Tamus communis	16. VI.	125,56
„ „	18. VI.	108,3
„ „	19. VIII.	66,28 und 23,92
„ „	2. VIII.	56,8 und 31,64
Campanula bononiensis.	25. VII.	89,9
„ „	6. VIII.	88,5 und 43,9
Epimedium colchicum	6. VI.	115,5
„ „	16. VII.	45,04 und 41,1
„ „	30. VIII.	11,72 und 52,6
Bambusa phyllostachys	15. VIII.	35,72
„ „	15. VIII.	29,02

die Tagesproduktivität der Photosynthese bei arktischen Pflanzen außerordentlich hoch (Angaben in Milligramm) ist: *Caltha palustris* 104, 108, 117; *Rubus chamaemorus* 93; *Phleum pratense* 138—131, 108—117; *Allium cepa* 95. Sowohl unter arktischen Bedingungen, als auch in Mittelasien ergab eine Gräserart (*Phleum*) den höchsten Wert für die Energie der Photosynthese. Jedoch ergab der Bambus, ungeachtet seiner Zugehörigkeit zu den Gräserarten, in Suchumi eine sehr geringe Produktivitätszahl. Übrigens ist dies vielleicht durch die vorgerückte Jahreszeit erklärbar: (15. VIII.) zum Herbst zu verringerten alle Pflanzen die für sie charakteristische Intensität der Assimilation, wie es aus den Beispielen an *Tamus communis*, *Trifolium repens* und *Epimedium colchicum* zu ersehen ist. Somit gibt S. P. KOSTYTSCHEW keine Begründung für seine vorher angeführte Behauptung, und es muß den Grasarten eine Sonderstellung eingeräumt werden.

Als BEILER (1939) die Photosynthese bei den Pflanzen der Meeresufer studierte, fand er Energiewerte für diesen Prozeß, in der Zeit von 13 Uhr 30 Minuten bis 15 Uhr 30 Minuten, die in der Tabelle 39 angeführt sind.

TABELLE 39 *Die Energie der Photosynthese* (in ml pro dm^2)

Art	Versuchsserien						Durchschnitt	Verhältnis
	1	2	3	4	5	6		
Cakile maritima . . .	6,85	12,85	8,10	8,80	11,74	5,84	9,03	1,94
Honkenia peploides .	7,22	10,82	6,52	5,90	4,51	6,81	6,96	1,50
Salsola kali	5,13	8,68	2,20	5,26	4,80	3,80	4,65	1,00

Für *Obione portulacoides*, *Aster tripolium* und für *Statice limonium* verhielten sich die Zahlen der Photosynthese wie 1:1,38:1,42.

MÖNCH (1937) studierte die Bilanz der Kohlensäure bei einer Reihe von Alpenpflanzen unter den Bedingungen des natürlichen Standortes und fand, daß die Tageserträge der Photosynthese bei den verschiedenen Pflanzen bei weitem nicht gleichmäßig waren. Seine Ergebnisse, in Milligramm CO_2 pro 12 Stunden pro Gramm Rohsubstanz sind bei *Saxifraga rotundifolia* 105, *Hieracium villosum* 350, *Crepis montana* 180, *Salix sp.* 364, *Rhododendron hirsutum* 300, *Rhododendron ferrugineum* 74, *Sedum spurium* 69. Die auf eine Oberfläche von 100 cm^2 in 12 Stunden errechnete Photosynthese ergab folgende Ergebnisse (in Milligramm): *Alchemilla* 200, *Anthyllis vulneraria* in der Sonne 300 und im Schatten 452, *Hieracium villosum* in der Sonne 500 und im Schatten 730, *Geum sp.* 260.

Somit braucht man jetzt nicht daran zu zweifeln, daß sogar rein quantitativ der Prozeß der Photosynthese hinsichtlich seiner Intensität bei den verschiedenen Pflanzen nicht gleichmäßig ist. Eine derartige Schlußfolgerung ist bedeutend natürlicher als die Behauptung von S. P. KOSTYTSCHEW, da der Prozeß der Photosynthese überaus kompliziert ist und an ihm viele Faktoren

(Chlorophyll, Fermente, Wasser, ergänzende Pigmente) beteiligt sind, die noch nicht endgültig geklärt sind, weil bis jetzt auch der gesamte Prozeß nicht in allen seinen Teilen aufgeklärt ist.

Da wir hier nicht die verschiedenen Theorien der Photosynthese betrachten, wollen wir nur hervorheben, daß man vor allem natürlich die Beteiligung des Chlorophylls a und b an diesem Prozeß für bewiesen halten kann, von denen das zweite sich von dem ersten nur dadurch unterscheidet, daß bei ihm die Methylgruppe am zweiten Pyrrolkern durch eine Aldehydgruppe ersetzt ist. Die Untersuchungen von WILLSTÄTTER und STOLL (1913) zeigten, daß bei der Mehrzahl der höheren Pflanzen auf drei Moleküle a-Chlorophyll ein Molekül b-Chlorophyll kommt, wobei sich dieses Verhältnis weder am Tage noch nachts ändert, folglich nicht mit der Photosynthese zusammenhängt. Die von diesen Autoren angeführten experimentellen Daten betreffen nur vier Arten, aber aus ihnen ist klar zu ersehen, daß die quantitativen Beziehungen der grünen Pigmente mit den spezifischen Besonderheiten der erforschten Arten (Tabelle 40) eng zusammenhängen.

TABELLE 40 *Verhältnis von Chlorophyll a zu Chloryphyll b*

Art	Belichtete Blätter	Beschattete Blätter
Sambucus nigra	2,74, 2,83, 2,90	2,07
Aesculus hippocastanum .	2,89	2,30
Platanus acerifolia. . . .	3,52	3,13
Fagus silvatica	3,13	2,92

Der höchste Quotient findet sich bei der Platane bei den belichteten und bei den beschatteten Blättern, der niedrigste beim Holunder.

Einige Autoren (SAPOSHNIKOW, 1937—1940) meinen, daß bei dem Prozeß der Photosynthese Karotin und Xanthophyll eine besondere Bedeutung haben, auf deren Rechnung eine Photoreduktion der Kohlensäure vor sich geht. Analysen des Gehalts an diesen Pigmenten, von WILLSTÄTTER und STOLL (1913) zeigten, daß auf ein Molekül Karotin fast zwei Moleküle Xanthophyll entfallen, wobei dieses Verhältnis sich bei Schattenblättern noch mehr nach der Seite des Xanthophylls hin (Tabelle 41) verändert. Gemäß anderen Au-

TABELLE 41 *Verhältnis des Karotins zu Xanthophyll.*

Art	Belichtete Blätter	Schattenblätter
Sambucus nigra	0,588, 0,629, 0,510	0,345
Aesculus hippocastanum .	0,699	0,353
Platanus acerifolia. . . .	0,478	0,433
Fagus silvatica	0,653	0,553

toren spielen bei der Photosynthese Askorbinsäure und Katalase (BLAGOWESTSCHENSKI, 1940) eine große Rolle. Aus der Arbeit dieses Autors wird eine Tabelle angeführt, die den Zusammenhang zwischen der Energie der Photosynthese, dem Gehalt an Askorbinsäure (die Summe der oxydierten und reduzierten Form) und der Aktivität der Katalase für *Cycas revoluta*, *Wistaria chinensis* und für *Buxus sempervirens* wiedergibt.

In Tabelle 42 sind die Ergebnisse der Untersuchungen über den Tageslauf der Energie der Photosynthese in Milligramm CO_2 pro 100 cm² in einer Stunde angegeben. Die Aktivität der Katalase ist durch die Geschwindigkeitskonstanten dargestellt, die nach der monomolekularen Reaktionsgleichung errechnet wurden. Askorbinsäure ist in Millilitern 2,6-Dichlorphenolindophenol pro 2 g des Gewichtes frischer Blätter angegeben.

TABELLE 42 *Energie der Photosynthese, Askorbinsäuregehalt und Aktivität der Katalase*

Tageszeit	CO_2 mg	ml 0,001 n-Askorbinsäure	Katalase $K = \frac{1}{t} \ln \frac{a}{a-x}$
	Cyca revoluta — 20. XI.		
8,39— 9,06	+2,16	20,25	$70 \cdot 10^{-5}$
10,46—11,08	—1,13	41,63	$61 \cdot 10^{-5}$
12,49—13,13	+4,63	33,00	$74 \cdot 10^{-5}$
14,43—16,06	+5,07	23,25	$78 \cdot 10^{-5}$
16,55—17,19	—3,43	30,00	$56 \cdot 10^{-5}$
	Wistaria chinensis — 15. XI.		
8,42— 9,05	5,00	43,50	$456 \cdot 10^{-5}$
10,41—11,06	—7,20	45,70	$421 \cdot 10^{-5}$
12,43—13,05	0,00	42,75	$444 \cdot 10^{-5}$
15,01—15,21	+3,86	41,25	$414 \cdot 10^{-5}$
17,19—17,41	+9,98	38,25	$435 \cdot 10^{-5}$
	Wistaria chinensis — 27. X.		
7,00— 7,30	— 5,15	—	$182 \cdot 10^{-5}$
9,16— 9,45	+14,17	—	$244 \cdot 10^{-5}$
11,25—11,58	+10,37	—	$390 \cdot 10^{-5}$
13,46—14,12	+20,12	—	$388 \cdot 10^{-5}$
15,53—16,21	+17,89	—	$392 \cdot 10^{-5}$
17,46—18,06	— 0,96	—	$294 \cdot 10^{-5}$
	Buxus sempervirens — 4. XI.		
7,54— 8,13	— 6,15	—	$309 \cdot 10^{-5}$
10,00—10,20	+11,18	—	$344 \cdot 10^{-5}$
11,43—12,03	+ 4,44	—	$311 \cdot 10^{-5}$
13,31—13,51	— 4,44	—	$198 \cdot 10^{-5}$
15,21—15,43	+ 2,25	—	$260 \cdot 10^{-5}$
16,57—17,17	+11,54	—	$320 \cdot 10^{-5}$

Diese Zahlen zeigen, daß sich die Aktivität mit der Katalase ein und derselben Pflanze in einer gewissen Übereinstimmung mit der Änderung der Energie der Photosynthese ändert. Der Askorbingehalt ist um so höher, je geringer die Photosynthese ist. Gleichzeitig ist der Gehalt an Askorbinsäure bei der Sagopalme im Durchschnitt (29,62) niedriger als bei der Glyzinie (42,69) und die Energie der Photosynthese auch geringer: im Durchschnitt bei der Sagopalme 1,46 und bei der Glyzinie 2,33. Diese Beziehungen hängen offensichtlich mit der Natur dieser Pflanzen zusammen.

In der Literatur fehlen Angaben über den Zusammenhang der Energie der Photosynthese mit dem Gehalt und den qualitativen Unterschieden der Komponenten der anderen Oxydations- und Reduktionssysteme. Wir lenkten aber schon die Aufmerksamkeit auf die Anreicherung der Pflanzen an verschiedenen Verbindungen der Flavone und Anthozyane hin. Die Beteiligung dieser Stoffe an der Aufspeicherung von Trockensubstanz, eine wesentliche Beteiligung, die auch die quantitativen Erträge und die qualitative Zusammensetzung der Produkte der Photosynthese bestimmt, muß außer allem Zweifel stehen. Es genügt hier, solch eine rein nebensächliche Reaktion, wie die Absorption der Strahlen der rechten Hälfte des Spektrums von den Flavonen zu erwähnen: von der Konzentration der gelben Flavone hängt die Schwächung der Intensität der Zersetzung der Kohlensäure durch diese Strahlen ab, was natürlich zu einer Abänderung des ganzen Verlaufes der Assimilation führt, aber andererseits schützen dieselben Flavone die Eiweiße der Chloroplasten vor ihrer Zersetzung durch diese Strahlen, was sich wiederum in den endgültigen Zahlen der Zersetzung der Kohlensäure widerspiegeln muß.

Quantitative Unterschiede der Energie der Photosynthese und qualitative Unterschiede des Milieus, in dem die Reaktionen der Photosynthese vor sich gehen, führen im Endergebnis auch zu Unterschieden der Produkten der Photosynthese. Bis jetzt kann man nicht mit Sicherheit sagen, welcher Stoff das erste Produkt der Assimilation der Kohlensäure ist, nicht einmal, welcher Stoff, sondern welche Stoffe, da die ersten sichtbaren Produkte bereits sehr kompliziert sind (Stärke). Es besteht keine Veranlassung, hier auf die Untersuchung dieser verwickelten Frage einzugehen; es genügt hervorzuheben, daß es Pflanzen gibt, beispielsweise Vertreter der Gattung *Allium*, in deren Blättern unter normalen Bedingungen niemals Stärke, sondern nur Zucker gebildet wird. Es ist bekannt, daß in einigen Pflanzen beim Prozeß der Photosynthese Gerbstoffe gebildet werden, in anderen Pflanzen fehlen sie vollkommen. Dieses alles zwingt zu der Schlußfolgerung, daß der Prozeß der Photosynthese keineswegs bei allen Pflanzen weder quantitativ noch qualitativ der gleiche ist. Leider ist das experimentelle Material hier noch überaus gering und läßt nicht die Möglichkeit zu, Schlußfolgerungen von allgemeinem Charakter zu ziehen.

Die Atmung. Ihrem Wesen nach ist die Atmung ein der Photosynthese diametral entgegengesetzter Prozeß: die Atmung verläuft unter Bildung von Energie und führt zur Abspaltung von Kohlensäure und Wasser aus komplizierten organischen Verbindungen. Nach der Arbeit von Bussengo ist allgemein anerkannt, daß das Material für die Atmung Kohlenhydrate sind, im einfachsten Fall Glukose: $C_6H_{12}O_6 + 6\,O_2 = 6\,CO_2 + 6\,H_2O$. Die Wechselwirkung der Glukose mit Sauerstoff oder vielmehr ihre Oxydation, stellt auch das Wesen der Atmung dar. Die angeführte Formel des Atmungsprozesses ist eine Summenformel; sie ist gemeinsam für alle Lebewesen, sowohl für die Pflanzen, als auch für die Tiere. Jedoch erweisen sich die Wege, die bei den verschiedenen Organismen zu Kohlenstoff und Wasser führen, bei weitem nicht als gleichartig und in einigen Fällen (beispielsweise sukkulenten Pflanzen, die unter Bildung von organischen Säuren atmen und bei den Bakterien, die Schwefel, Eisen und Wasserstoff oxydieren) ist von dem Atmungsbegriff als Zerfall des Zuckers in Kohlensäure und Wasser im großen ganzen nichts übriggeblieben.

Da wir bei diesen Formen der Atmung auf Kosten von Mineralstoffen, Formen, die bei höheren Pflanzen nicht vorkommen, nicht verweilen möchten, wollen wir uns der Atmung normalen Typs als einer Oxydation organischer Stoffe zuwenden. Wir werden hier gleichfalls die Theorie des Atmungsprozesses als Summe von fermentativen Prozessen nicht eingehend berühren. Diesen kompliziertesten Fragen sind zahlreiche Untersuchungen gewidmet, die einen glänzenden Abschnitt der biologischen Chemie darstellen, Forschungen, die von solchen Gelehrten wie W. I. Palladin (1893—1930), A. N. Bach (1894, 1897, 1912, 1942), S. P. Kostytschew (1910) und von den Ausländern Wieland, Warburg, Keilin und Szent-Györgyi durchgeführt wurden. Die augenblicklich vorherrschende Theorie mit dem ihr zugrunde gelegten Prozeß der Dehydrierung wurde zuerst von W. I. Palladin formuliert, der sich auf eigene und in der Literatur beschriebene Ergebnisse stützte, die in der Mehrzahl von der Theorie der stufenweisen Oxydationen von A. M. Bach (1897) ausgingen. Nach den Ansichten von W. I. Palladin sind die ersten Stadien der Atmung und der Gärung die gleichen: komplizierte Kohlenhydrate zerfallen, wobei bei der Atmung der Prozeß nicht bis zur Bildung von Alkohol gelangt und die flüchtigen Zwischenprodukte durch Aktivierung des in ihnen befindlichen Wasserstoffes oxydiert werden. Dieser aktive Wasserstoff verbindet sich unter Mitwirkung von spezifischen Fermenten mit besonderen Stoffen, die vor allem zu der Gruppe der Polyphenole gehören und nach A. N. Bach durch Wirkung der Peroxydase oxydiert werden, zu verschiedenen farbigen Stoffen, die von W. I. Palladin als „Atmungsfermente" bezeichnet wurden. Die Atmungsfermente und die ihnen in der Funktion entsprechenden, in den Pflanzen gefundenen farblosen Stoffe werden als Wasserstoffakzeptoren bezeichnet. Diese werden farblos, wenn sie den Wasserstoff des Atmungsmaterials (wenn es gefärbt ist) aufnehmen und sich in Atmungschromogene verwandeln. In den Pflanzenzellen befinden sich die Chromogene gewöhnlich in Verbindungen (Glykoside, Depside), die der unmittelbaren Oxydation unzugänglich sind (Prochromogene). Durch Aufspaltung (hydrolytisch unter Einwirkung spezifischer Fermente) entstehen aus Prochromogenen Chromogene, die durch Peroxydase sofort oxydiert werden. Hierbei wird wiederum aktivierter Wasserstoff aus Wasser gebildet, dessen Sauerstoff in atomare Form übergeht und den ganzen Kohlenstoff des Atmungsmaterials bis zur Kohlensäure oxydiert. Außerdem binden die Atmungspigmente auch Wasserstoff des Atmungsmaterials selbst. Wenn man als letzteres Glukose annimmt und den Wasserstoffakzeptor durch R bezeichnet, so wird dieses Stadium des Atmungsprozesses (anaerobes) ausgedrückt durch die Gleichung: $C_6H_{12}O_6 + 6\,H_2O + 12\,R = 6\,CO_2 + 12\,RH_2$. Das zweite Stadium der Atmung besteht in einer Oxydation des Wasserstoffes, der sich dem Akzeptor anschloß, wobei Wasser gebildet wird: $12\,RH_2 + 6\,O_2 = 12\,H_2O + 12\,R$. Der frei gewordene Akzeptor kann wiederum Wasserstoff binden und die Oxydation des Atmungsmaterials kann so ununterbrochen vermittels ein und desselben Chromogens weitergehen. Als Chromogene dienen verschiedene Stoffe, die von A. I. Oparin (1922) studierte Chlorogensäure, Sulfhydrylverbindungen vom Typ des Cysteins und Glutathions, und Zytochrom, das im Jahre 1886 von MacMunn entdeckt und von Keilin (1925) erforscht wurde, der seine allgemeine Verbreitung bei den Pflanzen nachwies. Zytochrom gehört zu den Häminverbindungen und ist der nächste Verwandte der Häminfermente Katalase und Peroxydase. Das Eisen des Zytochroms verwandelt sich aus zweiwertigem in dreiwertiges bei der Oxydation und umgekehrt in zweiwertiges bei der Reduktion. Zytochrom kann nicht unmittelbar von molekularem Sauerstoff oxydiert werden. Für diesen Prozeß ist die Anwesenheit des Häminfermentes erforderlich. Das Häminferment ist zur Autooxydation befähigt. Der Übertritt des Eisenoxyduls erfolgt bei ihm unter der unmittelbaren Einwirkung molekularen Sauerstoffs.

Mit der Reaktion der Aktivierung des molekularen Sauerstoffes durch das Häminferment beginnt das Oxydationssystem. Hierauf treten der Reihe nach alle drei Zytochrome, das Flavinproteid, das Pyridinproteid und schließlich das der Oxydation unterliegende Substrat in die Reaktion ein. Dieses Schema der Oxydation wurde von Warburg ausgearbeitet. Keilin veränderte das Schema etwas. Er nahm an, daß der autoxydable Stoff nicht das Häminferment, sondern die Indophenoloxydase ist. Heute gilt es als bewiesen, daß das Häminferment von Warburg und die Indophenoloxydase von Keilin identisch sind, und, da sie beide die Oxydation des Zytochroms katalysieren, ist es richtiger, sie als Zytochromoxydase zu bezeichnen.

Bei der Mehrzahl der aeroben Organismen verläuft die normale Atmung vermittels des soeben beschriebenen Häminsystems. Jedoch sind auch andere Typen der Atmungsoxydation möglich. So wurde beispielsweise in den Bierhefen, bei einigen Bakterien (des Typs der Milchsäurebakterien) und bei anderen Organismen das sogenannte gelbe Ferment gefunden, das kein Eisen enthält und sowohl zur Reduktion, als auch zur Oxydierung durch molekularen Sauerstoff (unter Bildung von Wasserstoffsuperoxyd) befähigt ist. Eine aktive Gruppe des gelben Fermentes ist das Dimethyl-ribose-isoalloxazin. Obwohl das gelbe Ferment auch selbst oxydiert wird, reagiert es mit Sauerstoff langsam und jedes seiner Moleküle geht im Laufe einer Minute 30—50mal aus dem oxydierten in den reduzierten Zustand über. Durch eine noch geringere Reaktionsfähigkeit hinsichtlich des Sauerstoffs zeichnet sich das „neue" gelbe

Ferment aus, ein Dinukleotid, das neben Alloxazinnukleotid noch Adeninnukleotid enthält. Im Vergleich zum alten gelben Ferment erwies sich das „neue" um sechsmal schwächer.

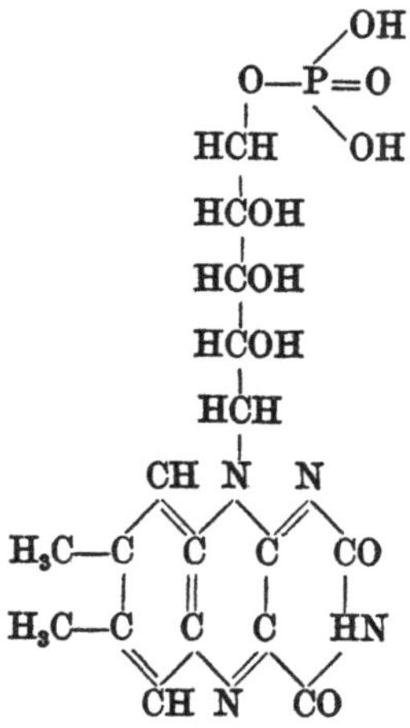

In einigen Fällen gibt es auch andere Formen von Oxydationssystemen. SZENT-GYÖRGYI nimmt an, daß das Pyridinproteid (Kodehydrase oder Kozymase) den aktivierten Wasserstoff nicht dem Flavoprotein, sondern an Azetessigsäure übergibt, die sich in Äpfelsäure verwandelt: $COOH \cdot CO \cdot CH_2 \cdot COOH + 2\,H = COOH \cdot CH(OH) \cdot CH_2$. Die Äpfelsäure gibt ihren Wasserstoff an Flavin ab, wobei sie sich wiederum in Azetessigsäure verwandelt. Hierbei ist zwischen dem Flavinferment und dem Cytochrom noch ein Zwischenkatalysator, die Fumarsäure, wirksam, die den Wasserstoff des Flavins aufnimmt und in Bernsteinsäure übergeht. Bernsteinsäure wird vom Zytochrom wiederum bis zur Fumarsäure oxydiert.

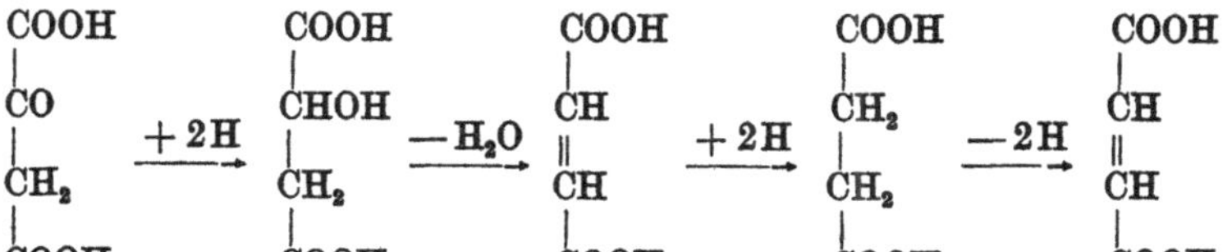

Azetessigsäure Äpfelsäure Fumarsäure Bernsteinsäure Fumarsäure

Fernerhin gibt es ein Oxydationssystem von einem gewissermaßen vereinfachten Typ. Beispielsweise ist für die Oxydation des Hexosephosphats durch Phenolase beim Vorhandensein von Brenzkatechin die Anwesenheit von Zytochrom nicht erforderlich. Ebenso erweist sich Zytochrom in Systemen mit Askorbinsäure und Askorbinase als unnötig. Die Oxydation von Milchsäure durch eine spezifische Dehydrase der Hefen erfordert nicht die Beteiligung von Flavin. In den Pflanzen hat das Peroxydasesystem der Atmung eine große Bedeutung. Wie W. I. PALLADIN (1910) nachwies, werden die Atmungspigmente (vorwiegend Orthodiphenole) durch Peroxydase zu Chinonen oxydiert, die ihrerseits als Wasserstoffakzeptoren dienen und wiederum zu Phenolen reduziert werden können. Wie von Szent-Györgyi festgestellt wurde, beteiligt sich die Peroxydase vermittels einiger Überträger auch an der Oxydation der Askorbinsäure, und gerade ein derartiges System (Peroxydase–Atmungspigment–Askorbinsäure) ist bei den Pflanzen weit verbreitet. Ein anderes pflanzliches Oxydationssystem ist das Polyphenolasesystem. Die Polyphenolase besteht, wie A. N. Bach (1912) zeigte, aus zwei Teilen: 1. aus Oxygenase, einem leicht oxydierbaren Stoff, der mit molekularem Sauerstoff ein organisches Superoxyd bildet, und 2. aus Peroxydase. Kubowitz (1939) bewies, daß Polyphenolase sich von der Peroxydase dadurch unterscheidet, daß ihre aktive Gruppe aus einer kupferhaltigen Verbindung besteht. Hinsichtlich einer Reihe von Eigenschaften muß man die Polyphenolase als analog dem Hämozyanin einiger wirbelloser Tiere ansehen.

Somit ist man gezwungen, entsprechend den „eisernen" (Hämoglobin enthaltenden) und „kupfernen" (Hämozyanin enthaltenden) Tieren, auch die höheren Pflanzen in „eiserne" (Peroxydasepflanzen) und in „kupferne" (Oxydasepflanzen) einzuteilen. A. W. Blagowestschenski (1941) zeigte, daß eine derartige Einteilung auch der Einteilung nach einer Reihe anderer Merkmale entspricht. Über die Rolle der Flavone bei der Atmung der Blütenpflanzen und über die Verbreitung der verschiedenen Flavone und der Anthozyane wurde bereits früher gesprochen. Jetzt muß man etwas eingehender bei den Peroxydase- und den Oxydasepflanzen verweilen.

Die Verteilung der Oxydasen in den verschiedenen Pflanzengruppen wurde zuerst von Onslow (1921) untersucht. Der Untersuchung wurden 300 Arten unterzogen, die zu 293 Gattungen und 173 Familien gehörten, d. h. es wurden Vertreter von etwa 60% aller bedecktsamigen Pflanzen erfaßt. Eine Oxydase wurde in 63% der Fälle festgestellt. Von der gesamten Anzahl der Familien der Monokotyledonen wurden 64% studiert und von ihnen ergaben 79% eine positive Oxydasereaktion. Oxydasen enthalten beispielsweise die Grasarten und ihnen nahestehende Familien. Von der Gesamtzahl der Familien der Dikotyledonen wurden 60% untersucht, von denen 60% Oxydase enthielten. Von den *Coripetales* wurden 57% studiert, von denen 52% Oxydase enthielten. Von den *Sympetales* wurden 71% untersucht und 84% von ihnen enthielten Oxydase. Somit enthalten die *Coripetales* den geringsten Prozentsatz an Oxydasepflanzen und die *Sympetales* den größten.

Unter den *Coripetales* zeichnen sich die Kreuzblütler dadurch aus, daß sie nur Peroxydase enthalten, ebenso wie auch die Familien der Krassulazeen, Geraniazeen, Tropaeoleazeen, Malvazeen, Betulazeen, Fagazeen und Tiliazeen. Unter den *Sympetales* enthalten die Primulazeen und die Kampanulazeen keine Oxydase. Onslow stellte fest, daß bei einem Teil der Fälle Oxydasen in der Mehrzahl, wenn nicht in allen Arten der Familie (*Compositae, Labiatae, Umbelliferae, Borraginaceae*) gefunden werden, beim anderen Teil aber kommen im Rahmen der Familie Arten vor, die Oxydasen enthalten oder denen sie fehlt. Beispielsweise enthalten unter den Leguminosen die Arten *Pisum* und *Lupinus* keine Oxydase, aber *Sarothamnus, Trifolium, Medicago* enthalten typische Oxydasen. Genauso wurden in der Familie der Ranunkulazeen Oxydasen bei der Anemone gefunden und bei *Eranthis* fehlen sie. Zu den Familien desselben Typs gehören die Saxifragazeen und die Liliazeen.

Diese Studien von Onslow zeigten zum erstenmal, daß der Atmungsapparat bei den Vertretern der verschiedenen systematischen Pflanzengruppen keineswegs gleichartig ist. Oxydasen enthaltende Pflanzen haben auch entsprechende Polyphenole und werden verhältnismäßig leicht daran erkannt, daß die bei einer Verletzung beschädigten Gewebe sich infolge einer Oxydation der Polyphenole, ihres Übertrittes in die entsprechenden Chinone und einer abermaligen Umgestaltung der Chinone verfärben (z. B. Äpfel, Birnen). Pflanzen, die keine Oxydase enthalten, weisen bei einer Verletzung keine Farbveränderung auf (Kohl, Zitrone) und wurden von Onslow zu den Peroxydasepflanzen gezählt: sie ergeben keine Guajakreaktion und enthalten keine Polyphenole, dafür enthalten sie aber, wie Szent-Györgyi zeigte, Askorbinsäure, die ihr spezifisches Ferment, die Askorbinase und den aromatischen Stoff des Flavontyps oxydiert, dessen Funktion, wie bereits vorher erwähnt wurde, in der Errichtung einer Oxydoreduktionsbrücke zwischen der Peroxydase und der Askorbinsäure besteht.

Die Erforschung der Flavone unter dem Gesichtspunkte ihrer Beteiligung am Peroxydasesystem zeigte, daß sie die Reaktion zwischen Wasserstoffsuperoxyd, Peroxydase und Askorbinsäure beschleunigen. Sie katalysieren die Reaktion, indem sie selbst durch das System der Peroxydase oxydiert werden und oxydieren hierauf die Askorbinsäure (aktiv sind nur Querzetin und Eryodictyol, die freie Orthohydroxyle in der Stellung 3′ und 4′ besitzen. Beim Hesperetin ist eines dieser Hydroxyle durch die Gruppe OCH_3 ersetzt, daher inaktiv).

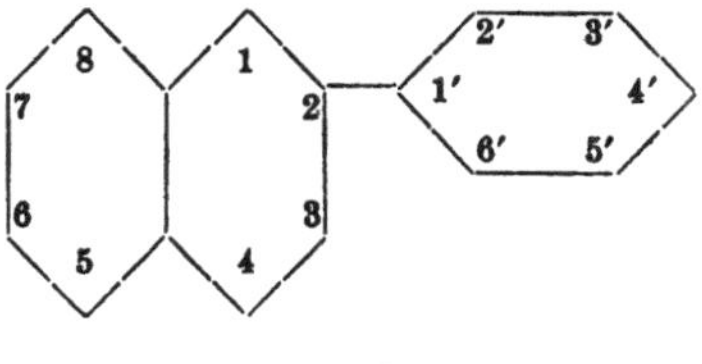

Wenn eine schnelle Verwertung der Askorbinsäure im Saft des Kohls oder anderer Peroxydasepflanzen beobachtet wird, so hat diese äußerlich einfache Reaktion in Wirklichkeit einen sehr komplizierten Mechanismus: der molekulare Sauerstoff O_2 tritt mit der Askorbinsäure in eine Wechselwirkung und oxydiert zwei Wasserstoffatome, wobei er selbst zu Wasserstoffsuperoxyd reduziert wird, und die Ascorbinsäure in Dehydroaskorbinsäure übergeht. Das entstandene Wasserstoffsuperoxyd reagiert mit Peroxydase und oxydiert die Flavone. Die oxydierten Flavone oxydieren ihrerseits ein zweites Molekül Askorbinsäure. Die Dehydroaskorbinsäure wird von den Geweben wiederum dadurch reduziert, daß die Dehydrogenasen, die auf die Hexosephosphate oder auf Zitronensäure einwirken, Glutathion und dieses die Dehydridaskorbinsäure reduziert. Es wurde gezeigt, daß diese Reduktion durch Ascorbinase stark beschleunigt wird. Gleichzeitig wurde festgestellt, daß Flavone die Reaktion der Oxydation 50 bis 100mal energischer katalysieren als die äquimolekularen Mengen Brenzkatechin.

Auf diese zwei Typen, die Peroxydase- und die Oxydasetypen, ist die Verschiedenartigkeit der Oxydationsprozesse bei den Pflanzen natürlich nicht beschränkt, obwohl absolut keine Zweifel daran bestehen, daß das Vorkommen gerade dieser beiden Typen überaus treffend beobachtet wurde, da ihre Verbreitung mit der Verbreitung beider Grundtypen des Stoffwechsels bei Pflanzen, dem nicht spezifischen und dem spezifischen Typ, gut übereinstimmt. Aller Wahrscheinlichkeit nach haben bei den Oxydationsprozessen beider Typen auch andere Oxydo-Reduktionssysteme: Zytochrom-, Flavin-, Thiodisulfid- und Karotinoidsysteme, eine große Bedeutung, aber sie sind bei den Pflanzen vorläufig noch völlig unzureichend untersucht worden.

Äußerlich wird der Prozeß der Sauerstoffatmung der Pflanzen durch die Ausscheidung von CO_2 unter gleichzeitiger Absorption von O_2, wie auch durch ein Freiwerden von Energie in Form bei der Atmung entwickelter Wärme ausgedrückt. Quantitativ erfahren sowohl die Ausmaße der CO_2-Ausscheidung, die auf diese oder jene Einheit bezogen sind, als auch das Verhältnis zwischen dem absorbierten Sauerstoff und der ausgeschiedenen Kohlensäure, wie auch die energetischen Effekte des Atmungsprozesses bei verschiedenen Pflanzen bedeutende Schwankungen. Diese Schwankungen können durch verschiedene äußere und vor allem durch Temperaturbedingungen bedingt sein. Derartige Schwankungen sind allgemein bekannt und es lohnt sich nicht, bei ihnen zu verweilen. Aber neben den äußeren Faktoren gibt es auch innere Faktoren. Unter diesen spielen die Fermente eine ganz gesonderte Rolle, deren Wechselbeziehung den ganzen Charakter der Atmung bestimmt. Die Atmung wird am leichtesten an keimenden Samen studiert und die Physiologen haben sich schon längst daran gewöhnt, ölhaltige und stärkehaltige Samen zu unterscheiden, je nachdem, ob bei ihnen Fette oder Kohlenhydrate die Energiereserven bilden. Diese Reservestoffe bestimmen vor allem die Größe des respiratorischen Koeffizienten $\frac{CO_2}{O_2}$. Wenn Kohlenhydrate, bei denen der Wasserstoff vollständig oxydiert wird, die Reservestoffe darstellen, so wird der Sauerstoff nur für die Oxydation des Kohlenstoffes $\left(\frac{CO_2}{O_2} = 1\right)$ verwendet. Wenn in den Samen Fett aufgespeichert ist, so unterliegt auch der Wasserstoff einer Oxydation. Es wird bedeutend mehr Sauerstoff absorbiert, als CO_2 ausgeschieden und das Verhältnis ist $\frac{CO_2}{O_2} < 1$. Bei einigen Pflanzen, besonders bei den zu den Krasulazeen und den Saxifragazeen gehörenden Familien werden in den Blättern verschiedene organische Dikarbonsäuren, Azetessigsäure und Äpfelsäure, aufgespeichert. In diesen Fällen ist $\frac{CO_2}{O_2} > 1$, wie es beispielsweise für die Oxalsäure zu ersehen ist, bei der $\frac{CO_2}{O_2} = 4$, da $2\,COOH \cdot COOH + O_2 = 4\,CO_2 + 2\,H_2O$. Wie groß die Unterschiede in der Atmungsintensität sind, die an verschiedenen Pflanzen, aber bei gleichen Außenbedingungen studiert wurden, ist aus der Tabelle 43 (S. P. Kostytschew, 1937) zu ersehen.

TABELLE 43 *Die Atmungsintensität der Pflanzen*
(in cm³ pro g Trockengewicht in 24 Stunden)

Art	Temperatur °C	cm³ O_2
Wurzeln von *Lamium album*	18—19	62,5
„ „ *Mentha aquatica*	18—19	37,2
„ „ *Caltha palustris*	18—20	19,1
Blätter von *Phleum pratense*.	20—21	27,2
„ „ *Lolium italicum*	19—20	24,8
„ „ *Phragmites communis* . .	19—20	12,8
„ „ *Veronica beccabunga* . . .	16—17	24,8

Dieselben durch innere Ursachen bedingten Unterschiede traten auch beim Studium der Atmung der keimenden Samen zutage. Diese bildeten bei *Papaver somniferum* bei 16° in 24 Stunden 122,0 cm³ Kohlendioxyd; bei *Sinapis nigra* 58,0 cm³ und bei *Lactuca sativa* 82,5 cm³. Interessant sind die alten Daten von Ober (s. Iwanowski, 1917—1919), der feststellte, daß ein Gramm frischer Blätter bei 12—13° in einer Stunde folgende Sauerstoffmengen (in cm³) absorbiert: *Cereus macrogonus* 3,0, *Picea excelsa* 44,0, *Faba vulgaris* 96,6, *Triticum sativum* 291,0.

Die Atmungsintensität verschiedener Moose wurde von Jensen untersucht (s. Czapeck, Band III, S. 23, 1921), der folgende CO_2-Mengen (in cm³) feststellte, die im Laufe von 10 Stunden pro kg Trockengewicht ausgeschieden wurden: *Sphagnum cuspidatum* 13,7, *Fontynalis antipyretica* 10,5, *Hypnum cupressiforme* 7,4, *Fissidens taxifolius* 3,0. Die Atmung der Moose ist somit bedeutend geringer als die Atmung der höheren Pflanzen.

Was die Energiebildung bei der Atmung anbetrifft, so kann man sie schon nach der Erwärmung der atmenden Pflanzen und ihrer Teile beurteilen, wenn man einen Versuch unter entsprechenden Bedingungen anstellt. Nach Angaben, die von S. P. Kostytschew angeführt werden, erhöht sich die Temperatur in den Blüten von *Cereus* innerhalb der Staubfäden im Vergleich zum umgebenden Milieu um 1—2°. Bei *Victoria regia* erreicht die Steigerung der Blütentemperatur 12° und in den Kolben von *Arum italicum* sogar 36°. Die Temperatur der Blätter gemessen in Dewarschen Flaschen, erreichte (Molisch) nach 15 Stunden über 50°.

Die bei der Atmung in den Pflanzen gebildete Energie wird gewöhnlich in verschiedenen endotherm verlaufenden Prozessen der Synthese verwendet. Daher gibt eine unmittelbare Erfassung der gebildeten Energie mittels eines

Kalorimeters keine Vorstellung über die Energie der Atmung, ermöglicht aber, in Verbindung mit einer Bestimmung der Kohlensäureausscheidung und der Errechnung der vollen Atmungsenergie die Schlußfolgerung zu ziehen, daß die Atmungsenergie vor allem für innere (synthetische) Prozesse verbraucht wird. In den Versuchen von DOYERE (KOSTYTSCHEW, 1937) stellte es sich heraus, daß beim Keimen der Weizensamen nur ein geringer Teil der Atmungsenergie unmittelbar in Form von Wärme (Tabelle 44) ausgeschieden wird.

TABELLE 44 *Die Atmungsenergie keimender Weizensamen*

Tag des Keimens der Weizensamen	Atmungsenergie nach ausgeschiedenem CO_2 (cal/kg bei 25° C)	Atmungsenergie, in Form von Wärmebildung (cal/kg bei 25° C)
2.	2135	365
3.	3802	540
4.	6277	2938
5.	6886	3216
6.	8837	4341

Die Möglichkeit der Verwertung der bei der Atmung gebildeten Energie für verschiedene endotherme Reaktionen wurde mehrfach bestritten, aber nach den soeben angeführten Versuchen von DOYERE kann die Verwertungsmöglichkeit kaum angezweifelt werden und man muß annehmen, daß gerade auf Kosten dieser Energie die Kalorien gedeckt werden, die für die Synthese der Peptid- und Glykosidbindungen u. a. erforderlich sind.

Der Atmungsprozeß führt nicht bei allen höheren Pflanzen zur Ausscheidung der Verbrennungsprodukte einer vollständigen Verbrennung, von Kohlensäure und Wasser. Es gibt eine Gruppe von Pflanzen, die sogenannten Sukkulenten, d. h. fleischigen, bei denen während des Atmungsprozesses organische Säuren aufgespeichert werden und die Ausscheidung von Kohlensäure ganz geringfügige Ausmaße annimmt. Es wurde schon erwähnt, daß der sukkulente Kaktus *Cereus macrogonus* unter gleichen Bedingungen wie Weizen, der 292 cm^3 Sauerstoff absorbiert, nur 3 cm^3 Sauerstoff absorbiert, d. h. seine Atmungsintensität ist 100mal geringer. Wenn die Bestimmung der ausgeschiedenen Kohlensäure durchgeführt worden wäre, würde der Unterschied noch größer gewesen sein. Jedoch verlaufen die energetischen Prozesse beim Kaktus und bei den anderen Sukkulenten derartig, daß sie trotzdem den Zustrom an Energie für die verschiedenen Synthesen vollkommen gewährleisten.

Somit sind die Prozesse der aeroben Atmung, sowohl von der qualitativen Seite, als auch von der quantitativen Seite verschiedenartig genug, um in den verschiedenen Pflanzengruppen eine große Mannigfaltigkeit der Stoffwechselprodukte zu gewährleisten, die sich unter verschiedenen Bedingungen der Oxydation und Reduktion bilden. Das Ganze geht nicht nur darauf hinaus, daß man in der Zusammensetzung des Zellsaftes bei den verschiedenen Pflanzen diese oder jene organische Säuren nachweisen kann. Von der Intensität der einzelnen Oxydoreduktionen hängt die Bildung von gesättigten und ungesättigten von aliphatischen und aromatischen, von homozyklischen und heterozyklischen Verbindungen ab. Wenn die bei der Atmung gebildete Energie dazu nicht ausreicht, daß die Peptidbindungen zwischen den Aminosäuren geschlossen werden, so unterliegen die Aminosäuren Umwandlungen, die in der Richtung des geringsten Widerstandes verlaufen. Die endothermen Reaktionen werden durch exotherme Reaktionen abgelöst. Statt der Synthese des Eiweißmoleküls zeigen sich Prozesse der Dekarboxylierung, der Desaminierung und der Ringbildung. Es entstehen Stoffe vom Typ der Betaine und der Alkaloide und es bilden sich Pyrrolidin- und Pyridinringe, Indol- und Chinolinverbindungen in bestimmten Gruppen des phylogenetischen Systems der Pflanzenorganismen. In den Atmungsprozessen enthüllt sich die ganze Bedeutung der energetischen Beziehungen, die beim Stoffwechsel in den Pflanzen entstehen und dieses führt zur Notwendigkeit bei den Faktoren des Austausches der Energie und bei ihren Überträgern im Organismus, d. h. bei den Fermenten eingehender zu verweilen.

KAPITEL V

DIE FERMENTE

Noch vor kurzer Zeit stand die Biochemie unter der Hypnose der rein idealistischen Definition der Katalyse von W. Ostwald als einer Erscheinung, deren Wesen nur in einer Beschleunigung dieser oder jener chemischen Reaktion unter dem Einfluß des anwesenden Katalysators besteht. Im Einklang hiermit wurden die Fermente als Katalysatoren definiert, die vom lebenden Organismus erzeugt werden. Bis zu den dreißiger Jahren des 20. Jahrhunderts bestand ein Streit, ob die Fermente Stoffe oder nur Eigenschaften einzelner Stoffe sind, ein Streit mit einem offensichtlichen Übergewicht des zweiten Gesichtspunktes. Jetzt hat dieses alles nur eine geschichtliche Bedeutung. Erstens bewiesen die Arbeiten von Northrop die Individualität der Fermente als bestimmte chemische Verbindungen und zweitens ist man dahingekommen, den Charakter der Fermentwirkung und der Wirkung der Katalysatoren überhaupt zu erkennen. Nicht in der Beschleunigung der Reaktion, allein infolge des Vorhandenseins der Fermente (oder eines anderen Katalysators), besteht diese Einwirkung, sondern in der Senkung der Aktivierungsenergie der katalysierten Reaktion. Der Ferment-Katalysator ist vor allem ein Umwandler der Energie, der ihre vollständigere Verwertung erleichtert und ihre Zerstreuung in Form entwerteter Wärme verringert.

Die Gewinnung kristalliner Fermente, wozu durch die Untersuchungen von Sumner (1926) mit Urease und von Northrop (1930, 1932) mit Pepsin und Trypsin der Grundstein gelegt wurde, gab den Forschern kristalline Präparate, frei von Beimengungen anderer Fermente, abgesehen von den angeführten, vom Chymotrypsin, vom Papain, vom Phycin, der Karboxypeptidase, der Katalase, der Ribonuklease, der Aldolase und der Amylase. Zugleich wurde es ermöglicht, die grundlegende wichtige Tatsache festzulegen: alle Fermente erwiesen sich als Eiweißkörper. Diese Forschungen zeigten, daß die aktiven Eiweißkörper oder Fermente im Organismus keineswegs irgendeinen winzig kleinen Teil darstellen sondern in überaus großen Mengen vorkommen können. Das in kristallenem Zustande von T. Baranowski (1939) erhaltene Myogen erwies sich nach Untersuchungen von W. A. Engelhardt als mit dem Ferment Aldolase identisch. Seine Mengen sind im Tierorganismus sehr erheblich und entsprechen keineswegs den früheren Vorstellungen von den Fermenten.

Aus Pflanzen wurden vorläufig derartige kristalline Eiweißstoffe, die sich mit irgendwelchen Fermenten als identisch erwiesen, noch nicht gewonnen. Das ist vielleicht nur deshalb der Fall, weil niemand versuchte, Kristalle von Pflanzeneiweiß auf diese oder jene Fermenteigenschaften zu untersuchen. Offensichtlich kristalline Präparate von proteolytischen Pflanzenfermenten wurden aus dem Milchsaft von *Carica papaya* und von *Ficus carica* erzielt. Es ist nicht unwahrscheinlich, daß es gelingen wird, bei Anwendung einer entsprechenden Methodik, kristalline Präparate auch aus keimenden Samen zu erhalten. Es gelang, hochaktive Präparate der Proteinasen vom Papain-Typ aus einer Reihe von Pflanzen zu erhalten. Von A. W. Blagowestschenski und von M. P. Jürgenson (1936) wurden Proteinasen aus Weizensamen isoliert. A. G. Tostschewikowa (1946) erhielt ein gleiches Präparat aus Keimen von *Phaseolus aureus* und bezeichnete es als Phaseolain. I. I. Tschikalo (1945) isolierte Gossypain aus den Keimen von *Gossypium hirsutum*. Winnick, Davis und Greenberg (1940) erhielten aus dem Milchsaft von Arten der Gattung *Asclepias* das Asclepain und schließlich wurde aus dem Saft der Rinde und der Wurzeln von *Hura crepitans* das Hurain gewonnen. Dieses Ferment unter scheidet sich von den anderen aufgezählten Fermenten dadurch, daß sein Wirkungsoptimum nicht bei pH 5—6, sodern bei pH 8 liegt, d. h. es nähert sich dem Trypsin und ähnelt in dieser Hinsicht dem Ferment Solanain, das mit einem Wirkungsoptimum bei pH 8,5 aus Solanum gewonnen wird.

Die Darstellung von kristallinen Präparaten dieser Fermente ist nur eine Frage der Zeit. Neben den proteolytischen Fermenten des Papain- und Solaintyps, wie auch der Urease aus höheren Pflanzen gelang es vorläufig nur, ein hochgereinigtes Präparat der Peroxydase aus Meerrettichwurzeln (Bach und Nikolajew, 1926) herzustellen, das sich als Eiweiß, aber schon eines anderen Types als die Proteasen vom Typ des Papains, erwies. Die Peroxydase erwies sich, analog der Katalase, als zur Gruppe der Chromoproteide, d. h. der komplizierter Eiweißstoffe mit einer prosthetischen Hämingruppe, gehörig. Diese Untersuchungen zeigten, daß man mit vollem Recht, da die Fermente bestimmte chemische Stoffe sind, von ihrer Menge und nicht nur von der Aktivität der Fermentwirkung sprechen kann. Wenn man aber in Betracht zieht, daß die Wirkung der Fermente proportional ihrer Menge ist, wenn auch nicht unbedingt die Aktivitätskurven und die der Menge des Fermentes parallel verlaufen, so kann man auf Grund der Bestimmung der Aktivität über den Gehalt zu bestimmten Fermenten in einer beliebigen Pflanze urteilen.

TABELLE 45 *Die Aktivität der Weizenfermente je nach der Herkunft* (in ml 0,1n-$KMnO_4$)

Herkunftsort	Katalase	Amylase
Priladoga	30,0	21,9
Djetskoje Selo . .	32,6	17,6
Nowgorod	32,9	19,7
Dnjepropetrowsk .	15,4	6,3
Fergana	16,4	7,6
Bakuriani	26,4	17,5

Eine umfassende Untersuchung des Gehaltes einiger Fermente in den Samen einer Reihe von Kulturpflanzen wurde von M. I. LISCHKEWITSCH durchgeführt. Die von ihm für Weizen gefundenen Aktivitäten der Katalase und Amylase, die in ml 0,1n-$KMnO_4$ ausgedrückt sind, sind in Tabelle 45 angeführt.

Für Gerste wurden folgende Zahlen gefunden, die gleichfalls auf eine große Schwankungsbreite dieses Merkmals (Tabelle 46) hinweisen:

TABELLE 46 *Die Aktivität von Gerstenfermenten nach der Herkunft*

Herkunftsort	Protease, mg Stickstoff*)	Katalase	Amylase
		ml 0,1n-$KMnO_4$	
Djetskoje Selo . .	1,3	8,5	20,7
Moskau	—	2,7	15,2
Charjkow	0,8	0,8	11,1
Taschkent	0,5	1,1	10,0
Bakuriani	3,1	14,1	26,4

*) Protease in mg Aminostickstoff nach VAN SLYKE

Bei drei Sorten der Erbse (*Pisum sativum*) wurden Wechselbeziehungen festgestellt, die in der Tabelle 47 wiedergegeben sind.

TABELLE 47 *Die Aktivität der Fermente bei Sorten der Erbse*

Herkunftsort	*Var. vulgare*		*Var. vitellium*		*Var. glaucospermum*	
	Katalase	Amylase	Katalase	Amylase	Katalase	Amylase
	in ml 0,1n-$KMnO_4$					
Gorki	21,8	4,2	20,9	4,8	21,0	2,5
Kijew	20,8	3,0	21,8	4,6	15,4	3,2
Charjkow	20,2	5,1	—	—	19,2	3,5
Bakuriani	22,1	4,4	21,7	5,2	21,1	3,4

Aus diesen Daten kann man leicht die Schlußfolgerung ziehen, daß die Sorten *vulgare* und *vitellinum* in ihren Fermentmerkmalen sich nahestehen, während *Glaucospermum* von ihnen stark abweicht, da es sich durch eine veränderliche Katalase und durch eine bedeutend geringere Amylase-Aktivität auszeichnet.

Ziemlich ausführlich ist die Sojapflanze (*Glycine soja*) in bezug auf die Aktivität ihrer Fermente erforscht. Die aus der zusammenfassenden Arbeit von M. A. KUDRJAWZEWA (1938) entnommenen Angaben von W. I. TOWARNIZKI und Mit. (1935), die die Unterschiede der Aktivität der Lipase, der Protease und der Urease an zwei Sorten der Sojapflanze (Charbinskaja 231 —a und Kruschulj 9/3) untersuchten, werden in der Tabelle 48 angeführt. Die Aktivität der Lipase und der Protease sind in ml 0,1n-NaOH pro g Mehl nach 24 Stunden

Inkubation bei 38° angegeben. Die Aktivität der Urease wurde in mg Harnstoff angegeben, der pro g Mehl in 2 Stunden bei 38° gespalten wurde.

Die Sortenunterschiede zeigen sich auch in diesen Zahlen sehr deutlich, aber noch krasser erwiesen sie sich für Urease und für Peroxydase bei folgenden sechs Sorten (Urease in mg zersetzten Harnstoffes pro g; Peroxydase in ml 0,1n-$KMnO_4$ pro g).

TABELLE 48 *Die Aktivität der Fermente beim Reifen der Sojabohne*

Datum	Lipase	Protease	Urease in mg zersetzten Harnstoffes
	in ml 0,1n-NaOH		
	Charbinskaja 231—a		
3. VIII.	0,49	0,43	530
6. IX.	0,32	0,45	641
14. IX.	0,37	0,70	1194
22. IX.	0,74	0,75	1069
	Kruschulj 9/3		
13. VIII.	0,35	0,20	504
16. VIII.	0,44	0,25	261
25. VIII	0,48	0,60	727
2. IX.	0,57	0,87	697

TABELLE 49 *Die Aktivität der Urease und der Peroxydase der Sojabohne verschiedener Sorten*

Sorte	Urease in mg Harnstoff	Peroxydase ml 0,1n-$KMnO_4$
Guriskaja	101,4	0,40
Ljudmila Ronskaja . . .	107,1	0,15
Sholtaja Amurskaja . . .	78,6	0,40
Illini	83,6	6,20
Gundshulinskaja	90,3	2,70
Sstaroukrainskaja . . .	86,7	3,10

Für die Aktivität der Urease bei den verschiedenen Sorten der Sojabohne sind die Angaben von Hindmarsch wichtig. Die Bestimmung der Urease wurde in frischen Samen, gleich nach dem Absammeln der Pflanzen an einem Orte bei gleichen Bodenbedingungen durchgeführt. Die Aktivität des Ferments wurde an der Wirkung des Sojaextraktes auf eine 1%ige Harnstofflösung bei 51° gemessen.

Alle diese Daten zeigen, daß die verschiedenen Sojaarten im Fermentgehalt, insbesondere im Ureasegehalt, sich wesentlich unterscheiden. Hierbei gehen die Veränderungen für die einzelnen Fermente nicht unbedingt mit der gleichen Intensität vor sich und nicht einmal unbedingt in einer Richtung, wie aus einem Vergleich der Aktivität der Katalase und der Peroxydase zu ersehen ist. Diese Erscheinungen sind leicht zu erklären, wenn man berücksichtigt, daß die Fermente Eiweißkörper sind und schon vorher gezeigt wurde, wie veränderlich der Gehalt an Eiweißstoffen in der Sojabohne ist.

TABELLE 50 *Die Aktivität der Urease bei verschiedenen Sojabohnensorten*
(in % der völligen Spaltung des Harnstoffes)

Sorte	Wirkungszeit, Minuten			
	15	30	45	60
Schikita	42,7	72,0	93,6	100,0
Uto-San	32,4	57,7	76,5	93,0
Haberlandt. . . .	29,3	46,7	69,5	81,9
Sholtyi mamont .	24,8	41,4	54,1	65,4
Holgbruk	18,8	33,8	44,4	55,6
Tarchil	15,0	22,1	36,8	44,4

Eine große Anzahl von Daten wurde von A. W. BLAGOWESTSCHENSKI und seinen Mitarbeitern über die Katalase bei verschiedenen Pflanzen erhalten. Unter ein und denselben Bedingungen wachsende und zu ein und derselben systematischen Gruppe gehörende Arten können sich im Katalasegehalt sehr deutlich unterscheiden. Beispielsweise zeigten die von A. W. BLAGOWESTSCHENSKI untersuchten Pflanzen in Suchumi im Juli 1936 folgende Werte der Geschwindigkeitskonstanten der monomolekularen Reaktion, die bei 15° gemessen und

TABELLE 51 *Die Aktivität der Katalase in Blättern*

Familie	Art	$k \cdot 10^5$
Rosaceae . . .	*Rosa sp.*	405
„ . . .	*Rubus caesius*	473
„ . . .	*Pirus communis*.	343
„ . . .	*Fragaria sp.*	513
„ . . .	*Prunus laurocerasus* . . .	187
„ . . .	*Prunus persica*	43,89
Leguminosae . .	*Wistaria chinensis* . . .	968
„ . .	*Robinia pseudoacacia* . .	1221
„ . .	*Acacia julibrissin*. . . .	1338
Scitamineae . .	*Musa sp.*.	175
Ginkgoaceae . .	*Ginkgo biloba*	147
Polypodiaceae .	*Aspidium sp.*	630
Cycadeae . .	*Cyas revoluta*	242
Solanaceae . .	*Nicotiana tabaccum* . . .	152
Myrtaceae . .	*Feijoa sellowiana*	278
Anonaceae . .	*Asimina triloba*	710
Rubiaceae . .	*Cinchona succiruba* . . .	5—8

nach der üblichen Formel $k = \frac{1}{t} \ln \frac{a}{a - x}$ errechnet wurde, wobei t die Zeit vom Beginn der Reaktion in Sekunden und a die Gesamtmenge Wasserstoffsuperoxyd ist, die vom Ferment am Ende der Reaktion gespalten wird. x ist die Menge an Wasserstoffsuperoxyd, die in der Zeit t (Tabelle 51) gespalten wurde.

Nicht nur zwischen den einzelnen Arten, sondern auch innerhalb einer Art, kann der Unterschied der Fermenteaktivität sehr groß sein. Bei den Versuchen von A. W. Blagowestschenski differierte die Aktivität der Katalase bei zwei Exemplaren von *Cycas revoluta* bei 15° um 28%, bei *Magnolia Glandiflora* um 84%, bei *Wistaria chinensis* um 20% und bei *Prunus amygdalus var. persica* um 100%. Bei *Buxus sempervirens*, der im Schatten wächst, war die Aktivität der Katalase in den Blättern um 20% höher, als bei dem im Lichte wachsenden *Buxus sempervirens*. Außerdem kann sich bei ein und derselben Pflanze im Laufe des Tages die Aktivität der Fermente stark ändern. W. A. Blagowestschenski (1940) zeigte, daß der Tagesverlauf der Veränderungen der Aktivität der Katalase in gewisser Hinsicht den Tagesverlauf der Veränderungen der Energie der Photosynthese wiederholt. M. A. Jermoschenko (1942) fand für die Katalase von Blättern der Baumwollstaude folgende Zahlen für die Geschwindigkeitskonstante der Zersetzung von Wasserstoffsuperoxyd an Pflanzen von nicht versalzenen Böden (bei 15°):

Stunden	1	9	11	13	16	17
$k \cdot 10^5$	216	227	306	323	268	507

Ähnliche Daten wurden für viele Pflanzen des Pamirs von O. A. Semichatowa erhalten. In der Tabelle 52 sind Zahlen angeführt, die sich auf den Tagesverlauf der Aktivität der Katalase bei vier Gerstensorten beziehen, die im Pamir im Gebiet der biologischen Station in Tschetschekti in einer Höhe von 3860 m über dem Meeresspiegel angebaut wurden.

TABELLE 52 *Aktivität der Katalase der Gerste* (in cm^3 Sauerstoff)

Gerstensorte	Tageszeit									
	6 Uhr 30 Min.	7 Uhr	7 Uhr 30 Min.	9 Uhr	11 Uhr 30 Min.	14 Uhr 30 Min.	17 Uhr	19 Uhr 30 Min.	20 Uhr	22 Uhr	22 Uhr 45 Min.
Gimalaiski . . .	7,0	—	—	11,8	10,0	9,5	8,5	—	10,7	—	7,6
Afganski	—	—	11,7	10,0	—	—	9,0	11,0	—	6,4	—
Archangelski . .	—	1,8	—	8,3	6,0	5,1	3,8	4,0	—	2,6	—
Miljutinski 027. .	—	3,0	—	5,0	—	—	4,0	—	3,5	2,7	—

Die Veränderlichkeit der Fermentaktivität äußert sich natürlich nicht nur zu der Katalase, da man derartige Beispiele auch für Saccharase (Daten von A. I. Oparin für die Zuckerrübe), Amylase (bei Brauereigerste), Lipase usw. anführen könnte. Die Veränderlichkeit der Fermentaktivität ist außerordentlich groß und hängt derartig von den verschiedenartigsten äußeren Faktoren ab, daß es schwierig ist, irgendwelche Gesetzmäßigkeiten dafür festzustellen. Gleichzeitig ist es erforderlich, anzunehmen, daß die Fermente die Hauptfaktoren des gesamten Stoffwechsels in den Pflanzen, „die einzigen Initiatoren aller Lebensprozesse" nach der Äußerung von A. Ja. Danilewski sind und, daß mit ihrer Tätigkeit die ganze Energetik der Zelle verbunden ist. Wenn in einigen Pflanzen niemals Alkaloide gebildet werden und sie bei anderen Pflanzen in der Regel in großen Mengen vorkommen, so muß dies wiederum mit den Fermenten zusammenhängen. Es entsteht ein interessanter Widerspruch: zwischen der Aktivität der Fermente und dem Charakter des Stoffwechsels bei den Pflanzen müßte sich ein Zusammenhang zeigen, in der Tat gelingt es aber nicht, diesen Zusammenhang festzustellen. Offensichtlich muß man irgendwie anders an die Fermente herangehen und in das Wesen der Fermenteinwirkung selbst eindringen. Zu Beginn des Abschnittes wurde bereits hervorgehoben, daß das Wesentliche der Fermentwirkung ihre Fähigkeit ist, die Aktivierungsenergie der von den Fermenten katalysierten Reaktionen zu senken. Es ist erforderlich jetzt etwas eingehender bei dieser Frage zu verweilen.

Die Entwicklung der Lehre von der chemischen Kinetik führte zu der Anschauung, daß bei Reaktionen, die mit einer meßbaren Geschwindigkeit verlaufen, nicht alle miteinander zusammenstoßenden Moleküle der in Wechselbeziehung stehenden Stoffe reagieren, sondern nur ein sehr geringer Teil von ihnen. In Wirklichkeit tritt eine chemische Reaktion zwischen zwei Molekülen nur dann ein, wenn diese Moleküle sich soweit nähern, daß zwischen ihnen eine Wechselwirkung der chemischen Kräfte in Erscheinung treten kann. Für die sich bewegenden Moleküle wird eine derartige Annäherung als Zusammenstoß bezeichnet. Das Molekül des Gases oder eines gelösten Stoffes müssen wir aber gemäß der kinetischen Theorie der Materie bei allen Temperaturen über dem absoluten Nullpunkt gerade als ein sich bewegendes Molekül ansehen. Die Geschwindigkeit jeder chemischen Reaktion wird im Falle von monomolekularen Reaktionen durch eine einfache Differentialgleichung $v = \frac{dx}{dt} = k\,(a - x)$ bestimmt, wo a die Anfangszahl des reagierenden Moleküls, x die Anzahl der Moleküle, die in der Zeit t reagieren und k die Konstante ist. Diese Geschwindigkeit ist direkt proportional der Anzahl der Zusammenstöße in einer Zeiteinheit. Wenn man annimmt, daß jeder Zusammenstoß zu einer Reaktion führt, die sich hierauf, natürlich unter Einhaltung der Gesetze der Thermodynamik, abwickelt, muß man unumgänglich Schlußfolgerungen ziehen, die wegen ihres Nichtübereinstimmens mit der Wirklichkeit überraschen.

Tatsächlich wird die Zahl der Zusammenstöße zweier verschiedener Moleküle in der Sekunde in 1 cm^3 unter normalen Bedingungen durch folgende Formel ausgedrückt:

$$z = \pi \sigma^2 n_1 n_2 \sqrt{\bar{u}_1^2 + \bar{u}_2^2}$$

wobei z die Zahl der zusammenstoßenden Moleküle und σ die Summe der effektiven Radien beider Moleküle ist, d. h. der Abstand, bei dem zwischen ihren Zentren eine Wechselwirkung einsetzt. n_1 und n_2 sind die Anzahl der Moleküle jedes Stoffes pro cm^2 und $\bar{u}_1$ und $\bar{u}_2$ ihre durchschnittlichen quadratischen Geschwindigkeiten. Bei monomolekularen Reaktionen ($n_1 = n_2$ und $\bar{u}_1 = \bar{u}_2$) nimmt die Formel für die Zahl der Zusammenstöße die Form $z = \pi \sigma^2 n^2 \bar{u} \sqrt{2}$ an. Der Wert σ kann durch die Messung der inneren Reibung (für Gase) bestimmt werden und $\bar{u}$ wird errechnet aus einer einfachen Gleichung der kinetischen Theorie:

$$pv = \frac{n m \bar{u}^2}{3} = RT = \frac{M \bar{u}^2}{3},$$

wo $M = n\, m$ das Molekulargewicht
und R die Gaskonstante $= 8{,}315 \cdot 10^7$ Erg/Grad ist.

Hierbei ist $\bar{u} = \sqrt{\frac{3\,RT}{M}}$ cm in der Sekunde; $n = 6{,}06 \cdot 10^{20}$ Moleküle in 1 cm^3 und T die absolute Temperatur.

Hinshelwood berechnete für die genau erforschte Reaktion des Zerfalles gasförmigen Jodwasserstoffs den Wert z bei 283° C (= 556° K). Die durchschnittliche quadratische Geschwindigkeit des Moleküls HJ beträgt bei dieser Temperatur $\bar{u} = 3{,}3 \cdot 10^4$ cm/Sek. Die Summe der effektiven Radien der beiden Moleküle HJ $\sigma = 3{,}5 \cdot 10^8$ cm. Die Gesamtzahl der Zusammenstöße in einer Sekunde wird aus diesen Daten folgenderweise errechnet:

$$z = \sqrt{2} \cdot \pi \cdot \sigma^2 \cdot n^2 \cdot \bar{u}$$
$$= \sqrt{2} \cdot 3{,}1415\,(3{,}5 \cdot 10^{-8})^2 \cdot 3{,}3 \cdot 10^4\,(6{,}06 \cdot 10^{20})^2 = 6 \cdot 10^{31}$$

Dies ist die Gesamtzahl der Zusammenstöße in der Sekunde. Jedes einzelne Molekül muß aber in diesem Zeitabschnitt ungefähr $5 \cdot 10^{10} \left(= \frac{6 \cdot 10^{31}}{6{,}06 \cdot 10^{20} \cdot 2} \right)$ Zusammenstöße in der Sekunde überstehen. Wenn man annimmt, daß jeder Zusammenstoß unvermeidbar zu einer Reaktion führt, so muß die ganze Reaktion der selbsttätigen Zersetzung des Jodwasserstoffes bei 283° in $\frac{1}{5 \cdot 10^{10}}$ sec abschließen, d. h. sie wird den Charakter einer Explosion besitzen. Tatsächlich wird aber nichts Derartiges beobachtet und die Zersetzung von Jodwasserstoff bei 283° verläuft mit einer durchaus meßbaren Geschwindigkeit. Dieselbe Erwägung kann man auch hinsichtlich jeder anderen

Reaktion anstellen. Je nach den Werten der reagierenden Moleküle und der Temperatur ändert sich die durchschnittliche quadratische Geschwindigkeit, aber die Größenordnung des Wertes bleibt ungefähr gleich. Es ist offensichtlich, daß nicht jeder angenommene und tatsächlich erfolgte Zusammenstoß der Moleküle zu einer Reaktion führt.

Svante Arrhenius nahm an, daß für das Zustandekommen einer Reaktion der Zusammenstoß der Moleküle nicht ausreicht, und daß es erforderlich ist, daß die zusammentreffenden Moleküle über gewisse Energiebeträge verfügen. Wenn man diesen Energiebetrag mit dem Buchstaben μ bezeichnet und in einer ersten Annäherung als kinetische Energie des sich bewegenden Moleküls annimmt, also $\mu = \frac{1}{2} m v^2$, so werden offensichtlich nur diejenigen Moleküle reagieren, die sich mit Geschwindigkeiten v und größer als v bewegen. Diese Geschwindigkeiten unterliegen dem Verteilungsgesetz von Maxwell, folglich wird μ gleichfalls diesem Gesetz unterliegen und die Zahl der effektiven Zusammenstöße entspricht der Formel $z_{\text{eff}} = z \cdot e^{-\frac{\mu}{RT}}$, wobei R die Gaskonstante der Gleichung von Clapeyron ($p\,v = RT$), 1,986 g-Kal ist. T ist die absolute Temperatur der Reaktion und e die Grundlage der natürlichen Logarithmen, Es ist offensichtlich, daß die Reaktionsgeschwindigkeit ebenso ausgedrückt wird wie die Zahl der effektiven Zusammenstöße, d. h.

$$v = \frac{dx}{dt} = z \cdot e^{-\frac{\mu}{RT}}$$

Andererseits ist die Geschwindigkeit proportional dem Quadrat der Zahl der Moleküle des Stoffes in der Volumeneinheit, d. h. $v = \frac{dx}{dt} = k n^2$ *). Hieraus ergibt sich: $k n^2 = z \cdot e^{-\frac{\mu}{RT}}$. Wenn wir den Wert z, d. h. den Wert der Gesamtzahl der zusammentreffenden Moleküle einsetzen, erhalten wir

$$k n^2 = \sqrt{2}\,\pi\,\sigma^2\,\bar{u}\,n^2 \cdot e^{-\frac{\mu}{RT}}$$

und

$$k = \left(\sqrt{2}\,\pi\,\sigma^2 \cdot \bar{u}\right) \cdot e^{-\frac{\mu}{RT}}$$

Durch Logarithmieren erhalten wir: $\ln k = \ln\left(\sqrt{2}\,\pi\,\sigma^2 \cdot \bar{u}\right) - \frac{\mu}{RT}$. Wenn wir diese Gleichung nach der absoluten Temperatur T differenzieren und berücksichtigen, daß der Wert $\ln\left(\sqrt{2}\,\pi\,\sigma^2\,\bar{u}\right)$ faktisch einen stetigen Wert darstellt, da in ihm bei einer Temperaturänderung sich nur $\bar{u}$ unwesentlich ändert, erhalten wir $\frac{d \ln k}{dT} = \frac{\mu}{RT^2}$. Durch Integration dieser Gleichung zwischen

*) k = Geschwindigkeitskonstante der Reaktion.

T_1 und T_2 und Umgestaltung erhalten wir die für die Berechnung brauchbare Formel:

$$\mu = (\ln k_2 - \ln k_1) \cdot R \cdot \frac{T_1 \cdot T_2}{T_2 - T_1} = \ln QR \frac{T_1 \cdot T_2}{T_2 - T_1} \text{ *)}$$

Da der Wert $e^{-\frac{\mu}{RT}}$ in der Formel $z_{\text{eff}} = z \cdot e^{-\frac{\mu}{RT}}$ im allgemeinen sehr gering ist, so ist es leicht zu verstehen, warum beim Zusammentreffen zwischen den Molekülen nur ein geringer Teil zu einer chemischen Reaktion führt. Beispielsweise ist bei einem selbsttätigen Zerfall des Stickstoffoxyduls der Wert $\mu =$ 55 000 g-Kal bei 0° (= 273° K).

$$e^{-\frac{\mu}{RT}} = e^{-\frac{55000}{1 \cdot 986 \cdot 273}} = 0{,}36 \cdot 10^{-43},$$

d. h. die Gesamtzahl der effektiven Zusammenstöße in einer Sekunde in 1 cm³ ist gleich $z_{\text{eff}} = 6 \cdot 10^{31} \cdot 0{,}36 \cdot 10.^{43} = 2{,}16 \cdot 10^{-12}$. Mit anderen Worten erfolgt ein effektives Zusammentreffen des Moleküls nur in $4{,}03 \cdot 10^{11}$ Sekunden (ungefähr 11 000 Jahre!). Wenn man Stickstoffoxydul mit einem Katalysator in Berührung bringt, und zwar mit Magnesiumoxyd, so ist in diesem Falle $\mu = 29\,000$ g-Kal und $e^{-\frac{29000}{RT}} = 0{,}96 \cdot 10^{-23}$, d. h. es werden in der Sekunde $5{,}76 \cdot 10^{8}$ Zusammenstöße erfolgen. Mit anderen Worten vergrößert die Einführung eines Katalysators die Geschwindigkeit der Reaktion $2{,}67 \cdot 10^{20}$ mal.

Die Rolle eines Katalysators besteht folglich in der Verringerung des Wertes μ und in einer sich hieraus ergebenden Vergrößerung der Anzahl der effektiven Zusammenstöße bei einer gleichen absoluten Temperatur. Verschiedenartige Katalysatoren verändern auf verschiedene Art den Wert μ: bei einer Einwirkung von Kupferoxyd auf Stickstoffoxydul ist $\mu = 24\,000$ g-Kal und bei der Einwirkung eines Gemenges von Kupferoxyd und Magnesiumoxyd $\mu =$ 22 400 g-Kal. Das bedeutet, daß die Geschwindigkeit der Reaktion bei sonst gleichen Bedingungen in Gegenwart von Kupferoxyd größer ist als in Gegenwart von Magnesiumoxyd und beim Vorliegen eines Gemenges dieser beiden Stoffe am größten. Somit ist ein Gemenge von Magnesiumsulfid und von Kupferoxyd qualitativ der beste Katalysator und man kann annehmen, daß, indem sie ein und dieselbe Reaktion ausführen, die einen Katalysatoren hierfür geringere Energiemengen von außen und andere größere Mengen benötigen. Die ersten stehen qualitativ höher und die zweiten niedriger.

Wenn man von diesem Gesichtspunkt aus an die Fermente herangeht, so kann man leicht bemerken, daß ihre Fähigkeit, die Werte des Koeffizienten μ der Reaktion zu senken, bedeutend größer sind, als bei den anderen Katalysatoren: es ist allgemein bekannt, daß die Fermentreaktionen bei 20—35° C

*) ($Q = \frac{K_{T_2}}{K_{T_1}}$, Wärmekoeffizient von Van't Hoff, der das Verhältnis der Konstante der Geschwindigkeit bei einer höheren Temperatur zur Geschwindigkeitskonstante bei einer niedrigeren Temperatur darstellt.)

energisch verlaufen, während zur Erzielung desselben Effektes bei der Einwirkung von anorganischen Katalysatoren eine hohe Temperatur im Laufe einer sehr langen Zeit angewendet werden muß. Die Eiweißstoffe werden im Darm des Menschen und anderer Tiere schnell bis zu Aminosäuren gespalten. Durch Einwirkung von Wasserstoffionen wird derselbe Effekt nur beim Kochen im Laufe von 16—24 Stunden erreicht. Rohrzucker wird sehr schnell in der Kälte durch Invertin gespalten, durch Salzsäure nur bei Erwärmung. Wenn man den Wert des Koeffizienten μ im letzten Falle bestimmt, so erweist es sich, daß er 25 600 g-Kal, aber bei einer Spaltung durch Hefe-Invertin μ 9 400 g-Kal beträgt. Dasselbe geht auch bei den anderen Reaktionen vor sich. Somit sind die Fermente dadurch, daß sie die Werte des Arrhenius-Koeffizienten mehr als andere Katalysatoren senken, qualitativ die besseren.

Hieraus ergibt sich die Frage, ob nicht ein und dieselben Reaktionen unter der katalysierenden Wirkung der Fermente bei verschiedenen Bedingungen unterschiedliche Werte der Senkung des Koeffizienten μ zeigen werden. Literaturangaben, wenn auch sehr spärliche, ermöglichen es anzunehmen, daß dies tatsächlich der Fall sein kann. Tatsächlich fanden Kendall und Sherman, daß für die Spaltung der Stärke durch die Amylase der Bauchspeicheldrüse $\mu = 12\,700$ g-Kal ist. Lüers und Wasmund (1921, 1922) fanden aber für dieselbe Reaktion, jedoch durch Malzamylase katalysiert, $\mu = 9700$ g-Kal. Gleichartige Daten wurden für die Lipasen der Bauchspeicheldrüsen und für die Samen der Rizinusstaude von Terroine (1910) und von Nicloux (1904) gefunden. Abderhalden fand mit seinen Mitarbeitern für die Spaltung der Peptide durch Hefepeptidase bei 25—35° $\mu = 14\,800$ g-Kal und für Pankreas-Peptidase bei denselben Bedingungen $\mu = 9300$ g-Kal. Jedoch konnten diese zusammenhanglosen Daten die Frage nicht lösen. Es waren neue Untersuchungen erforderlich, welche die Aufgabe hatten, eine möglichst größere Anzahl vergleichender Versuche unter gleichartigen Bedingungen für einige Fermente verschiedener Pflanzen und Tiere durchzuführen.

Wieweit ist die Qualität der Fermente ein und derselben Art beständig? Von A. W. Blagowestschenski wurden in dieser Hinsicht zwei Exemplare von Pfirsichen untersucht. Die Aktivität der Katalase in den Blättern dieser beiden Pfirisiche bei 15° C wurde durch die Werte $k = 43 \cdot 10^{-5}$ und $k = 89 \cdot 10^{-5}$ ausgedrückt, d. h. diese Aktivitäten unterschieden sich um mehr als das Doppelte. Was aber die Werte von μ anbetrifft, so waren sie 20 200 und 19 900 g-Kal, d. h. sie waren faktisch gleich. Zwei verschiedene Exemplare von *Cycas revoluta*, die in den Blättern über Aktivitäten der Katalase verfügten, die sich bei 15° um 28% unterschieden, ergaben ein und dieselben Werte für μ, und zwar 14 300 und 14 200 g-Kal. Eine etwas größere Differenz wurde beim Buchsbaum (*Buxus sempervirens*) beobachtet, aber auch in diesem Falle wirkten die Unterschiede nicht auf die Größenordnung der Werte ein: μ war beim Buchsbaum, der immer im Schatten wuchs, 7800 g-Kal und beim im Sonnenlicht wachsenden Buchsbaum 6200 g-Kal. Bei zwei verschiedenen Exemplaren der *Magnolia grandiflora* war μ bei der einen 13 500 g-Kal und bei der anderen 15 600 g-Kal, bei einem Unterschied der Aktivität bei 15° zugunsten des ersteren mit 84%. Bei der Glyzinie (*Wistaria chinensis*) war die Aktivität bei einem Exemplar um 30% höher als beim anderen und die μ-Werte waren 6200 und 6800 g-Kal, d. h. fast gleich. W. A. Blagowestschenski (1940) fand für die Blätter der *Magnolia fuscata* und *Chinchona succirubra* zu verschiedenen Tageszeiten folgende Werte der Aktivität der Katalase bei 15° und für ihre Wärmekoeffizienten Q_{10} und μ für die Intervalle von 15—25° (Tabelle 53).

TABELLE 53 *Die Aktivität und die Eigenschaft der Katalase bei der Magnolia und beim Chinabaum*

Art	Zeit Stunden	Aktivität der Katalase cm^3 O_2	Q_{10}	μ, g-Kal
Magnolia fuscata . .	8	7,2	2,49	15 600
„ „ . .	11	8,7	2,50	15 600
„ „ . .	15	6,8	2,50	15 600
Cinchona succirubra .	8	8,9	3,74	22 500
„ „ .	12	5,9	3,73	22 400
„ „ .	16	7,0	3,73	22 400

Bei beiden Pflanzen schwankt die Aktivität der Katalase im Laufe des Tages ziemlich stark: bei der Magnolia erreicht der Unterschied zwischen den äußersten Werten 28% und beim Chinabaum 51% im Vergleich zum geringsten Wert. Der Wert des Wärmekoeffizienten Q_{10} und von μ bleibt im Laufe des Tages konstant. Zugleich sind die Unterschiede der thermischen Koeffizienten sehr deutlich ausgeprägt, μ gleich 6500 g-Kal für die Katalase der Glyzinie und 7000 für den Buxbaum einerseits und 15 600 g-Kal für die Magnolia und 22 400 g-Kal für den Chinabaum andererseits, Werte, die sich sehr stark voneinander unterscheiden. Es ist im höchsten Maße interessant festzustellen, wieweit diese Werte konstant sind, ob sie ihre Werte im Laufe des ganzen Lebens des Organismus beibehalten und ob sie von einer Veränderung der Außenbedingungen usw. abhängen. Die von A. W. Blagowestschenski durchgeführten Untersuchungen ermöglichten es, auf diese Fragen zu antworten. Vor allem natürlich mußte geklärt werden, ob das Alter der Pflanze auf die Größe der thermischen Koeffizienten einwirkt. Bereits die ersten Versuche mit der Erforschung der μ-Werte für die Polypeptidasen der Glyzinienblätter ermöglichten eine gewisse Schlußfolgerung zu ziehen: der Wert μ für die Polypeptidase der jungen Blätter dieser Pflanze war 2400 g-Kal und für die Polypeptidase ausgewachsener Blätter derselben Pflanze stieg er bis auf 7500 g-Kal an. Eine Reihe von Bestimmungen, die von O. A. Semichatowa (nicht veröffentlichte Daten) an der Katalase verschiedener Pflanzen des Pamirs im Laufe der Vegetationsperiode durchgeführt wurden, zeigte, daß die thermischen Koeffizienten gegen Ende der Vegetation ansteigen und ein deutliches Absinken während der Blütezeit zeigen.

Wenn man von diesen und ähnlichen Tatsachen ausgeht, kann man die allgemeine Schlußfolgerung ziehen, daß bei einer individuellen Entwicklung der Pflanzen die Werte der thermischen Koeffizienten für die Reaktionen der Katalasespaltung des Wasserstoffsuperoxydes und der Reaktion der Hydrolyse der Polypeptide am niedrigsten im jugendlichen Alter und am höchsten im Alter sind. Mit anderen Worten: die Qualität der Fermente ist bei jungen Organismen höher als bei alten Organismen.

Man kann natürlich annehmen, daß die Abweichungen der Werte Q_{10} und μ für Fermentreaktionen in den verschiedenen Organismen ihre Entstehung nicht den Unterschieden im Ferment selbst, sondern der Wirkung dieser oder jener Beimengungen und Stoffe verdanken, die für die entsprechenden Organismen spezifisch sind. Die Möglichkeit ist mehr vom rein chemischen, als vom biologischen Gesichtspunkt aus interessant. Tatsächlich ist es für den Gesamtorganismus grundsätzlich gleichgültig, ob sich der thermische Reaktionskoeffizient infolge von Veränderungen im Kolloidträger des Fermentes, als Ergebnis eines Alterns der Kolloide bzw. als Ergebnis einer Verbindung des Trägers oder der aktiven Fermentgruppe mit einem beliebigen vorhandenen Stoff erhöht. Wichtig ist, daß sich das Verhältnis des Fermentes zur Temperatur ändert. Es ändert sich der Wert μ, d. h. es ändert sich die Abhängigkeit der Reaktionen, die sich im Organismus abwickeln, von den energetischen Bedingungen des umgebenden Milieus. Vom chemischen Gesichtspunkte aus ist die Frage über den Einfluß der natürlichen „Verunreinigungen" der Ferment-Präparate, d. h. derjenigen Stoffe, die neben den Fermenten in der Zelle vorkommen und zusammen mit ihnen in eine Lösung übergehen und die Frage über die Einwirkung auf die Werte Q_{10} und μ zweifellos von bedeutendem Interesse. Im Zusammenhang damit wurden im Laboratorium von A. W. Blagowestschenski Untersuchungen angestellt, die zum Ziel hatten, festzustellen, wie die Reinigung des Fermentes auf die Werte Q_{10} und μ wirkt. K. I. Startschizki (1938) fand, daß der Reinheitsgrad der Saccharase keinen Einfluß auf den Wert μ ausübt. Für die Temperaturintervalle 20—30° wurden von ihm folgende Ergebnisse erzielt:

	μ, g-Kal
Hefeautolysat	8 900
„ , zweifach gereinigt	8 900
„ , vierfach gereinigt	8 700
Weizenautolysat	11 400
„ , gereinigtes Präparat	11 400

Andererseits stellte K. A. Nikolajew im Laboratorium von Blagowestschenski (nicht veröffentlicht) fest, daß die durch verschiedene Methoden gewonnenen und über eine verschiedene Aktivität verfügenden Präparate der Peroxydase aus Meerrettich ein und denselben Wert $Q_{10} = 1{,}9$ haben. Dieser Koeffizient änderte sich nicht, wenn in der Peroxydase sogar mit hohen Konzentrationen die verschiedensten Stoffe zugesetzt wurden: neutrale Salze

(KCl, $NaCl$, NH_4Cl, $NaNO_3$, KNO_3, Na_2SO_4, K_2SO_4), Glyzerin, Zuckerarten, Mannit und Harnstoff. Aus allen diesen Daten kann man die Schlußfolgerung ziehen, daß die Werte Q_{10} und μ für diese oder jene Fermentreaktion nicht von dem Reinheitsgrad des Fermentpräparates abhängen und für die biochemische Charakterisierung des Organismus dienen können, aus dem das Präparat erhalten wurde. Jegliche Veränderung dieser Werte muß mit tiefgehenden Prozessen im Eiweißmolekül des Fermentes selbst zusammenhängen, mit Prozessen, die den energetischen Stand des Fermentes ändern.

Wieweit veränderlich ist dieses für jeden entsprechenden Organismus scheinbar so stabile Merkmal? Im Rahmen der Art sind die Schwankungen der Werte μ, wie vorher bemerkt wurde, nicht groß, sie können aber bei verschiedenen Arten einer Gattung und besonders bei Vertretern verschiedener Gattungen und verschiedener Familien bedeutende Werte erreichen. So betrug beispielsweise μ für die Katalase-Aufspaltung des Wasserstoffsuperoxyds durch Präparate aus Birnenblättern (*Pirus communis*) in Suchumi 6900 g-Kal und in Taschkent 7500 g-Kal und aus den Blättern von *Ailanthus glandulosa* in Taschkent 4200 g-Kal und in Suchumi 3500 g-Kal. Bei *populus alba* wurden nach Angaben L. G. Kornijewskaja (1945) bei sechs Vertretern, die in Taschkent untersucht wurden, folgende Werte für die Geschwindigkeitskonstante der Reaktion bei 15 und 25° und den Wärmekoeffizienten Q_{10} (Tabelle 54) erhalten.

TABELLE 54 *Die Aktivität und Eigenschaft der Katalase bei der weißen Pappel*

Versuchsnummer	$k_{15} \cdot 10^4$	$k_{25} \cdot 10^4$	Q_{10}	μ, g-Kal
1	48,40	65,89	1,36	5200
2	38,93	50,97	1,36	4600
3	46,96	70,21	1,49	6800
4	24,53	33,39	1,36	5200
5	25,44	33,94	1,33	4900
6	24,62	33,62	1,36	5200

Der durchschnittliche Wert Q_{10} für *Populus alba* ist folglich 1,36. Für die anderen Arten der Gattung *Populus* war der durchschnittliche Wert Q_{10} für Katalase in den Grenzen von 15—25° bei: *Populus pyramidalis* 2,80, *Populus berolinensis* 1,54, *Populus pruinosa* 2,07, *Populus nigra* 1,29. Der Durchschnitt für die fünf Arten ist für $Q_{10} = 1{,}81$, daher der Durchschnittswert $\mu = 10\,500$ g-Kal. Für die Gattung *Salix* der Familie der *Salizazeen* wurde bei *Salix babylonica* 1,23, bei *Salix caprea* 1,34, *Salix sp.* Nr. 1 1,20 und bei *Salix sp.* Nr. 2 1,80 gefunden. Der Durchschnitt für die vier Arten war $Q_{10} = 1{,}39$ und $\mu = 5600$ g-Kal.

Für verschiedene Arten, im weiten Sinne des Wortes zur Familie der Leguminosen einschließlich der Mimosen und der cisalpinen Pflanzen und zur Familie der Chenopodiazeen gehören, wurden von A. W. Blagowestschenski, K. I. Startschizki, N. A. Kudrjaschowa, T. Ju. Sergiejewskaja (1945), L. G. Kornijewskaja und von O. A. Semichatowa Daten für den Koeffizienten μ für die Katalase erhalten, die in der Tabelle 55 angeführt sind.

TABELLE 55 *Die Eigenschaft der Katalase bei Leguminosen und Chenopodiazeen*

Leguminosae	μ, g-Kal	*Chenopodiaceae*	μ, g-Kal
Wistaria chinensis . . .	6 800	*Eurotia cerotoides*	12 000
Robinia pseudoacacia . .	4 800	*Ceratocarpus arenarius* .	11 500
Astragalus Sieversianus .	3 700	*Atriplex cana*	11 100
Glycyrrhyza aspera . . .	5 900	*Holoxylon ammodendron*	18 000
„ *triphylla* . .	9 000	*Haloxylon aphyllum* . .	13 400
Onobrychis echidna . . .	200	*Anabasis eriopoda* . . .	9 900
Psoralea drupacea . . .	2 200	*Suaeda physophora* . . .	7 600
Hedysaurum sp..	1 200	*Halocnemum strobilaceum*	6 200
Sophora alopecuroides . .	6 900	*Halogeton glomeratus* . .	5 200
Sophora japonica . . .	3 900	*Salsola arbuscula*	10 000
Alhagi camelorum	4 400	*Salsola Paleckiana* . . .	7 000
Halimodendron argenteum	1 900	„ *subaphylla* . . .	7 700
Astragalus Muschketowi .	7 400	„ *dendroides* . . .	6 000
Oxytropis chylophyla . .	6 400	„ *callina*	10 900
„ *Poncinsii* . .	1 300	„ *gossypium* . . .	15 600
Cercis siliquastrum . . .	5 400	„ *rigida*.	10 000
Trifolium pratense	12 500		
Albizzia julibrissin . . .	2 200		

Der durchschnittliche Wert μ für 18 Arten der Leguminosen ist 4800 g-Kal und für 16 Arten der Chenopodiazeen 9500 g-Kal. Die Bestimmungen von μ für fünf Vertreter der Ordnung der Anonales ergaben noch höhere Werte (Tabelle 56).

TABELLE 56 *Die Eigenschaft der Katalase bei den Anonalen*

Anonales	μ, g-Kal
Magnolia grandiflora . .	13 900
„ *sp.*	11 100
„ *fuscata*	14 800
Liriodendron tulipifera .	12 700
Asimina triloba	17 400

Es ist interessant, hervorzuheben, daß Pflanzen, die unter vollkommen gleichen Bedingungen beispielsweise in Suchumi wachsen, eine außerordentliche Mannigfaltigkeit der Werte von μ aufweisen. Neben den soeben aufgezählten Vertretern der Ordnung *Anonales* wurden von A. W. BLAGOWESTSCHENSKI und Mitarbeitern sehr hohe Werte der thermischen Koeffizienten auch bei anderen Pflanzen gefunden. Derartige Pflanzen sind beispielsweise *Chinchona succirubra* mit 32 000 g-Kal für ausgewachsene Blätter, *Eucommia ulmoides* 16 000, *Chamaerops excelsa* 13 600, *Feijoa selloviana* 14 200, *Cycas revoluta* 13 800, *Cinnamonum camphora* 15 100, *Laurus nobilis* 9900, *Citrus lemon* 14 500, *Prunus persica* 20 000, *Prunus laurocerasus* 10 700 und *Nicotiana tabaccum* 14 100. Andererseits ist eine höhere Qualität der Katalase charakteristisch für die Blätter der *Rosa sp.* (9400), *Rubus caesius* (8600), *Pirus communis* (6900), *Fragaria sp.* (7000), *Albizzia julibrissiin* (2200), *Araucaria brasiliensis* (5900), *Juniperus virginiana* (5900), *Pittosporum tobira* (7100), *Parthenium argentatum* (8000), *Cichorium inthybus* (6300), *Aleurites cordata* (4100), *Sapium sebiferum* (6300) usw.

Ähnliche Verhältnisse wurden von A. W. BLAGOWESTSCHENSKI und Mitarbeitern auch für die Pflanzen der Wüste Mojun-Kum und für Pflanzen des Pamirs festgestellt. Das aufmerksame Studium des ihnen zur Verfügung stehenden Materials ermöglicht es mit einer größeren oder geringeren Wahrscheinlichkeit zu folgern, daß niedrige Werte von μ für Pflanzen mit einem nicht spezialisierten Stoffwechsel charakteristisch sind, obwohl natürlich auch Ausnahmen möglich sind. So kommen beispielsweise bei den vorher aufgezählten Vertretern der Leguminosen bei der Gattung *Sophora* Alkaloide vor und diese Gattung ist am meisten archaisch unter der ganzen Unterfamilie der Papilionazeen. Unter den Rosazeen wurden hohe Werte für die Katalase der Blätter des Pfirsich- und des Kirschlorbeerbaumes beobachtet, die durch ihren spezialisierten Stoffwechsel charakterisiert sind.

Wie muß man diese Wechselbeziehungen verstehen? Man kann annehmen, daß, wenn die Reaktion der Aufspaltung des Wasserstoffsuperoxydes durch Katalase bis zu Wasser und Sauerstoff unter derartigen energetischen Bedingungen verläuft, daß für die Aktivierung der Moleküle des Wasserstoffsuperoxydes der Zutritt von gewissen Mengen von Wärmeenergie von außen erforderlich ist. So wird der Unterschied offenbar zwischen der tatsächlichen Aktivierungsenergie der Reaktion und der scheinbaren Energie, die auf dem Versuchswege bestimmt wurde, vom Ferment hervorgerufen. Das Ferment ist nicht einfach Beschleuniger der Reaktion, die auch ohne seine Beteiligung verläuft, sondern Überträger der Energie, der die Energie von seinem Molekül den Molekülen des Wasserstoffsuperoxydes übergibt. Der Mechanismus dieser Übertragung ist unbekannt, aber der biologische Wert der Senkung der Aktivierungsenergie ist klar: er führt zu einer größeren Unabhängigkeit der Reaktion und des Organismus von schroffen Veränderungen der Umwelt, da er die Möglichkeit gibt, plötzliche Veränderungen ohne tiefgehende Störungen des Stoffwechsels zu ertragen, der für den entsprechenden Organismus charakteristisch ist. Alsdann ist es wichtig, hervorzuheben, daß nach effektivem Zusammenstoß der Moleküle die als Folge des Zusammenstoßes einsetzende Reaktion vollkommen den Gesetzen der Thermodynamik unterliegt.

KAPITEL VI

DIE INDIVIDUELLE ENTWICKLUNG UND DER STOFFWECHSEL BEI PFLANZEN

„Die Entwicklung hängt immer mit einer qualitativen Veränderung dessen zusammen, was sich entwickelt."

T. D. Lyssenko

Die individuelle Entwicklung der Pflanzen vom Saatkorn bis zum Saatkorn ist vom Gesichtspunkte der sich in ihnen in diesem Zeitabschnitt vollziehenden Stoffwechselprozesse vorläufig noch zu wenig und unzureichend erforscht. Das Problem wird auch dadurch komplizierter, daß bei den Pflanzen (Bäume, Sträucher und mehrjährige Pflanzen) die individuelle Entwicklung mit der Bildung des Samens und mit seiner Reifung nicht abschließt: ein und dieselbe Pflanze kann alljährlich Samen tragen und nur nach einer langen Zeit Anzeichen des Alterns und des Absterbens zeigen. Die Erscheinungen des Absterbens werden bei den Pflanzen anders als bei Tieren, besonders bei höheren Tieren zum Ausdruck gebracht, aber sie bestehen und müssen biochemisch charakterisiert werden. Außerdem stellt die Entwicklung keinen ununterbrochenen, qualitativ gleichartigen Prozeß dar, sondern geht durch bestimmte Stadien, die von T. D. Lyssenko gefunden und vom biochemischen Gesichtspunkte aus absolut noch nicht berührt waren.

Der ruhende reife Samen enthält gewöhnlich eine Reihe von Stoffen, die für jede Art von Pflanzen charakteristisch sind, aber eben für den Samen und nicht für die ausgewachsenen Pflanzen. In den Samen fehlen beispielsweise in der überwiegenden Mehrzahl der Fälle vollständig solche für die ausgewachsenen Pflanzen zweifellos unentbehrliche Stoffe wie das Chlorophyll und die Flavone. Stickstoffverbindungen sind in ihnen ausschließlich durch Eiweißstoffe vertreten. In großen Mengen kommen energetische Reservestoffe vor, die in den einen Samen zu den Ölen und in den anderen Samen zu verschiedenen Polyosen des Typs der Stärke oder der Hemizellulose gehören. Alle Lebensprozesse des ruhenden Samens sind unterdrückt. Die Aktivität der Fermente kommt gering zum Ausdruck, ihre thermischen Koeffizienten sind hoch und die Atmung ist kaum merkbar. Beim Keimen entsteht eine deutliche Veränderung des ganzen Bildes. Es steigt in erster Linie die Aktivität der Fermente an und gleichzeitig senkt sich der Wert der Wärmekoeffizienten der einzelnen Reaktionen, die von den Fermenten katalysiert werden. Es sei gestattet, einige Beispiele anzuführen.

Für ruhende Samen des Eibischs (*Hibiscus cannabinus*) wurden von A. W. Blagowestschenski (1919) gefunden, daß bei der Autolyse eines Gramms fein zerkleinerter Samen der Gehalt an Aminostickstoff sich in 24 Stunden von 2,8 mg auf 7,4 mg erhöhte und das Verhältnis an Gesamtstickstoff zum Aminostickstoff (Amino-Index) von 16,03 bis zu 6,07 verringerte. In zerriebenen dreitägigen Keimen dieser Pflanze veränderte sich bei denselben Versuchsbedingungen der Gehalt an Aminostickstoff von 5,05 mg auf 17,3 mg und der Amino-Index von 7,4 auf 4,55. Mit anderen Worten betrug die Aktivität der Autolyse für ruhende Eibischsamen in diesem Versuch 4,6 mg des Aminostickstoffes auf 1 g Trockensubstanz pro Tag, und für dreitägige Keime 11,35 mg.

Für die Katalaseaufspaltung des Wasserstoffsuperoxydes durch Präparate aus ruhenden und gekeimten Gurkensamen wurden von A. W. Blagowestschenski folgende Werte für die Fermentaktivität gefunden (ausgedrückt in Geschwindigkeitskonstanten k der Reaktion, die nach der monomolekularen Formel $k = \frac{1}{t} \ln \frac{a}{a-x}$ berechnet wurden) (Tabelle 57).

TABELLE 57 *Die Aktivität der Katalase bei keimenden Gurkensamen*

Alter der Keime	k
Ruhende Samen	0,000 064
Eintägige Keime	0,000 137
Zweitägige „	0,000 747
Dreitägige „	0,001 937
Siebentägige Keime . . .	0,004 538

Auf welche Weise diese Steigerung der Aktivität der Fermente während des Keimens der Samen vor sich geht, ob sie von ihrer Neubildung abhängt oder ob sie es nur ihrer Freilegung aus dem gebundenen Zustande verdankt? Eine gewisse Antwort auf diese Frage gibt folgender Versuch von A. W. Blagowestschenski. *Phaseolus aureus* und ihre Keime verschiedenen Alters wurden hinsichtlich der Aktivität der in ihnen enthaltenen katheptischen Peptidase studiert (Einwirkung auf Witte-Peptonlösung bei schwach saurer Reaktion).

In den ruhenden Samen von *Phaseolus aureus* tritt die Polypeptidase scheinbar nicht sofort in Wirkung, sondern allmählich, dadurch daß sie aus dem inaktiven Zustande befreit wird, da sie ihre Arbeit während des zweiten Tages fast ebenso energisch fortsetzt wie in den ersten 24 Stunden. In den Keimen sammelt sich während ihres Wachstums immer mehr und mehr aktives Ferment an, das auch gleich in großem Maße in Tätigkeit tritt und schon in den ersten 24 Stunden eine energische Zersetzung des Peptons hervorruft.

Der höchste Gehalt an aktiver Polypeptidase wird bei dreitägigen Keimen beobachtet, die ihre Arbeit der Zerstörung der Peptidbindungen in den ersten 24 Stunden vollendeten, wobei sie 65,8 mg Aminostickstoff ausschieden. Ausgewachsenere Keime beginnen allmählich die Menge an aktiver Polypeptidase zu verringern. Das endgültige Ergebnis (für zwei Tage) für alle Altersstufen

TABELLE 58 *Die Aktivität der katheptischen Peptidase in Phaseolus aureus-Keimen*

Alter der Keime	Veränderung (in mg des Aminostickstoffes)		
	1 Tag	2 Tag	in 2 Tagen
Ruhende Samen	39,8	36,2	76,0
Eintägige Keime	36,5	29,6	66,1
Zweitägige „	51,0	8,4	59,4
Dreitägige „	65,8	0,5	66,3
Viertägige „	43,5	14,4	57,9
Fünftägige „	35,7	19,6	55,3

ist ungefähr dasselbe, da bei vier- und fünftägigen Keimen die Polypeptidasemengen, die am zweiten Tage gebildet wurden, wieder anzusteigen beginnen.

In einigen Fällen ist der Stickstoff in den ruhenden Samen vorwiegend in Eiweißstoffen enthalten. In anderen Fällen kommen neben den Eiweißstoffen in großen oder geringeren Mengen Peptone und Aminosäuren vor. Der Amino-Index der Peptone ist natürlich höher als bei der Aminosäure. Es ist überaus interessant, daß in denjenigen Fällen, wo der Amino-Index niedrig ist, d. h. der Samen den Charakter eines bereits gekeimten Samens hat, die Energie der Autolyse, die in erster Linie mit der Aktivität der Proteinase im Einklang steht, gering ist. Diese Tatsache wurde von A. W. Blagowestschenski im

TABELLE 59 *Zusammenhang zwischen dem Amino-Index der ruhenden Samen und der Energie der ruhenden Samen*

Art	Amino-Index der Samen	Energie der Autolyse*)
Triticum vulgare	21,30	12,30
Brassica napus var. esculenta .	21,06	14,72
Habiscus cannabinus	16,03	9,06
Avena sativa	15,82	6,43
Sinapis alba	21,70	7,93
Vicia alba	12,40	7,06
Lupinus luteus	12,36	6,92
Phaseolus aureus	10,94	4,10
Lepidium sativum	10,20	5,69
Lens esculenta	9,20	3,40
Vicia costata	8,64	3,76
Phaseolus vulgaris	7,82	2,45
Hibiscus esculentus	7,18	4,90
Peganum harmala	5,00	0,90

*) in mg des Stickstoffes der freien Aminogruppen.

Jahre 1919 bei der Untersuchung von Pflanzensamen von 14 Arten festgestellt, bei der er zeigen konnte, daß die Energie der Autolyse den höchsten Wert bei Weizen und Steckrüben erreicht, die entsprechend einen Amino-Index von 21,3 und 21,0 haben, und bei *Peganum harmale* mit einer Amino-Indexzahl 5,0 bis zum niedrigsten Werte fällt. Hieraus kann man folgern, daß Samen mit einem großen Vorrat an beweglichen Stickstoffen, die reich an freien Aminogruppen oder vielmehr an niedrigmolekulären Peptiden und Aminosäuren sind, keine intensive Arbeit der aktiven Proteinasen benötigen. Dagegen, wo Stickstoffe vorwiegend in Form von Eiweiß vorkommen, dort wird Ferment in großer Menge angetroffen, das die Eiweißstoffe beim Keimen in leicht bewegliche Aminosäuren umwandelt.

Eine weitere Bestätigung für das Bestehen dieses Zusammenhanges wurde in der Untersuchung von A. W. Blagowestschenski und N. I. Sossjedow (1934) über die biochemischen Merkmale der weichen und der harten Weizenarten gefunden, wobei die genannten Forscher feststellten, daß die weichen Weizenarten, die über einen geringeren Amino-Index als die harten verfügen, auch eine geringere Energie der Autolyse zeigen (siehe Tabelle 60).

TABELLE 60 *Amino-Index und Energie der Autolyse bei den Weizenarten*

Sorte	Aminoindex		Energie der Autolyse	
Weicher Weizen				
Banatka 3137/III	13,0	19,3	14,5	1,60
„ A 3946	23,4		1,72	
„ C 3580	21,5		1,62	
Harter Weizen				
Bjeloturka 5333	25,3	28,5	2,05	2,26
„ 5331	27,3		1,78	
„ 299/II	30,0		2,96	

Die Veränderungen der Wärmekoeffizienten der proteolytischen Prozesse beim Keimen der Samen wurden leider bis jetzt nicht erforscht, dafür aber wurden ähnliche Veränderungen bei anderen Fermentprozessen gefunden. So fand beispielsweise K. I. Startschizki (1938) für die Sacharaseaufspaltung des Zuckerrohrs durch Fermentpräparate aus keimenden Gurkensamen folgende Werte für den Van't-Hoffschen Koeffizienten: Für fünftägige Keime $Q_{10} = 1{,}95$, für neuntägige — 1,82 und für sechzehntägige — 1,59. Leider wurde vom Autor der entsprechende Q_{10}-Wert für ruhende Samen nicht bestimmt.

Für die Katalasespaltung des Wasserstoffsuperoxyds durch Fermentpräparate aus ruhendem Samen und aus Keimen verschiedener Altersstufen der Gurke wurde von A. W. Blagowestschenski festgestellt, daß die thermischen Koeffizienten dieses Prozesses für ruhende Samen und für eintägige Keime bei einer geringen Aktivität des Fermentes sehr groß sind.

TABELLE 61 *Die Aktivität der Katalase* $k = \frac{1}{t} \ln \frac{a}{a-x}$ *und die thermischen Koeffizienten Q und μ der Katalaseaufspaltung von Wasserstoffsuperoxyd durch ruhende Samen und Keime der Gurke*

Alter der Keime	Aktivität der Katalase		Wärmekoeffizienten	
	15°	25°	Q_{10}	μ, g-Kal
Ruhende Samen . . .	0,000 064	0,000 338	5,28	28 400
Eintägige Keime . .	0,000 137	0,000 403	3,00	18 700
Zweitägige „ . .	0,000 747	0,001 362	1,82	10 200
Dreitägige „ . .	0,001 937	0,003 740	1,93	11 200
Siebentägige Keime .	0,004 538	0,007 767	1,71	9 200

Interessante Daten über die Veränderung der Wärmekoeffizienten der Katalasespaltung des Wasserstoffsuperoxyds durch Präparate aus keimenden Samen von *Phaseolus aureus* wurden von L. G. Kornijewskaja in Blagowestschenskis Laboratorium erhalten. Bei ruhenden Samen betrug der Q_{10}-Wert im Temperaturabschnitt von 15—25° 1,80 und der Wert μ entsprechend 10 000 g-Kal. Beim Aufquellen steigen beide Koeffizienten rasch an: $Q_{10} = 3{,}50$ und $\mu = 21\,300$ g-Kal. Alsdann fallen beim Keimen in der Dunkelheit die Werte Q_{10} und μ, danach erfolgt wieder ein neues Keimen.

TABELLE 62 *Der Einfluß des Alters der Keime von Phaseolus aureus auf die Eigenschaften der Katalase*

Alter der Keime	Q_{10}	μ, g-Kal
Eintägige . . .	3,18	19 700
Zweitägige . .	2,38	14 800
Dreitägige . .	1,80	10 000
Viertägige . .	1,19	3 000
Fünftägige . .	1,61	8 100
Sechstägige . .	1,83	10 300
Siebentägige. .	2,40	15 000
Achttägige . .	1,90	18 100

Ähnliche Daten erhielt L. G. Kornijewskaja auch für in der Dunkelheit keimende Weizensamen.

Diese Daten bringen eine wesentliche Veränderung in die Auffassung über die hohen Werte Q_{10} und μ, die charakteristisch sind für die Fermente ruhender Samen. Es stellt sich heraus, daß die Katalase trockener ruhender Samen verhältnismäßig niedrige Werte für die Wärmekoeffizienten annimmt, bei gequollenen Samen aber und bei eintägigen Keimen steigt der Wert Q_{10} und μ

TABELLE 63 *Einfluß des Alters von äthylierten Keimen von Triticum vulgare auf die Eigenschaft der Katalase*

Alter der Keime	Q_{10}	μ, g-Kal
Ruhende Samen . .	1,9	10 900
Gequollene Samen . .	4,2	24 400
Eintägige Keime . .	4,1	24 000
Zweitägige „ . .	1,5	6 900
Dreitägige „ . .	1,4	5 700
Viertägige „ . .	1,7	9 000
Fünftägige „ . .	1,9	10 900
Sechstägige „ . .	2,2	13 400

deutlich an. Der erneute Anstieg dieser Werte zum Schluß des Versuches hängt anscheinend mit den Bedingungen des Versuches zusammen (Ankeimen in Petrischalen auf Filtrierpapier in der Dunkelheit), bei denen der Organismus infolge des Fehlens einer Photosynthese und einer Erschöpfung an Reservestoffen rasch ungünstige Einwirkungen durch Selbstvergiftung durch Stoffwechselprodukte angesetzt ist. Unter diesen Bedingungen altern die Keime gewissermaßen beschleunigt und die Wärmekoeffizienten ihrer Fermentreaktionen nehmen Größen an, die einer normalen Entwicklung nur im hohen Alter in Erscheinung treten.

Es ist interessant, daß ein ähnlicher Verlauf der Wärmekoeffizienten für eine Katalase-Aufspaltung des Wasserstoffsuperoxyds je nach dem Alter des das Ferment erzeugenden Organismus von G. A. Zepkowa (1945) für das Myzel von *Aspergillus flavus* bei seinem Anbau im Gemisch Rolens gefunden wurde. Wie die Daten von G. A. Zepkowa zeigen, bildet das junge Myzel ein Ferment mit verhältnismäßig hohen Werten von Q_{10} und μ. Alsdann fallen diese Werte und steigen je nach dem Altern der Kultur wiederum an.

TABELLE 64 *Die Aktivität und die Wärmekoeffizienten der Katalase von Aspergillus flavus*

Alter des Myzels, Tage	Aktivität der Katalase		Wärmekoeffizienten	
	k_{15}	k_{25}	Q_{10}	μ, g-Kal
3	0,000 873	0,003 238	3,71	22 300
5	0,004 087	0,008 995	2,20	13 400
7	0,005 048	0,009 746	1,93	11 200
15	0,004 497	0,008 378	1,86	10 600
18	0,004 370	0,009 589	2,11	12 300
18	0,002 585	0,005 273	2,04	

Altersgemäße Veränderungen der Wärmekoeffizienten der Katalasespaltung des Wasserstoffsuperoxyds wurden für verschiedene Blütenpflanzen, aber nicht in Petrischalen, sondern unter den Bedingungen des natürlichen Wachstums in sehr interessanten Versuchen von O. A. Semichatowa erforscht, die im Auftrage von A. W. Blagowestschenski durchgeführt wurden. Die Aussaat verschiedener Pflanzen wurde im Bereich der biologischen Station der Tadshikischen Zweigstelle der Akademie der Wissenschaften an der Tschetschekta-Grenze im Pamir in einer Höhe von 3860 m über dem Meeresspiegel vollzogen. Es wurden verschiedene Pflanzen, sowohl örtliche aus dem Pamir, wie auch aus anderen Ländern ausgeführte Pflanzen ausgesät. Die Untersuchung der Katalase in den Sommerperioden der Jahre 1942 und 1943 wurde auf die Weise durchgeführt, daß von Pflanzen verschiedenen Alters (verschiedener Aussaatjahre) an ein und demselben Tage unter gleichen Bedingungen Blätter entnommen wurden und die Aktivität der Katalase bei 15 und 25° bestimmt wurde.

Für die charakteristische Pamirpflanze *Eurotia ceratoides (L) S. A. M.*, eines niedrigen Gestrüpps, das alljährlich seine Jahrestriebe fast von der Erdoberfläche an verliert, wurden folgende Werte gewonnen:

TABELLE 65 *Die Aktivität und Eigenschaft der Katalase bei Eurotia ceratoides*

Aussaatjahr	$k_{15} \cdot 10^4$	$k_{25} \cdot 10^4$	Q_{10}	μ, g-Kal
1937	21,81	24,48	1,12	1900
1940	21,81	27,38	1,25	3800
1941	21,81	30,49	1,39	5600

Ähnliche Ergebnisse wurden auch für *Puccinella Hackelliana* erhalten.

TABELLE 66 *Die Aktivität und Eigenschaft der Katalase bei Puccinella Hackelliana*

Aussaatjahr	$k_{10} \cdot 10^4$	$k_{15} \cdot 10^4$	Q_{10}	μ, g-Kal
1941	12,00	13,86	1,16	2600
1942	12,86	13,86	1,47	6600
1942	10,22	18,17	1,77	9800

Somit sind bei älteren (zeitiger ausgesäten) Pflanzen die Wärmekoeffizienten niedriger als bei jüngeren Pflanzen (die im Ergebnis der Einwirkung des Klimas im Pamir noch keinen Veränderungen unterlagen). Bei der amerikanischen Quecke gibt es keine derartig große Veränderung der Wärmekoeffizienten mit dem Alter, man kann nur einen höheren Wert der Koeffizienten bei den allerjüngsten Pflanzen hervorheben, wie es aus der Tabelle 67 zu ersehen ist.

Schließlich wurde bei *Bromus inermis Leyss* gerade das Gegenteil der Beobachtungen bei *Eurotia ceratoides* gefunden, und zwar:

TABELLE 67 *Die Aktivität und Qualität der Katalase bei der Quecke*

Aussaatjahr	$k_{16,5} \cdot 10^4$	$k_{26,5} \cdot 10^4$	Q_{10}	μ in g-Kal
1938	12,86	14,88	1,15	2400
1939	13,25	15,09	1,14	2200
1940	19,86	16,05	1,17	2600
1941	14,06	16,15	1,15	2400
1942	15,30	18,63	1,22	3400

TABELLE 68 *Die Aktivität und Qualität der Katalase bei Bromus inermis*

Aussaatjahr	$k_{16} \cdot 10^4$	$k_{26} \cdot 10^4$	Q_{10}	μ in g-Kal
1936	12,18	1 ,94	1,31	4600
1939	15,94	18,17	1,14	2200

Man muß annehmen, daß dieser Gegensatz der Daten bei den einzelnen Pflanzen damit zusammenhängt, daß die Veränderungen der Werte der Aktivität der Katalase und ihrer Wärmekoeffizienten durch die Herkunft der untersuchten Pflanzen und durch die Einwirkung des strengen Klimas des Pamir bedingt sind, das diese Veränderungen bei den Pflanzen verschiedener Natur mit unterschiedlicher Intensität erzeugte.

Im Laufe der Vegetationsperiode bleiben die Aktivität und die Eigenschaft der Katalase nicht stabil, wie es die Daten von O. A. Semichatowa zeigen, die sie im Pamir erhielt und die in Tabelle 69 angeführt werden.

Wenn man auch keine Schlußfolgerungen aus diesem Material zieht, das natürlich einer Wiederholung und Ergänzung unter einer strengeren Einhaltung sowohl gleichmäßiger Temperatur, als auch der Vergleichbarkeit hinsichtlich des Stadiums der Entwicklung und des Alters der Pflanzenteile bedarf, sei hinzugefügt, daß die Beobachtungen von A. W. Blagowestschenski, die an alten und jungen Blättern beispielsweise des Chinabaumes (*Chinchona succirubra*) durchgeführt wurden, zeigen, daß die Werte Q_{10} und μ bei alten Blättern höher als bei jungen Blättern sind. Somit liegt die Veränderung der Qualität der Fermente im Laufe der individuellen Entwicklung der Pflanzen anscheinend außerhalb jeden Zweifels. Die Qualität der Fermente muß aber unumgänglich auch den Charakter der von den Fermenten katalysierten Reaktionen und folglich den gesamten Stoffwechsel widerspiegeln.

Zu den endothermen Stoffwechselreaktionen bei den Pflanzen gehört vor allem die Synthese der Peptidbindungen, die ungefähr 6000 g-Kal für jede Verbindung erfordert: Die Synthese des Eiweißmoleküls erfordert folglich mit ihren Hunderten von Peptidbindungen riesige Mengen an Energie. Eine der

TABELLE 69 *Die Veränderungen der Wärmekoeffizienten der Katalase bei hochalpinen Pflanzen während einer Vegetationsperiode*

Art	Untersuchungsperiode	Temperatur °C	$k_t \cdot 10^4$	$k_{t+10} \cdot 10^4$	Q_{10}	μ, g-Kal
Christolea pamirica Korsh	Knospenbildung	11—21	1,39	3,05	2,19	13 000
	Blütezeit	17—27	4,75	7,97	1,67	8 900
	Samenreife	15—25	3,90	5,29	1,33	4 900
Zygophyllum obliquum	Knospenbildung	11—21	5,18	10,58	2,04	11 800
	Blütezeit	17—27	0,84	9,57	1,98	11 800
	Samenreife	15—25	2,28	3,97	1,73	9 300
Clematis tangutica (Maxim) Korsh	Vegetationsbeginn	11—21	3,30	5,20	1,57	7 500
	Blütezeit	17—27	6,44	7,57	1,20	3 200
	Samenreife	17—27	10,40	12,56	1,24	3 700
Oxytropis chiliophylla Royle	Beginn der Blüte	15—25	13,45	18,16	1,35	5 100
	Samenreife	16—26	14,88	17,94	1,20	3 100
Solenanthus kokanicus Rgl.	Knospenbildung	15—25	5,65	7,85	1,77	9 800
	Blütezeit	17—27	18,16	21,81	1,20	3 200
	Reifezeit	17—27	14,07	20,06	1,43	6 200
Artemisia macrocephala Jacquem	Knospenbildung	16—26	6,78	9,48	1,39	5 700
	Blütezeit	17—27	6,62	8,28	1,25	3 900
	Reifezeit	15—25	6,95	10,57	1,52	7 300
Eurotia ceratoides (L.) S. A. M.	Beginn der Vegetation	11—21	23,38	27,38	1,17	2 600
	Reifezeit	16—26	18,40	21,30	1,16	2 600
Bromus inermis Leyss.	Schossen Ähren-	15—25	8,28	10,95	1,32	4 800
	schieben	17—27	10,04	14,88	1,44	6 300
	Ährenbildung	17—27	14,88	21,88	1,46	6 500

Bedingungen, welche diese Synthese begünstigen, ist eine möglichst große Senkung der Aktivierungsenergie, die ein Maximum an effektiven Zusammenstößen bedingt und von hochqualitativen proteolytischen Fermenten, natürlich beim unbedingten Vorhandensein der die Energie liefernden Oxydoreduktionen erzeugt wird. Dort aber, wo zur Aktivierung der Moleküle bei geringer Qualität der Fermente ein großer Zustrom an äußerer Energie erforderlich ist, entstehen Bedingungen, welche die selbsttätig verlaufenden Reaktionen begünstigen. Unter diesen Bedingungen muß man erwarten, daß beispielsweise

Lysin eher unter Bildung eines heterozyklischen Pyridins einen Ring als eine Peptidbindung mit einer anderen Aminosäure bildet. Bei einem niedrigen energetischen Zustand müssen verschiedene zyklische Verbindungen des Typs der Alkaloide, der zyklischen Terpene usw. entstehen. Man kann annehmen, daß je nach dem Altern der Pflanze und entsprechend der Senkung ihres Energiegehalts, ihre Fähigkeit, derartige Verbindungen zu bilden, vergrößert wird. Die unten angeführten analytischen Daten verschiedener Autoren erbringen in dieser Hinsicht genügend Beweise.

Die Ringbildung der Aminosäuren unter Bildung von Alkaloiden, die sich je nach dem Alter der Pflanze immer mehr häuft, kann an dem Prozeß der Aufspeicherung des Nikotins beim Tabak gut verfolgt werden. BLAU stellte bereits 1884 fest, daß je nach dem Alter der Tabakspflanze das Tempo ihrer Nikotinbildung sich vergrößert und, was besonders interessant ist, der höchste Alkaloidgehalt wurde in den oberen Blättern gefunden, die physiologisch gesehen einer älteren Pflanze gehörten. K. KREWS (1916) fand 0,53% Nikotin in jungen Keimen des Tabaks. Nach dem Umpflanzen stieg diese Menge bis zu 1,12% an und erreichte in der ausgewachsenen Pflanze 2,16% und sogar 2,54%. Besonders bezeichnend sind die Daten von KREWS, der den Stickstoff des Nikotins in Anteilen des gesamten Stickstoffes ausdrückte. Es stellte sich heraus, daß der Anteil an Nikotinstickstoff ununterbrochen ansteigt. Bei jungen Keimen des Tabaks betrug der Stickstoffanteil 2,8%, beim Umpflanzen 2,9%, bei jungen Blättern 3,7% und bei älteren Blättern 4,9%, 9,0% und 14,9%. Ähnliche Ergebnisse erhielt auch A. I. SMIRNOW (1926), der folgende Werte für Nikotinstickstoff und für Eiweißstickstoff (in % des gesamten Stickstoffes) mitteilte (Tabelle 70.):

TABELLE 70 *Formen des Stickstoffes in den Tabakblättern während verschiedener Vegetationsperioden*

Datum der Probeentnahme	Nikotinstickstoff	Eiweißstickstoff
30. VI.	1,8	66,5
28. VII.	3,9	61,9
28. VIII.	4.7	54,9

Für andere Alkaloide gibt es ähnliche Untersuchungen. Es wurde gefunden, daß bei der Entwicklung des *Lupinus albus* der Alkaloidgehalt wächst, beginnend von dem geringsten Wert in zweiwöchentlichen Keimen an schließlich zum höchsten Wert in einer 14 Wochen alten Pflanze, danach wieder ein Absinken. Eine eingehendere Untersuchung, die mit *Lupinus mutabilis* durchgeführt wurde, ergab ein Bild des Alkaloidgehalts (in Milligrammen auf 100 Gramm Trockensubstanz bei einem ursprünglichen Gehalt von 6,1 mg in den Samen), das in der Tabelle 72 dargelegt ist.

TABELLE 71 *Der Alkaloidgehalt beim Keimen der Lupinensamen*

Alter	Alkaloidgehalt g
100 Samen der Ausgangsstellung	0,106
100 Keime nach 2 Wochen	0,086
100 „ 4 „	0,150
100 „ 14½ „	0,800
100 „ 17½ „	0,680

TABELLE 72 *Die Verteilung der Alkaloide in den verschiedenen Organen der Lupine*

Alter	Die ganze Pflanze	Blätter	Stengel	Wurzel	Blüte	Hülsen
45 Tage	10,0	6,0	3,0	1,0	—	—
Volle Blüte . .	84,25	20,25	40,0	13,00	11,00	
Fruchttragend .	85,30	12,20	44,00	13,00	4,10	12,00

Eine gleiche Vermehrung des gesamten Gehaltes an Alkaloiden wurde bei *Strychnos nux vomica* gefunden, wo bei einem großen Alkaloidgehalt in den Samen (4,5—5,34%) nach Angaben verschiedener Autoren der Alkaloidgehalt in den vegetativen Teilen bis zu 6,7—7,4% erreichte. CLOTRIO zeigte schon längst, daß bei den Pflanzen des Stechapfels nach Entfernung der Atropin enthaltenden Hülle das Alkaloid wiederum beim Keimen auftritt und seine Menge beständig im Verlauf des ganzen Wachstums der Pflanze steigt. Die Forschungen von SCHULZE und WINTERSTEIN über das Keimen der Samen der Rizinusstaude zeigten, daß der Alkaloidgehalt in äthylierten Pflanzen 15mal und in den grünen Pflanzen 20mal größer als in den Samen ist. CERBOCHE fand nur Spuren von Narkotin in nicht gekeimten Samen von Opium enthaltendem Mohn, aber bereits in den ersten Stadien des Keimens konnte man in den Pflanzen, die nur eine Länge von 5—7 cm erreicht hatten, Narkotin, Codein, Morphin und Papaverin feststellen. Am interessantesten sind die Daten für den Chinabaum. In seinen Samen sind nach MAINCE keine Alkaloide enthalten. Nach VAN-LEERSUM enthalten die Samen von *Cinchona Ledgeriana* Alkaloide, aber in einer sehr beschränkten Menge von insgesamt 0,38%. In den Blättern wächst der Gehalt bis zu 0,62—1,31% an und in der Rinde wird die Alkaloidmenge, beginnend mit den jüngeren Teilen, durch folgende Zahlen (in %) ausgedrückt: 4,49, 5,89, 6,38, 7,01, 7,55, 7,23.

Aber ähnliche Erscheinungen werden auch für andere Produkte des spezifischen Austausches beobachtet, beispielsweise verändert sich der Kampfergehalt im ätherischen Öl von *Ocimum canum* folgenderweise (Tabelle 73):

TABELLE 73 *Der Kampfergehalt bei Basilica abhängig vom Alter* (in %)

Datum	Ganze Pflanze	Blätter	Blütenstand
21. VIII.	47,90	58,24	59,30
23. IX.	49,19	59,09	53,01
23. X.	73,70	85,51	64,73

Als eine erwiesene Tatsache muß man auch die Ansammlung des Kautschuks in den Pflanzen als abhängig von ihrer individuellen Entwicklung ansehen. SPENCE (1936) verfolgte den Kautschukgehalt von *Parthenium argentatum* im Laufe von zwei Jahren und erhielt die Daten, die in der Tabelle 74 angeführt sind.

TABELLE 74 *Kautschukgehalt bei Parthenium argentatum*

Monat der Ernte	Durchschnitts-gewicht einer Pflanze in g	% des Kautschuks aufs Trockengewicht	Kautschuk-menge in g pro Pflanze
März . . .	426	11,6	49,7
Juni. . . .	465	10,7	49,9
September .	518	11,4	58,1
Dezember .	546	12,1	65,3
Januar . .	578	12,6	
März . . .	518	11,8	61,0
Mai . . .	574	9,9	56,8
Juli	598	11,2	67,0
Oktober . .	627	12,6	79,0
Januar . .	612	13,8	84,5
März . . .	625	14,0	87,5

Hier ist eine Vergrößerung der Geschwindigkeit der Kautschukbildung je nach dem Alter von *Parthenium argentatum* deutlich zu bemerken: auf einem niedrigeren Energiezustande der Pflanze tritt dieser Prozeß des spezifischen Austausches bedeutend stärker in Erscheinung.

Entsprechende Daten über eine Kautschukanhäufung je nach dem Alter der Pflanze wurden auch für andere Kautschukträger erhalten: für *Scorzonera tau-saghyz* von W. F. LEISLE, *Taraxacum koksaghyz* B. N. KOJALOWITSCH, *Taraxacum gymnanthum* von S. M. MILOWIDOW und für verschiedene *Solidago*-Arten von F. M. DIEMENSTEIN. In der neuesten Monographie von A. A. PROKOWJEW wird in einer allgemeinen Schlußfolgerung aus allen Untersuchungen über die Kautschukbildung in den Pflanzen behauptet, daß

„in den jungen Geweben eine Synthese der niedrigmolekulären Reduktionsverbindungen vorherrscht. Das Altern der Gewebe verstärkt die Kautschuksynthese und vermindert die Synthese niedrigmolekulärer Terpene" (1948, Seite 276).

A. KURSSANOW und N. KRJUKOWA (1941) zeigten durch Untersuchung der altersmäßigen Veränderungen der Gerbstoffe in den Blättern des Tees, der Weide und der Heidelbeere, daß beim Altern der Blätter der Bildungsprozeß von Polyphenolen, d. h. des ersten Gliedes der Kette der Umwandlung von Gerbstoffen, merklich abgeschwächt wird, während dessen die synthetischen Prozesse ziemlich energisch bleiben. Die Veränderungen der Gesamtmenge der unlöslichen Formen der Gerbstoffe sind in der Tabelle 75 gezeigt.

TABELLE 75 *Die Gerbstoffe der Teeblätter je nach dem Alter*

Alter der Blätter	Insgesamt an Gerbstoffen (in mg auf 10 Blätter)	Summe der unlöslichen Formen (in mg auf 10 Blätter)	Unlösliche Form (in % des Gesamtgehaltes an Gerbstoffen)
Junge (8—10 Tage)	28,2	1,2	4,2
Ausgewachsene (30—40) Tage. .	159,5	24,7	15,5
Alte (8—10 Monate)	177,7	50,5	28,4

Somit ist auch bei den Gerbstoffen das Altern durch eine Ansammlung von Produkten sekundären Charakters mit einem höheren Molekulargewicht als bei den ursprünglich im Organismus der Pflanze vorhandenen charakterisiert.

Nach Versuchen von T. W. WOBLOKOWA (1941) fällt mit dem Alter der Pflanze schroff die Intensität sowohl der Photosynthese, als auch der Atmung ab. Beobachtungen wurden unter den Voraussetzungen einer Lichtkultur mit Spinat (*Basella rubra*) durchgeführt, der bei einer Belichtung von 5000 Lux und bei 19—25° großgezogen wurde. Die kurze Vegetationszeit des Spinats ermöglichte es, ein vollkommen deutliches Bild vom Abfallen der Intensität beider Prozesse beim Altern der Pflanze zu erhalten (Tabelle 76).

TABELLE 76 *Die altersmäßigen Veränderungen der Intensität der Photosynthese beim Spinat.*

Datum	t° in der Kammer	CO_2 in der Luft %	Fläche des Blattes cm^2	Durchschnittliche Intensitäten mg CO_2/Std./dm^2: Photosynthese	Durchschnittliche Intensitäten mg CO_2/Std./dm^2: Atmung	Photosynthese mit Korrektur für die Atmung
27. IV.	19,5	0,044	52,0	—	1,301	—
28. IV.	20,7	0,044	52,0	0,945	—	2,246
10. V.	23,0	0,036	124,8	0,549	—	—
11. V.	20,0	0,037	124,8	—	0,309	0,858
14. V.	22,0	0,038	124,8	—	0,123	—
15. V.	24,6	0,038	124,8	0,062	—	0,061

Noch früher wurde das Abfallen der Energie der Photosynthese während der Vegetationszeit von S. P. Kostytschew und W. A. Berg (1930) bemerkt. Ihre Daten über die tägliche Photosynthese in CO_2 pro dm², sind in Tabelle 77 angeführt.

Die vermehrte Alkaloidbildung beim Altern, die Vergrößerung der relativen Rolle der zyklischen Terpene im ätherischen Öl bei denselben Bedingungen und die Kautschukbildung, alle diese Prozesse stehen somit in einer völligen Übereinstimmung mit unserer Behauptung, daß ein Absinken der Qualität der

TABELLE 77 *Tägliche Photosynthese je nach dem Alter der Pflanzen*

Art der Pflanze	Datum der Beobachtung	Photosynthese (mg CO_2 dm²)
Trifolium repens	29. V	144,4
	1. VI	144,7
	21. VI	92,4
	24. VII	41,6
	13. VIII	53,7, 51,2
Tamus communis	16. VI	125,56
	18. VI	108,3
	19. VII	66,22, 23,92
	2. VIII	56,8, 31,64

Fermente sich im Laufe der individuellen Entwicklung der Pflanze darin widerspiegelt, daß an Stelle der große Mengen an Energie erfordernden endothermen Synthesen der Eiweißstoffe die exothermen Prozesse der Ringbildung und Polymerisierung eine immer größere Bedeutung erlangen. Eine Anhäufung von Alkaloiden, zyklischen Terpenen, von Kautschuk, Guttapercha, die zu gleicher Zeit mit einem Absinken der Qualität der Fermente und einem Ansteigen der thermischen Koeffizienten der Fermentreaktionen vor sich geht, ist ein charakteristisches Merkmal des Alterns der Pflanzen.

In früheren Arbeiten hat A. W. Blagowestschenski darauf hingewiesen, daß ein Absinken der Qualität der Fermente und die damit untrennbar verbundene Verringerung des energetischen Standes beim Altern nicht auf Pflanzen beschränkt, sondern auch für die Tierwelt charakteristisch ist. Es sei an die Daten von A. W. Wadowa und von A. S. Konikowa für proteolytische Muskelfermente der Meerschweinchen erinnert, die ein offensichtliches Anwachsen der Werte des Koeffizienten μ von Arrhenius von 1000—2200 g-Kal für neugeborene Tiere, 3200—4600 g-Kal für ausgewachsene auf 8000—17000 g-Kal für alte Meerschweinchen zeigen. Ebenso deutlich sind die Zahlen für die Katalase des Blutes mit μ = 1400—2400 g-Kal, bei sehr jungen, 3600 g-Kal bei jungen und 6300 g-Kal bei ausgewachsenen Meerschweinchen. Alsdann sei darauf hingewiesen, daß N. W. Jeljzina für die Katalase der Planarie *Dendrocoelum lactum* eine direkte Abhängigkeit zwischen dem Gewicht der Planarien und den μ-Werten fand. Da die Gewichtsveränderungen bei sich normal entwickelnden Planarien proportional zum Alter sind, ist es klar, daß beim Altern der Planarien die thermischen Koeffizienten der Katalasespaltung von H_2O_2 anwachsen, was aus der Tabelle 78 zu ersehen ist.

Sehr interessante Untersuchungen wurden in letzter Zeit von I. N. BULANKIN und von M. A. BLJUMINA (1947) durchgeführt, die die altersmäßigen Veränderungen des Gewebeeiweißes und der Proteinasen im tierischen Organismus studierten und zeigten, daß die Zusammensetzung der Gewebsproteine verschiedenen Alters an Aminosäuren konstant ist. Gleichzeitig wurde von ihnen

TABELLE 78 *Die Veränderung der Eigenschaft der Katalase nach dem Alter der Planarien*

Das durchschnittliche Gewicht von einem Planarium in mg	Q_{10}	μ in g-Kal
10,0	1,19	2700
30,5	1,37	4800
55,4	1,56	6800

gezeigt, daß die Wärmekoeffizienten für die Aufspaltung der Gewebeeiweißstoffe durch Pepsin und Trypsin mit dem Alter der weißen Ratten, aus deren Gewebe die Eiweißstoffe stammen anwachsen. Auf gleiche Weise wachsen je nach dem Alter der Ratten auch die Wärmekoeffizienten des Kathepsins der Leber an.

TABELLE 79 *Die Eigenschaft der proteolytischen Fermente je nach Alter*

Objekt A Alter	Protein der Leber (Wirkung des Trypsins)		Objekt B Alter	Kathepsin der Leber (Wirkung auf Gelatine)	
	Q_{10}	μ in g-Kal		Q_{10}	μ, g-Kal
15 Tage bis 1 Monat	1,18	3155	15 Tage bis 1 Monat	1,17	2293
6 Monate	1,28	4700	6 Monate	1,26	4400
2 Jahre	1,45	7087	2 Jahre	1,42	6686

Auf Grund der angeführten Tatsachen kann man die einzige Schlußfolgerung ziehen, daß bei der individuellen Entwicklung des Organismus die Wärmekoeffizienten der Fermentreaktionen mit dem Alter ansteigen, der energetische Stand des Organismus sinkt und die exothermen Reaktionen, die zur Anhäufung von stabilen Produkten des spezifischen Austausches führen, eine immer größere Bedeutung erhalten.

Das Studium der Biochemie der individuellen Entwicklung der Pflanzen, das an den Tag bringt, daß die allergünstigsten Bedingungen für die Eiweißsynthese im jugendlichen Alter, in der Periode des allerhöchsten energetischen Standes, vorliegen, erklärt auch, warum gerade in diesen Zeitabschnitten die Pflanze über die allergrößten Möglichkeiten verfügt, sich zu verändern und die Grundlage für neue Formen zu liefern. Tatsächlich wird die Spezifität des Organismus und seine Zugehörigkeit zu dieser oder jener systematischen Einheit und Art bedingt durch die Eigenschaften seiner erblichen Grundlage und seines Protoplasmas, durch Eigenschaften, welche das Protoplasma der Eiweißstoffe bilden. Bedingungen, die durch einen hohen energetischen Stand charakterisiert sind, schaffen (bei der Einwirkung der Faktoren der äußeren Umgebung) die Möglichkeit zu Veränderungen innerhalb der Eiweißmoleküle durch Eintritt dieser oder jener Aminosäuren in anderer quantitativer Zusammensetzung oder sogar mittels einer einfachen Veränderung der Stellung der einzelnen Aminosäuren zueinander. Eine jegliche derartige Veränderung ist mit einer Veränderung der Energetik des Eiweißmoleküls und mit einer Veränderung des Verhaltens dieses Moleküls im Stoffwechsel verbunden und dieses muß sich in allen Eigenschaften der Pflanze, darunter auch in den morphologischen Merkmalen widerspiegeln und folglich zur Bildung neuer Formen führen. Hier entstehen für die vergleichende Biochemie weite Perspektiven zum Studium möglicher Einwirkungen auf diesen Prozeß durch Faktoren, sowohl der inneren, als auch der äußeren Natur und vor allem zum Studium des Zusammenhanges des energetischen Standes mit der Entwicklungsstufe der Pflanze, da man erwarten muß, daß für die Bestimmung des Entwicklungsstandes die Höhe des energetischen Standes der aktiven Eiweißstoffe des Plasmas und des Plasmas insgesamt eine überaus große Bedeutung hat.

KAPITEL VII

DIE BIOCHEMIE DER ANPASSUNG UND DER VERBREITUNG

Im Verlaufe seiner ganzen geschichtlichen Entwicklung paßt sich jeder pflanzliche Organismus an die ihn umgebende Umwelt an. Diese Anpassung bedingt seine Verbreitung, die neben der Erblichkeit und ihrer Veränderlichkeit den Grundfaktor der natürlichen Auswahl bildet. Der Zusammenhang der Verbreitung mit dem Stoffwechsel kann einen verschiedenen Charakter haben. Es besteht beispielsweise absolut kein Zweifel, daß die sich im Stoffwechselprozeß bei einer Reihe von Pflanzen bildenden Gifte (Alkaloide, Saponine) verhindern, daß Tiere sie fressen, und damit ihre Verbreitung sichern. Es genügt auf Pflanzen hinzuweisen wie den Stechapfel, das Bilsenkraut, die Akoniten, die Nieswurz und die Ranunkeln, die von dem Vieh auf den Weiden peinlich umgangen werden. Hierzu muß man auch die Bildung von Phytonoziden (B. P. Tokin, 1948) durch einzelne Pflanzen und von Antibiotika (Schemjakin und Chochlow, 1949) zählen, die es diesen Pflanzen ermöglichen, sich gegen Pilzerkrankungen und gegen bakterielle Erkrankungen und sogar gegen Schädlinge aus der Insektenwelt zu verteidigen. Viele derartiger Stoffe sind mehr oder weniger gut erforscht. Derartige Stoffe sind beispielsweise das zur Pyrethrumgruppe gehörende Pyrethrolon und das Zinerolon, die von *Chrysanthemum cinerariaefolium* gebildet werden und eine verhältnismäßig einfache Struktur haben, die auf die Ursache ihrer Aktivität ein Licht wirft:

$$\underbrace{OCCH(OH)CH_2C(CH_3)=C}CH_2CH=CHCH=CH_2$$

Pyrethrolon

$$\underbrace{OCCH(OH)CH_2C(CH_3)=C}CH_2CH=CHCH_3$$

Zinerolon

Diese beiden Stoffe zeigen eine hohe Insektizidität wegen des Vorhandenseins von Doppelbindungen in den Seitenketten, die ihre chemische Reaktion bedingen. Bedeutend komplizierter sind in der Struktur die Insektizide, die in den Wurzeln verschiedener Arten der Gattungen *Derris*, *Lonchocarpus*, *Tephrosia*, *Milletia* u. a. vorkommen. Ihre Wirkung hängt mit dem Vorhandensein der eigenartigen Gruppierung des Rutenons zusammen (siehe folgende Formel S. 155).

Im Gegensatz zu Pyrethrin beeinflußt die Beseitigung der Doppelbindung aus der Seitenkette des Rutenons die Giftigkeit der Pflanze kaum.

Im Knoblauch (*Allium sativum*) ist ein bakterizider Stoff mit der Zusammensetzung $C_6H_{10}OS_2(C_3H_5SOSC_3H_5)$ enthalten, der auch für Wirbeltiere giftig ist

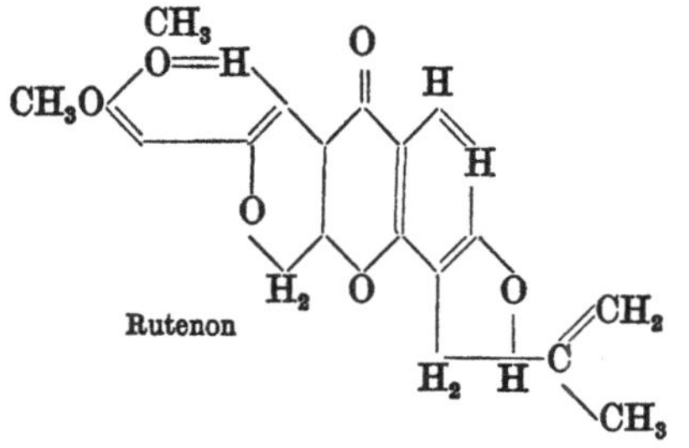

Rutenon

(tödliche Dosis für Mäuse bei innerer Gabe 60 mg/kg Lebendgewicht). Aus der *Anemone pulsatilla* wurde das gegen Bakterien aktive Protoanemonin erhalten:

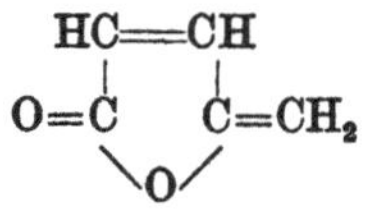

Protoanemonin

Besonders gut erforscht sind verschiedene Antibiotika, die von Pilzen der Gattungen *Penicillium*, *Aspergillus* und *Actinomyces* gebildet werden. Ihre Bedeutung im Daseinskampf der Pilze mit verschiedenen Bakterien ist allgemein bekannt. Daher braucht man bei diesen Antibiotika nicht zu verweilen, mit Ausnahme eines Falles, bei *Penicillium notatum* und bei *Penicillium resticulosum*, da das Antibioticum dieser Pilze, das als Notatin bezeichnet wird, sich als ein Ferment erwies, das bei Anwesenheit von Sauerstoff aus Glukose Wasserstoffsuperoxyd bildet nach der Gleichung:

$$\text{Glukose} + H_2O + O_2 \xrightarrow{\text{Notatin}} \text{Gluconsäure} + H_2O_2.$$

In diesem Falle hängt die Schutzfunktion einer der Austauschreaktionen eng mit dem allgemeinen Stoffwechsel des Organismus zusammen, jedoch ist die Rolle dieser Reaktion eine indirekte und die Anpassung des Pilzes an die umgebenden Bedingungen hängt zweifellos mit Prozessen eines anderen Charakters zusammen.

Etwas völlig anderes geht vor sich, wenn der Pflanzenorganismus sich aktiv an die Veränderungen des umgebenden Milieus durch Änderung des Charakters seines Stoffwechsels anpaßt. Vor allem wollen wir bei den Anpassungserscheinungen der Fermente durch Veränderungen ihrer Spezifität und Aktivität verweilen. Welche vollkommenen Organismen im Ergebnis der Anpassung ihrer Fermente an die eigenartigen Bedingungen der Umwelt entstehen können, zeigt der von A. W. Blagowestschenski und von M. P. Jürgenson (1940) erforschte *Bacillus mesentericus panis viscosae*, der die Kartoffelkrankheit des Brotes hervorruft. Eine eingehende Erforschung der proteolytischen Fermente dieses Bazillus zeigte, daß der allerstärkste Zerfall der Eiweißstoffe des gebackenen Brotes bei einer Wirkung der Fermente bei pH 7 (d. h. bei einer neutralen Reaktion) vor sich geht. Bei derselben Reaktion geht die Aufpaltung auch aller

Produkte des stufenreichen Eiweißzerfalles bis zur Bildung der einfachsten, in das Plasma des Bazillus leicht eindringenden Verbindungen, der Aminosäuren, am schnellsten vor sich. Dies ermöglicht auch die überaus schnelle Vermehrung der Mikroben, die für diese Erkrankung des Brotes charakteristisch ist.

Erscheinungen, die denen nahestehen, die bei der Wechselwirkung des *Bacillus panis viscosae* mit gebackenem Brot vor sich gehen, werden auch in den Fällen des Parasitismus der Pilze an höheren Pflanzen beobachtet, nur mit dem wesentlichen Unterschiede, daß der Organismus der vom Parasiten befallenen Pflanze sich nicht passiv verhält, sondern eine eigene Abwehr herausbildet. Tatsachen, voll von tiefgehendem Interesse, wurden in dieser Richtung durch die Arbeiten der Pflanzenschutzstation Taschkent beim Studium des Vilts der Baumwollstaude geliefert, der bedingt ist durch die Ansiedlung des Pilzes *Veticillium dahliae Klebahn* in den Geweben der amerikanischen Baumwollstaude (*Gossypium hirsutum*). Die ägyptische Baumwollstaude (*Gusa barbadense*) und die mittelasiatische *Gusa herbaceum* sind gegen einen Befall mit diesem Pilze resistent. Aber die erste von diesen, die ägyptische Baumwollstaude (*Gusa barbadense*), wurde von einer anderen Vilt-bildenden Mikrobe, dem *Fusarium vasinfectum* befallen.

Bei einem vergleichenden Studium der biochemischen Beziehungen bei gesunden und von Vilt befallenen Pflanzen der amerikanischen Baumwollstaude ein und derselben Sorte wurde von O. N. GRANITOWA (1940) festgestellt, daß der Stärkegehalt in den Blättern schon in frühen Stadien der Erkrankung bis auf 55% der Norm fiel, in toten Abschnitten die Saccharose vollständig fehlte und der Maltosegehalt auf die Hälfte absank. Im unteren Teil des Stengels und in den Wurzeln fiel der Gehalt an löslichen Kohlenhydraten bis zu 30% im Vergleich zur gesunden Pflanze.

Neben diesen Störungen des Kohlenhydrataustausches, die sich schon während der Inkubationsperiode der Erkrankung zeigten, als deutliche Symptome des Befalls (Absterben von Blatteilen und Anbohren des Holzstoffes) noch fehlten, wurde in den kranken Teilen eine gesteigerte Aktivität der Amylase und der Sacharase beobachtet. Der gesamte Stickstoffgehalt und der Gehalt an Eiweißstoffen in den Blättern, die ihren Turgor vollständig verloren hatten, verringerte sich je nach der Größe des Befalles bis zu 42% gegenüber dem Gehalt an diesen Stoffen in Blättern gesunder Pflanzen. Dagegen stieg der Gehalt an Stickstoff an der Stelle der Verbreitung der Keimhaut des Parasiten (der untere Teil des Stengels und die Wurzel) und überstieg den Stickstoffgehalt bei gesunden Pflanzen um 60%. Der Eiweißgehalt war hier bei kranken Pflanzen um 40% höher als bei gesunden Pflanzen.

Diese Tatsachen berichten davon, daß das Hauptmerkmal der Krankheit die Kohlenhydrat-Eiweißerschöpfung der Pflanze als Ergebnis der Ernährung des Pilzes mit Zerfallsproduktion der Eiweißstoffe und der Reservekohlenhydrate der Baumwollstaude ist, wobei diese Zerfallsprodukte sich bei der Einwirkung der Fermente bilden, die vom Pilz selbst ausgeschieden werden. Dies wurde durch eine Arbeit von W. A. ANISSIMOWA (1945) bewiesen, die darauf hinwies, daß *Verticillium dahliae* in die ihn umgebende Flüssigkeit Amylase, Saccharase, Zellulase und proteolytische Fermente ausschied, die Pepton leicht und Edestin etwas schwerer aufspalteten. Wenn man sich auf diese Daten stützt, hätte man meinen können, daß die gesteigerte Aktivität der Amylase und der Saccharase in den Geweben kranker Pflanzen durch das Vorkommen von Fermenten bedingt ist, die vom Pilz ausgeschieden werden. Diese Vermutung erforderte eine mehr mittelbare Beweisführung und diese wurde in der Arbeit von O. N. Granitowa, W. A. Anissimowa und von A. A. Borodulina geliefert, die eine Untersuchung der Qualität einiger Fermente des Pilzes und der Baumwollstaude (einer gesunden und kranken) anwendeten. Eine Untersuchung des Wärmekoeffizienten von Arrhenius ergab nach W. A. Anissimowa für Amylase und Saccharase von *Verticillium dahliae* und von *Fusarium vasinfectum* folgende μ-Werte in g-Kal, die in zerriebenem Myzel bestimmt wurden:

TABELLE 80 *Die Qualität der Fermente der parasitischen Pilze*

Pilz	Amylase	Saccharase
Verticillium dahliae . . .	4300	10100
Fusarium vasinfectum . .	2500	6800

Andererseits wurde von O. N. Granitowa bei der gesunden Baumwollstaude (*Gossypium hirsutum*) ein μ-Wert von 9000 g-Kal für Amylase (19—39°) gefunden. Bei einem Befall an Vilt stellte es sich nach Versuchen von A. A. Borodulina heraus, daß gesunde Pflanzen derselben Baumwollsorte Nr. 2034 denselben μ-Wert in den Blättern und einen etwas geringeren in den Stengeln zeigten. Kranke Pflanzen aber zeigten neben einer erheblichen Vergrößerung der Fermentaktivität auch ein starkes Abfallen des Wertes μ, besonders in den Stengeln, was man durch das Übergewicht der Amylase des Parasiten über die ihr qualitativ nachstehende Amylase des Wirts erklären kann.

TABELLE 81 *Die Qualität der Amylase bei einer Vilt-Erkrankung der Baumwollstaude*

Stand der Pflanze	Blätter				Stengel			
	$k \cdot 10^4$		Q_{20}	μ in g-Kal	$k \cdot 10^4$		Q_{20}	μ in g-Kal
	14°	34°			14°	34°		
gesund.	248	714	2,88	9200	197	437	2,22	7000
krank	969	1733	1,79	5100	687	823	1,20	1600
stark befallen . .	—	—	—	—	468	553	1,18	1400

Es ist interessant, hervorzuheben, daß, wie W. P. WISCHNEWSKI (1940) feststellte, Zuckerrübensorten mit höherem Fermentgehalt widerstandsfähiger gegen Wurzelfäule sind, und zwar erwiesen sich die thermischen Koeffizienten der Katalasespaltung des Wasserstoffsuperoxydes bei widerstandsfähigen Sorten in seinen Versuchen bedeutend niedriger als bei anfälligen Sorten. Eine ähnliche Gesetzmäßigkeit wurde von O. N. GRANITOWA beim Studium der Eigenschaft der Katalase an Samen und Blättern gegen Vilt widerstandsfähiger und anfälliger Baumwollsorten festgestellt.

TABELLE 82 *Die Qualität der Katalase bei Samen und Blättern und die Widerstandsfähigkeit gegen Vilt der Baumwollstaude*

Art	Sorte	Widerstandsfähigkeit	Samen	Blätter während der Fruchtreife in g-Kal
Gossypium hirsutum	2034	fehlt	11 500	7 200
	764	vorhanden	8 000	3 000
Gossypium barbadensa	35—1	fehlt	10 700	12 400
	35—2	vorhanden	10 300	11 600

Somit muß die Bedeutung der Qualität der Fermente als biochemischer Faktor einer natürlichen Auslese die angespannteste Aufmerksamkeit auf sich ziehen. Eine hohe Qualität der Fermente, die auf einen hohen energetischen Stand des gesamten Mechanismus hindeutet, bedingt die Widerstandsfähigkeit des Organismus im Kampf ums Dasein. Eine niedrige Qualität der Fermente ist, besonders bei einem hohen energetischen Stand des Parasiten, ungünstig.

Unter Berücksichtigung der ganzen Bedeutung der Widerstandsfähigkeit gegen Parasiten als wichtigen Faktor der Pflanzenverbreitung sei es gestattet, einige Erwägungen über die mögliche Entstehung des Parasitismus zu äußern. Diese Frage entstand im Zusammenhange mit den Arbeiten von T. I. FEDOTOWA (1935) über die Verwendung der serologischen Methode für die Bestimmung der Widerstandsfähigkeit der Baumwollsorten gegen Pilzerkrankungen. Als Antigen verwendete T. I. FEDOTOWA bei der Immunisierung von Kaninchen Eiweißstoffe von *Verticillium dahliae* und von *Fusarium vasinfectum* und benutzte das erhaltene Serum zur Bestimmung der Widerstandsfähigkeit der Baumwollstaude gegen Verticillium- und Fusarium-Vilt, wobei sie die Präzipitation mit Eiweißpräparaten untersuchte, die aus den Samen verschiedener Baumwollsorten erhalten wurden. Eine positive Reaktion weist auf eine nicht standfeste Sorte und eine negative Reaktion auf eine widerstandsfähige Sorte hin. Eine theoretische Erläuterung dieser Versuche wurde vom Autor nicht gegeben und die ganze Erscheinung kann man, wie anfangs angenommen wurde, nur damit erklären, daß in den Samen der nicht widerstandsfähigen Sorten bereits das Eiweiß des Pilzes in dieser oder jener Form enthalten ist. Jedoch zeigten Versuche mit der Ausscheidung des Pilzes aus den Samen stets ihre Sterilität. Die Frage über das Vorkommen der Keimhaut des Parasiten in den Samen, als Quelle des Pilzeiweißes, das die positive Präzipitation bedingt, entfiel auf diese Weise. Der nächste Schritt in den Bemühungen, die Erscheinung zu erklären, war die Annahme, daß die vom Vilt befallenen Baumwollsorten die von den Pilzen ausgeschiedenen Fermente, die auch in die Samen gelangen können und sofern sie Eiweißstoffe sind, hier serologisch nachzuweisen sind, leichter in ihren Gefäßen transportieren. Es ist klar, je leichter die Sorte vom Vilt befallen wird, desto wahrscheinlicher ist, daß die Fermente des Pilzes sich über die ganze Pflanze ausbreiten können, was auch in den Versuchen von O. N. GRANITOWA und von BORODULINA zu sehen war. Somit zeigt die Methode von T. I. FEDOTOWA nicht den Grad der Widerstandsfähigkeit, sondern den Grad der schon bestehenden Ansteckung, wobei sie ihre ganze praktische Bedeutung behält.

Es ist jedoch auch noch eine Auslegung der beschriebenen Erscheinung möglich, die mit der Frage der Evolution des Parasitismus bei Pilzen auf engste Weise zusammenhängt, und die in den Arbeiten von PAULING (1940, 1942) über den Mechanismus der Bildung von Antikörpern eine Stütze findet und in der Ansicht über die Natur der Antikörper als spezifische proleolytische Fermente. Es kann absolut kein Zweifel bestehen, daß die Vorfahren unserer jetzigen parasitischen Pilze keine Parasiten waren. Gelegentlich konnten ihre Sporen in Wunden bei diesen oder jenen höheren Pflanzen geraten und hier keimen. Das Myzel muß beim Wuchern innerhalb der Gewebe des Wirts unvermeidlich verschiedenartigen Einwirkungen seitens des Wirtes unterliegen. Das Eindringen der Eiweißstoffe des Wirtes ins Innere der Zellen des Pilzes kann eine von diesen Einwirkungen sein. Der Pilz kann auf ein derartiges Eindringen eines fremdartigen Eiweißes durch Bildung eines Antikörpers antworten, analog dem Prozeß, der im Blut der Tiere vor sich geht.

Wie zahlreiche Untersuchungen der letzten Jahre zeigen, deren Übersicht von A. W. BLAGOWESTSCHENSKI im Jahre 1941 gegeben wurde, sind die Antikörper proteolytische Fermente, die hinsichtlich des entsprechenden fremdartigen Eiweißes spezifisch sind. Diese Besonderheit ist durch verhältnismäßig kleine Abschnitte des Eiweißmoleküls, bisweilen sogar durch bestimmte an das Molekül angeschlossene Gruppen (durch Haptenen) bedingt. So ist es beispielsweise bekannt, daß azetylierte Diphtherie- und Tetanustoxine die Bildung von Immunkörpern gegen alle azetyliertere Eiweißstoffe, nicht aber gegen Diphtherie- und Tetanustoxine hervorrufen. Es ist sehr gut möglich, daß der Vorfahre von *Verticillium dahliae*, der sich auf der Baumwollstaude niederließ, einen spezifischen Antikörper (ein proteolytisches Ferment) gegen die Eiweißstoffe der Baumwollstaude herausbildete. Ein derartiger Antikörper wird mit Eiweißstoffen der nicht widerstandsfähigen Sorten reagieren, die dadurch ihre Resistenz verloren, daß der Pilz gegen ihre Eiweißstoffe einen spezifischen Antikörper herausbildete, dessen Struktur, wie es die Forschungen von PAULING zeigten, die Struktur des Antigens widerspiegeln muß. Widerstandsfähige Sorten reagieren deswegen nicht mit Antikörpern, weil ihre Eiweißstoffe sich in irgendwelchen ihrer Eigentümlichkeiten (Vorkommen oder sogar nur eine andere gegenseitige Lage einzelner Aminosäuren) von den Eiweißstoffen der nicht widerstandsfähigen Sorten unterscheiden. Derartige Unterschiede der serologischen Reaktionen, die auf Unterschieden in den Eiweißstoffen der Antigene sogar bei nahestehenden Formen beruhen, sind allgemein bekannt. Die Wechselwirkungen zwischen dem Parasiten und dem Wirt laufen somit chemisch darauf hinaus, daß der Pilz den Antikörper, das proteolytische Ferment gegen die Eiweißstoffe des Wirts herausbildet. Dieser Antikörper wird zu einer mächtigen Waffe der Anpassung und der Verdrängung, indem er dem Pilz ermöglicht, die Eiweißstoffe des Wirtes für die eigene Ernährung auszunutzen.

Unsere Hypothese erfordert natürlich eine experimentelle Bestätigung; theoretisch ist sie jedoch sehr wahrscheinlich, besonders wenn man berücksichtigt, was von der Physiologie der Arten der Pilze bekannt ist. Man kann mit Recht behaupten, daß plötzliche Ausbrüche von Epidemien unter Sorten, die im entsprechenden Bezirk lange für widerstandsfähig galten, von der Entstehung neuer Arten des Parasiten mit einer neuen Virulenz zeugen, die durch die Herausbildung von für die Eiweißstoffe der entsprechenden Sorte der Wirtspflanze spezifischen Antikörpern, den proteolytischen Fermenten, durch den Pilz bedingt sind. Auf derartige Unterschiede der Fermente bei physiologischen Arten wies bereits Dox (1909) hin, der Daten dafür anführte, daß morphologisch gleiche Pilze, die zu verschiedenen Penizillium- und Aspergillusarten gehören, verschiedene Fermente besitzen und, daß diese Unterschiede der Fermente bei den einzelnen Rassen erblich sind.

Ein wesentliches Glied unserer Behauptung über die Bildung von spezifischen Antikörperfermenten gegen die Eiweißstoffe des Wirts durch die Pilze bei ihrer Umwandlung in Parasiten ist die Anerkennung einer erworbenen Immunität bei den Pflanzen einschließlich der Pilze. Daran braucht man nicht zu zweifeln, da bereits durch Versuche von Schiff-Georgi (1906)[1]) festgestellt wurde, daß *Bacillus oleae* von den Zellensäften aus den Geschwülsten der Olive agglutiniert wird, die durch diesen Parasiten verursacht wurden. In der Folge entdeckte Nobecourt (1928) im Saft der Pflanzen Antitoxine gegen die Toxine der Pilze. Kappelletti berichtete über das Vorkommen von Agglutinin in den Knöllchen der Hülsenfrüchte. Karbone und Arnaudi (1937) lieferten Beispiele derartiger Erscheinungen. Preuss erhielt auf experimentellem Wege beim Tabak eine Immunität gegen das Virus der Mosaikkrankheit, und andere Forscher zeigten (Weidemann, 1937), daß die Pflanzen in allen Fällen nach einer Impfung entweder immun gegen eine erneute Ansteckung oder bedeutend widerstandsfähiger als die Kontrollpflanzen werden.

Ein Vorkommen an die Eiweißstoffe des Wirtes angepaßter Fermentsysteme veranlaßt, die Frage zu stellen, wie derartige Vorrichtungen entstehen. Bekannt sind Fälle der Anpassung der Organismen an die Nahrung, die ihnen geboten wird, einer Anpassung, die sich in der Herausbildung von spezifischen Fermenten äußert, die komplizierte, vom Organismus nicht aufnehmbare Stoffe

---

[1]) siehe auch die Arbeiten von Kappeletti und Preuss nach Karbone und Arnaudi (1937).

dieser Nahrung in einfache, leicht absorbierbare Verbindungen spaltet. Es ist beispielsweise bekannt, daß man die Saccharoseaktivität der Hefen steigern kann, wenn man sie auf Saccharose, als einziger Quelle der Kohlenstoffnahrung, zieht. Es ist bekannt, daß *Aspergillus niger* auf einer Kultur von Inulin 5- bis 7mal soviel Inulinase bildet als auf einer Kultur von Zuckerrohr. Bei einer Kultivierung von *Monilia sitophila* auf verschiedenen Nährböden erwies es sich, daß Saccharase, Amylase und Tyrosinase sich auf allen Nährböden bildeten; proteolytisches Ferment wurde nur auf Kasein und auf Pepton, Maltase nur auf Maltose, nicht aber auf Glukose gefunden.

In einer gemeinsamen Arbeit von A. W. BLAGOWESTSCHENSKI und E. I. BLINNIKOWA (1936) wurde eine reine Kultur von *Aspergillus niger* einerseits auf einen Zucker-Mineralnährboden von Rolen und andererseits auf einen Nährboden Rolens verimpft, in dem salpetersaures Ammonium durch eine an Stickstoff äquivalente Menge von Gelatine ersetzt worden war. Das Verpflanzen erfolgte durch Sporen. Auf dem Nährboden von Rolen ging die Entwicklung von Aspergillus bei 37° vollkommen normal vor sich und bereits die erste Aussaat ergab wundervolle feste Schlauchschichten. Auf dem Eiweißnährboden bildeten sich, unter sonst gleichen Bedingungen, beim ersten Verpflanzen nur einige kleine Schlauchschichtinselchen, und auch nur nach dem fünften Verpflanzen bei einem allmählichen Ansteigen des Gewichtes der Schlauchschicht von einer Aussaat zur anderen. Es wurden Schlauchschichten erhalten, die von den auf dem Nährboden von Rolen gewachsenen Schlauchschichten sich äußerlich nicht unterschieden. Nachdem auf beiden Nährböden in der äußeren Form gleichartige Schlauchschichten erhalten wurden, wurde eine vergleichende Untersuchung der Aktivität der in den Schlauchschichten enthaltenen proteolytischen Fermente durchgeführt, nach Extraktion der Fermente mit Glyzerin. Von A. W. BLAGOWESTSCHENSKI und E. I. BLINNIKOWA wurde auch die Aufspaltung der Gelatine studiert. Die Ergebnisse, die durch den Titrationszuwachs an Millimetern 0,2n alkoholischer KOH in 24 Stunden ausgedrückt wurden, zeigten, daß die Proteinase von *Aspergillus niger*, der auf Gelatine gewachsen war, bedeutend aktiver, als eine Proteinase desselben Pilzes ist, der auf einem mineralischen Nährboden wuchs (Tabelle 83).

Von den Anhängern WEISSMANNS, die die Vererbung von Eigenschaften, die unter der Einwirkung veränderter Bedingungen der äußeren Umgebung erworben wurden, ablehnen, werden derartige Anpassungserscheinungen als Ergebnis einer „Aufspaltung“ schon bestehender Formen, jedoch in reiner Kultur erklärt, die aus einer Zelle aufgebaut wurde. Eine derartige „Aufspaltung“ ist mehr als unwahrscheinlich und ein Umbau des Fermentsystems unter der Einwirkung der Stoffe des Substrats ist hier vollkommen offensichtlich. Hierbei ist diese Umgestaltung dermaßen tief, daß sie erblich wird und es dem Organismus ermöglicht, unter ihm früher fremden Bedingungen der äußeren Umwelt am Leben zu bleiben.

Auf welche Weise geht diese Umgestaltung vor sich? Die moderne Theorie der Fermente kann, wie es scheint, auf diese Frage antworten. Jedes Ferment ist vor allem ein Eiweißstoff, der sich im aktiven Zustande befindet, d. h., der befähigt ist, bei einer Wechselwirkung mit den Molekülen des Substrats ihnen die Energie zu übermitteln, die für ihren Übergang in einen aktivierten, für Reaktionen befähigten Zustand erforderlich ist. Worin der Mechanismus einer

TABELLE 83 *Die Aufspaltung der Gelatine durch eine Proteinase von Aspergillus niger*

Datum des Einsammelns der Schlauchschicht	Nährboden von Rolen	Nährboden mit Gelatine
23. XI.	—	1,14
2. XII.	0,57	—
20. I.	0,57	—
25. IV.	—	1,14
19. V.	0,60	1,14
21. V.	0,62	1,14
23. V.	0,61	1,11
25. V.	0,64	1,15
Durchschnittlicher Zuwachs	0,60	1,15

derartigen Übertragung besteht, ist vorläufig unklar, es besteht aber kein Zweifel, daß hierbei ein Zwischenkomplex oder eine Verbindung zwischen dem Ferment und dem Substrat gebildet wird, der späterhin die Produkte der Reaktion und ein freies Ferment ergibt:

$$\text{Ferment} + \text{Substrat} \underset{k_2}{\overset{k_1}{\rightleftharpoons}} \text{Komplex} \xrightarrow{k_3} \text{Produkte der Reaktion} + \text{Ferment.}$$

Man kann es sich vorstellen, daß zur Bildung des Komplexes Ferment—Substrat zwei Abschnitte auf der Oberfläche des Ferments erforderlich sind, von denen in einem Abschnitt eine fein-spezifische und im anderen eine vollständige Adsorption vor sich geht. So wird beispielsweise bei der Hydrolyse der Glykoside auf der ersten Oberfläche Aglukon und auf der zweiten das Zuckerradikal adsorbiert. Der Begriff „Adsorption“ wird hier im weiten Sinne angenommen, da die Verbindung sowohl durch die Wasserstoffbrücken, als auch durch die elektrostatischen Verbindungen, durch Van der Waalsche Kräfte und sogar durch schwache kovalente Bindungen vor sich gehen kann. Die erste Reaktion besteht in einer Adsorption des Substrats an zwei Abschnitten des Ferments. Der Komplex, der sich bildet, gliedert ein Molekül Wasser am Platz der Glykosidverbindung an. Alsdann folgt mit der Bildung des Komplexes, der aus dem Ferment, Zucker und Aglukon besteht, ein Bruch der Glykosidbindung. Das letzte Stadium besteht in einer Dissoziation der Hydrolyse von der Oberfläche des Ferments.

Die Rolle des Ferments besteht in einer vorübergehenden Aktivierung des Substratmoleküls. Während der Verbindung des Ferments und des Substrats, die überaus schnell vor sich geht, sind die inneren Bewegungen des Moleküls des Substrats beschränkt und die entsprechenden Energien können als Quelle der Aktivierung dienen, die im ersten Stadium der Reaktion stattfindet. Eine Aktivierung kann sich auch im Ergebnis einer Veränderung des Moleküls des Substrats durch eine Einwirkung des Ferments einstellen, die von einer Freisetzung und Umstellung der Energie begleitet ist.

Eine entscheidende Rolle bei der Durchführung der Fermentkatalyse spielt folglich die Konfiguration der aktiven Abschnitte an der Oberfläche des Fermentmoleküls. Diese aktiven Abschnitte sind entweder in das Eiweißmolekül des Ferments eingebaut, wie beispielsweise bei den proteolytischen Fermenten: so sind es bei den Dipeptidasen die an die Peptidverbindungen anschließenden Teile des Moleküls des Ferments, oder aber sie gehören zur prosthetischen Gruppe des Ferments, beispielsweise bei verschiedenen Oxydoreduktions-Fermenten, bei Esterasen, Karbohydrasen usw. Die Umgestaltung der Fermente des Organismus kann bei der Änderung des Substrats auf verschiedenen Wegen vor sich gehen. Es ist sehr wahrscheinlich, daß bei einer Wechselwirkung der Eiweißstoffe des Substrats mit einem in ihnen nicht festgestellten proteolytischen Ferment des Organismus die Umgestaltung des Eiweißes des Organismus so vor sich geht, wie in den Versuchen von Pauling bei der Erzeugung von Immunkörpern. Entsprechend der Bildung proteolytischer Fermente, der Antikörper, gegen die Eiweißstoffe des Wirts durch den Parasiten, wie auch entsprechend der Antwort eines Organismus auf die Einführung eines fremdartigen Eiweißstoffes durch Bildung eines spezifischen aktiven Eiweißes, eines Antikörpers, der die Eigenschaften eines proteolytischen Ferments besitzt, erzeugt auch der Organismus, der gezwungen ist zu wachsen und sich auf einem ihm fremden belebten oder unbelebten Eiweißsubstrat zu entwickeln, ein entsprechendes proteolytisches Ferment, das in der Struktur seinem Substrat ebenso nahe steht, wie nach dem klassisch gewordenen treffenden Vergleich von E. Fischer, der Schlüssel dem Schlosse. Die Spezifität der proteolytischen Fermente zum Substrat ist sehr groß, wie hierauf bereits im Abschnitt über Fermente hingewiesen wurde, die Besonderheit ist aber nicht ewig und absolut: unter veränderten Bedingungen der Umwelt kann das aktive Eiweiß des Ferments, das über einen hohen energetischen Stand und infolgedessen über eine hohe Plastizität verfügt, die Lage der einzelnen Gruppierungen seines Moleküls unter dem richtunggebenden Einfluß der Besonderheiten des Baues des ihm fremden Eiweißes ändern, sprungartig seine Spezifität ändern und sich an die Aufspaltung dieses Eiweißes aktiv anpassen.

Aller Wahrscheinlichkeit nach gehen ähnliche Erscheinungen auch in den Fermenten vor sich, deren Eiweißmolekül sich mit dieser oder jener prosthetischen Gruppe verbindet. Es kann sein, daß sich hier die Sache etwas einfacher als im ersten Falle verhält. Es gibt Daten, die veranlassen, anzunehmen, daß beispielsweise bei Fermenten, die Kohlenhydrate spalten, die aktive Gruppe gleichfalls ein Kohlenhydrat darstellt. Auf einer derartigen Auffassung beruht die bekannte Theorie von LETTRÉ über den Mechanismus der Wirkung der Karbohydrasen. Wenn diese Auffassung richtig ist — zu ihren Gunsten, wiederholen wir, sprechen sehr viele Tatsachen —, so kann man ohne besondere Mühe annehmen, daß ein Kohlenhydrat- oder Glykosidsubstrat bei einem Zusammentreffen mit aktiviertem energiereichem Eiweiß mit ihm solch eine Verbindung bildet, die wie ein Ferment wirkt, welches das entsprechende Glykosidsubstrat spaltet. Eine derartige Verbindung der prosthetischen Gruppe mit Eiweiß geht auf verschiedene Weise vor sich, häufig durch Vermittlung von Phosphorsäure, wie bei einigen Fermenten der Oxydoreduktion.

THEORELLS Versuche über die Synthese des gelben Ferments aus Eiweiß und Flavin lieferten den ersten Beweis einer derartigen Möglichkeit. Im höchsten Grade interessant ist es, daß man auch in diesem Falle eine gewisse Ähnlichkeit mit den Immunitätserscheinungen feststellen kann. Wir wissen bereits, daß durch Verbindung verschiedener Stoffe (Haptene) mit Eiweißstoffen, Einführung dieser Eiweißstoffe in das Blut, Antikörper erhält, die gerade hinsichtlich der entsprechenden Eiweißstoffe spezifisch sind. Gelatine verfügt nicht über antigene Eigenschaften, erwirbt sie aber bei einer Verbindung mit Benzolgruppen. Antikörper werden aus Globulinen des Blutserums, bei einer Wechselwirkung mit den Antikörpern, gebildet. Interessant ist, daß eine Injektion von dl-Valylglycin bei Ratten das Auftreten von d-Peptidase im Blut hervorruft, das im normalen Blut der Ratten nicht vorkommt.

Zwischen den Eiweißstoffen der Tiere, Pflanzen, Pilze und Bakterien bestehen keine prinzipiellen Unterschiede in ihren physiologischen Fähigkeiten, da Immunitätserscheinungen für alle Lebewesen bekannt sind. Wir sind daher berechtigt, anzunehmen, daß die Anpassung durch Bildung von Fermenten in Pilzen, die auf fremden Substraten kultiviert werden, eine Äußerung von Stoffwechselprozessen unter abnormen Umweltbedingungen ist. Äußerungen dieser Art können sich aber nicht auf die Pilze beschränken: zweifellos ist es, daß eine ähnliche Anpassung der Fermente auch bei den Parasiten aus der Zahl der höheren Pflanzen (Kleeseide, Mistel und andere) vor sich geht, wie auch bei Impfungen, besonders in Fällen der vegetativen Hybridisation, wenn die Wechselwirkung der aktiven Eiweißstoffe zweier Organismen einen besonders tiefen Charakter haben muß und zur Abänderung des Typs des Stoffwechsels führen kann.

Somit, wenn sowohl Pilze oder Bakterien, wie auch die Wirtspflanzen unter gegenseitiger Einwirkung Abwehrwerkzeuge biochemischen Charakters bilden, so muß die Bedeutung dieser Werkzeuge, als der wichtigsten Faktoren der Erhaltung, außerhalb jeden Zweifels stehen. Daß diese Werkzeuge Fermente sind, verleiht der Frage ein noch größeres Interesse, da es die Immunitätserscheinungen unmittelbar mit den Äußerungen der Resistenz und der Anfälligkeit verschiedener Pflanzen gegen Schädlinge aus der Insektenwelt verbindet. Es ist längst bekannt, daß es Sorten der Weinrebe, die gegen Phylloxere widerstandsfähig, und daneben Sorten gibt, die nicht standfest sind. Dasselbe kann man auch für die Baumwollstaude, wie auch für die große Baumwollblattlaus und die Melonenblattlaus, für den Apfelbaum und die Blutlaus, für den Maulbeerbaum und die Seidenraupe usw. hervorheben. Jedoch sind Versuche, in die biochemische Natur dieser Wechselwirkungen zwischen Pflanzen und Insekten einzudringen, noch nicht weit gekommen. Die ganze Bedeutung der Frage, sowohl die theoretische, als auch die praktische, wird bei einem Vertrautsein mit den Wechselwirkungen zwischen der Weinrebe und der Phylloxere klar werden, die von A. I. Prinz (1940) studiert wurden. Er zeigte, daß die Phylloxere versucht, den Zellsaft einer beliebigen Weinrebe unabhängig von ihrer Widerstandsfähigkeit für ihre Ernährung auszunutzen. Wenn die Phylloxere auf das Blatt einer widerstandsfähigen Sorte gesetzt wird, vollführt sie mit ihrem Saugapparat ebenso einen Stich, als wenn sie sich auf dem Blatt einer nicht widerstandsfähigen Sorte befindet. Im weiteren Verlauf ist aber das Verhalten der Insekten unterschiedlich: wenn der Stich in ein Blatt einer widerstandsfähigen Sorte ausgeführt wurde, so zieht das Insekt nach einiger Zeit seinen Saugapparat wiederum heraus und um die Einstichstelle herum bildet sich ein roter Kreis, dessen Auftreten mit der Ablage von Oxydationsprodukten von Flavonen zusammenhängt. A. I. Prinz machte den Versuch, die Widerstandsfähigkeit der Weinrebe mit dem Gehalt von Flavonen und anderen Phenolen in den Blättern und Wurzeln dieser Pflanze zu verknüpfen und zeigte tatsächlich, daß nicht widerstandsfähige Arten durch einen bedeutend niedrigeren Gehalt an Flavonen charakterisiert sind. Gleichzeitig stellte sich heraus, daß widerstandsfähige Sorten sich durch eine geringere Aktivität der Katalase auszeichnen. Eine Ausnahme bildete die hohe Aktivität der Katalase in den Wurzeln der widerstandsfähigen amerikanischen Formen, in denen gleichzeitig eine hohe Aktivität der Peroxydase festgestellt wurde. Es wurde ein ziemlich verwickeltes biochemisches Bild erhalten. Wenn man die vorhandenen Daten zusammenstellt, so kann man zu folgenden Behauptungen kommen.

Die Phylloxera benötigt für ihre Ernährung Produkte eines weitgehenden Eiweißzerfalles, die sie aus den Geweben der Weinrebe aufsaugt, wobei sie ein für die Hydrolyse der Eiweißstoffe spezifisches proteolytisches Ferment absondert, das anscheinend zu der Gruppe der Kathepsine gehört, die unter den Bedingungen eines geringen Oxydoreduktionspotentials aktiviert werden und unter den Bedingungen eines hohen Potentials in einen untätigen Zustand übergehen. Da wir annehmen, daß das aktive Kathepsin eine Sulfhydrilgruppe (SH) enthält, wollen wir das Kathepsin mit X—SH bezeichnen. Indem das Kathepsin sich in solch einer (aktiven) Form absondert, unterliegt das Kathepsin bei widerstandsfähigen Sorten, die über ein hohes Oxydoreduktionspotential verfügen, der Einwirkung des oxydierenden Fermentsystems, das aus Oxydase, Flavonen und aus Peroxydase besteht. Die Oxydase oxydiert das Flavon auf

Kosten molekularen Sauerstoffs unter Bildung von Wasserstoffsuperoxyd und von Chinon nach der Gleichung:

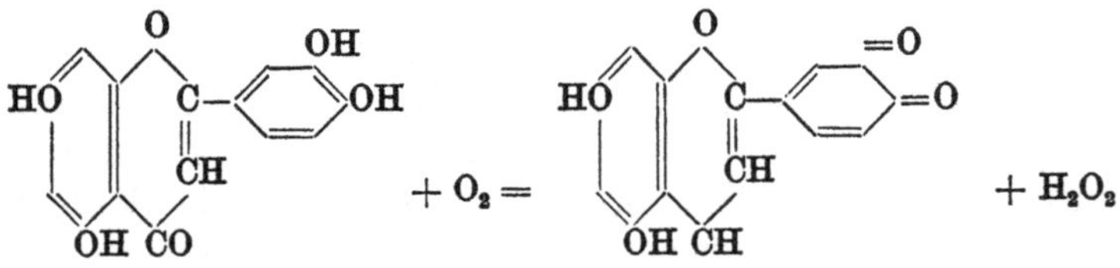

Das sich bildende Chinon des Flavons wirkt als Oxydationsmittel auf das aktive Kathepsin ein, indem es dieses in eine Disulfidverbindung überführt und sich wiederum in das ursprüngliche Flavon verwandelt:

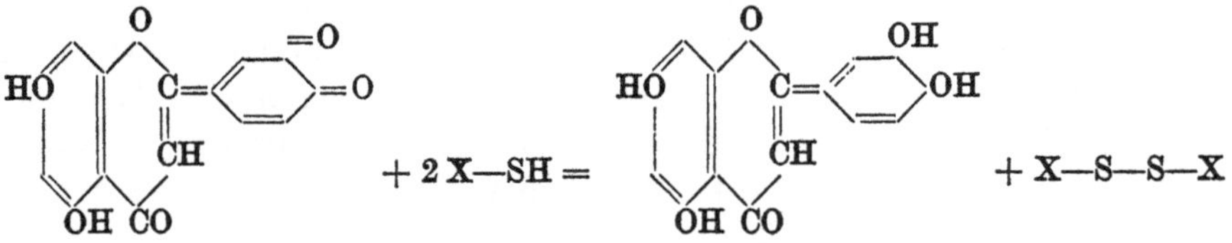

Die Verwandlung des Kathepsins in eine inaktive Form kann auch auf einem anderen Wege vor sich gehen, und zwar bei der Bildung von aktivem Sauerstoff aus Wasserstoffsuperoxyd durch Peroxydase, der zwei Wasserstoffatome von zwei Molekülen aktiven Kathepsins aufnimmt:

$$H_2O_2 = H_2O + O\,;\ O + 2X{-}SH = H_2O + X{-}S{-}S{-}X$$

Derselbe aktive Sauerstoff kann auf das Flavon einwirken, indem er ihm Wasserstoff entzieht und Wasser und Chinon des Flavons bildet. In Gegenwart von Katalase zersetzt sich Wasserstoffsuperoxyd nach der Gleichung $2H_2O_2 = 2H_2O + O_2$ und kann nicht mehr als Oxydationsmittel dienen. Daher unterliegt das aktive Kathepsin, bei einer hohen Aktivität der Katalase in nicht widerstandsfähigen Sorten der Weinrebe, nicht der Einwirkung der Oxydationsmittel und zerstört die Eiweißstoffe der Wirtspflanze, indem es aktiv bleibt. Die hohe Aktivität der Katalase in den Wurzeln widerstandsfähiger amerikanischer Sorten wird durch eine gleichzeitige hohe Aktivität der Peroxydase kompensiert.

Dies ist die vermutliche Grundlage der biochemischen Immunität der Weinrebe gegen die Phylloxera. Durch diese Hypothese wird auch das Herausziehen des Saugapparates aus den resistenten Sorten und die Bildung von roten Flecken rings um die Einstichstelle verständlich: die Phylloxera hat nichts zu saugen, da das Eiweiß der Weinrebe für ihr Kathepsin unzugänglich ist und sich nicht zersetzt. Der rote Fleck entsteht aber als Ergebnis des Eindringens des atmosphärischen Sauerstoffes in die durch den Einstich beschädigten Zellen und der Oxydation der Flavone zu Chinonen. Vorläufig experimentell unbewiesen bleibt die Beziehung des proteolytischen Ferments der Phylloxera zu Kathepsinen: direkte Untersuchungen gibt es nicht und von den Beobachtungen über andere Insekten kann man nur darauf hinweisen, daß der Darminhalt der Motte (*Tineola*) zur Zeit der Verdauung eine merkliche Reaktion auf SH an den Tag bringt.

Wenn die Resistenz der Pflanzen im Kampf mit den Parasiten von dem Charakter der Fermentsysteme des Parasiten und des Wirts, von der Menge und der Eigenschaft der einzelnen Fermente abhängt, so ist es sehr wahrscheinlich, daß auch andere Formen der Resistenz mit denselben Fermenten zusammenhängen. Von A. W. Blagowestschenski wurde (1938) beispielsweise auf die Möglichkeit hingewiesen, die Widerstandsfähigkeit der Zitruspflanzen gegen Kälte mit der Größe der Wärmekoeffizienten ihrer Fermentreaktionen zu verbinden. Unter diesen Pflanzen sind, wie bekannt, die Unschiu-Mandarinen am winterhärtesten, ihnen folgen unmittelbar die Apfelsinen. Weniger resistent sind Pampelmusen, und den letzten Platz nehmen die Zitronen ein. Wie M. W. Kotljarowa zeigte, besitzen Mandarinen die größte Katalasewirkung und die geringste die Zitronen. Die sich unter den Apfelsinen durch ihre Winterfestigkeit auszeichnende Sorte Nr. 511 hatte einen durchschnittlichen Wert des van't Hoffschen Koeffizienten von 1,92 und die gegen Kälte nicht resistente Washington-Navel 2,10. Unter den Zitronen war die widerstandsfähigere Sorte Maier gekennzeichnet durch den Wert 2,17, während für die anderen Zitronen die Q_{10} Werte in den Grenzen von 2,38—2,57 schwankten. Es ist von Interesse hervorzuheben, daß der Chinabaum (*Chinchona succirubra*) bei + 5° „einfriert" und einen Q_{10} Wert für die Katalase der Blätter von 3,7 für junge und von 6,5 für alte Bäume besitzt, d. h. einen sehr niedrigen energetischen Stand seiner Fermente. Diese Erscheinungen werden besonders im Zusammenhang damit interessant, daß diejenigen Pflanzen, die in Gebieten mit niedrigen Temperaturen und besonders dort vorkommen, wo hohe Tagestemperaturen mit niedrigen Nachttemperaturen abwechseln, über niedrige thermische Koeffizienten der Fermentreaktionen verfügen.

Wir wollen bei den früheren Daten von A. W. Blagowestschenski nicht verweilen, und es sei nur auf die Arbeiten von O. A. Semichatowa über die Eigenschaften der Katalase an 24 Pflanzen des Pamir hingewiesen, die in einer Höhe von 3900 Metern über dem Meeresspiegel in vollkommen eigenartigen stark kontinentalen Bedingungen aufgewachsen und untersucht wurden, bei denen gewöhnlich die Temperatur während der Nachtstunden um einige Grad unter Null absinkt. Wie man auch erwarten mußte, erwies sich der energetische Stand der Katalase unter diesen Bedingungen als sehr hoch und nur bei einer Pflanze (*Clynelemus nutans*) überstieg der Wert Q_{10} 2, der Durchschnitt war aber für alle Serien 1,37. Zum Vergleich sei darauf hingewiesen, daß die Bestimmung der Wirkung der Katalase von 16 Pflanzen aus Taschkent, die von T. U. Sergijewskaja durchgeführt wurde, den Durchschnittswert von $Q_{10} = 1{,}60$ ergab und bei Q_{10} höher als 2 war.

Die Untersuchung von W. A. Blagowestschenski jr. zeigte, daß die gesamten Bedingungen des Hochlandes des Pamir einen allertiefsten Einfluß auf den ganzen Chemismus der Pflanze ausüben, eine Einwirkung, die sogar in reifen Samen zum Ausdruck kommt, bei denen sich sowohl das Gewicht, als auch der Stickstoffgehalt und die Menge und Eigenschaft der Fermente ändern. So wurden beispielsweise im Abschnitt von 20—25° die Wärmekoeffizienten der Katalase der Samen der Pamir-Form der nacktsamigen Gerste (*Hordeum vulgare var. nudum*) untersucht, die in Moskau, in Chorog (2300 Meter über dem Meeresspiegel), im Tal Dshauschangos (3700 Meter) und am See Bulun-Kulj (4000 Meter) aufgezogen wurden. Die u. a. Ergebnisse zeigen, daß je höher über dem Meeresspiegel der Standort gelegen ist, an dem die Gerste großgezogen wird, desto höher die Wirkung der Fermente.

Samen mit einem niedrigeren Wert Q_5 der Fermentreaktionen sind zweifellos mehr an die umgebenden rauhen Bedingungen angepaßt, da die Geschwindigkeit der Reaktionen in ihnen weniger von der Umwelt abhängt.

TABELLE 84 *Die Aktivität und Qualität der Katalase der Gerste je nach der Höhenlage des Herkunftsortes*

Herkunft der Samen	Höhe m	Gewicht von 50 Samen g	Stickstoff %	Aktivität der Katalase	Q_5 15—20	μ g-Kal
Bulun-Kulj. . . .	4000	2,35	0,95	4,86	1,47	13 600
Dshaunschangos .	3700	1,95	1,07	4,20	1,53	14 700
Chorog	2300	2,15	2,02	12,25	1,56	15 400
Moskau	120	1,72	2,69	9,97	1,63	16 900

Sehr wichtig ist die Frage, welche primären Reaktionen die Senkung der Wärmekoeffizienten der Fermentreaktionen bei den Pflanzen unter den Bedingungen des Hochlandes hervorrufen. In dieser Richtung werden weitgehende Perspektiven durch ein Phänomen gegeben, das bereits im Jahre 1934 von W. P. Filatow entdeckt wurde. Gemäß W. P. Filatow (1943, 1948) erzeugt die lebende Zelle, wenn sie sich unter Bedingungen des Absterbens befindet, beispielsweise bei einer Abkühlung auf +1°, Stoffe, „Widerstandsfaktoren", die dem Absterben entgegenwirken. Ihr Bildungsprozeß ist keineswegs mit den Prozessen der Selbstverdauung der Zellen und der Gewebe nach dem Tode gleichzusetzen. Die therapeutische Einwirkung dieser Stoffe wurde in zahlreichen hervorragenden Versuchen von W. P. Filatow und seinen Mitarbeitern gezeigt: wohltuende, heilende Ergebnisse wurden nicht nur bei homoplastischen Transplantationen von in Kälte konservierten Geweben gefunden, sondern auch bei heteroplastischen Transplantationen und sogar bei der Verwendung von Auszügen aus abgekühlten Geweben nicht nur tierischer, sondern auch pflanzlicher Herkunft.

Von A. W. Blagowestschenski wurde im Jahre 1943 versucht, für diese Erscheinungen eine Erklärung zu geben, nachdem von W. W. Skorodinskaja gezeigt wurde, daß die von ihr aus im Laufe von 10 Tagen bis zu +2° abgekühlten Keimen von *Phaseolus aureus* gewonnenen sterilen Auszüge, deren Eiweißstoffe durch Kochen und Filtrieren entfernt wurden, eine hohe therapeutische Wirkung an den Tag brachten. Das Fehlen von Eiweißstoffen in der aktiven Flüssigkeit veranlaßte, an irgendwelche Nichteiweißstoffe („biogene Stimulatoren“) zu denken, die eine aktivierende Einwirkung auf den Eiweißteil der Fermente ausüben. Diese Einwirkung erwies sich als mit dem Säureteil der aktiven Flüssigkeit, aller Wahrscheinlichkeit nach, mit den Aminodicarbonsäuren und mit ungesättigten Säuren vom Typ der Fumarsäure, der Kaneel- und der Paracumarsäure verbunden, die sich bei der Desaminierung und einer weiteren Umwandlung der Aminosäuren bilden können. Derartige ungesättigte Verbindungen können infolge ihrer hohen energetischen Eigenschaften zweifellos tiefgehende strukturelle Veränderungen in den Eiweißmolekülen bedingen, indem sie sich den anderen anschließen und mehr oder weniger komplizierte Komplexe bilden. Diese Erscheinung ist durch die Bildung von neuen allgemeinen Energiestufen begleitet, deren Bedeutung von Szent-Györgyi (1941) zum Verständnis vieler rätselhafter biochemischer Prozesse nachgewiesen wurde. Dieses Inerscheinungtreten von neuen gemeinsamen Stufen ist gemäß den Auffassungen der modernen Quantenmechanik mit einem Übergang in die äußeren Wirkungsbereiche einzelner Elektronen verbunden, was auch zu einer Steigerung des energetischen Standes des entsprechenden Systems führt. Die Bildung von derartigen hochenergetischen Komplexen hängt natürlich nicht unbedingt mit einer Sättigung des Stimulators zusammen. Auf ähnliche Weise wirken auch die Dikarbonsäuren: Asparaginsäure, Glutamin-, Äpfel-, Bernstein- und Adipinsäure.

Wenn man von diesem Gesichtspunkte an die Frage über die Bildung und über den Charakter der Einwirkung der biogenen Stimulatoren herangeht, ist es erforderlich, sich klar vorzustellen, daß ein jeder Organismus, jede seiner Zellen mit dem ganzen Verlauf seiner Entwicklung an die sie umgebenden Bedingungen, insbesondere an die thermischen Bedingungen angepaßt ist. Von der biochemischen Seite aus läuft diese Anpassung darauf hinaus, daß einzelne Prozesse des Stoffwechsels im Rahmen bestimmter Temperaturen untereinander ausgeglichen sind und die chemischen Reaktionen auf die Weise verlaufen, daß sie im Ergebnis ihrer Gesamtwirkung zu den Stoffen führen, die für den normalen Stoffwechsel des entsprechenden Organismus charakteristisch sind. Bei einer Abweichung von den normalen Bedingungen entstehen auch im Stoffwechsel Veränderungen, beispielsweise als Ergebnis der Änderung der Geschwindigkeiten der einzelnen Reaktionen mit der Veränderung der Temperatur; dies führt zur Störung der Gleichgewichte und zum Überwiegen einzelner Produkte über andere. Beispielsweise überwiegen bei einer Abkühlung die Prozesse der oxydativen Desaminierung über die Prozesse der Bildung von Peptidbindungen. Im Ergebnis äußert sich die Wirkung der biogenen Stimulatoren, die zur Vergrößerung der Aktivität und zu einer Steigerung der Qualität der Fermente führt, wie es die Forschungen von A. W. Blagowestschenski und von seinen Mitarbeitern A. U. Kologriwowa, GA. . Tostschewikowa und von I. I. Tschikalo über die Katalase und über die Proteinase zeigten. Eine ähnliche Einwirkung übten nicht nur ein Gemenge der biogenen Stimulatoren in Präparaten aus abgekühlten Keimen, sondern auch einzelne bestimmte chemische Stoffe (Bernsteinsäure, Kaneel-, Fumar-, Asparagin- und Adipinsäure) aus, deren Bildung man unter den Bedingungen einer Erhaltung der Gewebe bei Temperaturen annehmen könnte, die den für den entsprechenden Organismus niedrigsten erträglichen Temperaturen nahe stehen, jedoch noch nicht seinen Tod hervorrufen.

Der biologische Wert aller dieser Tatsachen, die von der Bildung von Stimulatoren durch die Pflanze bei ihren äußersten Existenzbedingungen berichten, die den energetischen Stand der Fermenteiweißstoffe steigern, ist offensichtlich: die biogenen Stimulatoren müssen für einen mächtigen Faktor der natürlichen Auslese bei den Pflanzen gehalten werden. Es sei an die Daten über Pflanzen des Pamir mit ihrem hohen energetischen Stande erinnert, die zweifellos durch Vererbung herausgebildet und durch die extremen thermischen Bedingungen dieses Hochlandes gefestigt wurden. Es seien auch Versuche von I. M. Tolmatschew (1940) mit der Bildung der „Blüte" bei Zuckerrübenpflanzen angeführt, die aus Samen herangewachsen waren, die angefeuchtet und verschieden lange Zeitabschnitte bei Temperaturen von +1° bis +5° aufbewahrt wurden. Die Ergebnisse dieser Versuche sprechen selbst für sich.

TABELLE 85 *Prozentsatz der blühenden Pflanzen*

Ohne Abkühlung	Dauer der Abkühlung in Tagen							Aussaat für den Winter
	4	18	35	50	65	80	90	
0,9	1,9	4,18	12,3	14,4	15,2	15,8	22,6	35,7

Beschleunigte Entwicklung, Bildung eines mächtigen Wurzelsystems, Steigerung der Widerstandsfähigkeit gegen Pilzerkrankungen, Vergrößerung der Anzahl der im ersten Jahr blühenden Pflanzen, alles das sind zweifellos Erscheinungen, die für den Organismus und für seine Existenz günstig sind. Gleichzeitig hängen sie alle mit einer Steigerung des energetischen Standes der Fermente des betreffenden Organismus und mit seiner Arochimose[1]) zusammen. In dieser Reaktion des pflanzlichen Organismus auf die ungünstigen Bedingungen der Umwelt kann man Merkmale einer tiefen gegenseitigen Verbundenheit der Prozesse des Organismus mit der Umwelt hervorheben: Ungünstige, von den normalen abstechende Umweltbedingungen stören den geschichtlich festgelegten Stoffwechsel des Organismus, und erschüttern seine ganze Struktur, indem sie die für das Leben wichtigsten Stoffe, die aktiven

[1]) Der Ausdruck „Arochimose" wurde von A. W. Blagowestschenski im Jahre 1939 in Übereinstimmung mit dem Ausdruck „Aromorphose" des Akademikers A. N. Sewerzow vorgeschlagen.

Eiweiße der Fermente in Wechselwirkungen mit Stoffen versetzen, die bei diesen unnormalen Bedingungen entstehen, sie rufen eine Deformation dieser aktiven Eiweißstoffe hervor, führen sie auf einen höheren energetischen Stand und steigern die Widerstandskraft und die Lebensfähigkeit des Organismus. Im Ergebnis erwirbt der Organismus eine bedeutende Formbarkeit, erhält die Fähigkeit zu verschiedenartigen anpassenden Veränderungen in Übereinstimmung mit der Einwirkung der Umgebung und gibt, indem er diese Veränderungen festigt, die Grundlage für eine neue Evolutionsreihe.

Nicht zufälligerweise ist die Artgestaltung bei den Pflanzen an gebirgige Gebiete und an die Wüsten angepaßt, wo die Pflanzen beständig unter den für ihre Existenz äußerst schwierigen Bedingungen sich befinden. Es genügt auf den Reichtum der Berggebiete an polymorphen, sich progressiv entwickelnden Arten, wie *Astragalus*, *Oxytropis*, *Cousinia* und andere zu erinnern. In derartigen Gebieten mit extremen Lebensbedingungen ändert sich der Stoffwechsel je nach den veränderten Bedingungen und gleichzeitig hiermit auch die Natur der Pflanzen. Es entstehen Bedingungen zum Aussterben der einen Pflanzen und zum Überleben der anderen Pflanzen, die mehr angepaßt sind.

KAPITEL VIII

BIOCHEMIE UND PHYLOGENESE

„Hauptsache: daß jeder Prozeß in der organischen Entwicklung zugleich ein Rückschritt, indem er einseitige Entwicklung fixiert, die Möglichkeit der Entwicklung in vielen anderen Richtungen ausschließt. Dies aber Grundgesetz."

F. Engels.[1])

Im Kapitel VIII sind Beispiele angeführt, die zeigen, daß die Wärmekoeffizienten der Fermentreaktionen, die von Fermenten verschiedener Pflanzengruppen katalysiert werden, bei weitem nicht gleichartig sind: wenn die Werte des Koeffizienten μ für die Katalasespaltung des Wasserstoffsuperoxyds bei 16 Arten, die zur Familie der Chenopodiazeen gehören, in den Grenzen von 5200—15600 g-Kal, bei einem durchschnittlichen Wert $\mu = 9500$ g-Kal schwankten, so erfolgten für 18 Arten der Leguminosen die μ-Schwankungen in den Grenzen von 200—12500 g-Kal, bei einem durchschnittlichen Wert $\mu = 4900$ g-Kal und bei 5 Arten der Ordnung der baumartigen Anonales 11600—17400 g-Kal bei einem durchschnittlichen Wert $\mu = 14300$ g-Kal. Es sei hervorgehoben, wie es im Kapitel VI erwähnt war, daß bei den Chenopodiazeen im Durchschnitt für vier Arten ein Chlorophyllgehalt von 2,29%, bei 15 Leguminosenarten von 3,33% und bei 17 Ranunkulazeenarten, die zur Ordnung Ranales, einem Analogon der Anonales, zählen, 2,16% gefunden wurden. Dort wurde auch darauf hingewiesen, daß die Ranales eine sehr alte Gruppe von Organismen darstellen und analog den Anonales von der überwiegenden Mehrzahl der jetzigen Systematiker an der Wurzel des Stammbaumes der bedecktsamigen Pflanzen untergebracht werden. Andererseits sind die Leguminosen zweifellos eine sehr junge Gruppe, die verhältnismäßig spät sich von den Rosales und von mit diesen gemeinsamen Vorfahren abzweigte und sich jetzt progressiv entwickelt. Die Ranales und Anonales sind reich an Alkaloiden und an anderen Produkten des spezialisierten Stoffwechsels. Bei den Leguminosen kommen derartige Stoffe nur in einigen Gruppen (*Sophoreae, Podalyrieae, Genisteae*) vor. Der Chenopodiazeen nehmen in jeder Hinsicht eine Zwischenstellung ein.

Das Studium der Biochemie der individuellen Pflanzenentwicklung zeigte, daß ein enger Zusammenhang zwischen dem energetischen Stand des Organismus und dem Charakter des Stoffwechsels besteht. Man kann meinen, daß auch in der Phylogenese dasselbe Verhältnis bestehen bleibt und phylogenetisch alte Formen, mit einem energetisch niedrigem Stande, mehr geneigt sind zur Bildung von Produkten des spezialisierten Stoffwechsels, als phylogenetisch

[1]) F. Engels, Dialektik der Natur, S. 327.

junge Formen. Diese Verhältnisse an den jetzt lebenden Pflanzen festzustellen ist natürlich überaus schwierig, das ist aber der einzige Weg, da die Paläontologie für die Biochemie nichts als äußerst spärliche indirekte Hinweise in der Art der Feststellung des Vorkommens von Harzbehältern, Milchgefäßen usw. geben kann. Die Beweiskraft dieser Merkmale ist nicht groß. Jedoch kann man, wenn man die Daten der Biochemie in einigen, obwohl auch nicht zahlreichen, gut festgelegten Entwicklungsreihen einzelner Gruppen gegenüberstellt, sich davon überzeugen, daß Gesetzmäßigkeiten, die beim Studium der individuellen Entwicklung gefunden wurden, auch bei der Phylogenese zutage kommen.

Die Mehrzahl der Thallophyten ist scheinbar nicht befähigt, derartige typische Produkte des spezialisierten Stoffwechsels, wie die Alkaloide, zu bilden und aufzuspeichern. Wohl ist die überwiegende Mehrzahl der Alkaloide in dieser Richtung noch nicht erforscht, nur den Pilzen wurde eine gewisse Beachtung geschenkt. Es gelang zu zeigen, daß in zwei Gruppen der Pilze tatsächlich Stoffe des Typs der Alkaloide gebildet werden und vor allem beim Mutterkorn (*Claviceps purpurea*), dessen Sklerotien Verbindungen enthalten, die den Alkaloiden chemisch nahe stehen, und zwar Ergotin $C_{35}H_{33}N_5O_3$ und Ergotoxin $C_{35}H_{41}O_6N_5$. Außer ihnen wurden bei diesem Pilz Verbindungen des Histidins gefunden: 1. das Ergothionin oder Thiohistidin-betain

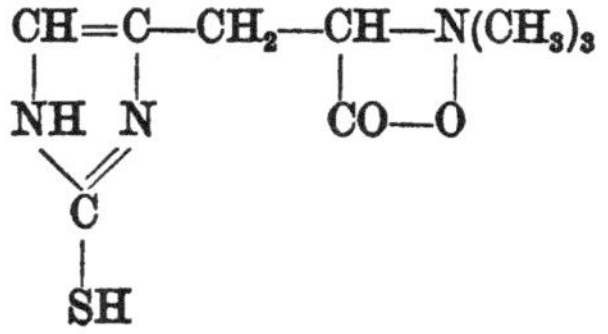

2. Hercynin, oder Trimethyl-histidin-betain

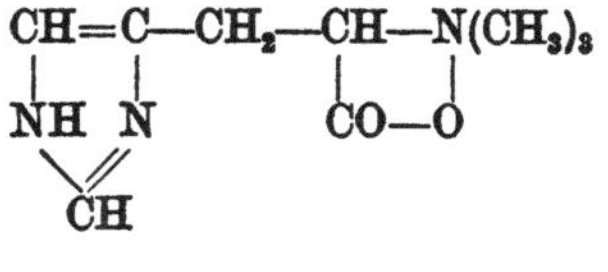

3. β-Imidazolil-äthylamin

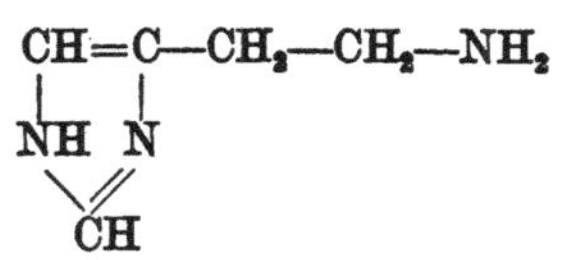

Hercynin wurde, außer im Mutterkorn, auch aus *Agaricus campestris* und aus *Boletus edulis* erhalten. Neben Verbindungen des Imidazols wurde im Mutterkorn ein Stoff mit giftigen Eigenschaften, und zwar Tyramin oder p-Oxyphenyläthylamin $OH \cdot C_6H_4 \cdot CH_2 \cdot CH_2 \cdot NH_2$, ein Produkt der Dekarboxylierung des Tyrosins, sowie auch Verbindungen des Phenanthrens, die

Ergosterine gefunden. Tyramin wurde auch im Steinpilz (*Boletus edulis*) zusammen mit einer Verbindung des Phenylalanins, dem Phenyläthylamin gefunden. Die Alkaloide von *Claviceps microcephala*, der auf *Monilia coerulea* schmarotzt, sind identisch mit den Alkaloiden von *Claviceps purpurea*, ebenso wie auch die Alkaloide aus *Claviceps sp.*, die auf *Lolium perenne* schmarotzt. Von der chemischen Seite aus unbekannte giftige Stoffe wurden bei dem auf den Maden des Pilzes schmarotzenden *Cordiceps sinensis* gefunden. Es wurden die als α- und β-Myzetosine bezeichneten alkaloidähnlichen Stoffe auch bei dem Fliegenpilz (*Amanita muscaria*) festgestellt. Ihr Bau, ebenso wie die Struktur der Giftstoffe von *Amanita phalloides* ist unbekannt.

Es ist interessant hervorzuheben, daß Alkaloide niemals unter den Phykomyzeten gefunden wurden, aber bei den Askomyzeten und den Basidiomyzeten wurden sie nur in den sehr spezialisierten Pyrenomyzeten (*Claviceps* und *Cordiceps*) einerseits und in den Agarikazeen und in den Polyporazeen andererseits festgestellt. Bei einer zweifellos phylogenetisch so jungen polymorphen Gruppe, wie die Uredineen, wurden keine Alkaloide gefunden, ebenso wie bis jetzt die Zugehörigkeit des Ustilagins zu diesen Verbindungen sich nicht bestätigte, das in *Ustilago mayidis* festgestellt wurde, die auch zur jungen polymorphen Gruppe der sogenannten Brandpilze gehört. Es ist interessant, daß der energetische Stand der Pilze, die keine Alkaloide bilden, ziemlich hoch ist. Die Arbeiten von W. A. Anissimowa (1943) zeigten, daß die thermischen Koeffizienten der Amylase und der Saccharase für *Verticillium dahliae Kleb* und für *Fusarium vasinfectum* nicht hoch sind.

Unbekannt sind Alkaloide bei Bryophyten und bei Filizinen. Das erscheint sonderbar, da sowohl diese, als auch jene zu uralten Formen gehören. Übrigens ist es möglich, daß wir es hier einfach mit dem Fehlen von besonderen Untersuchungen in dieser Richtung zu tun haben, wofür vielleicht auch spricht, daß die therapeutische Wirkung des Wurzelstockes des Farnkrautes (*Filix mas*) schon längst bekannt ist. Unter den Equisetinen wurde das Vorkommen von echten Alkaloiden bei *Equisetum palustre* festgestellt, obwohl die Struktur dieser Stoffe bis jetzt nicht festgestellt wurde.

TABELLE 86 *Die Qualität der Fermente bei schmarotzenden Pilzen*

Pilz	Amylase		Saccharase	
	Q_{10}	μ, g-Kal	Q_{10}	μ, g-Kal
Verticillium dahliae . .	1,49	6 900	1,76	9 800
Fusarium vasinfectum .	1,16	2 600	1,66	8 700

Für die Lykopodiazeen ist etwas mehr bekannt: aus *Lykopodium clavatum* wurde das Alkaloid $C_{32}H_{52}N_2O_3$ gewonnen und im tropischen *Lycopodium saururus* wurde eine Verbindung des Nikotins, das Pilidjanin $C_{15}H_{29}N_2O$ gefunden. Bei den Koniferen wurde nur bei *Taxus baccata* ein Alkaloid gefunden. Es wurde „Taxin“ genannt und hat die Zusammensetzung $C_{22}H_{54}NO_{20}$. Sein Gehalt erreicht in den Blättern 0,2%. Taxin ist sowohl in den Stengeln, als auch in den Samen enthalten. Bei *Picea excelsa* wurde das Glykosid $CH_3—CO\langle\ \ \rangle—O—C_6H_{11}O_5$ gefunden. Unter den anderen Nadelbäumen ist das Glykosid Pinipikrin weit verbreitet, dessen Aglykon, ebenso wie auch die Struktur des charakteristischen Glykosids des Taxus, des Taxikotins $C_{23}H_{22}O_2$, unbekannt ist.

Es wurden zwei Bestimmungen der Wärmekoeffizienten der Fermentreaktionen für Vertreter der Koniferen durchgeführt: μ betrug für die Katalasespaltung des Wasserstoffsuperoxydes der Nadeln von *Araucaria brasiliensis* 7100 g-cal und von *Juniperus virginiana* 5900 g-cal. Bei einem den Koniferen nahestehenden, aber zweifellos einer bedeutend älteren Gruppe angehörenden Vertreter der Gingkoales *Gingko biloba*, betrug der Wert μ für dieselbe Reaktion 8700 g-cal. Diese niedrigen Wärmekoeffizienten, das Fehlen von Alkaloiden und zugleich auch das Vorkommen von Harzen mit ihrem Reichtum an zyklischen Terpenen entspricht sehr gut den übrigen charakteristischen Merkmalen der Nadelbäume. Einerseits reicht diese Gruppe zweifellos mit ihrem Ursprung tief in entfernte geologische Perioden zurück, andererseits ist sie an die jetzigen Bedingungen gut angepaßt. Nadelbäume sind weit verbreitet von den tropischen Gebieten bis zum äußersten Norden. Sie sind überaus polymorph, d. h. sie bilden eine Gruppe, deren energetischer Stand ziemlich hoch ist und anscheinend keinen besonderen Veränderungen im Laufe einer Reihe von geologischen Perioden unterworfen war.

Das Vorkommen von spezifischen Stoffen, die für einen spezialisierten Stoffwechsel charakteristisch sind, wurde mit vollkommener Bestimmtheit für solch eine relikte Gruppe, wie die Gnetales, festgestellt. So wurden bei *Ephedra vulgaris* zwei Verbindungen, das Ephedrin und das Pseudoephedrin gefunden, die zu den aromatischen methylierten Aminen folgender Struktur gehören:

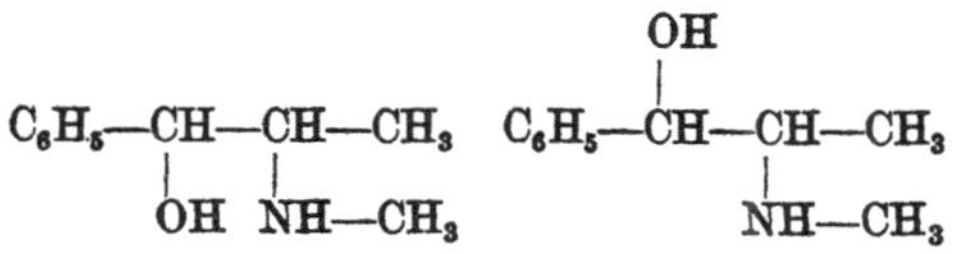

Ephedrin Pseudoephedrin

Das Ephedrin von *Ephedra monostachya* hat eine etwas unterschiedliche Zusammensetzung: $C_{13}H_{22}NO$. Interessant ist, daß, nach Angaben von O. A. SEMICHATOWA, die Eigenschaft der Katalase sich bei der *Ephedra Fedtschenkoi* aus dem Hochland (Pamir) als hoch erwies, da $\mu = 5000$ g-cal war, was anscheinend im engen Zusammenhange mit ihrer Fähigkeit steht unter solchen äußerst schwierigen Lebensbedingungen zu gedeihen.

Bei den übrigen Narbenlosen[1]) und zwar bei den Zykadeen wurden Alkaloide und ihnen nahestehende Stoffe nicht gefunden. Bei *Cycas revoluta* wurde der Wärmekoeffizient der Katalasespaltung des Wasserstoffsuperoxyds von A. W. BLAGOWESTSCHENSKI hoch befunden: $\mu = 13\,800$ g-cal in einem Temperaturabschnitt von 15—25^c. Es ist von Interesse hervorzuheben, daß, obwohl bei den Vertretern der Zykadeen Alkaloide nicht gefunden wurden, ihre Neigung zu einem spezialisierten Stoffwechsel aber hinreichend klar in ihrem Reichtum an verschiedenen Schleimen, und im Vorkommen von giftigen Glykosiden unbekannter Struktur bei *Cycas circinalis* zutage tritt.

Beachtung verdient, daß die echten Farnkräuter, die *Filicinae* von allen archägonialen Pflanzen und unter ihnen besonders die *Leptosporangiatae* die vorherrschenden Gruppen unter den jetzigen Bedingungen darstellen. Gleichzeitig kann man sie als die allerjüngste Gruppe der Pteridophyten ansehen, die im oberen Karbon auftrat. Die *Gingkoales* und die *Cycadales* erreichten ihre allergrößte Entwicklung im Mesozoikum und starben fast vollständig in der Mitte des Eozäns aus, sie blieben nur in einer Art der *Gingkoales* und ungefähr in hundert Arten der *Cycadales* bis in unsere Zeit erhalten. Die Koniferen begannen mit ihrer Entwicklung im Paläozoikum und schon in der Pliozänzeit beginnt ihre Verschiedenartigkeit und Bedeutung zu sinken. Die Alkaloide enthaltende Art *Taxus* unterscheidet sich von den anderen Koniferen durch den Aufbau ihrer weiblichen Blüten, die bis auf eine Samenknospe reduziert sind, die sich am Ende der Achse befinden, die von 2—3 Paar entgegengesetzt liegenden häutchenartigen Deckblättern umgeben sind. Von den physiologischen Besonderheiten der Vertreter der Art *Taxus* ist es erforderlich, die überaus große Langsamkeit des Wachstums und gewissermaßen die Trägheit aller Lebensprozesse, ein offensichtliches Merkmal eines niedrigen energetischen Standes hervorheben.

Die *Equisitales* erreichten die maximale Entwicklung in der Steinkohlenzeit und starben fast vollständig am Ende der Kreidezeit aus. In der jetzigen Zeit sind sie mit nicht mehr als 24 Arten vertreten. Schließlich erhielten sich die *Lycopodiales*, die schon um die Mitte der Triasperiode einer starken Dezimierung unterlagen, in der jetzigen Zeit vor allem in den tropischen Gebieten in einer Anzahl von sechs Arten, die in zwei Unterklassen (*Lycopodiae isopareae* und *Lycopodiae heterosporeae*) und in vier Familien: *Lycopodiaceae, Psilotaceae, Isoetaceae* und *Selaginellaceae* unterteilt sind. Drei Gattungen enthalten je 1—2 Arten, die *Isoetes* 30 Arten, *Lycopodium* 100 Arten und *Selaginella* 400 Arten. Alle diese Formen stellen Endstadien der Entwicklung einst blühender Gruppen dar.

Wenn man einerseits blühende (*Filicinae*) und aussterbende Gruppen (*Equisetales, Lycopodiales, Gnetales, Cycadales*) und andererseits Produkte des spezialisierten Stoffwechsels, und insbesondere Alkaloide und Schleime (*Equisetales, Lycopodiales, Gnetales, Cycadales*) enthaltende und solche Produkte (*Filicinae* nicht enthaltende, Gruppen vergleicht, so wird das Übereinstimmen dieser

[1]) Nach der Terminologie von B. M. KOSO-POLJANSKI (1946).

beiden Serien klar. Die Koniferen nehmen sowohl in dieser, als auch in anderer Hinsicht eine Zwischenstellung ein.

Wenn wir zu den biochemisch am meisten erforschten Phanerogamen (narbige, stigmatisierte nach B. M. Koso-Poljanski) übergehen, ist es vor allem erforderlich, zu unterstreichen, daß man als eine der wichtigsten Folgerungen der jetzigen Wissenschaft anerkennen muß, wie hierauf A. A. Grossheim (1945) hinweist, daß die ganze Gruppe der Phanerogamen als Ganzes eine monophyletische Herkunft hat. Dafür sprechen ein so wichtiges Merkmal, das allen Blütenpflanzen eigen ist, wie die doppelte Befruchtung und alle Prozesse, die mit der Entwicklung des weiblichen Gametophyten und der ersten Stadien des Keimes zusammenhängen, Merkmale, deren unabhängiges Auftreten in verschiedenen Gruppen der Nacktsamigen, welche die Grundlage für Blütenpflanzen bildeten, überaus unwahrscheinlich ist. Jedoch ging die Entwicklung, im Rahmen der Gruppe selbst, verschiedene Wege und nach A. A. Grossheim kann man wenigstens 11 Grundstämme oder Reihen dieser Entwicklung unterscheiden. Sie alle weichen entweder unmittelbar von der primitiven Gruppe *Batrachiophyta* ab oder haben mit ihr gemeinsame Wurzeln. Die Äste dieser Stämme enden z. T. in kleinen Gruppen jetzt lebender Pflanzen, andere sind dagegen äußerst verschiedenartig, haben ein kompliziertes Verzweigungssystem und spielen eine bedeutende Rolle in der jetzigen Flora. Das Entwicklungstempo in den verschiedenen geologischen Epochen und im Rahmen der verschiedenen Gruppen war nicht dasselbe.

A. A. Grossheim sagt u. a.: „wir wissen, daß die Blütenpflanzen auf der Erdkugel gleichzeitig und in einer großen Mannigfaltigkeit von Vertretern auftraten, folglich ganz an der Schwelle ihrer Entstehung die Evolution vollkommenerer Entwicklungsphasen mit großem Tempo erfolgt sein muß. Daher finden wir schon unter den ältesten bekannten Ausgrabungen von Blütenpflanzen Typen hoher Vollkommenheit, die neben den primitiven Typen der Insektenbestäubung an eine Windbestäubung spezialisiert angepaßt sind. Andere (aber nicht viele) Gruppen entwickelten sich im langsamen Tempo und gelangten mit primitiven Stadien der Blüte in unsere Zeiten. Die *Ranales, Anonales, Heliobiae* stellen mit ihren primitiven Vertretern die allerältesten Typen der Phanerogamen dar und ihre paläonthologischen Überreste stammen gleichfalls aus uralten Zeiten. Das allgemeine Entwicklungstempo dieser Gruppen war aber zweifellos ein langsameres, was auch ihnen die Möglichkeit gab, sich bis zu unseren Tagen nicht nur in sekundären, abgeleiteten Formen, sondern auch in unentwickelten, ursprünglichen Formeln zu erhalten." (1945, S. 171.)

Durch Anpassung an die besonderen Bedingungen der Umwelt können verschiedene Gruppen der Phanerogamen vom normalen Entwicklungsweg abweichen. Das äußerste derartiger Abweichungen stellt der Übergang zu einer heterotrophen Ernährung (Saprophyten, Parasiten), wie auch zu einer Lebensweise im Wasser und zu einem Leben unter äußersten Dürrebedingungen dar. In allen diesen Fällen entstehen Formen einer einfacheren, reduzierten Struktur im Vergleich zu den ursprünglichen Formen. Auf dem Gebiete der Blüte geht diese große Vereinfachung infolge des Verlustes und der Reduzierung seiner einzelnen Organe vor sich. Es wird ein in den Eigenschaften vereinfachter, ein regressiver Typ erhalten. Gemäß einem Vorschlag von A. A. Grossheim ist es besser, hierfür nicht die Bezeichnung „vereinfacht“, sondern „verkümmert“ anzuwenden. Diese Verkümmerung der Eigenschaften der ganzen Organisation führt bei den Parasiten zum Verlust der Assimilationsfähigkeit, bei den Sukkulenten zu einer Verkümmerung des Atmungsprozesses und bei den wasserbewohnenden Formen zum Verlust der Blatt- und Stengelstruktur (*Lemnaceae; Podestemaceae*). „Charakteristische Merkmale der Blüten dieser Seitenstufe (verkümmerte) der Entwicklung sind nach A. A. Grossheim: 1. Der Verlust einzelner Organe oder Blütenkreise, der sehr weit, bis zum völligen Verlust der Blütendecke gehen kann; 2. die Reduzierung der inneren Organe der Blüte“ (1945, S. 6).

Wollen wir jetzt betrachten, wie die Daten der biochemischen Untersuchung des Charakters des Stoffwechsels bei verschiedenen Pflanzen mit einer Entwicklung einiger einzelne Stämme der Blütenpflanzen übereinstimmen.

Stamm I *Batrachiophyta* von A. A. Grossheim, der fast der früheren Gruppe *Polycarpicae* entspricht, zeigt beispielsweise nach Auffassung von N. I. Kusnezow offensichtliche Zusammenhänge mit den ausgestorbenen *Bennettitales* und zählt in seinen Reihen viele unentwickelte Formen. Gleichzeitig sind einzelne Familien, die die uralten Kennzeichen der Struktur der Blüte bewahren, gut an die jetzigen geologischen Bedingungen angepaßt und zeichnen sich durch eine verstärkte Formbildung aus (Ranunkulazeen, Laurazeen, Anonazeen, Monomiazeen). Die Blüten sind bei ihnen größtenteils vielgliedrig, unbestimmtgliedrig, azyklisch oder hemizyklisch, mit allmählichen Übergängen zu euzyklischen Blüten. Das Hymecäum ist bei ihnen im Typ vielgliedrig und apokarp, mit einem allmählichen Übergang zur Synkarpie. Charakteristisch ist die zeitige Anpassung an eine Insektenbestäubung, als Folge dessen die Blüten größtenteils doppelgeschlechtlich, groß und mit einer grellen, gut entwickelten Blütendecke versehen; Getrenntgeschlechtlichkeit und Windbestäubung, wenn sie auch vorkommen, bei sekundären, abgeleiteten Typen.

Die allerälteste, archaische Ordnung der Batrachiophyten bilden die *Anonales*. Die verwandtschaftlichen Verhältnisse zwischen den hauptsächlichsten zu diesen zählenden Familien werden nach Lotsi durch folgendes Schema ausgedrückt:

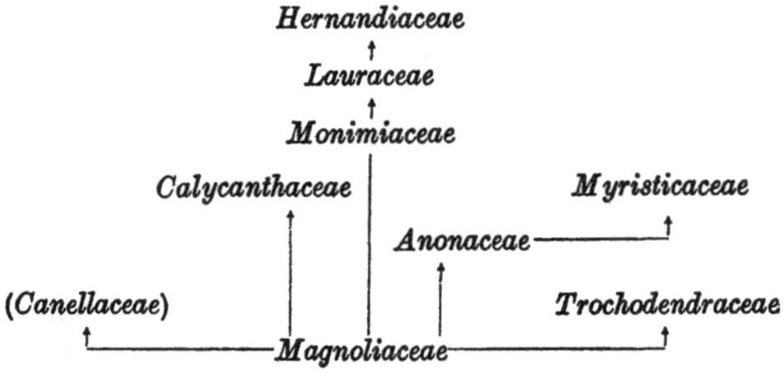

Die Familie *Canellaceae*, die von Lotsi zu den *Anonales* gerechnet, von A. A. Grossheim zur Ordnung *Parietales* und von Hutchinson (1926) zur Ordnung *Bixales* (die vollzählig zu den *Parietales* von Grossheim gehörte) zugezählt wurde, muß natürlich von den *Anonales* abgesondert werden. Man muß hervorheben, daß Hutchinson die Ordnung *Anonales* in drei kleinere Ordnungen unterteilt: die *Magnoliales*, *Anonales* und *Laurales*, zu denen er eine gewisse größere Anzahl von Familien zuzählt (*Magnoliales*: *Magnoliaceae*, *Winteraceae*, *Schizandraceae*, *Himantandraceae*, *Lactoridaceae*, *Trochodendraceae*, *Cercidiphyllaceae*, *Anonales*: *Anonaceae*, *Eupomatiaceae*; *Laurales*: *Monomiaceae*, *Lauraceae*, *Gomortegaceae*, *Hernandiaceae*, *Myristicaceae*). Die verwandtschaftlichen Beziehungen sind zwischen diesen drei Ordnungen nach Hutchinson folgende:

Laurales
↑
Anonales (*Winteraceae*)
↑ —— *Magnoliales* —— ↑

Somit ist die Familie *Magnoliaceae* die älteste und die am stärksten archaische Familie. In der gegenwärtigen Zeit zählt sie ungefähr 100 Arten, die auf 9 Arten verteilt sind, von denen zwei monotyp sind. Vertreten ist sie ausschließlich durch Bäume, ebenso wie auch die ganze Ordnung der *Anonales*. Die geographische Verteilung (die südöstlichen Staaten Nord-Amerikas West-Indien, südöstliches Brasilien, Ostasien) der jetzigen Vertreter und das weite Areal der fossilen Formen weisen auf das hohe Alter der Familie hin und darauf, daß sie in der jetzigen Zeit faktisch ausstirbt.

In völliger Übereinstimmung mit dieser Lage der Familie befinden sich auch ihre biochemischen Besonderheiten. Vor allem sei der energetische Stand hervorgehoben. Er ist sehr niedrig, da die Wärmekoeffizienten der Katalasespaltung des Wasserstoffsuperoxyds sehr hoch sind und zwar (in g-cal): für *Magnolia grandiflora* $\mu = 13\,900$, *Magnolia fuscata* — 14800, *Magnolia sp.* 11100, *Liriodendron tulipifera* — 12700. Von den Vertretern der Familie *Anonaceae* ist nur bei *Asimia triloba* der Wert des Wärmekoeffizienten der Katalase erforscht, bei der μ 17400 g-cal betrug. Unter den Laurazeen wurden die Werte μ für Katalasen bei *Cinnamomum camphora* mit 15100 g-Kal und bei *Laurus nobilis* 9900 g-Kal gefunden. Im Durchschnitt ist der Wert des Wärmekoeffizienten der Katalase für sieben Vertreter der *Anonales* 13600 g-cal. Wenn man diesen Wert damit vergleicht, daß für fünfzehn Vertreter der Familie der Rosazeen der durchschnittliche Wert $\mu = 9600$ g-cal und bei siebzehn Vertretern der Familie der Papilionazeen 4900 g-cal ist, so wird der niedrige energetische Stand der *Anonales* vollkommen offensichtlich.

Dieser niedrige energetische Stand der Ordnung *Anonales* kommt im Reichtum an Produkten des spezialisierten Stoffwechsels zum Ausdruck. Es sei hingewiesen auf das charakteristische Produkt *Cinnamomum camphora*, auf den

Kampher, auf die Sesquiterpene bei verschiedenen Laurazeen und Anonazeen, auf das Pinen bei den Magnoliazeen, Myristizazeen, Laurazeen, Kalykanthazeen, auf das Borneol bei den Myristizazeen, Laurazeen, Kalykanthazeen, auf das Zymol bei der Lauraze, auf das Thymol bei *Michelia longifolia* (*Magnoliaceae*) und bei *Monodora grandiflora* (*Anonaceae*), auf das Eugenol bei vielen Laurazeen, auf das Geraniol und auf das Limonen bei den Magnoliazeen und den Myriatizeen und außerdem auf das Limonen bei den Anonazeen. Insbesondere bezeichnend ist der Reichtum der Anonales an Alkaloiden, Verbindungen des Isochinolins. Zum ersten Male wurde ihr Vorkommen bei *Magnolia blumei*, *Michelia parviflora* und in verschiedenen *Talaumaarten* gezeigt. Weiter wurden bei *Liriodendron tulipifera* Tulipiferin gefunden und Alkaloide bei *Drimys* festgestellt. Das Alkaloid Kalykanthin wurde aus den Samen *Calycanthus floridus L.* und aus *Calycanthus glaucus W.* isoliert. Seine Struktur wird durch die Formel $C_{11}H_{14}N_2 \cdot \frac{1}{2} H_2O$ ausgedrückt und der Gehalt schwankt von 2,0 bis 4,2 %. Unter den Anonazeen wurden Alkaloide bei *Assimia triloba* gefunden. Ihre Struktur ist überaus kompliziert; für das Trilobin wurde beispielsweise folgende Formel vorgeschlagen:

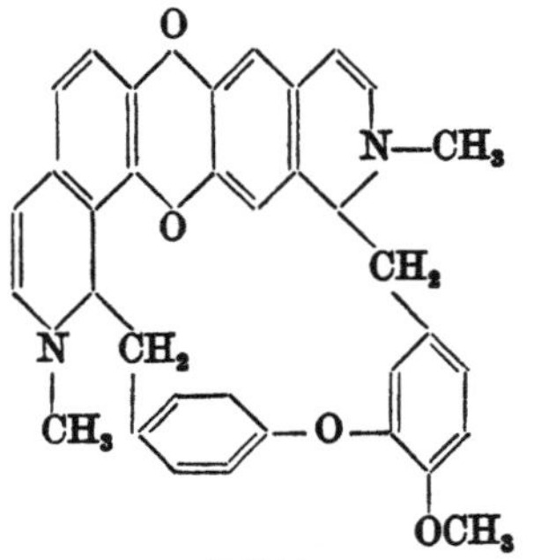

Trilobin

Weiter wurden Alkaloide gefunden bei *Guatteria pallida Bl.*, deren Blätter überaus reich daran sind, bei *Alphonsea ventricosa* (in den Blättern bis zu 0,5% des giftigen Alphonseins), in der Rinde von *Artabotryx suaveolens Bl.*, in einigen *Unonaarten*, bei *Polyalthia affinis*, *Monoon costigatum Mig.*, in verschiedenen Arten von *Oxymitra Bl.*, *Anona L.*, *Melodorum Dun.*, *Orophea Bl.*, *Saccopetalum* und bei *Popowia pisocarpa*. Unter den Monimiazeen wurde bei *Daphnandra micrantha* das Daphnandrin $C_{36}H_{38}O_6N_2$, Daphnolin $C_{34}H_{34}O_6N_2$ mit zwei Gruppen OCH_3, das Micranthin $C_{36}H_{32}O_6N_2$ mit einem OCH_3 und einem NCH_3 festgestellt.

Aus *Atherospermum moschatum Labill.* wurde das Atherospermin $C_{30}H_{40}N_2O_5$ und aus der Rinde von *Doryphora sassafras* das Doryphorin $C_{18}H_{21}NO_3$ ausgeschieden. Bei den Laurazeen wurde aus der Rinde von *Nectandra Rodiaci Hook* und aus *Cissampelos pareirae* das Bebeerin $C_{36}H_{38}N_2O_6$ abgesondert, dessen Struktur bestimmt wurde, wobei das Vorkommen von zwei Isochinolin-Gruppierungen gefunden wurde:

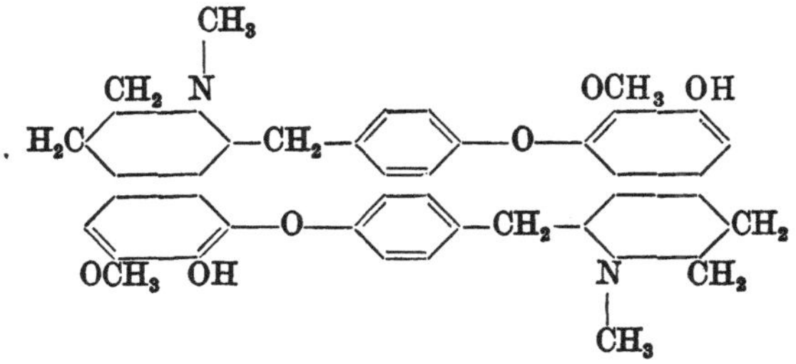

Bebeerin

In den Wurzeln von *Cissampelos pareirae* wurde außer Bebeerin auch Isobebeerin, eine Verbindung des Benzylisochinolins gefunden. Bei vielen Laurazeen wurde zum ersten Male das aus *Litsea* (*Tetranthera*) *citrata* ausgeschiedene Laurotenanin $C_{16}H_{11}(OCH_3)_3(OH)_2NH$ festgestellt. Aus *Litsea citrata* wurde gleichfalls N-Methyllaurotetranin gewonnen, dessen Struktur genau bestimmt wurde:

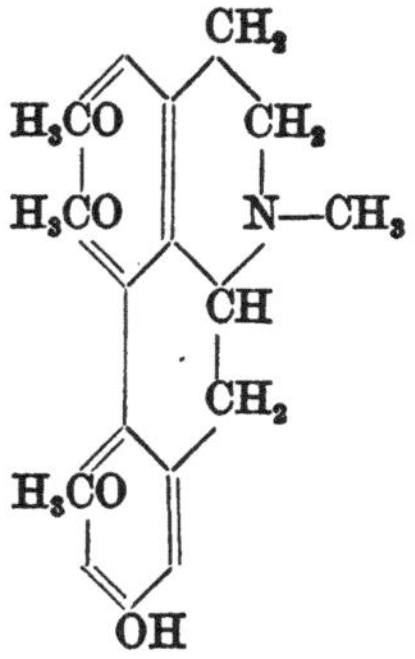

N-Methyllarotetranin

In der Rinde von *Cryptocarya australis* wurde ein nicht näher erforschtes Alkaloid gefunden. Alkaloide wurden gleichfalls in der Rinde und in den Blättern von *Dehaasia squarrosa* (*Lauma*), in der Rinde von *Hernaandia Sonara* (Familie der Hernandiazeen) festgestellt. In *Laurelia Novae Zealandiae* wurde Pukatein $C_{17}H_{17}NO_3$, Laurelin $C_{19}H_{11}NO_3$ und Lauropukin $C_{16}H_{19}NO_3$ gefunden. Bei den Anonazeen wurde auch ein Alkaloid eines komplizierteren Typs festgestellt, das Diphenyläther von l-Feantin enthielt.

Die zweite Ordnung des Stammes *Batrachiophyta* der *Ranales* umfaßt Familien mit einem Vorherrschen von Gräserformen, die sich nach Hutchinson in zwei Ordnungen gruppieren: *Ranales* (die Familien Ranunkulazeen, Kabombazeen, Keratophyllazeen und Nymphazeen) und *Berberidales* (die Familien Berberidazeen, Zirkaeasterazeen, Lardizabalazeen, Sargentadoxazeen und Menispermazeen). Unter den *Berberidales* kommen strauchartige und sogar kleine Bäume vor. Die ganze Ordnung *Ranales* ist im weiten Sinne in den hauptsächlichen morphologischen Merkmalen den *Anonales* sehr nahestehend. Nach dem Schema von Lotsi sind die *Ranales* mit den *Anonales* durch die gemeinsamen hypothetischen Vorfahren *Proranales* verbunden.

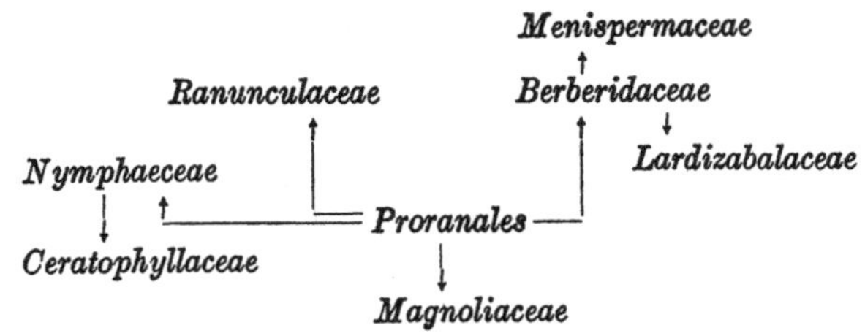

Die archaische Struktur der Blüte und andere Merkmale, welche die *Ranales* den *Anonales* näherbringen und ihren Platz unter den Betrachiophyten bedingen, finden auch in der Biochemie dieser Pflanzen eine volle Widerspiegelung.

Das Studium der Qualität der Fermente (Werte μ) wurde von E. W. Kolobkowa (1949), T. W. Woblikowa (1949) und von N. A. Kudrjaschowa (1949) für die vegetativen Teile einiger Arten der Familien der Ranunkulazeen durchgeführt und Werte für μ gefunden, die die niedrige Eigenschaft der Fermente charakterisieren (Tabelle 87).

TABELLE 87 *Die Qualität der Fermente bei den Ranunkulazeen* (μ in g-Kal)

Art	Proteinase	Katalase	Peroxydase
Ranunculus rufosepalus	14 700	9 500	8600
Ranunculus rubrocalyx	—	13 100	—
Trollins altaicus	17 600	10 300	—
Aconitum zerawschanicum . . .	—	10 000	9300
Delphinium oreophytum	5 100	8 400	—
Delphinium confusum	14 000	4 700	—
Clematis orientalis	11 600	24 300	—
Thalictrum isopyroides	14 000	15 500	—
Aquilegia lactiflora	14 800	—	—

Das Isochinolinalkaloid Berberin ist für die Mehrzahl der Berberidazeen charakteristisch. Bei den Nymphaeazeen sind Alkaloide von vorläufig noch unbekannter Struktur (Nupharin $C_{18}H_{24}N_2O_2$ bei *Nuphar* und *Nymphaea* und das Nelumbin bei *Nelumbo*) verbreitet. Die Ranunkulazeen sind sehr reich an Alkaloiden, besonders die Gattungen, die sich um *Ranunculus* und *Helleborus* gruppieren. Am meisten bekannt unter diesen Alkaloiden ist das Akonitin $C_{34}H_{47}NO_{11}$, das für viele Akonitumarten charakteristisch ist. Seine Struktur ist bis jetzt noch nicht endgültig festgestellt, man kann aber meinen, daß in ihm sechs kombinierte Ringe enthalten sind. Das erhaltene Oxydationsprodukt Akonitolin) besitzt vermutlich folgende Formel:

$$C_{17}H_{16}O(CH_3COO)(C_6H_5COO)(NCH_3)(OH)(CH_3O_3).$$

In den Blüten von *Aconitum paniculatum* sind 0,9% Akonitin und in den Blättern 0,1% enthalten, in den Knollen von *Aconitum napellus* 0,17—0,28% und in einigen Sorten noch mehr. Bei *Aconitum lycoctonum* wurden zwei Alkaloide gefunden: das in Äther lösliche Lykakonitin $C_{36}H_{46}N_2O_{10}$ und das in ihm schwer lösliche Lykaktonin, ein dimer des Lykakonitins $(C_{36}H_{46}N_2O_{10})_2$. *Aconitum septentrionale* enthält Leppakonitin $C_{34}H_{48}N_2O_8$, Septentrionalin $C_{31}H_{48}N_2O_9$, Kynoktonin $C_{36}H_{55}N_2O$. In den Wurzeln vom indischen *Aconitum ferox* wurden einige Alkaloide gefunden, unter denen das Pseudoakonitin $C_{35}H_{49}NO_{12}$ vorherrscht. In *Aconitum chasmanthum* wurde Indakonitin $C_{34}H_{47}NO_{10}$, in *Aconitum Spicatum* das Bikakonitin $C_{36}H_{51}NO_{11}$ und im *Aconitum heterophylloides* und *Aconitum Nagarum* Akonitin gefunden. Eine Reihe von Alkaloiden wurde aus japanischen Akonitenarten isoliert, die sich um *Aconitum Fischeri* gruppieren. Hieraus wurde das Japakonitin, das dem Akonitin aus *Aconitum napellus* isomer ist, wie auch Jesakonitin ausgeschieden. Im *Aconitum heterophyllum* wurde Palmatysin und Atysin $C_{22}H_{31}NO_2$ festgestellt, bei *Coptis trifolia* Koptin und Berberin und bei *Coptus japonica* Palmatin.

Reich an Alkaloiden sind die Vertreter der Gattungen Isopyrum und Delphinium. Aus den Wurzeln von *Isopyrum thalictroides* wurde das kristalline Isopyroin $C_{28}H_{46}NO_9$ erhalten. In den Samen von *Delphinium Staphisagria* wurden Delphinin $C_{31}H_{49}NO_7$, Delphinoidin $C_{25}H_{42}NO_4$, Delphisin $C_{31}H_{29}NO_7$ und Staphisagroin $C_{40}H_{46}N_2O_7$ gefunden. In den Samen von *Delphinium consolida* wurde ein Gemenge von drei verschiedenen Alkaloiden festgestellt. Aus den Blumen dieser Art wurde das Alkaloid Kalkatrypnin erhalten. Aus *Delphinium Ajacis* wurde das Ajazin $C_{15}H_{21}NO_4$ und das Ajakonin $C_{17}H_{29}NO_2$ und das den Rhizomen von *Delphinium bicolor, Delphinium Menziessi, Delphinum Nelsonii* und *Delphini scopulorum* das Delphikurarin $C_{23}H_{33}NO_7$ gewonnen. Bei *Nigella sativa* wurde in den Samen das Nigellin und Konnigellin und in den Samen von *Nigella damascena* das Damaszenin gefunden, das man übrigens wohl kaum zu den Alkaloiden zählen kann, da es der Struktur nach eher ein Betain ist.

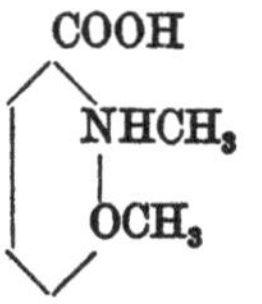

Damaszenin

In den Gattungen *Actaea* und *Aquilegia* wurden Alkaloide überhaupt nicht gefunden. Bei der amerikanischen *Anemone thalictroides* wurden in fasziierten Pflanzen Methyläther einer 1-Oxyisochinolin-3-Karbonsäure und der entsprechende Äthyläther gefunden. Im höchsten Grade merkwürdig ist es, daß diese Verbindung in normalen Pflanzen nicht vorkommt, in fasziierten aber sein Gehalt bis zu 20% des Gewichtes der Trockensubstanz erreicht.

Bei *Hydrastis canadensis* wurden eigenartige Alkaloide festgestellt, die eine weitgehende Verwendung in der medizinischen Praxis finden: das Hydrastin $C_{21}H_{21}NO_6$ und das Kanadin $C_{20}H_{21}NO_4$ (der Struktur nach ist das Kanadin ein Tetrahydroberberin). Bei *Paeonia peregrina* wurde das Alkaloid Peregrinin festgestellt. Bei *Caltha palustris* fand man Spuren nikotinähnlichen Alkaloids, aber anscheinend fehlen die Alkaloide in dieser Art wie bei *Aquilegia* und bei *Actaea.*

In den Gattungen *Hydrastis, Coptis* und *Xanthoriza* der Familie der Ranunkulazeen wurde Berberin festgestellt, das diese Familie den Berberidazeen näherbringt, wo es bei *Berberis vulgare, Berberis repens, Berberis aquifolium* und bei anderen Arten dieser Gattung wie auch bei *Nandia domestica, Podophyllum* und bei *Leontica* gefunden wurde.

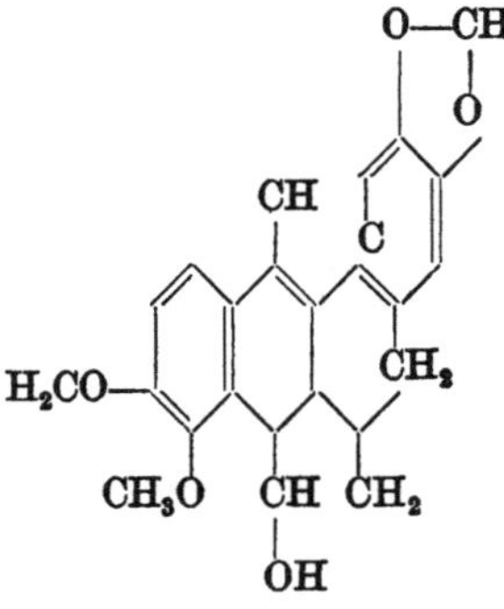

Berberin

In den Wurzeln von *Berberis repens* wurde auch Oxyakanthin bis zu 2,82% der Trockensubstanz (bei einem Gehalt des Berberins von 2,35%) gefunden. Die Struktur des Oxyakanthins wurde festgelegt, wobei gefunden wurde, daß dieses Alkaloid zu den Verbindungen des Diisochinolins gehört. Neben dem Oxyakanthin wurde auch sein Isomer, das Berbamin, angetroffen:

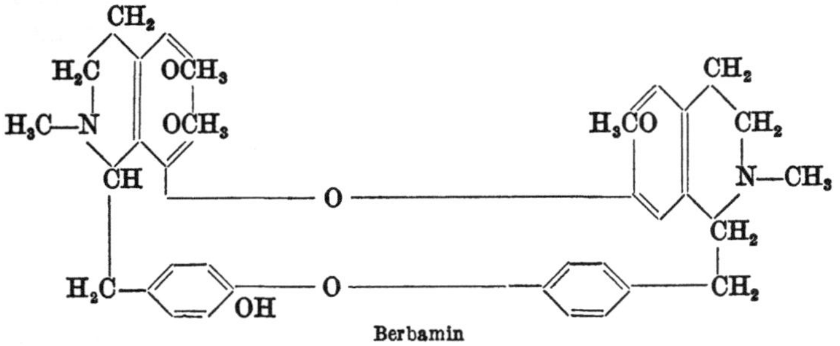

Berbamin

Eine große Zahl von Alkaloiden wurde in der Familie der Menispermazeen festgestellt, wo außer Berberin, das bei *Chasmanthera cordifolia* gefunden wurde, bei der Gattung *Calumba* das Palmatrubin entdeckt und aus *Menispermum dauricum* das Alkaloid Daurizin isoliert wurde, dessen Struktur vorläufig noch zweifelhaft ist, aber möglicherweise der angeführten Formel entspricht.

Aus einigen chinesischen Arten der Menispermazeen wurden Hanphangnin-A und Hanphangnin-B ausgeschieden, die eine Gruppierung des Diphenyl-Äthers enthielten und womöglich in der Struktur dem l-Pheantin der Anonazeen und dem Tetrandrin (o-Methylberbamin) nahestehen. Zu solch einem Typ von Verbindungen gehört das aus verschiedenen Menispermazeen ausgeschiedene Menisarin, Normenisarin und das Insularin. In den Wurzeln von *Chondrodendron tomentosum* wurde ein Alkaloid gefunden, das mit dem von den Vertretern der Laurazeen ausgeschiedenem Pelosin oder dem Bebeerin identisch ist.

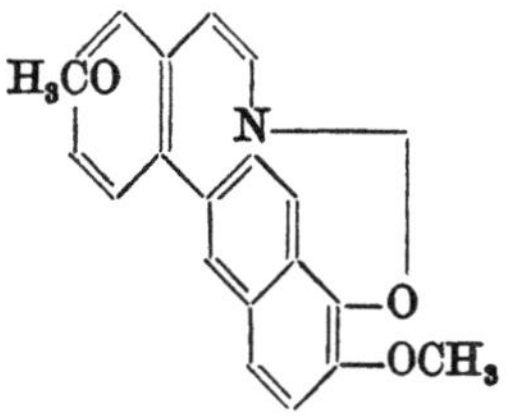

Palmatrubin

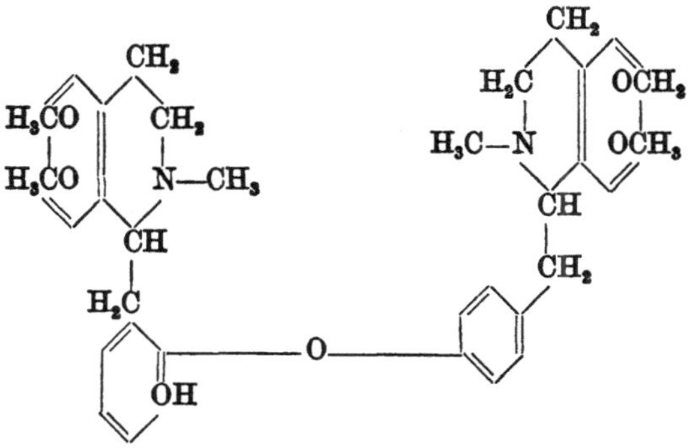

Daurizin

In den Rhizomen von *Cyclea peltata* wurde ein dem Bebeerin nahestehendes Zyklein, in den Wurzeln „Columbo" (*Jatrorrhiza palmata*) drei Alkaloide: Columbamin, Jatrorrhizin $C_{20}H_{11}NO_6$ und Palmatin ($C_{21}H_{23}NO_7$) und in den Wurzeln von *Tinospora Bakis* Sengolin, Pelosin und Kolumbin gefunden. Aus den giftigen Früchten von *Anamirta paniculata* wurde Menispermin $C_{36}H_{24}NO_4$ und das stickstofffreie toxische Pikrotoxin erhalten. Der Wurzelstock von *Menispermum canadense* enthält außer Berberin das Menispin und das javanische *Cocculus laurifolius* das Zoklaurin. Ebenso wurden Alkaloide bei *Cocculus umbellatus* und *ovalifolius* und bei verschiedenen Arten von *Tiliacorea, Pachygone* und *Pycnarrhena* gefunden. Berberin wurde bei *Fibraurea tinctoria* und bei *Coscinium Blumeanum* festgestellt.

Somit wurden in allen Ranalesfamilien, mit Ausnahme der Lardizabalazeen und Keratophyllazeen, für die keine analytischen Daten vorhanden sind, Alkaloide in großen Mengen festgestellt, die den Beweis erbringen für deutlich ausgeprägte Äußerungen eines spezialisierten Stoffwechsels, wie es auch für die zweite Reihe *Batrachiophyta* der *Anonales* hervorgehoben wurde. Ein derartiges Zusammenfallen der biochemischen Merkmale, die auf das phylogenetische Alter des Stammes *Batrachiophyta* hinweisen, mit derjenigen Stellung, welche diese Gruppe im System der Blütenpflanzen einnimmt, ist hoch interessant.

Mit den Alkaloiden ist die verstärkte Fähigkeit der Vertreter der Ordnungen *Anonales* und *Ranales* zu einem spezialisierten Stoffwechsel nicht erschöpft. Wollen wir uns hier mit dem Hinweis auf ihre Anhäufung solcher komplizierten polyzyklischen Verbindungen, wie des Saponins beschränken. *Illicium verum* (Winterazeen), verschiedene Arten von *Nigella*, *Clematis vitalba*, Arten von *Helleborus* (*Helleborus viridis*, *niger* und *foetidus*) von den Ranunkulazeen, *Mirystica fragrans* von den Myristizazeen und verschiedene Menispermazeen enthielten diese Verbindungen. Lediglich der Mangel spezieller analytischer Untersuchungen verhindert es, diese Aufzählung zu erweitern.

Als allgemeine Schlußfolgerung ergibt sich von selbst der Leitsatz, daß die Batrachiophyten durch eine hohe Fähigkeit zu einem spezialisierten Stoffwechsel, d. h. durch einen verhältnismäßig niedrigen energetischen Stand charakterisiert sind.

Gemäß A. A. Grossheim stellt der Stamm II *Hamamelidophyta* im Grunde genommen einen kurzen Ast mit einer kleinen Zahl heute lebender Vertreter dar. Er gibt keine weitere Fortsetzung und schließt im wesentlichen im zweiten Stadium der Entwicklung der Blütenpflanzen ab. Die Entwicklungsrichtung des ganzen Stammes ging zur Vervollkommnung der Windbestäubung. Daher nimmt er von zwei hierher zählenden Familien der Plantazeen eine höhere Stellung ein und stellt eine jüngere Gruppe dar.

Alle Hamamelidophyten zählen zu den Holzformen und nähern sich den Anonalen durch den Bau der Staubfäden mit breiten Fäden, durch freie Fruchtblätter und durch einsamige Früchte. Bei vielen Hamamelidazeen wurden Balsame und Harze gefunden (*Liquidambor orientale* und andere Arten bilden *Stirax*). In diesen Produkten wurden Sesquiterpene (Verbindungen des Hydronaphthalins), Harzspiritus Honduron $C_{11}H_{16}O_2$ und sogenannte Gummitannoine festgestellt. Bei *Hamamelis virginica* ist in der Rinde ein eigenartiger Gerbstoff, das Hamamelitannin, enthalten, das eine Dihalloil-Hexose darstellt. Leider ist die Biochemie dieser uralten Gruppe, die vom Ende der Kreidezeit her bekannt, und durch zersprengte Arelae und plötzliche endemisches Auftreten einiger Formen charakterisiert ist, fast unerforscht. Daher muß man sich mit den angeführten Hinweisen begnügen.

Der Stamm *Melophyta* ist nach A. A. Grossheim „der allergrößte und vielgestaltigste Stamm von allen Entwicklungsreihen der Phanerogamen. Er beginnt mit der Ordnung der *Rosales*, in deren Rahmen ein schneller Übergang vom untersten Entwicklungsstadium auf eine mittlere Stufe vor sich geht. Dieser Stamm ergibt viele Zweige, die vor allem im Rahmen der zweiten Stufe der Entwicklung konzentriert sind. Einige Ordnungen erreichen die Entwicklungshöhen der dritten Stufe: die einen, wie die *Rubiales* auf der Linie der Insektenbestäubung, andere (*Tricoccae*, *Fagales*, *Myricales*, *Juglandales*, *Julianiales*, *Garryales* und *Leitneriales*) auf der Linie der Windbestäubung und die dritten (*Podostemales*, *Callitrichales*, *Hippuridales*) auf der Linie der Selbstbestäubung als Ergebnis der Anpassung an eine Lebensweise im Wasser" (1945, Seite 14).

Die Ordnung *Rosales* wird von A. A. Grossheim bedeutend weiter aufgefaßt, als von den anderen Spezialisten. Hutchinson zählt zu den *Rosales* nur die Familien *Rosaceae, Chailletiaceae* und die *Calycanthaceae*. Auch Koso-Poljanski stellt die *Calycanthaceae* neben die *Rosacae* als deren Vorläufer. A. A. Grossheim zählt die *Calycanthaceae* zu den *Anonales*, was auch A. W. Blagowestschenski vollkommen richtig erscheint, da in den Samen der Kalykanthusarten, wie bereits gezeigt war, das charakteristische Alkaloid, das Kalykanthin enthalten ist, das den Alkaloiden anderer *Anonales* nahe steht. Die Familie *Chailletiaceae* oder sonst *Dichapetalaceae* wird von A. A. Grossheim zur Ordnung *Tricoccae* gemeinsam mit den *Euphorbiazeen* und den Buchsbaumartigen gezählt. Neben den *Euphorbiaceae* wird die Familie *Chailletiaceae* auch von B. M. Koso-Poljanski eingereiht. Andererseits werden die von Grossheim zu den *Rosales* zugezählten Familien *Crassulaceae, Cephalotaceae* und *Saxifragaceae* von Hutchinson in die gesonderte Ordnung der *Saxifragales* ausgesondert, die im Schema dieses Autors zwischen *Ranales* und *Caryophyllales*, d. h. sehr weit von den *Rosales* steht. Von Koso-Poljanski wurden sie in verschiedenen Teilen seines Systems untergebracht und zwar die *Crassulaceae* und die *Cephalotaceae* wurden zu verschiedenen Zweigen der *Clausocarpellatae* und die *Saxifragaceae* zu den *Apertocarpellatae* gezählt, wobei die *Cephalotaceae* von ihm unmittelbar mit den *Magnoliaceae* ohne irgendwelche Zwischenglieder verknüpft und die *Crassulaceae* mit den *Magnoliaceae* durch die *Menispermaceae* und die *Phytolaccacaeae* verbunden werden.

Von der Mehrzahl der Systematiker wird unmittelbar ein enger Zusammenhang der *Crassulacaee* und der *Saxifragaceae* mit den *Rosaceae* angenommen. Vom Gesichtspunkte des Biochemikers muß man sich diesem anschließen, da biochemisch gesehen alle drei Familien durch ein deutlich ausgeprägtes Vorherrschen der Prozesse des nicht spezialisierten Stoffwechsels und durch einen niedrigen Gehalt an zyklischen Verbindungen charakterisiert sind. Die für das südwestliche Australien endemische, einzige Art der Familie der *Cephalotaceae*, die *Cephalotus follicularis Labill*, eine insektenfressende Pflanze mit Blättern, die nach Art der Blätter von *Nepenthes* in Kannen verwandelt sind, hängt auf engste Weise mit den *Saxifragaceae* zusammen und hat natürlich alle Rechte darauf, in die Ordnung *Rosales* einbezogen zu werden.

Hinsichtlich des Charakters des Stoffwechsels bei *Cephalotus* gibt es in der Literatur absolut keine Hinweise, man muß aber hervorheben, daß im allgemeinen für die insektenfressenden Pflanzen weder Alkaloide, noch zyklische Terpene bekannt sind und man muß annehmen, daß bei ihr auch Prozesse des nicht spezialisierten Stoffwechsels vorherrschen. Hutchinson vereinigt die *Cephalotaceae, Crassulaceae* und die *Saxifragaceae* in der Ordnung der *Saxifragales*, die genetisch mit *Rosales* zusammenhängt, während die *Rosales* mit den *Magnoliales* zusammenhängen. Wenn man berücksichtigt, daß die *Magnoliales* und die *Ranales* bei Hutchinson im Grunde genommen nach dem

Vorherrschen der Holzgewächse bei den *Magnoliales* und von Gräsern bei den *Ranales* unterteilt sind, muß man auch die weitentfernte Stellung der *Rosales* und der *Saxifragales* von HUTCHINSON als künstlich ansehen, um so mehr, als unter den Rosenblütlern viele Gräserarten (*Potentilla, Fragaria, Alchemilla, Geum* u. a.) und unter den *Fragales* Holzarten und Gesträuch vorkommen. Dieses veranlaßt HUTCHINSON beispielsweise, die Gattung *Ribes* in eine besondere Familie *Grassulariaceae* und die *Hydrangea, Philadelphus, Deutzia, Carpenteria* und andere in der Familie *Hydrangeaceae* abzusondern und sie zusammen mit den Familien *Cunoniaceae* und *Brunelliaceae* in der Ordnung *Cunoniales* unterzubringen, die von ihm als eine der Ordnung *Rosales* unmittelbar vorangehende Ordnung angesehen wird.

Die Familien *Pittosporaceae, Bublidaceae* (in diese Familie reiht HUTCHINSON auch die Familie der *Roridulaceae* ein) werden nach HUTCHINSON unmittelbar neben *Cunoniales*, zwischen diesen und *Rosales* untergebracht. Von anderen Systematikern werden sie in die Ordnung *Saxifragales* einbezogen. Wie dem auch sei, stehen diese Familien tatsächlich den *Rosaceae* sehr nahe.

Die Familien *Brunniaceae* und *Myrothamnaceae* reiht HUTCHINSON in die Ordnung *Hamamelidales* ein, die von ihm unmittelbar von *Rosales* abgeleitet wird; ihre Einbeziehung von A. A. GROSSHEIM in seine umfangreiche Gruppe *Rosales* rechtfertigt sich vollkommen vom Gesichtspunkte des Morphologen und des Systematikers.

Grossosomataceae rechnet HUTCHINSON zu der Ordnung *Dileniales*, die *Cunoniales* und *Pittosporales* mit den *Magnoliales* verbindet. Die Familie der *Connaraceae* zählt er zur Ordnung *Sapindales*, solch eine Stellung dieser Familie ruft aber ernstliche Bedenken hervor; uns erscheint ihr Platz unter den *Rosales* für wahrscheinlicher, wohin sie auch einige Systematiker zurechneten, indem sie diese der Gattung *Spiraea* näher brachten. B. M. KOSO-POLJANSKI leitet die *Grossosomataceae* und *Connaraceae* von den *Magnoliaceae* durch Vermittlung der *Dilleniaceae* ab, indem er mit ihnen den Zweig der Entwicklung abschließt, die unmittelbar an den Entwicklungszweig: *Magnoliaceae* → *Anonaceae* → *Calycanthaceae* → *Rosaceae* → *Leguminosae* → *Proteaceae* anschließt.

Somit dürfen tatsächlich alle Familien, die von A. A. GROSSHEIM zu der Ordnung *Rosales* gezählt und von anderen Autoren an verschiedenen Stellen des Systems der Blütenpflanzen untergebracht werden, nicht in der umfangreichen Ordnung *Rosales* zusammengefaßt werden. Diese Ordnung muß zweifellos als verhältnismäßig jung betrachtet werden, obwohl sie auch einige mehr oder weniger archaische Formen einbezieht. Derartig sind beispielsweise die Vertreter der Gattung *Prunus* in der Familie der *Rosaceae*. Alle Vertreter dieser Gattung sind Holzgewächse und im fossilen Zustande aus dem Pliozän Frankreichs (*Prunus laurocerasus*) und aus dem Miozän der Tschechoslowakei (der ältere *Prunus Amygdalus*) bekannt. Die einzelnen Gattungen der Ordnung sind überaus polymorph *Rubus, Potentilla, Prunus, Achemilla, Rosa* u. a.). Seine Vertreter besitzen regelrechte Blumen mit einem oberständigen und einem mittelständigen Fruchtknoten und mit freien Blütenblättern und besitzen keine Fähigkeit mehr, Alkaloide zu bilden. Wo ätherische Öle vorkommen, sind sie vorwiegend durch aliphatische Terpene des Geranioltyps vertreten. Bei den Rosazeen wurden ätherische Öle mit Terpenen nur in der Gattung *Rosa* gefunden.

Für die Früchte *Rosa*, ebenso wie auch für die Früchte *Ribes nigrum* (*Saxifragaceae*) wurde ein hoher Gehalt an Askorbinsäure, d. h. ein Merkmal festgestellt, das für einen normalen Stoffwechsel charakteristisch ist. Dieses ist um so interessanter, als in der Arbeit von G. A. ZEPKOWA (1945) Daten angeführt werden, die darauf hinweisen, daß in den Blättern einiger Vertreter der Rosazeen der Askorbinsäuregehalt sehr hoch ist. Von G. A. ZEPKOWA und von W. L. JOSSELEWITSCH wurden folgende Mengen an Askorbinsäure (in Milligramm auf 100 g Trockengewicht der Blätter) der *Rosaceae* des Naturschutzparkes AKSU-DSHEBOGLY im westlichen TJAN-SCHAN gefunden: *Malus pumila* — 3640, *Rosa Beggeriana* — 3860, *Sorbus persica* — 900, *Potentilla reptans* — 840, *Sanguisorba officinalis* — 590. Zur Zeit der Fruchtreife erwies sich der Gehalt an Askorbinsäure in den Blättern *Rosa sp.* 570 mg. Ein derartiger Gehalt an Askorbinsäure in den Blättern zur Zeit der Fruchtreife wurde auch durch Analysen des nicht Früchte tragenden und fruchttragenden *Malus pumila* bestätigt: in den Blättern des nicht Früchte tragenden *Malus pumila* waren 3970 mg Askorbinsäure enthalten und in den Blättern der fruchttragenden 1550 mg. Nach W. A. BLAGOWESTSCHENSKI jr. (1940) war der Askorbinsäuregehalt in den Blättern *Rosa sp.* in Suchumi zur Zeit der Fruchtreife der Hagebutte gleich Null.

Im Zusammenhange mit der Askorbinsäure ist es erforderlich, auch die andere Komponente des Atmungssystems zu untersuchen, welche die Pflanzen mit einem normalen Stoffwechsel charakterisiert, und zwar die Aktivität der Peroxydase. In Milligramm oxydierten Guajakols pro Gramm Blätter ausgedrückt, war die Aktivität der Peroxydase bei *Rosa sp.* = 0, *Pirus communis* = 0, *Prunus laurocerasus* =0, *Amygdalus persica* =2,63, *Pirus malus* = 3,38, *Rubus caesius* = 1,50, *Fragariu vesca* = 1,13. Vergleichsweise sei darauf hingewiesen, daß die entsprechende Aktivität der Peroxydase in den Blättern von *Citrus maximus* 53,0 war. Schließlich wurden von A. W. BLAGOWESTSCHENSKI und Mitarbeitern Daten auch über die Eigenschaft der Fermente verschiedener Vertreter der Rosazeen erhalten. Die Wärmekoeffizienten der Katalase sind in der Tabelle 88 angeführt.

Jedoch wurden in dieser Familie auch Arten mit einem höheren Wert der Wärmekoeffizienten gefunden (Tabelle 89).

Im Durchschnitt für 15 Arten der Rosazeen ist $\mu = 8900$ g-cal und ohne die Vertreter der Gattung *Prunus* ist $\mu = 7400$ g-cal. Unter den Rosazeen zählt die Gattung *Prunus* zu den alleraltesten und gewissermaßen zu den relikten Gattungen: ihre fossilen Überreste sind, wie bereits hingewiesen wurde, aus dem Pliozän (Lorbeerkirsche) und aus dem Miozän (Pfirsich) bekannt. Über Vertreter anderer Familien, die zur Ordnung *Rosales* gehören, gibt es keine Angaben über die Qualität der Fermente; nur für die Katalase von *Pitto-*

TABELLE 88 *Die Qualität der Katalase in der Familie der Rosazeen*

Art	Q_{10}	μ, g-Kal
Rosa sp	—	9 400
Rosa sp.$_2$	1,74	9 500
Rosa persica	1,70	9 000
„ *eglanteria*	1,40	5 700
„ *sp.*$_3$	1,59	7 900
Rubus caesius (Suchumi)	1,66	8 600
„ „ (Tjan-Schan)	1,65	8 500
Pirus communis (20—30°)	1,50	4 700
„ „ (15—25°)		6 900
Fragaria vesca	1,58	7 800
Spiraeanthus Schrenkianus	1,78	10 000
Crataegus Azarollus	1,51	7 000
„ *sp.* (Taschkent)	—	6 700
Erybotrya japonica	—	5 800
Potentilla orientalis (Pamir)	—	5 200

TABELLE 89 *Die Qualität der Katalase in der Familie der Rosazeen*

Art	Q_{10}	μ, g-Kal
Prunus laurocerasus	1,87	10 700
Prunus ceraus	1,95	11 400
Prunus amygdalus var. Persica	3,47	22 700

sporum Tobira wurde von A. W. Blagowestschenski der Wert $\mu = 7100$ g-cal, d. h. der Wert derselben Ordnung, wie für die Rosazeen gefunden.

Somit sind die Vertreter der Familien, die zur Ordnung der *Rosales* gehören, sowohl in den morphologischen, als auch in den biochemischen Merkmalen durch eine gewisse Unentwickeltheit, das Fehlen einer weitgehenden Spezialisierung, sowohl der Struktur, als auch des Stoffwechsels, und durch einen hohen energetischen Stand charakterisiert, d. h. die ganze Ordnung erscheint zweifellos als gedeihend und an die Standortsbedingungen hoch angepaßt.

Die gewaltige Familie der Hülsenfrüchte (Leguminosen), welche die Ordnung *Leguminosales* vollständig ausfüllen, die bisweilen in drei selbständige Familien (*Mimosaceae, Caesalpiniaceae* und *Papilionaceae*) aufgeteilt werden, zählen bis zu 12 000 Arten und werden ausgezeichnet morphologisch (Bau der Blüte, der Blätter und der Früchte) und physiologisch (Symbiose mit Knöllchenbakterien) charakterisiert. Die Hülsenfrüchte sind hauptsächlich durch vieljährige Pflanzen, seltener durch einjährige (bisweilen sowohl die einen als auch die anderen mit sich schlingenden Stengeln), alsdann durch Gestrüpp und durch Sträucher und selten durch Bäume oder durch Lianen vertreten.

Fossile Vertreter sind zweifellos aus der Kreidezeit bekannt. Nach KRISCHTOFOWITSCH (1934) kommen Überreste der Gattung *Cercis* (Unterfamilie *Caesalpiniaceae*) im unteren Oligozän und im Miozän Frankreichs und im Miozän Japans vor. Jetzt ist diese Gattung in der Anzahl von wenigen Arten in Nordamerika, im Mittelmeergebiet und in Ostasien erhalten geblieben. Aus der Unterfamilie der Papilionazeen können mit Sicherheit nur wenige Vertreter als bestimmt angenommen werden; derartige sind *Dalbergia* aus der Kreide Grönlands und aus Tertiärablagerungen der Alten Welt, ferner *Cystis, Caragana, Robinia* aus Tertiärschichten desselben Gebietes.

Morphologisch am wenigsten spezialisiert ist die Unterfamile *Mimosaceae*, Bäume und Lianen mit regelrechten Blüten und Staubfäden, die in der Mehrzahl der Fälle nicht verwachsen sind. Bei den Caesalpiniazeen sind die Blüten schon unregelmäßig, die Staubfäden entweder vollkommen frei oder mit Fäden verwachsen bzw. teilweise frei. Hierher gehören Bäume, Lianen und kleine Sträucher. Schließlich haben bei allen Papilionazeen die Blüten immer eine charakteristische Struktur der Schmetterlingsblütler (Segel, Kahn und Flügel). Es sind fast immer 10 Staubfäden vorhanden, wobei sie alle entweder frei (selten) oder untereinander zusammengewachsen sind, oder aber es sind 9 Staubfäden durch Fäden zu einem Rohr zusammengewachsen und einer (der hintere) bleibt frei. Zu der Gruppe mit freien Staubfäden zählen *Sophoreae* und *Podalyrieae*, die sich in der Reihe der Merkmale den Caesalpiniazeen nähern. Die Schmetterlingsblütler sind nicht nur durch Bäume und Sträucher, sondern durch vieljährige und einjährige Gräser vertreten. Einige Gattungen (beispielsweise *Astragalus*) unterscheiden sich durch einen ungewöhnlichen Polymorphismus und durch die Fähigkeit, sich an die verschiedensten Lebensbedingungen anzupassen. Somit ist außer jeglichem Zweifel die Gruppe *Leguminosae* in ihrem überwiegenden Teil eine gedeihende, progressiv sich entwickelnde Gruppe, die aber zugleich uralte, archaische Formen (*Sophoreae, Podalyrieae*) umfaßt.

Wenn wir uns den biochemischen Merkmalen zuwenden, ist es erforderlich, vor allem zu bemerken, daß unter den Vertretern der Mimosazeen Alkaloide nur bei *Acacia tenerrima, Albizzia lucida* und bei *Pithecolobium Saman* gefunden wurden. Zyklische Terpene wurden nicht festgestellt. In den Blättern von *Albizzia julibrissin* wurde von T. JU. SERGIJEWSKAJA 382,4 mg Askorbinsäure in 100 g Trockensubstanz gefunden. Die Werte des Koeffizienten μ für die Katalasespaltung von Wasserstoffsuperoxyds wurde von A. W. BLAGOWESTSCHENSKI für *Albissia julibrissin* (2200 g-Kal) und für *Acacia dealbata* (6500 g-Kal) bestimmt. Die Caesalpinaceen enthalten überhaupt keine Alkaloide, da die aktiven Stoffe der Blätter von *Cassia acutifolia* und von *Cassia angustifolia*, die sogenannte Katarthinsäure zu den Verbindungen des Anthrazens gehört und nicht ein Alkaloid darstellt, wie früher angenommen wurde. Gleicherweise wurde auch der vermutete Alkaloidgehalt bei *Gleditschia triacanthos* nicht durch neuere Untersuchungen bestätigt. Der Wert μ für die Katalasespaltung von Wasserstoffsuperoxyd erwies sich bei Präparaten aus

Blättern dieser Pflanze gleich 10 700 g-cal und bei Präparaten aus Blättern von *Cercis siliquastrum* = 5 400 g-cal. Bei verschiedenen Vertretern der Gattung *Gastrolobium* wurde das Vorkommen eines giftigen Glykosids, des Gastrolobins festgestellt. Zyklische Terpene fehlen bei *Caesalpinoideae.* In 100 g der trocknen Blätter von *Gleditschia triacanthos* wurde von T. Ju. Sergijewskaja 131,0 mg Askorbinsäure und in den Blättern von *Cercis siliquastrum* 113,5 mg gefunden.

Unter den Schmetterlingsblütlern wurden vor allem bei Vertretern von *Sophoreae, Podalyrieae* und von *Genisteae* Alkaloide festgestellt. Die anderen Gruppen der Schmetterlingsblütler können gleichfalls Alkaloide enthalten, aber sie kommen gewöhnlich nicht bei allen Arten irgendeiner Gattung vor. Derartige alkaloidhaltige Arten kommen beispielsweise in den Gattungen *Lotus, Colutea* und *Galega* vor. Hierbei enthält die Gattung *Galega* eigentlich nicht Alkaloide, sondern eine eigenartige Verbindung des Methylpyrrolidins mit Harnstoff, das sogenannte Halegrin $C_6H_{13}N_3$. Echte Alkaloide wurden, wie erwähnt, bei *Sophoreae, Podalyrieae* und bei *Genisteae* gefunden.

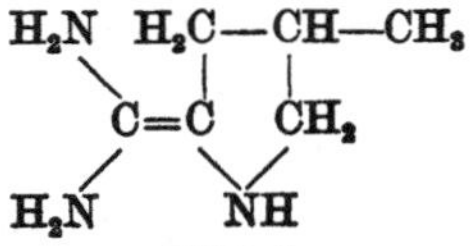

Halegrin

Neben Verbindungen des Pyridins, dem Spartein, wurden hier bei verschiedenen Vertretern der Gattungen *Cytisus* und *Lupinus* Verbindungen des Chinolins gefunden, die wohl einige Eigenschaften der Verbindungen des Pyridins besitzen. Als am meisten verbreitet von derartigen Alkaloiden muß das Cytisin angesehen werden, das außer bei verschiedenen Arten der Gattung *Cytisus,* bei einer Reihe von Vertretern der Gattungen *Laburnum, Genista, Ulex, Sophora, Thermopsis, Baptisia, Anagyris, Lotus, Colutea* und *Euchresta* vorkommt. Cytisin wird gewöhnlich zusammen mit Alkaloiden der Pyridingruppe, wie beispielsweise mit Matrin bei *Sophora,* dem Spartein bei *Cytisus scoparium* usw. angetroffen. Diese Erscheinung des gleichzeitigen Vorkommens der Verbindungen des Chinolins und des Pyridins in ein und derselben Pflanze wurde nirgends mehr in der Pflanzenwelt festgestellt. Die Samen von *Anagyris foetida* enthalten Cytisin zusammen mit Anagyrin und mit Butylzytisinin. Bei Ammodendron (*Sophoreae*) wurde das aus zwei unkondensierten Piperidinringen bestehende Alkaloid Ammodendrin festgestellt.

Zusammen mit diesen Alkaloiden, wie auch in Pflanzen, die diese Verbindungen nicht enthalten, enthalten die Papilionazeen Stoffe, die gewissermaßen die Vorläufer von Alkaloiden bilden und zwar: das Trigonellin bei *Trigonella Foenum graecum, Pisum sativum, Vicia sativa* und das Physostigmin bei *Physostigma venenosum* und bei *Mucuna cylindrospermum* (*Phaseoleae*).

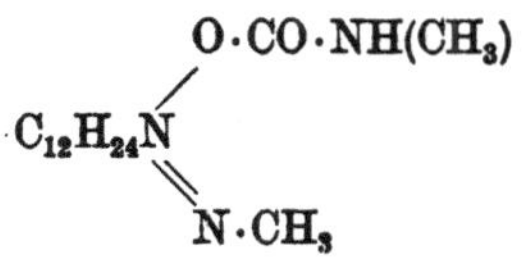

Somit wird bei sehr vielen Papilionazeen die Fähigkeit beobachtet, ringförmige Verbindungen verschiedener Stufen der Kompliziertheit zu bilden, wobei diese Fähigkeit die allerhöchste Entwicklung in den ihrer Struktur nach archaischen Gruppen *Sophoreae* und *Podalyrieae* erreicht.

Zyklische Terpene wurden bei den Papilionazeen nicht festgestellt, dafür wurden interessante Glykoside gefunden, die auf einen eigenartigen Charakter ihres Stoffwechsels hinweisen. Von diesen muß man vor allem das Lotusin hervorheben, das in *Lotus arabicus* gefunden wurde und in der Struktur ein Lotoflavonäther des Cyanhydrins der Maltose darstellt:

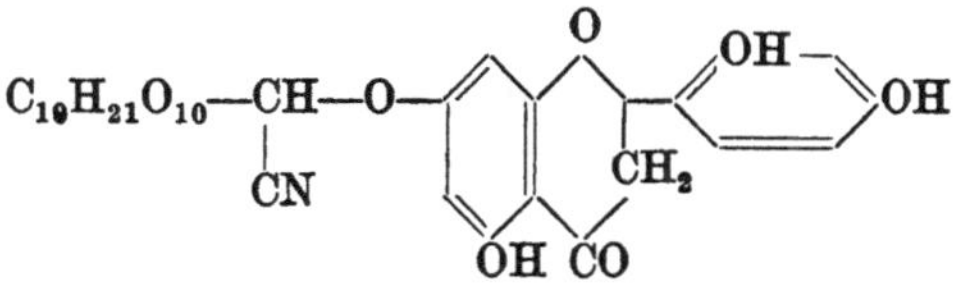

Lotusin

Am Beispiel dieses Glykosids kann man sehen, daß das Protoplasma schädliche Stoffe des Typs der Cyanverbindungen unschädlich machen kann, indem es sie in weniger giftige Komponenten, sogar derartig komplizierter Stoffe wie Flavone, überführt.

In anderen Vertretern der Papilionazeen wurde ein Glykosid, das Phaseolunatin gefunden, in dem Glukose und Blausäure mit Azeton verbunden sind:

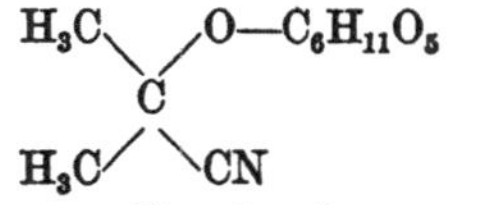

Phaseolunatin

Glykoside dieses Typs wurden gefunden bei *Phaseolus lunatus, Trifolium repens, Ornithops sp.*, und bei *Lotus corniculatus.* Außerhalb der Papilionazeen wurde Phaseolunatin festgestellt bei *Linum usitatissimum, Linum perenne, Thalictrum aquilegifolium, Thalictrum angustifolium, Isopyrum thalictroides, Manihot utilissima, Manihot apii* und bei *Gynocardia odorata* (aus der Familie *Flacourtiaceae*).

Außer dem Lotusin und dem Phaseolunatin wurden verschiedene Glykoside, darunter auch giftige, auch bei anderen Leguminosen in allen Unterteilungen der Leguminosen festgestellt; solche sind: das Gastrolobin, Koronillin, Vistariin, Taphrysin und andere. Das ursprünglich bei Vertretern der Gattung *Glycyrrhyza* gefundene Glyzyrrhizin, das eine Naphthalingruppierung enthält, wurde bei *Astragalus glycyphyllus, Periandra mediterranea, Abrus praeca-*

torius wie auch bei Arten anderer Familien festgestellt (bei *Myrrhis odorata* aus den Umbelliferen, *Pratesia lactescens* aus den Sapotazeen, *Bactris speciosa* aus den Palmazeen und sogar in den Rhizomen einiger Filizinen).

Die Wärmekoeffizienten der Fermentreaktionen befinden sich bei den Leguminosen im Einklang damit, was über ihren Chemismus bekannt ist. Als Ganzes unterscheidet sich diese ganze Familie durch niedrige Werte von μ, die im Durchschnitt für Katalase zwischen 15 und 25° 4900 g-cal betragen (Abschnitt VIII).

Das Studium der Qualität der Fermente der vegetativen Teile einer Reihe von Vertretern der Familie der Hülsenfrüchte, das unter denselben Bedingungen wie auch die früher erwähnte entsprechende Untersuchung der Familie der Ranunkulazeen durchgeführt wurde, ergab folgende Werte für μ (E. W. Kolobkowa, 1949; T. W. Woblikowa, 1949; N. A. Kurjeschowa, 1949):

TABELLE 90 *Die Qualität der Fermente in der Familie der Hülsenfrüchte* (in g-Kal)

Arten	Protease	Katalase	Peroxydase
Astragalus Sieversianus	—	7 800	960
Astragalus inaequalifolius	—	8 900	—
Astragalus severzovii	—	—	4 600
Oxytropis immersa	9 000	4 700	5 700
Oxytropis tschimganica	—	—	600
Oxytropis terekensis	—	—	6 600
Hedysarum Semenovii	1 600	8 300	—
Hedysarum Fedtschenkoanum . .	—	6 900	—
Hedysarum cephalotes	—	10 900	—
Onobrychis echidna	—	9 100	—
Lathyrus pratensis	11 200	12 200	—
Vicia kokanica	5 000	4 500	3 300
Medicago tianchanica	8 500	3 300	6 300

Somit wird die Ordnung der Leguminosen sowohl morphologisch als auch biochemisch in bezug auf die Energie als progressiv charakterisiert, obwohl sie auch archaische Formen enthält.

Die Ordnung der *Malvales* umfaßt neun Familien, von denen von Hutchinson fünf in der Ordnung *Tiliales* abgesondert werden, an die unmittelbar die aus einer Familie bestehende Ordnung *Malvales* angeschlossen ist. Die Gattung *Eleocarpus* wird in die Familie *Thilaceae* einbezogen. Die Familie *Chlenaceae* gehört zur Ordnung *Theales*. Biochemisch muß die Ordnung *Malvales* zu den Pflanzen mit nicht spezialisiertem Stoffwechsel gezählt werden, da weder Alkaloide, noch zyklische Terpene sowie Saponine in den Familien gefunden wurden, die hierzu gehörten. Das bei *Sida cordifolia* (*Malvaceae*) gefundene „Alkaloid" hat die Struktur $C_6H_5—CH(OH)—CH(CH_3)—NH—CH_3$ und gehört natürlich nicht zu den Alkaloiden, wie auch das giftige Gossypol nicht zu den Alkaloiden gehört, das in den Samen verschiedener Arten der Gattung *Gossypium* (*Malvaceae*) eine eigenartige methylierte Verbindung zweier Naphthalinkerne enthält:

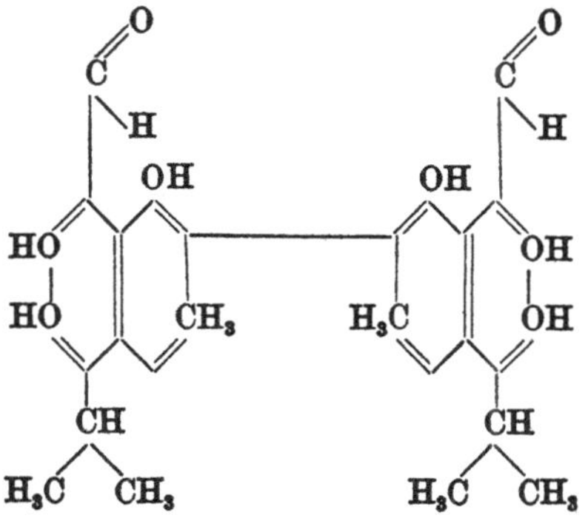

Gossypol

Bestimmungen des energetischen Standes der Fermentreaktionen wurden für die Baumwollstaude von O. N. Granotowa und von A. A. Borodulina durchgeführt und ergaben Werte für μ bei *Gossypium hirsutum* für Amylase in ruhenden Samen 6700—8700 g-cal, und in Blättern und Stengeln 7000—9200 g-cal; für Saccharase in ruhenden Samen 8500—10000 g-cal, für Katalase in ruhenden Samen: *Gossypium Barbadense*, Sorte 3-51 — 8500, Sorte 35-2 — 8700; *Gossypium hirsutum*, Sorte 764 — 11500, Sorte 2034 — 12 200 g-cal. Wie die Studien von Onslo zeigten, gehören die Tiliazeen und die Malvazeen dem Charakter der Atmungsfermente nach zu den Pflanzen des Peroxydasetyps der Atmung und enthalten keine Oxydasen.

Die Ordnung *Geranisales* von A. A. Grossheim umfaßt die Ordnung *Geraniales* von Hutchinson (mit Ausnahme der Familie *Balsaminaceae*), alsdann gehört dazu auch die Ordnung *Malpighiales* und die von Hutchinson zu *Celastrales* gezählte Familie *Gneoracaee*. Man muß bemerken, daß Hutchinson, dadurch daß er von den *Geraniales* die *Malpighiales* und die *Gneoraceae* absondert, ihren überaus engen Zusammenhang mit *Tiliales* unterstreicht, d. h. sie in unmittelbare Nähe zu den *Malvales* von A. A. Grossheim stellt und hervorhebt, daß sie (insbesondere die Familien *Malpighiaceae, Humiriaceae* und *Erythroxylaceae*) fortgeschrittene und spezialisierte Gruppen der *Tiliales* darstellen. Bei den morphologisch einfacheren Familien der Ordnung (bei den *Linaceae* und *Oxalidaceae*) wurden keine Produkte des spezialisierten Stoffwechsels festgestellt, da die zyanogenen Glykoside (*Linaceae*) in der Struktur sehr einfach sind und Zwischenstoffe des Stoffwechsels des Stickstoffes darstellen. Unter ihnen muß man das Linamarin aus den Samen von *Linum usitatissimum* hervorheben, das mit dem Phaseolunatin der Leguminosen identisch ist. In der Rinde von *Roucheria Griffithiana Planch* (*linaceae*) wurden Stoffe gefunden, die an die Saponine erinnern.

In der Familie der *Geraniaceae* erzeugen Vertreter der Gattung *Pelargonium* (besonders *Pelargonium roseum Hert.*) große Mengen an zyklischen Terpenen vom Typ des Menthol, Borneol, Pinen, Phellandren. Die den *Lineaceae* morphologisch nahestehenden, aber im Gegensatz zu ihnen nicht grasartigen, sondern holzartigen *Exytroxylaceae* stellen zweifellos die allerälteste und gleichzeitig die am meisten spezialisierte Familie der Ordnung dar, und sie wird biochemisch durch das Vorkommen von spezifischen Alkaloiden charakterisiert, die einen kondensierten Pyrrolidin-Pyridinring haben. Alle diese Alkaloide können aus ein und demselben Mutterstoff, dem Ekgonin abgeleitet werden. Für das allerbekannteste unter ihnen muß man das Kokain halten:

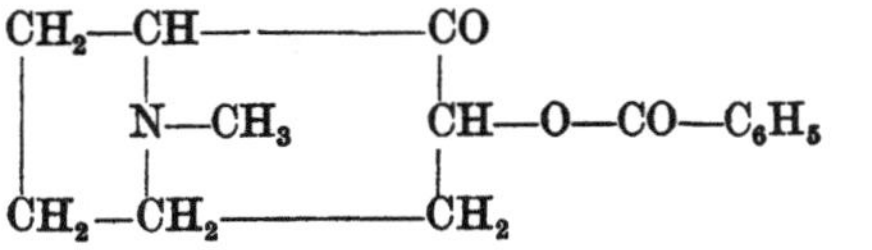

Kokain

Es ist von Interesse, hervorzuheben, daß Alkaloide einer derartigen Struktur (Verbindungen des Tropins) für verschiedene Vertreter der Familie der *Solanaceae* der Ordnung *Tubiflorae* charakteristisch sind. Ob dieses einen Hinweis auf die Verwandtschaft von *Erythroxylaceae* und *Solanaceae* darstellt oder ob hier eine chemische Konvergenz vorliegt, ist bis jetzt schwer zu sagen.

Die zu derselben Ordnung *Geraniales* gehörende Familie *Zygophyllaceae,* von denen viele Vertreter charakteristische Bewohner der Wüsten und der Salzböden darstellen, unterscheiden sich biochemisch durch das Vorkommen von Harz im Holzstoff, beispielsweise bei *Guajacum officinale.* Bei dieser Pflanze wurden auch Saponine festgestellt. Bei *Peganum harmala* wurden Alkaloide gefunden, wobei beim Harmalin $C_{13}H_{14}N_2O$ das Vorkommen einer Pyridingruppierung festgestellt wurde und das Peganin $C_{11}H_{12}N_2O$ hat eine völlig eigenartige Struktur, indem es einen bizyklischen Kern des Chinoxalins einschließt.

Bei den Vertretern der Familien *Limnanthaceae* und *Tropaeolaceae* wurden Senföle und ein entsprechendes Ferment, das Myrosin gefunden, was diese Familien den *Cruciferae, Capparidaceae* und den *Resedaceae* näher bringt und die Überprüfung ihrer Stellung im System notwendig macht.

Für die Kenntnis über den energetischen Stand der Vertreter der *Geraniales* gibt es sehr wenige Daten: das alkaloidhaltige *Peganum harmala* ergab für Katalase $\mu = 10\,500$ g-cal, d. h. den Durchschnittswert für dieses Ferment. Für einen Vertreter der Gattung *Zygophyllum,* der keine Alkaloide enthielt, wurde wohl unter den Bedingungen des Pamirs im Gegenteil ein überaus hoher energetischer Stand festgestellt. Die Werte μ für Katalase waren bei ihnen: bei *Zygophyllum Rasowii* 4200 g-cal und bei *Zygophyllum obliquum* 3300 g-cal.

Von den drei Familien, die von A. A. Grossheim zu der Ordnung *Tricoccae* gezählt werden, werden die *Dichapetalaceae* von Hutchinson zu den *Rosales* zugerechnet. Biochemisch wurden ihre Vertreter nicht erforscht, aber es ist bekannt, daß viele von ihnen giftig sind. Die *Buxaceae* reiht Hutchinson unter die *Hamamelidales* ein, aber die Mehrzahl der Systematiker bringt sie gewöhnlich neben den *Euphorbiaceae* unter. *Buxus sempervirens* ist infolge des Vorkommens von Alkaloiden unbekannter Struktur giftig (Buxin, Parabuxin, Parabuxidin, Buxidin und Buxamin). Der thermische Koeffizient der Katalase beträgt 7000 g-Kal, d. h. er ist eher niedrig.

Die Familie *Euphorbiaceae* wird von einigen Autoren (WETTSTEIN) deshalb für uralt gehalten, weil für die Vertreter dieser Familie die Eingeschlechtlichkeit und die verhältnismäßig einfache Struktur der Blüte mit einem Fehlen oder einer nur schwachen Entwicklung der Blumenkrone charakteristisch ist, was man für unentwickelte Merkmale der Struktur halten kann. Andere Systematiker teilen diesen Standpunkt nicht. N. A. BUSCH (1940) hält die *Euphorbiaceae* für eine junge Gruppe und leitet sie von den *Malvales* ab. HUTCHINSON meint gleichfalls, daß die *Euphorbiaceae* eine junge Gruppe darstellt, die aus verschiedenen Quellen abstammt; unter ihren Vorfahren führt er *Bixales, Tiliales, Malvales, Celastrales* und besonders *Sapindales* an. N. I. KUSNEZOW (1936) meint immerhin, indem er die Abstammung der *Euphorbiaceae* von den *Malvales* annimmt, daß ihre Stellung unbestimmt ist.

Biochemisch stellen die Euphorbiazeen als Ganzes keine uralte Gruppe dar, obwohl bei einigen ihrer Vertreter auch die Merkmale des spezialisierten Stoffwechsels scharf ausgeprägt sind. In dieser Familie ist wohl eine große Menge von giftigen Pflanzen bekannt (*Croton, Ricinus, Hippomane, Sapium, Euphorbia, Toxicodendron* u. a.), was mit dem Vorkommen von eigenartigen Produkten ihres Stoffwechsels zusammenhängt. So gibt beispielsweise das Rizinin mit Chlorwasser und Ammoniak die Reaktion von WEIDEL und spaltet bei der Einwirkung von Chromsäure Blausäure ab, was auf die Möglichkeit des Vorkommens eines Glyoxalinringes und eine Struktur hinweist, die mit dem Aufbau des Histidins zusammenfällt.

Die Gattungen *Hevea* und *Manihot* zeichnen sich durch die Fähigkeit, Kautschuk herzustellen, aus (die an Stärke reichen Knollen verschiedener Manihotarten sind im rohen Zustande stark giftig). Werte des Wärmekoeffizienten μ für die Katalasewirkung wurden bei *Ricinus communis* 8200 g-cal, *Aleuritis cardata* — 4100 g-cal und bei *Sapium sebiferum* 6300 g-cal gefunden, d. h. sie erwiesen sich als verhältnismäßig gering und wegen der Eigenschaft der Fermente muß man diese Pflanzen den jungen Gruppen zuzählen. Im Zusammenhang hiermit sind bei den Euphorbiazeen sowohl echte Alkaloide als auch zyklische Terpene fast unbekannt. Frühere Autoren meinten wohl (siehe CZAPECK, Band II 1921, S. 267), daß *Euphorbia Drummondi* das Alkaloid Drumin enthält und wiesen auf den Alkaloidgehalt bei *Euphorbia pilulifera*, in der Rinde und in den Samen von *Daphniphyllum bancanum* und von *Daphniphyllum macropodum* (Daphnimacrin $C_{17}H_{41}NO_4$), in den Wurzeln von *Stillingia silvatica*, in den Samen von *Joannesia* und *Galearia* und in der Rinde von *Croton Grubouga* hin. Jedoch ist die Struktur all dieser „Alkaloide" unbekannt und vielleicht werden sie das Schicksal des Rizinins teilen und sich als eigenartige Verbindungen herausstellen, die auf eine hohe chemische Spezialisierung dieser Familie zusammen mit der ganzen Ordnung *Tricoccae* hinweisen, die von A. A. GROSSHEIM auf eine höhere Entwicklungsstufe der Pflanzen zurückgeführt wurde.

Für eine hohe biochemische Spezialisierung zeugen auch die eigenartigen Stoffe des für die Euphorbiazeen so charakteristischen Milchsaftes, der bei einigen Arten Kautschuk und bei *Euphorbia* das sogenannte Euphorbon enthält, dessen Zusammensetzung durch die Formel $C_{30}H_{48}O$ ausgedrückt wird. Der Gehalt einer Benzolgruppe in ihm ist gewiß, aber die Struktur ist vorläufig unbekannt. Man kann meinen, daß die *Euphorbiaceae* sich aus Pflanzen entwickelten, die schon eine ziemlich hohe Stufe der Spezialisierung erreichten, indem sie zu der Zeit auf einen höheren energetischen Stand übergingen, als von ihnen die Fähigkeit herausgearbeitet war, im Stoffwechsel komplizierte Verbindungen zu bilden. Einer derartigen Erscheinung werden wir auch bei einigen anderen Familien, beispielsweise bei den Kompositen begegnen.

Die Ordnung *Myrtales* wird von A. A. GROSSHEIM bedeutend großzügiger aufgefaßt, als es die anderen Systematiker tun. HUTCHINSON bezieht in diese Ordnung nur fünf Familien ein (*Myrtaceae, Lecythidaceae, Melastomaceae, Combretaceae* und *Rhizophoraceae*). Er faßt die Familien *Lythraceae, Crypteroniaceae, Sonneratiaceae, Punicaceae, Oliniaceaea, Onagraceae* und *Halorrhagaceae* (die von A. A. GROSSHEIM zusammen mit den aus ihnen ausgeschiedenen *Gunneraceae* zu einer besonderen Ordnung zugezählt werden) in der Ordnung *Lythrales* (gemeinschaftlich mit der Familie *Callitrichiaceae*) und die Familien *Geissolomataceae, Thylmeleaceae* und *Peneaceae* (gemeinschaftlich mit der Familie *Nyctaginaceae*) in der Ordnung *Thymeleales* zusammen. *Callitrichiacaee* werden von A. A. GROSSHEIM zum neunten Zweig *Melophyta-Tubifloralia* zugezählt und in eine besondere Ordnung *Callitrichiales*, und die *Nyctaginaceae* in die Ordnung *Centrospermae* des Stammes VI *Centrospermatophyta* ausgesondert, wo sie auch im Ergebnis aller ihrer morphologischen Merkmale untergebracht sein müssen. Schließlich wird die Familie *Thelygonaceae* von HUTCHINSON unter der Bezeichnung *Cynocrambaceae* unter den *Chenopodiales* untergebracht: die Struktur des Samens zeugt nach A. W. BLAGOWESTSCHENSKI von einer derartigen Stellung.

Biochemisch stellen alle *Myrtales* zweifellos Pflanzen mit einem Vorherrschen des nicht spezialisierten Stoffwechsels dar. Bei *Punicaceae* werden Alkaloide angetroffen: das Pelletierin, das Pseudopelletierin und das Isopelletierin. Ihre Struktur ist sehr einfach und steht dem Coniin nahe. Von den Wurzeln von *Jambosa* (*Myrtaceae*) wurde das Alkaloid Jambosin $C_{10}H_{15}NO_3$ gebildet, dessen Struktur unbekannt ist.

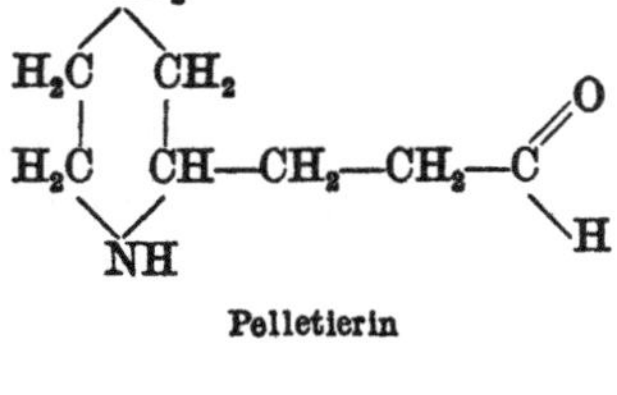

Pelletierin

Bei verschiedenen Arten der Gattung *Daphne* (Familie *Thymeleaceae*) wurde das Glykosid Daphnin gefunden, das in Glukose und Dioxycumarin-Daphetin $C_9H_6O_4$ gespalten wird. Bei *Eugenia caryophyllata* (*Myrtaceae*) wurde ein Stoff unbekannter Struktur, das Caryophyllin $C_{40}H_{64}O_4$ festgestellt. Die Gattung *Eucalyptus* ist reich an ätherischen Ölen, die vorwiegend Zineol enthalten.

Auf diese spärlichen Angaben beschränken sich die Daten über die Produkte des spezialisierten Stoffwechsels bei den *Myrtales* und die ganze Ordnung muß als biochemisch jung und progressiv anerkannt werden.

Die Ordnung *Anacardiales* wird von A. A. Grossheim breiter aufgefaßt, als dieses gewöhnlich gemacht wird, und umfaßt Hutchinsons Ordnungen *Rutales*, *Meliales*, *Sapindales* (mit Ausnahme der Familien *Akaniaceae*, *Staphylaceae* und *Connaraceae*), einen Teil von *Pittosporales* (*Tremandraceae*), *Polygalales* und sogar von *Geraniales* (*Balsaminaceae*). Die *Ramnales* umfassen bei Hutchinson außer den *Rhamnaceae* und *Vitaceae* noch die *Eleagnaceae* und die *Heteropyxidaceae*. Die *Celastrales* beziehen nach Hutchinson die Familien *Empetraceae*, *Cyrillaceae*, *Cneoraceae* und *Pandaceae* ein, die bei A. A. Grossheim nicht vorhanden sind, die Familie *Staphyleaceae* wurde aber zu den *Sapindales* zugezählt. Die *Umbelliflorae* umfassen bei Hutchinson die *Alangiaceae* und die *Nyssaceae*. Schließlich wurden die *Valerianaceae*, *Dipsacaceae* und die *Adoxaceae* an Stelle von *Rubiales* zu *Asterales* gezählt, was wohl kaum angenommen werden kann.

Biochemisch sind die Vertreter der *Anacardiales* überaus interessant. In der Gattung *Pilocarpus* der Familie *Rutaceae* ist eine eigenartige Verbindung des Imidazols, das Pilocarpin enthalten.

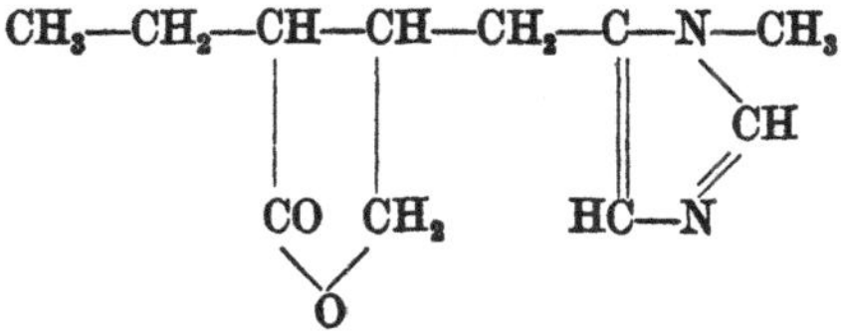

Pilokarpin

Diese Verbindung gehört nicht zu den Alkaloiden, wie aus ihrer Formel zu ersehen ist, aber in der gewöhnlich zu derselben Familie zugezählten Gattung *Cusparia* sind auch echte Alkaloide, Verbindungen des Chinolins enthalten: das Kusparin $C_{19}H_{17}NO_3$, das Galipin $C_{20}H_{26}NO_3$, das Kusparein $C_{18}H_{17}NO_2$ und das Galipoidin $C_{19}H_{15}NO_4$. Die Formel des Galipins zeigt, obwohl sie auch nur einen völlig präliminären Charakter hat, daß es ein echtes aber sehr einfaches Alkaloid der Chinolin-Gattung ist.

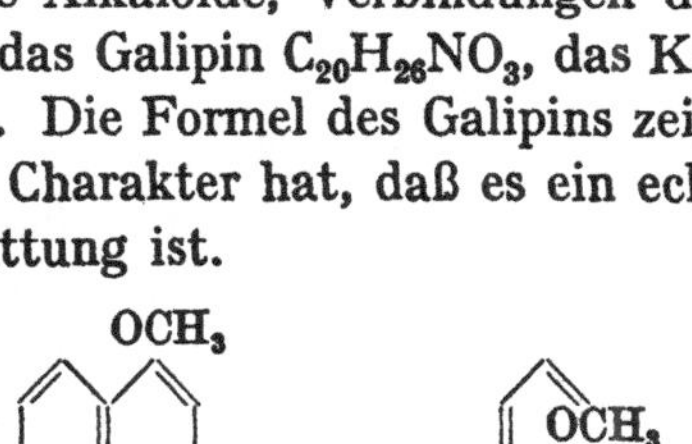

Galipin

Das Vorkommen von derartigen Verbindungen wie das Pilocarpin und das Kusparin mit seinen Analogen gestattet gewissermaßen sogar, diese Gattungen *Pilocarpus* und *Cusparia* aus der Familie der Rutazeen auszusondern. Unabhängig von den biochemischen Merkmalen wurde eine derartige Absonderung von B. M. Koso-Poljanski (1922) gemacht, in dessen Buch die *Pilocarpaceae* und *Cuspariaceae* als zwei unabhängige Familien auftreten. Jedoch braucht man dieses wohl kaum zu tun, da auch in den anderen *Rutaceae*-Gattungen echte Alkaloide, beispielsweise bei *Skimmia, Orixa* und bei *Dictamnus*, enthalten sind. Bei *Evodia rutecarpa* erreichen die Alkaloide im Evodiamin und im Rutekarpin eine hohe Kompliziertheit. Bei *Xanthoxylum brachycanthum* wurde Allokryptopin festgestellt, das mit dem gleichnamigen Alkaloid identisch ist, das in der Familie *Papaveraceae* gefunden wurde. Bei *Fagara xanthoxyloides Sam.* (*Xanthoxylum senegalense DC.*) wurde eine eigenartige Verbindung, das Fagarmid, festgestellt. Aus dem Holzstoff von *Chloroxylon swietenia* wurde das Alkaloid Chloroxylon $C_{22}G_{25}NO_7$ gewonnen.

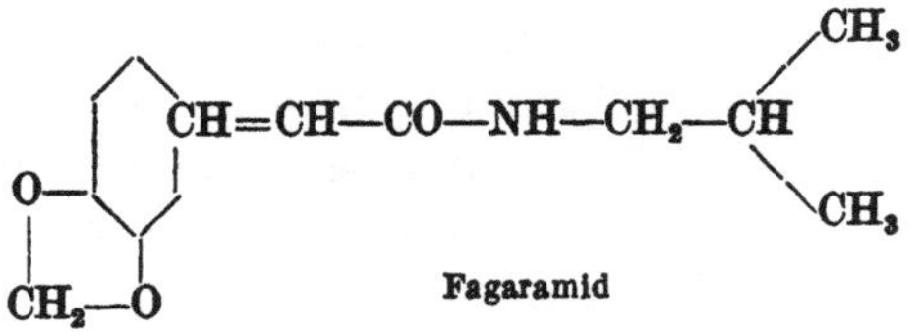

Fagaramid

Im Abschnitt III wurden bereits Daten angeführt über die ätherischen Öle verschiedener Vertreter der Rutazeen. Aus diesen ist ausgezeichnet zu ersehen, daß in diesen Ölen die zyklischen Terpene des Limonens eine überwiegende Bedeutung haben, aber neben ihnen kommen in bedeutender Menge auch aliphatische Fette vor, ähnlich dem Citral, Linalool und dem Geraniol. Äußerst charakteristisch für die Rutazeen ist auch das Vorkommen eines eigenartigen Glykosids, des Hesperidins $C_{50}H_{60}O_{27}$ in vielen von ihnen, das bei einer Hydrolyse in Rhamnose, Glykose und in Hesperitin $C_{32}H_{28}O_{12}$ zerfällt. Das Hesperitin kann man in Phloroglucin und in Hesperitinsäure aufspalten, die mit der Isoferulsäure identisch ist und die Struktur einer m-Oxy-p-Methoxycaneelsäure hat.

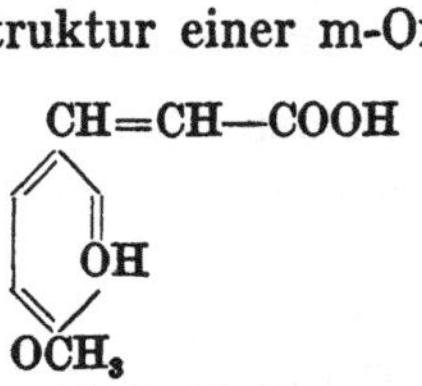

Isoferulsäure

Hesperitin wurde in den Blättern und in den Früchten verschiedener Arten *Citrus, Barosma, Toddalia aculeata* und *Skimmia japonica* festgestellt.

Werte der Wärmekoeffizienten für die Katalasespaltung von Wasserstoffsuperoxyd wurden von A. W. Blagowestschenski und Mitarbeitern für verschiedene Zitrusarten bestimmt und liegen im Rahmen von $\mu = 8700$ g-cal *Citrus unshiu*) bis $\mu = 14600$ g-cal (*Citrus lemon*). Bei *Poncirus trifoliata* erwies sich der Wert μ für dieselbe Reaktion 17600 g-cal.

In der Familie *Simarubaceae* enthalten viele Arten bittere Stoffe, beispielsweise das Quassiin bei *Quassia amara, Quassia africana, Simaruba amara, Picraena ailanthoides* und bei *Ailanthus excelsa.* Die Formel des Quassiins ist $C_{32}H_{40}O_{10}$. Bei *Picrasma excelsa* ist Pikrasmin $C_{29}H_{34}O_{10}$ enthalten. Die bitteren Stoffe von *Brucea sumatrana* enthalten das Alkaloid Brukamarin. Der Wert μ erwies sich für Katalase bei *Ailanthus glandulosa* als 3500 g-cal.

Die Familie *Burseraceae* zeichnet sich dadurch aus, daß in der Rinde vieler ihrer Vertreter sich Kanäle mit Harz und Balsam befinden. Aus den Arten *Commiphora* wird Myrrhenharz, aus *Boswelia* Weihrauch usw. gewonnen. Bei den Bursazeen wurden bei keinem Vertreter Alkaloide gefunden. Die kleinen Zellen mit den Absonderungen im Mesophyll der Blätter, im Mark und in der Rinde der Zweige sind charakteristisch für die Familie *Meliaceae,* aber das Wesen der Absonderungen ist hier unbekannt. In dieser Familie wurden Alkaloide in der Rinde von *Sandorium indicum* und von *Sandorium nervosum,* sowie in den Samen von *Aphanamixis grandifolia* und *Lansium domesticum* festgestellt. Es wurden hier gleichfalls eigenartige kristalline Säuren unbekannter Struktur gefunden: Sandorinsäure, Dysoxylonsäure aus *Dysoxylon acutangulum,* Chisochetonsäure aus *Chisocheton divergens* und *Lansium domesticum* u. a.

Bei den Polygalazeen kommen bittere Stoffe von Glykosidnatur und Saponine vor (Senegin bei Polygalo senega $C_{18}H_{28}O_{10}$). Bei *Anacardiaceae* werden Harzkanäle im Bast und in der Rinde angetroffen, insbesondere bei der Gattung *Pistacia,* wie auch bei *Rhus succedaneae, Rhus vernicifera* und bei *Rhus veneneta.* Diese Pflanzen liefern den sogenannten japanischen Lack und sind abgesehen von den Harzen auch durch ein mächtiges Oxydasesystem charakterisiert, das für Pflanzen mit einem spezialisierten Stoffwechsel typisch ist. *Rhus toxicodendron* erzeugt sehr giftige Stoffe, deren chemische Natur wenig bekannt ist. Das Toxikodendrol ist in Äther löslich und verliert die Giftwirkung leicht beim Eintrocknen. Bei *Anacardium occidentale* wurde Anakardiumsäure $C_{44}H_{32}O_6$ und eine gelbe, beißende Flüssigkeit, das Kardol $C_{32}H_{48}O_2$, gefunden.

Unter den Sapindazeen kommen giftige Pflanzen vor, aber Alkaloide wurden bei ihnen nicht gefunden und die giftigen Stoffe gehören zu den Saponinen und sind in einigen Fällen in bedeutenden Mengen vertreten: in den Früchten *Sapindus Mukorossi* 10,5% und von *Sapindus utilis* sogar 38%. Bei einer Aufspaltung des Saponins wird ein Gemisch von Zuckerarten und Sapogenin $C_{18}H_{20}O_2$ gebildet, das einen Naphthalinkern enthält. Außer den verschiedenen Arten der Gattung *Sapindus* kommen verschiedene Saponine vor bei den Gattungen *Sarcopteryx, Jagera, Trigonachras, Lepidopetalum, Beighia, Paullinia, Valenzuellia, Serjania, Dodonaea, Cupania, Magonia, Guioa, Elattostachys, Harpullia* und *Xerospermum*; in den Früchten und Blättern, in der Fruchthülle von *Nephelium lappaceum,* im Keim der Samen *Filicium,* in einzelnen Zellen von *Xerospermum acuminatum* und von *Haplocoelum inopleum,* bei *Oxophora* und *Lepisanthes* nur bei einigen Arten, in den Samen von *Dialopsis* und bei *Ganophyllum falcatum.*

Bei den Acerazeen kommen häufig Behälter für Ausscheidungen vor und bei Hippokastaneazeen saure Saponine, die Äskulin- und die Äskulininsäuren. Bei *Aesculus hippocastanum* wurde Äskuletin gefunden, das im Oxydasesystem dieser Pflanze eine wichtige Rolle spielt. Die übrigen Familien der Ordnung *Anacardiales* können in Anbetracht des Fehlens irgendwelcher Angaben in der Literatur nicht charakterisiert werden. Es sind keinerlei charakteristische Produkte des Stoffwechsels für sie bekannt.

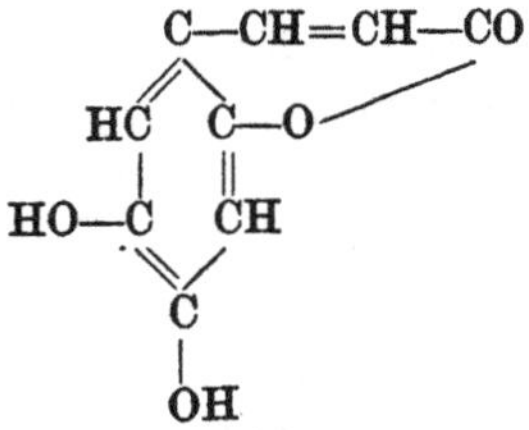

Äskuletin

Die Ordnung *Rhamnales* ist durch ein offensichtliches Vorherrschen der Prozesse des nicht spezialisierten Stoffwechsels charakterisiert, da bei den *Vitaeae* keinerlei spezifische Stoffe bekannt sind, die für diese Familie charakteristisch sind. Bei den *Rhamnaceae* wurde aber nur bei *Colubrina asiatica* Saponin gefunden und in den Früchten und in der Rinde der Arten der Gattung *Rhamnus* (*Rhamnus cathartica, japonica frangula, Purshiana* u. a.) die Anthrazenverbindung Ämodin als Glykosid des Frangulins. In der Rinde von *Ceanothus americanus*, bei *Gouania leptostachya*, in den Früchten einiger javanischer Arten von *Zizyphus*, bei *Ancistrocladus Vahlii* wurden Alkaloide unbekannter Struktur festgestellt.

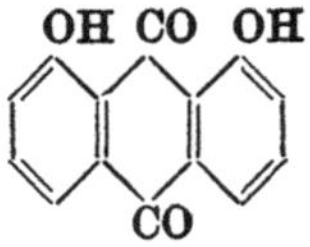

Emodin

Die Ordnung *Celastrales* schließt in sich eine Reihe von Familien ein mit einem offensichtlichen Vorherrschen des nicht spezialisierten Stoffwechsels. Bei *Ilex paraguariensis* (Familie *Aquifoliaceae*) ist in den Blättern Koffein (Mate-Tee) enthalten und anscheinend auch in der die Mateblätter ersetzenden *Villarezia Congonha* (Familie *Icacinaceae*). Jedoch darf man natürlich nicht das Koffein als den Alkaloiden gleichwertig zu den Produkten des spezialisierten Stoffwechsels hinzuzählen.

Die Ordnung *Umbelliflorae* ist biochemisch sehr interessant. Bei den Araliazeen wurden Alkaloide nicht festgestellt. Aus *Aralia nudicaulis* wurde ein Sesquiterpen, das Aralien $C_{15}H_{24}$ erhalten. In derselben Familie wurde das Vorkommen einer Reihe von saponinhaltigen Pflanzen gefunden und zwar von verschiedenen Arten von *Aralia, Heptaplensum, Paratropis* und von *Panax*. In den

Rhizomen von *Panax repens Max.* wurde 20,8% Saponin $C_{24}H_{34}O_4(OH)_6$ gefunden. Panaquilon, ein Saponin der Wurzel *Panax ginseng* (*Panax ginseng C. A. Meyer*) hat eine komplizierte Zusammensetzung: $C_{64}H_{112}O_{28}$. In der *Hera helix* wurden die Saponine Hederin, α-Hederin und Hederagin gefunden.

Unter den *Cornaceae* wurde in den Samen von *Aucuba japonica* das Glykosid Aucubin festgestellt, das bei der Hydrolyse Glukose und Aucubigenin $C_7H_9O_3$ ergibt. Es ist interessant hervorzuheben, daß dieses Glykosid auch bei Vertretern der früher zu den Kornazeen zählenden Ordnung *Garrya* (Ordnung *Garryales*) gefunden wurde. Aus der Rinde der Wurzeln von *Cornus florida* und *Cornus circinnata* wurde ein bitterer Stoff unbekannter Struktur, das Kornin ausgeschieden. Bei den Cornazeen gibt es weder Alkaloide noch zyklische Terpene. Bei Umbelliferen, *Conium maculatum* und *Aethusa cyanipium* wurde das Vorkommen von einigen Komponenten des Koniins (Propylpiperidin) gemeinsam mit dem Mutterstoff festgestellt: es wurden Methylkoniin, Konhydrin, Konizein und Pseudokonhydrin gefunden. Sie alle besitzen eine verhältnismäßig einfache Struktur. Das Konhydrin hat folgende Formel:

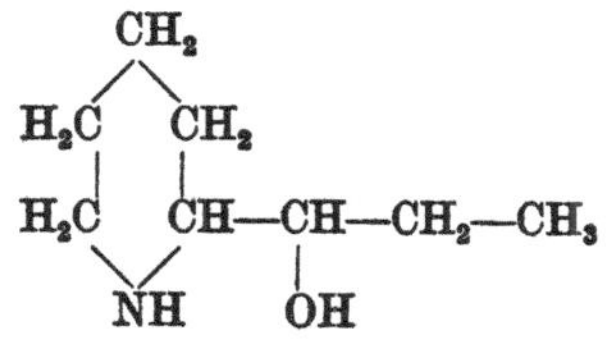

Konhydrin

Somit erinnern die Komponenten des Koniins der Einfachheit ihrer Struktur nach an die biogenen Amine des Typs des Trigonellins, indem sie zugleich zweifellos Alkaloide darstellen. In Übereinstimmung mit dieser einfachen Struktur steht der weniger spezifische Charakter der Alkaloide des Koniintyps und ihre weniger schroffe Anpassung an eine bestimmte Familie. Wohl ist es bekannt, daß Koniin bei *Sambucus nigra* (*Caprifoliaceae*), *Humulus lupus* (*Cannabaceae*) *Sacrolobus Spanoghei* (*Asclepiadaceae*) und bei *Punica granatum* festgestellt wurde, dessen Pelletierin in der Struktur dem Koniin überaus nahe steht. Der giftige Stoff des Wasserschierlings (*Cicuta virosa*), das *Cicutoxin* $C_{19}H_{26}O_3$ zählt nicht zu den Alkaloiden und hat eine Struktur eines Komplexderivates des Pyrons:

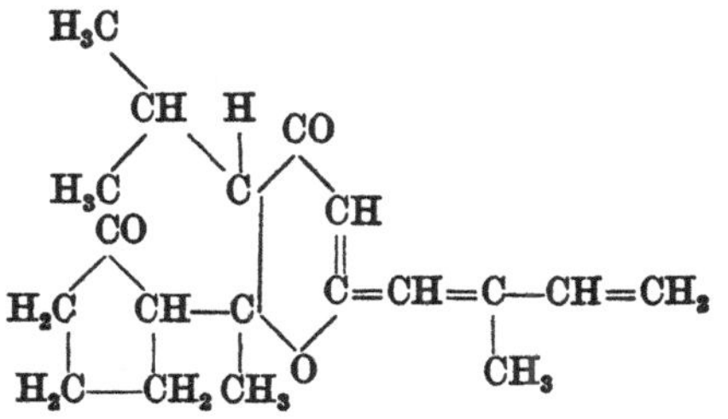

Cicutotoxin

Nur in seltenen Fällen sind die ätherischen Öle der Umbelliferen durch ein Vorkommen von aliphatischen Terpenen charakterisiert. Geraniol wurde in der Gattung *Coriandrum* und bei *Bupleurum* das Bupleurol gefunden.

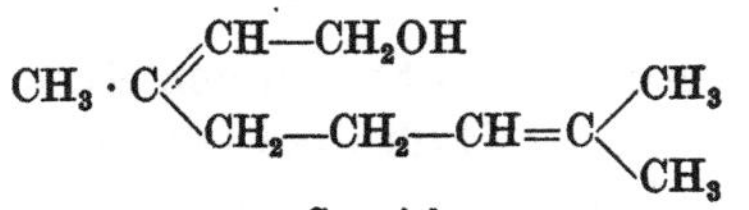

Geraniol

Dafür wurden von den zyklischen Terpenen auch einfacher konstruierte gefunden, wie

Cymol 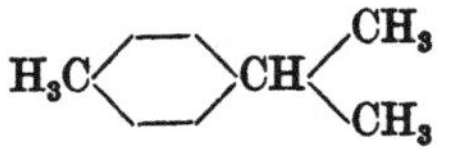 Thymol 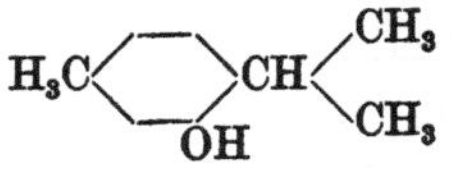

und Carvacrol 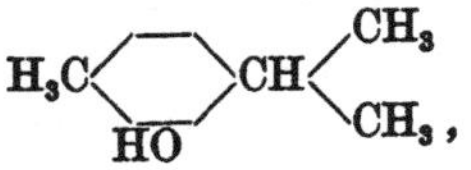

aber auch bedeutend kompliziertere.

Unter diesen wurden bei verschiedenen Vertretern der Doldenblütler Sesquiterpene, d. h. Verbindungen des Hydronaphthalins gefunden, alsdann Pinen, Borneol (nur bei *Coriandrum*) und ein typisches Zykloterpen, das Limonen. Polyterpene wurden bei den Doldenblütlern nicht gefunden. Bei Vertretern der Gattungen *Ferula* und *Dorema* sind verschiedene Harze bekannt, zu deren Bestandteil die aromatische Säure, das Umbelliferon gehört.

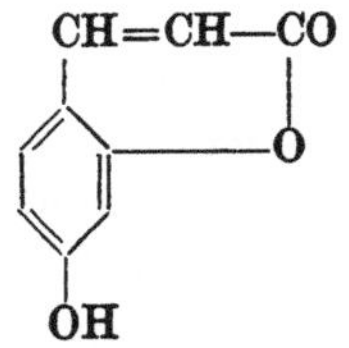

Umbelliferon

Bei *Dorema ammoniacum* wurde Amoresitannol $C_{18}H_{29}O_2$, bei *Ferula galbanifera* das Galbaresinotannol, bei *Ferula Szovitsiana* das Sagaresitannol $C_{24}H_{27}O_4(OH)$ und andere gefunden. Die Wärmekoeffizienten von Fermentreaktionen wurden bei den Doldenblütlern nicht erforscht. Man muß im allgemeinen annehmen, daß bei den Umbelliferen die Äußerungen des spezialisierten Stoffwechsels in den Hintergrund gedrängt wurden, was mit ihrem außerordentlichen Polymorphismus mit einem deutlich ausgeprägten progressiven Charakter der Familie gut übereinstimmt. Der Typ der Atmung der Vertreter der Doldenblütler ist ein Oxydasetyp.

Wenn wir zu der biochemischen Charakteristik der Ordnung Rubiales übergehen, wollen wir zuallererst auf die Familie *Caprifoliaceae* eingehen. Wie etwas eher hervorgehoben, wurde bei einem der Vertreter dieser Familie, beim Holunder (*Sambucus niger*) eines der am einfachsten aufgebauten Alkaloide, das

Koniin gefunden, das mit dem Koniin aus *Conium maculatum* (*Umbelliferae*) identisch ist, was von der zweifellosen Verwandtschaft dieser Familien zeugt. Andere Alkaloide wurden bei den Kaprifoliazeen außer dem alten Hinweis auf das Vorkommen des Alkaloids Triostein bei *Triosteum perfoliatum* nicht festgestellt.

Unter den Valerianazeen wurden die Alkaloide Valerin und Chatinin bei *Valeriana officinalis* nachgewiesen. Ihre Struktur wurde nicht erforscht. In den Familien *Adoxaceae* und *Dipsacaceae* wurden keine Alkaloide gefunden, dafür sind sie aber in der Familie *Rubiaceae* gewöhnlich vorhanden, überaus kompliziert und verschiedenartig. Beispielsweise wurden bei *Psychotria ipecachuana* (Brechwurz) eigenartige Alkaloide festgestellt: das Kephalin, das Psychotrin und das Emetin, die mit den gleichnamigen Alkaloiden von *Hybanthus ipecachuana* (Familie *Violaceae*) identisch sind. Dieser Fall des Antreffens gleicher sehr komplizierter Alkaloide in zwei entfernt stehenden Familien veranlaßt die Wechselwirkungen dieser beiden aufmerksamer zu untersuchen. HUTCHINSON faßt die *Violaceae* in der Familie *Resedaceae* in der Ordnung *Violales* zusammen und leitet sie von *Rhoeadales* ab, was A. W. BLAGOWESTSCHINSKI als sehr wahrscheinlich erscheint, da die *Rhoeadales* durch Alkaloide, Verbindungen des Isochinolins, charakterisiert sind und das Emetin eine Verbindung des Isochinolins ist, das wohl eine Chinolingruppierung umschließt. Bei *Crossopteryx Kotschyana* wurde Crossopterin und bei *Hymenodictyon excelsum* Hymenodictyonin gefunden. Bei *Corynanthe johymbe, Cornynanthe macroceras* und bei *Pausinystalia trillesii* wurde ein Johymbin festgestellt, das identisch war mit dem bei *Aspidosperma quebracho blanco* (Familie *Apocynaceae*) gefundenem Quebrachin $C_{21}H_{26}N_2O_3$. Interessant ist, daß ein gewisser Zusammenhang der *Rubiaceae* mit der *Apocynaceae* (durch *Loganiales*) von HUTCHINSON angenommen wird.

B. M. KOSO-POLJANSKI meint gleichfalls, daß die Rubiazeen mit den Apozynazeen durch eine gemeinsame Herkunft von den Tetrazentrazeen zusammenhängen können, von denen sie durch die Hamamelidazeen abgesondert werden. Bei *Remija purdicana* wurden Zinchonin und bei *Ladenbergia pedunculata* Chinchamidin, Kuperin und Chinin gefunden. Schließlich wurde bei den Cinchonaarten *Cinchona succiruba, Cinchona calisaja, Cinchona Ladgeriana* u. a.) ein ganzer Satz von kompliziertesten Alkaloiden, Verbindungen des Chinolins festgestellt: Chinin, Cinchonin, Cuprein, Chinchonamin, Chairramin, Chinidin, Arcin, Cuscgonin u. a.

Die Familie der Rubiazeen wird eingeteilt in die Gruppen: *Cinchoneae, Gardeniae, Coffeae, Spermacoccae* und *Stellatae*. Alkaloide sind konzentriert in den Gruppen *Cinchoneae* und *Coffeae*, wobei das Koffein von *Coffea arabica* und von *Coffea liberica* nicht zu den Alkaloiden gehört, da es eine Verbindung des Purins, d. h. eines der Hauptkerne der wesentlichsten Stoffe des Organismus, der Nukleinsäuren ist. Die Arten *Rubia* (*Rubia tinctoria, Rubia peregrina* und *Rubia cordifolia*) enthalten in großer Menge einen Farbstoff, das Alizarin, eine Anthrazenverbindung. In verschiedenen Arten von *Galium* und *Asperula* ist

Kumarin enthalten, ein Anhydrid der o-Kumarsäure (α-Benzopyron):

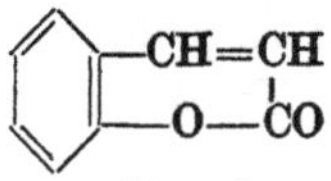

Kumarin

In *Coffea* ist Kaffeesäure (-3,4-Dioxyzimtsäure) und Chlorogensäure oder das Depsid der Kaffee- und der Chinasäuren enthalten. Chinasäure wurde in der Rinde von *Chinchona* gefunden, wo sie mit Alkaloiden Salze bildet.

Der Typ der Atmung ist bei *Rubiales* ein Oxydasetyp, womit im Zusammenhang ihre Anreicherung an verschiedenen Glykosiden steht, deren Aglukone überaus verschiedenartig und in der Mehrzahl der Fälle wenig bekannt sind.

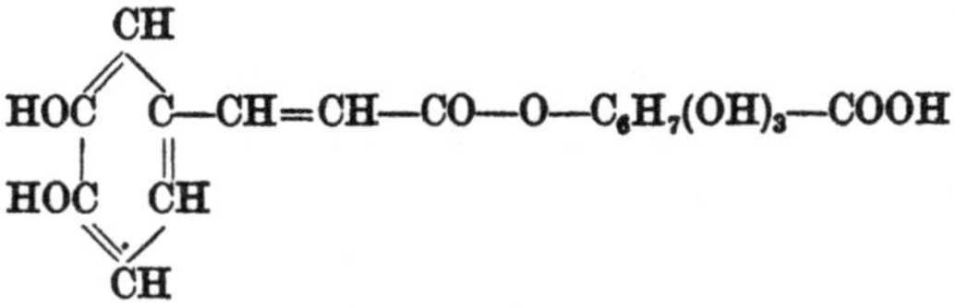

Chlorogensäure

In der Familie der Kaprifoliazeen wurde aus *Lonicera xylosteum* das kristallene Xylostein isoliert. Bei *Lonicera periclymenum* wurde ein hellgelbes amorphes Glykosid festgestellt. Verschiedene Glykoside wurden in der Gattung *Viburnum* (*Viburnum lantana, Viburnum opulus, Viburnum tinus*) gefunden. Bei den *Dipsaceae* ist das Chromogen Dipsozan enthalten, das bei Einwirkung des Ferments Dipsazase einen blauen Farbstoff, das Dipsazatin abspaltet, dessen Struktur unbekannt ist, der aber zweifellos an dem Atmungsprozeß teilnimmt. Aus der Reihe dieser Glykoside muß man das Zephalantin $C_{22}H_{34}O_6$ erwähnen, das gemeinsam mit der Verbindung des Saponintyps bei *Cephalanthus occidentalis* vorkommt. Alsdann ist das Chinovin zu nennen, das in der Rinde der Arten *Ladenbergia* und *Cinchona* festgestellt wurde und bei Hydrolyse in Chinovose (Methylpentose) und eine Säure der Zusammensetzung $C_{32}H_{48}O_6$ zerfällt. Interessant ist, daß dieses Glykosid, ungeachtet seiner Kompliziertheit, in der Familie der Rosazeen bei *Potentilla erecta* und in der Familie der Rutazeen bei *Esenbeckia febrifuga* gefunden wurde. In der Rinde von *Pinkneya pubens* wurde ein Glykosid der Kaffeegerbsäure, in den Wurzeln von *Danais fragrans* das Danain $C_{14}H_{14}O_5$, in den Wurzeln von *Psychotria ipecachuana* das Ipecachuanin, in der Rinde von *Plectronia glabrifolia* das Calmatabin $C_{19}H_{28}O_{13}$ und verschiedene Glykoside gefunden der Arten *Exostena longiflora, Stylocoryne, Coelospermum* und *Eriostoma.* Bei *Chiococca* wurde das saponinhaltige Koinzin festgestellt.

Der Wert der Wärmekoeffizienten der Fermentreaktionen für die Rubiazeen wurde nur für Katalase der Blätter von *Chinchona succirubra* bestimmt und er erwies sich als am allerhöchsten von allen bis jetzt bei Pflanzen beobachteten

Werten: der Wert μ betrug im Temperaturabschnitt von 15—25° 25000 bis 32000 g-cal, d. h. der energetische Stand dieser Pflanze ist sehr gering. Im Zusammenhang damit ist anscheinend die Kälteempfindlichkeit von Chinchona succirubra sehr groß: fünf Grad über Null sind für ihn schon unheilvoll.

Der ganze Zweig der *Anacardialia*[1]) ist somit biochemisch dadurch charakterisiert, daß seine Vertreter entweder überhaupt nicht Alkaloide bilden, oder, wenn sie diese bilden, so nur Verbindungen des Chinolins, als einen komplizierteren Typ, und des Pyridins, als einfacher konstruiertere Typen. Interessant ist das Auffinden eines so einfachen Alkaloides wie das Koniins in nahestehenden Ordnungen; bei *Umbelliflorae* und bei *Rubiales*, was auf die nahe Verwandtschaft dieser beiden Gruppen der Pflanzenwelt hinweist. Wie auch in anderen Gruppen, zeigen hier einzelne biochemische Merkmale eine ungleiche Entwicklungsgeschwindigkeit sogar im Rahmen einer Familie, aber die allgemeinen Richtungen der biochemischen Evolution der Ordnungen sind bei *Anacardialia* hinreichend exakt ausgedrückt.

Die der Ordnung *Aristolochiales* und der Familie der Aristolochiazeen angehörenden *Aristolochia reticulata, Aristolochia clematitis, Aristolochia longa, Aristolochia Rotunda* und *Aristolochia argentina* bilden Stickstoffverbindungen, die in den Eigenschaften Alkaloiden ähneln, aber bis jetzt noch nicht genauer erforscht wurden.

In den Absonderungen von *Asarum europaeum* wurde ein Trimethoxypropenylbenzol gefunden, das als Asaron bezeichnet wurde und

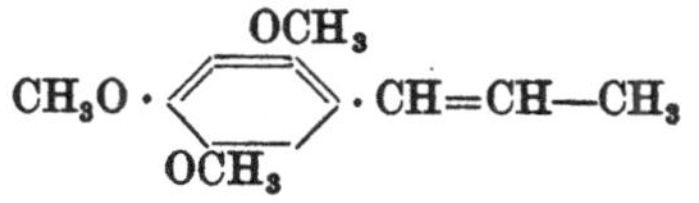

Asaron

bei einem Vertreter einer derartig entferntstehenden Familie, wie den Piperazeen (bei *Piper angustifolium*) gefunden wurde. Bei demselben *Asarum europaeum* wurde ein Glykosid festgestellt, das durch Emulsion gespalten wird und dessen chemische Natur unbekannt ist.

In der Ordnung *Fagales* fanden sich nur in der Familie der Betulazeen, die etwa 100 Arten umfaßt, die in der gemäßigten Zone der nördlichen Halbkugel verbreitet sind, und zwar nur bei *Betula alba*, Alkaloide. In den Blattknospen verschiedener Arten *Betula* wurde Sesquiterpenalkohol, das Betulon $C_{15}H_{20}OH$ gefunden. Die Harze junger Blätter der Birke enthalten einen Butylester einer Butyloretinsäure $C_{38}H_{62}O_5$. Aus der Rinde verschiedener Arten der Birke wird ein Glykosid, das Betulin oder das Gaultherin $C_{14}H_{18}O_8$ ausgeschieden, das durch ein spezifisches Ferment, die Betulase in Glukose und in einen Methyläther der Salizylsäure gespalten wird. In der Rinde verschiedener Vertreter von *Alnus* und *Betula* wurde ein Vorkommen von geringen Mengen an Gerbstoffen fest-

[1]) die nach A. A. Grossheim die Ordnungen *Anacardiales, Rhamnales, Celastrales, Umbelliflorae* und *Rubiales* einbezieht.

gestellt. In den Blättern der Birke wurden Phlobaphene der Gruppe des Pyrokatechins gefunden. Saponine fehlen. Der Typ der Atmung ist ein Peroxydasetyp. Alle sekundären synthetischen Prozesse sind somit bei den Betulazeen sehr gering, mit einem Überwiegen der Prozesse des nicht spezialisierten Stoffwechsels. Ebensolch einen Charakter tragen bisweilen die aus den Betulazeen in eine besondere Familie Korylazeen abgesonderten Gattungen *Corylus*, *Ostrya*, *Carpinus* und verschiedene Vertreter der Familie der Fagazeen. Die Fagazeen umfassen etwa 400 Arten, die zu den Gattungen *Quercus*, *Fagus*, *Nothophagus*, *Castanea*, *Castanopsis*, *Pasania* und *Lithocarpus* gehören und vorwiegend in tropischen Ländern verbreitet sind. Charakteristisch für die Fagazeen ist das Querzetin und die große Menge an Gerbstoffen. Alkaloide und Saponine fehlen, ebenso wie auch die zyklischen Terpene. Die Atmung ist vom Peroxydasetyp.

Gemäß den Angaben von N. I. Kusnezow reichen die Betulazeen, die im engen Sinne (ohne Korylazeen) zwei Gattungen und 80 Arten enthalten, bis zum Eozän und dem Oligozän, die Korylazeen (4 Gattungen und 22 Arten) bis zum Oligozän und die Fagazeen (7 Gattungen und 380 Arten) bis zum Oligozän und zur Kreidezeit zurück. Die Gattungen *Pasania* (100 Arten) und *Nothophagus* (18 Arten) sind, wie auch die Gattungen *Lithocarpus* und *Castanopsis* in fossilem Zustande unbekannt. Andererseits werden zu den 10 jetzt existierenden Arten der Buche (*Fagus*) 20 fossile Arten gezählt. Bei der Gattung *Quercus* aber stimmt die Zahl der jetzt bestehenden Arten mit der Zahl der ausgestorbenen Arten überein. Bei den Betulazeen zählt die Gattung *Betula* 50 lebende und 40 ausgestorbene Arten und die Gattungen *Alnus* 30 lebende und 30 ausgestorbene Arten. Die Überreste von *Alnus* sind unbestreitbar aus der Kreidezeit. Die Birkenfunde in der Kreideformation sind überaus zweifelhaft. Von den zwei Gattungen muß zweifellos *Betula* als phylogenetisch jünger anerkannt werden. Sämtliche Vertreter der Korylazeen sind erst beginnend mit der Tertiärzeit bekannt. Auf diese Weise stimmen die biochemischen Merkmale der *Fagales* mit der verhältnismäßigen phylogenetischen Jugend der zu dieser Ordnung gehörenden Pflanzen gut überein.

In den Ordnungen *Juglandales* und *Julianiales* kann man die archaischen morphologischen Merkmale (Struktur der Blüte) und den ziemlich hohen Wert des Wärmekoeffizienten der Katalasespaltung von Wasserstoffsuperoxyd durch Blätter von *Juglans regia* ($\mu = 12\,400$ g-Kal) hervorheben, obgleich dieser Wert bei der Tjan-Schan Hochlandart *Juglans fallax* viel niedriger ($\mu = 6100$ g-Kal) ist. Für die Vertreter der Gattung *Juglans* ist der hohe Gehalt an Askorbinsäure in den Blättern und in den grünen Hüllen der unreifen Früchte charakteristisch (im Laboratorium von A. W. Blagowestschenski fand T. Ju. Sergijewskaja 6082 mg Askorbinsäure in 100 g Trockenblatt). Hieraus kann man eine Schlußfolgerung über das Vorkommen des Peroxydasetyps der Atmung bei Vertretern von *Juglandales* ziehen, zugunsten dessen auch das Vorkommen des Oxyd bildenden α-Naphthachinons, des Juglons spricht, das aller Wahrscheinlichkeit nach eine wichtige Rolle bei Oxydoreduktionsprozessen spielt.

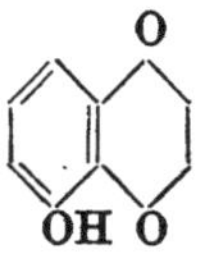

Juglon

Die *Juglandales* enthalten weder Alkaloide noch zyklische Terpene noch Saponine. Die *Julianales* sind in biochemischer Richtung unerforscht. Die *Juglandales* sind zweifellos älter als die *Fagales*, was auch von der Paläontologie bestätigt wird, die ihr Vorkommen in der Kreideformation zeigt. Dieselbe Behauptung kann man auch über die Ordnung *Myricales* wiederholen, die aus der unteren Kreide bekannt ist. Ein Studium der biochemischen Besonderheiten des ganzen Zweiges *Myricalia* wäre überaus interessant.

In der Ordnung *Ligustrales* wurden bei den Vertretern der Familie der Oleazeen weder Alkaloide, noch zyklische Terpene gefunden und man muß wohl fast als einzigen charakteristischen Stoff dieser Familie das Glykosid Syringin annehmen, das bei *Syringa*, *Ligustrum*, *Fraxinus*, *Olea*, *Forsythia* und bei *Phyllirea* gefunden wurde.

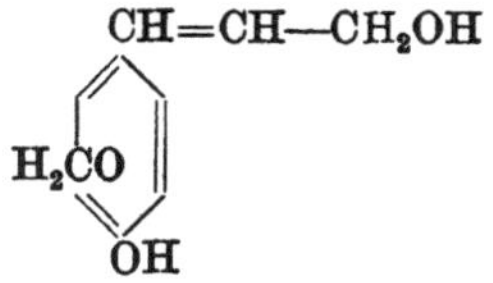

Syringenin

Bei Hydrolyse zerfällt Syringin in Glukose und Syringenin. In den Blättern von *Olea europaea* wurde Oleanol $C_{31}H_{50}O_3$ gefunden, das zwei Hydroxylgruppen enthält, von denen eines Phenolcharakter besitzt. Bei *Jasminum nudiflorum* wurde ein amorpher bitterer Stoff von Nichtglykosidcharakter, das Jasmipykrin gefunden. Von den Blüten von *Nyctanthes arbor tristis* wird ein kristallisches Pigment von roter Färbung, das Nykanthin $C_{20}H_{22}O_4$ gebildet.

Bedeutend reicher an biochemischen Merkmalen ist die Ordnung der *Contortae*. Die Vertreter der Familien dieser Ordnung besitzen einen Oxydasetyp der Atmung und ein Vorherrschen des spezialisierten Stoffwechsels. Die Familien der Loganiazeen ist sehr reich an Alkaloiden, Chinolinverbindungen.

Die Hauptalkaloide der Gattung *Strychnos* sind das Strychnin und das Bruzin, die sowohl in den Samen (bis 5,34% bei *Stryhnos nux vomica*), als auch in der Rinde angetroffen werden. In den Blättern von *Strychnos nux vomica* und von *Strychnos tieute* wurde ein drittes giftiges Alkaloid, das Strychnizin gefunden. Strychnin und Bruzin kommen in den Blättern gewöhnlich nicht vor, oder aber man kann in ihnen nur eins dieser Alkaloide entdecken. Vollkommen frei von Alkaloiden erwiesen sich die Blätter von *Strychnos laurina* und von *Strychnos monosperma*. In einigen südamerikanischen Arten wurde Kurarin gefunden (*Strychnos castelnae* und *Strychnos toxifera*). Bei *Gelsemium sempervirens* wurde das einen Chinolinkern umschließende Gelsemin $C_{20}H_{22}N_2O_2$, wie auch Gelseminin und Gelsemondin gefunden. Alkaloide wurden gleichfalls auch aus *Potalia amara, Spigelia anthelmia* und aus verschiedenen *Fagraea*arten erhalten. Aus den Rhizomen von *Gelsenium sempervirens* wurde ein bitterer Stoff, die Gelsemiumsäure erhalten, die mit β-Methyläskuletin identisch ist. Ein giftiges Glykosid, das Stickstoff enthält, wird in *Strychnos vacacoua Baill.* gebildet und hat die Zusammensetzung $C_{16}H_{23}O_3N$. Es ist erforderlich zu unterstreichen, daß ein Teil der Gattungen, die bisweilen (Hutchinson) in der Familie der Buddleiazeen zusammengefaßt werden, giftige Verbindungen vom Typ der Alkaloide nicht enthält.

Die überaus weit verbreitete phylogenetisch zweifellos junge Familie der Gentianazeen ist reich an Bitterstoffen: das Erythramarin aus *Erythraea centaurium* enthält keinen Stickstoff, wie auch das rotviolette Gentiol $(C_{10}H_{16}O)_3$ aus *Gentiana verna*. Reich vertreten sind auch Glykoside: bei *Menyanthes trifoliata* ist das amorphe Menyanthin $C_{33}H_{50}O_{14}$ und das Meliatin mit dem Aglukon $C_9H_{12}O_4$ beschrieben, bei *Erythrea centaurium* und bei *Sabatia vulgaris* wurde Erythrozentaurin $C_{22}H_{24}O_8$ festgestellt und bei verschiedenen Arten *Gentiana* wurde Gentiopykrin $C_{16}H_{20}O_9$ gefunden (*Gentiana pneumonanthe, Gentiana lutea, Gentiana asclepiadea, Gentiana punctata, Gentiana cruciata* und *Gentiana purpura*), das gleichfalls bei *Chlora perfoliata* und bei *Sweertia perennis* nachgewiesen wurde. Außer diesem Glykosid wird aus den Wurzeln von Enzian das Gentiin $C_{25}H_{28}O_{14}$ abgesondert, das sich in d-Glukose und in Xylose und in Gentianin $C_{14}H_{10}O_5$ aufspaltet, das zu den Verbindungen des Xynthions zählt und die Struktur hat:

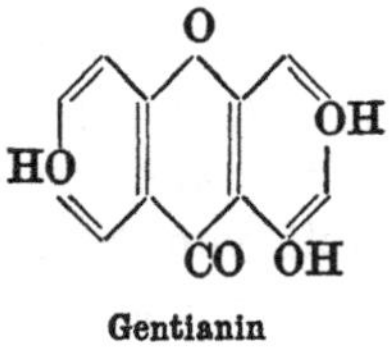

Gentianin

Alkaloide wie auch zyklische Terpene wurden bei den Gentianazeen nicht gefunden. Zahlreiche Enzianarten in den Hochlandgebieten Eurasiens und in den Anden weisen auf einen hohen energetischen Stand dieser Pflanzen hin.

Leider wurde eine Bestimmung des Wärmekoeffizienten der Fermentreaktionen nur für die westliche Tjan-Schan *Gentiana sp.* durchgeführt: er ergab für Katalase den Wert $\mu = 7400$ g-cal, d. h. einen der soeben geäußerten Annahme nicht widersprechenden Wert. Über ebensolch einen hohen energetischen Stand des Hochlandenzians zeugt auch der sehr große Wert der photosynthetischen Aktivität, die unter den Bedingungen des Pamirs von W. A. Blagowestschenski jr. (1935) beobachtet wurde; bei *Gentiana algida* betrug sie 100,2 mg CO_2, das im Laufe einer Stunde auf 100 cm^2 Blattoberfläche gebildet wurde.

Zwei andere Familien der Ordnung *Apocynaceae* und *Asclepiadaceae*, von denen die Vertreter der Asclepiadazeen morphologisch bedeutend komplizierter und vollkommener, als die Apokynazeen sind, unterscheiden sich auch biochemisch gut. Vor allem sind die Asklepiadazeen bedeutend reicher an Alkaloiden. Während bei den Asclepiadazeen Alkaloide nur bei wenigen Arten gefunden wurden (Morrennyn bei *Morrenya brachystephana*, Tylophorin bei *Tylophora astmatica*, Koniin bei *Sacrolobus spanoghei*, Alkaloide unbekannter Struktur bei *Tylophora lutescens* und *Marsdenia tinctoria*), enthalten die Apozynazeen eine große Anzahl von Formen, welche die allerverschiedenartigsten Alkaloide sowohl der Pyridinreihe als auch der Chinolinreihe erzeugen. Zu den Alkaloiden der Pyridinreihe hat Bezug das Konessein $C_{24}H_{40}N_2$ aus *Holarrhena africana*, das Ditamin $C_{16}H_{19}NO_2$ und das Echimenin $C_{20}H_{27}NO$ aus *Alstonia* und das Oleandrin aus *Nerium*. Zu den Alkaloiden der Chinolinreihe hat das Quebrachin $C_{21}H_{26}N_2O_3$ aus *Aspidosperma quebracho blanco* Bezug, das mit dem Yohimbin von *Corynanthe Yohimbe* (*Rubiaceae*) identisch ist. Bei *Strophanthus hispidus* und bei *Strophanthus kombe* wurde ein methyliertes Amin, das Trigonellin gefunden.

Die Apozynazeen sind auch reich an Glykosiden, die in der Struktur und in der pharmakologischen Wirkung den Herzgiften Digitalis (*Scrophulariaceae*) nahestehen: das Cymarin — bei *Apocynum cannabinum*, das Strophanthin bei den Arten *Strophanthus* (bei Asklepiadazeen wurde ein ähnliches Glykosid, das Periplozin bei *Periploca graeca* gefunden), das Oubain bei verschiedenen Arten *Carissa*, das Akokantherin $C_{32}H_{50}O_{12}$ aus *Acocanthera abyssinica* und das Pachypodiin aus *Pachypodium Sealii*.

Außerdem wurden Glykoside anderer Typen in den Gattungen *Vallaris*, *Pottsia*, *Aganosma*, *Kichxia*, *Allamanda*, *Hancornia* und *Willoughbya* festgestellt. Bei *Nerium oleander* wurde eine ganze Reihe von Glykosiden entdeckt, von denen das hauptsächliche das Oleandrin von den dem Digitalein ähnlichen Neriin und Neriantin geleitet wird. Bei *Nerium odorum* wurden abgesondert Neriodorin, Neriodorein und Karabin ($C_{21}H_{46}O_6$), die den Charakter von Saponinen besitzen. In der Rinde von *Plumiera acutifolia* wurde Plumierin, in den Samen von *Gerbera odollam* das Gerberid ($C_{22}H_{40}O_8$) und Odollin, in den Samen von *Thevetia neriifolia* das kristalline Thevetin und in den Blättern von *Urechitis suberecta* das Urechitin $C_{28}H_{42}O_8$ und das Urechitoxin $C_{13}H_{20}O_5$ festgestellt.

Reich vertreten sind giftige Glykoside auch in der Familie der Asklepidazeen. Abgesehen vom Periplozin wurden bei *Periploca graeca* Asklepiadin bei *Asclepias curassavica* und bei *Cynanchum vincetoxicum* gefunden, Vinzetoxin $C_{50}H_{82}O_{90}$ bei der zweiten der erwähnten Pflanzen, Zyanchotoxin bei *Cyanchum caudatum*, in den Wurzeln der Arten *Gomphocarpus* das Usarin $C_{75}H_{108}O_{30} \cdot 9\,H_2O$, in der Rinde von *Marsdenia condurango* das Konduragin $C_{40}H_{60}O_{16}$, in den Blättern verschiedener *Gymnema*arten die Gymnemasäure $C_{32}H_{55}O_{12}$ und in der Rinde von *Sarcolobus narcoticus* das Sarkolobin. Glykoside wurden gleichfalls gefunden in verschiedenen Arten von *Dregea* (*Dregea volubilis*, *Dregea rubicunda*), von *Bidaria, Tetragonopus* und von *Symphysocarpus.* Bittere Stoffe unbekannter Natur werden ebenso von einer Reihe von Vertretern dieser Familie gebildet: Morrenol $C_{14}H_{22}O$ aus den Früchten von *Morrenia brachystephana,* Asklepion aus den Rhizomen von *Asclepias syriaca,* Kalotropin aus *Calotropis procera,* Inurolsäure $C_{13}H_{25}(OH)_2 \cdot COOH$ aus *Ipomea purpurea.* In verschiedenen Arten von *Asclepias* wurde Kautschuk entdeckt, der unter den Apozynazeen bei *Apocynum venetum* gefunden wurde.

Die Ordnung *Tubiflores* wird von A. A. Grossheim bedeutend breiter aufgefaßt, als von den den anderen Forschern, da sie beispielsweise die von Hutchinson angenommenen Ordnungen *Polemoniales, Boraginales, Solanales, Personales* und *Lamiales* erfaßt. Wohl werden auch von Hutchinson alle diese Ordnungen nebeneinander untergebracht. B. M. Koso-Poljanski trennt die *Polemoniaceae, Convolvulaceae* und die *Cuscutaceae* scharf ab, indem er sie neben die *Cama pnulaceae* stellt und von den *Fouquiriaceae* ableitet, während die anderen *Tubiflores* Grossheims von ihm von den *Pittosporaceae* abgeleitet und durch folgende Zusammenhänge verbunden werden:

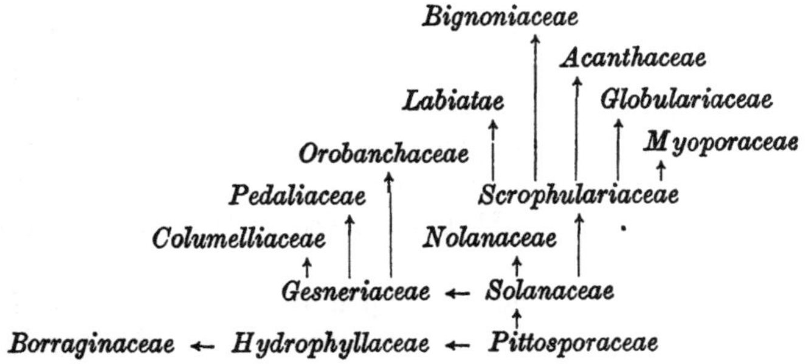

Diese Einteilung von Koso-Poljanski erscheint A. W. Blagowestschenski als der Wirklichkeit am meisten entsprechend. Die Zusammenfassung der *Convolvulaceae* und der *Solanaceae* in einer Ordnung nach Hutchinson ist wohl kaum möglich: die Konvolvulazeen und die ihnen nahestehenden Kuskutazeen sind gekennzeichnet durch das Vorkommen von kleinen Zellen mit Harz oder mit Milchsaft, oder aber durch gegliederte Milchgefäße, sowie auch durch die parasitische Lebensweise bei den Vertretern der Familie der Kuskutazeen. Biochemisch sind die Konvolvulazeen charakterisiert durch den Oxydasetyp der Atmung und durch das Vorkommen von giftigen und überaus komplizierten Glykosiden: das Konvolvulin hat beispielsweise die Zusammensetzung $C_{61}H_{108}O_{27}$. In den Samen und Blättern von *Convolvulus pseudocantabricus* wurden die Alkaloide Konvolvin $C_{16}H_{21}NO_4$ und Konvolamin $C_{17}H_{23}NO_4$ gefunden, beide Verbindungen des Tropins, was die Einbeziehung der Konvolvulazeen unter die *Sonalales* teilweise rechtfertigt, aber nur teilweise, da die Verbindungen des Tropins, als verhältnismäßig einfache Alkaloide, in ziemlich entfernt stehenden Gruppen der Pflanzenwelt vorkommen. Die Glykoside der Konvolvulazeen sind aber dermaßen eigenartig, daß Analoga zu ihnen in anderen

Familien nicht angetroffen werden. Das Konvolvulin, das zuerst in *Ipomoea purga* gefunden wurde, ist amorph und wird von TSCHIRCH zu einer besonderen Gruppe von Stoffen, den Glykoresinen, zugezählt. Bei der Hydrolyse ergibt Konvolvulin Glukose und drei Methylpentosen: Rhamnose, Rhodeose und Isorhodeose. Das Aglukon ist sehr kompliziert und gibt bei einer Säurehydrolyse Konvolvulinsäure $C_{15}H_{30}O_3$, Dezilen- und Oxylautinsäuren.

In der Ordnung *Tubiflorae*, die etwas enger aufgefaßt wird, wurde bereits von WETTSTEIN eine Ähnlichkeit einiger ihrer charakteristischen morphologischen Merkmale mit Merkmalen der Ordnung *Rosales* hervorgehoben. Dieser Forscher erklärte, daß man diejenigen Familien der *Tubiflorae* für verhältnismäßig unentwickelt halten muß, bei denen regelmäßige Blumenkronen vorkommen, ein vollgliedriges Androzeum und ein Gynäzeum, das aus mehr als zwei Fruchtblättern besteht. Dies sind die Familien der Nolanazeen, Solanazeen und Polemoniazeen. Ihnen schließen sich Unterordnungen mit einer ansteigenden Symmetrie der Blüte an, mit einem reduzierten Androzeum (mit Staminodien, alsdann mit einem völligen Ausfall der Staubfäden), mit einem Gynäzeum, das immer aus zwei Fruchtblättern besteht. Solche kleine Untergruppe bilden die

Hydrophyllaceae
↗
Polemoniaceae
↘
Boraginaceae

An die Solanazeen und die Nolanazeen schließen sich ebenso die Skrophulariazeen an, die ganz verschiedenartige Typen umfassen, mit denen verschiedene Familien in Zusammenhang gebracht werden können. In der ganzen Ordnung kommen kleine Zellen mit Milchsaft und Milchgefäße nicht vor. Der Typ der Atmung ist ein Oxydasetyp.

In den Familien der Polemoniazeen und Hydrophyllazeen sind Produkte eines spezialisierten Stoffwechsels nicht festgestellt worden, obwohl man einige Arten der Hydrophyllazeen (*Phacelia*) in dieser Hinsicht hätte untersuchen müssen. Dafür wurden bei den Boraginazeen Alkaloide gefunden, bei *Heliotropium lasiocarpum* das Heliotropin $C_{16}H_{22}NO$, dem zwei kondensierte Pyrrolidinringe zugrunde liegen, wie auch das Trichodesmin $C_{18}H_{27}NO_6$ bei *Trichodesma incanum*. Der Aminoalkohol, der beim Zerfall des Trichodesmins erhalten wurde, war mit dem Retropezin identisch, das beim Zerfall der Alkaloide von *Senecio* (*Compositae*) gebildet wird. In den Blüten von *Heliotropium peruvianum* wurde Piperonal gefunden, das neben dem Vanillin vorkommt.

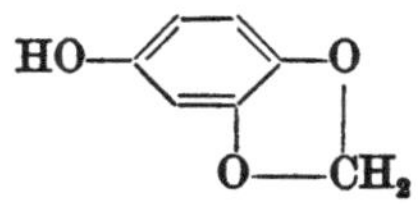

Piperonal

Bei *Alkanna tinctoria*, bei den Arten *Echium*, *Anchusa*, *Lithospermum*, *Onosma*, *Macrotomia* und bei anderen (insgesamt bei 150 Familien von den 1500 zählenden Arten) wurde ein besonderer Farbstoff, das Alkannin $C_{15}H_{12}O_4$ gefunden, das eine Anthrachinonverbindung ist. Zyklische Terpene und Saponine wurden bei den Boraginazeen nicht festgestellt.

Für die Familie der Nolanazeen fehlt eine biochemische Charakteristik. Was jedoch die mit ihr eng zusammenhängende Familie der Solanazeen anbetrifft, so zeichnet sie sich durch den Reichtum an Alkaloiden aus. Es genügt darauf hinzuweisen, daß hierher solche Gattungen gehören, wie *Atropa* (Atropin), *Hyoscyamus* (Hyoscyamin), *Datura* (Atropin und Hyoscyamin), *Capsicum* (Kapsizin,) *Solanum* (Solanin), *Nicotiana* (Nikotin und Anabasin). Alle diese Alkaloide sind Verbindungen des Pyridins und des Pyrrolidins, die untereinander bald durch Seitenketten zusammenhängen (Nikotin, Anabasin), bald zu einem bizyklischen Kern des Tropins kondensiert sind.

Bei der den Solanazeen nahestehenden Familie der Skrophulariazeen wurden alkaloidhaltige Pflanzen nicht festgestellt, was auf die jüngere Herkunft dieser Familie hinweist. Die in den Blättern von *Digitalis purpurea* enthaltenen Herzgifte stellen ihrer Natur nach Glykoside dar, deren Aglukon ein den Stearolen nahestehender Stoff, das Digitoxigenin $C_{23}H_{24}O_4$, ist. Neben dieser Verbindung ist in den Digitalisblättern ein Saponin enthalten, das bei der Hydrolyse in Glukose und in Genin $C_{22}H_{44}O_5$ zerfällt, das Digitogenin genannt wird. Die Ähnlichkeit des Digitoxigenins und des Digitogenins ist aus folgenden Formeln zu ersehen:

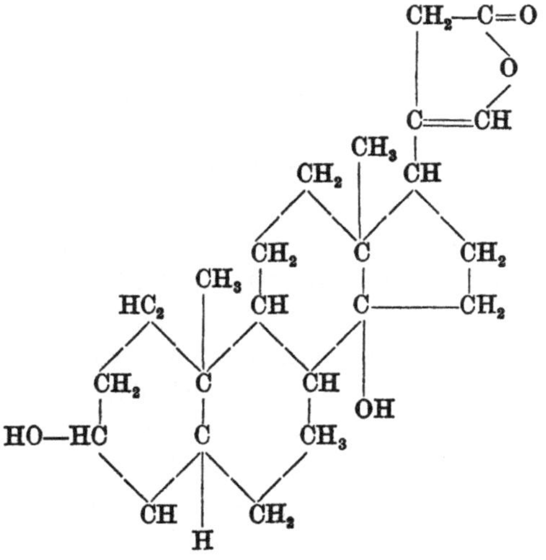

Digitoxigenin

Stoffe einer ähnlichen Struktur wurden in ziemlich weit voneinanderstehenden Gruppen der Pflanzenwelt gefunden: sie wurden festgestellt bei *Periploca graecae* (*Asclepiadaceae*), bei *Apocynum cannabinum*, bei *Strophantus* (*Apocynaceae*) und bei vielen anderen. Bemerkenswert ist, daß Herzgifte einer derartigen

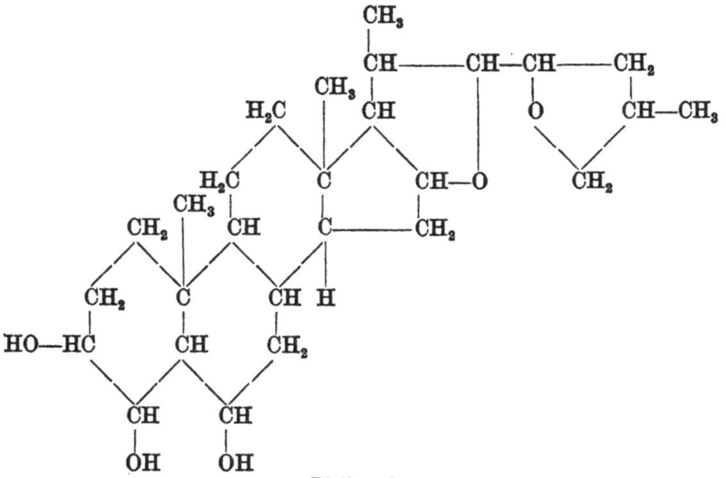

Digitogenin

Struktur sogar in der Tierwelt erzeugt werden: Die giftigen Stoffe der Kröten stellen ebensolche Komponenten des Zyklopentanophenanthrens dar. Beachtenswert ist der enge Zusammenhang dieser Stoffe mit Vitamin D, dem Ergosterin und den Geschlechtshormonen, was auch ihr Erscheinen in voneinander sehr entfernt stehenden Gruppen verständlich macht.

Charakteristisch für die Skrophulariazeen ist auch der Reichtum an Halbparasiten und an Parasiten: die ganze Unterfamilie der Rhinanthazeen besteht aus derartigen Pflanzen, beginnend mit den noch an Chlorophyll reichen Vertretern der Gattungen *Euphrasia*, *Melampyrum* und schließlich solche gefährlichen Parasiten, wie *Lathraea*. Die weitere Entwicklung solcher Formen führte zur Familie der insektenfressenden Lentibulariazeen (*Pinguicula* und *Utricularia*) und der Parasiten *Orobanchaceae* (*Orobanche* und *Cistanche*). Die Gesneriazeen, die den Skrophulariazeen nahe stehen, und die von den Gesneriazeen abgeleiteten Martyniazeen sind biochemisch nicht erforscht. Man kann nur hervorheben, daß in diesen Familien keine giftigen Pflanzen festgestellt wurden. Andererseits enthält die den Skrophulazeen auch nahestehende Familie der Bignoniazeen giftige Stoffe, aber sowohl diese Familie, als auch die mit ihr eng verwandte Familie der Pedaliazeen ist völlig unerforscht, wenn man nicht die Untersuchungen, die dem Öl der Samen des Sesambaumes gewidmet sind, der zu der zweiten dieser Familien gehört, sowie die Öle der Alraune (*Catalpa bignonioides* des Familie *Bignoniaceae*) mitrechnet.

Biochemisch wenig bekannt sind auch die Familien *Acanthaceae*, *Globulariaceae*, *Phrymaceae*, *Myoporaceae*, *Collumelliaceae* und *Verbenaceae*. Dieses Fehlen bestimmter biochemischer Merkmale läßt vermuten, daß alle diese Familien Pflanzen mit einem nicht spezialisierten Stoffwechsel umfassen, und daß sie junge Familien sind. In der Familie der Verbenazeen finden sich bei *Lippia citriodora* sowohl Zitral und d-Limonen, als auch Borneol und Sesquiterpenalkohol zu den Bestandteilen der ätherischen Öle. Während aber *Lippia* unter den Verbenazeen beinahe eine Ausnahme darstellt, enthalten in der an Formen reichen Familie der Lippenblütler (*Labiatae*) die überwiegende Mehrzahl der Vertreter ätherische Öle mit einem Überwiegen von ringartigen Verbindungen (Pinen, Borneol, Limonen, Sesquiterpen usw.). Das azyklische Terpen Geraniol wurde nur bei wenigen Formen gefunden.

In allen angeführten Familien fehlen die Alkaloide, aber eine gewisse Neigung zu ihrer Bildung kann man bei den Gattungen *Stachys*, *Betonica* und *Galeopsis* (*Labiatae*) bemerken, wo Stachydrin oder Methylbetain der Hygrinsäure, wie auch eine Verbindung des Pyridins, das Trigonellin (bei *Stachys* und *Betonica*) gefunden wurde. Bei *Leonurus cardiaca* (*Labiatae*) gibt es übrigens anscheinend auch ein echtes Alkaloid, das Leonurin $C_{10}H_{14}N_2O_3$.

Die Familien *Boraginaceae*, *Verbenaceae*, *Labiatae* und *Solanaceae* sind arm an Glykosiden. Bei der Skrophulariazeen wurden die vorher erwähnten Herzgifte gefunden. Bei den Bignoniazeen sind Glykoside vorhanden, jedoch bedeutend einfacher gebaute, als bei den Skrophulariazeen.

Der an Formen reiche und aufgespaltene Stamm der *Teichiospermatophyta* entwickelte sich fast ausschließlich auf der Linie der Insektenbestäubung. Nur eine Ordnung, die insgesamt nur aus einer Art, den *Batidales* bestand, teilte sich im Ergebnis der Anpassung an die Windbestäubung von den *Rhoeadales* ab. Der Hauptzweig des Stamms *Teichiospermatophyta* schließt mit einer umfangreichen Ordnung, den *Campanulales* ab, deren Familien sich nach *A. A.* Grossheim noch auf der zweiten Stufe der Entwicklung befinden. Einige Familien aber, darunter auch die an Arten zahlreichste Familie der Blütenpflanzen, die Kompositen, gehen schon auf eine höhere Entwicklungsstufe über.

Zu der Ordnung *Rhoeadales* des Zweiges *Rhoeadalia* rechnet A. A. Grossheim die Familien: *Papaveraceae*, *Cruciferae*, *Tovariaceae*, *Capparidaceae*, *Resedaceae*, *Moringaceae* und *Bretschneideriaceae*.

A. W. Blagowestschenski erscheint es kaum möglich, daß in einer Gruppe einerseits die Papaverazeen und andererseits die Kruziferen, Kapparidazeen und die Resedazeen zusammengefaßt werden, da sie biochemisch miteinander nichts gemeinsam haben. Die letztgenannten drei Familien sind durch die Fähigkeit charakterisiert, eigenartige Glykoside zu erzeugen, in denen Senföle mit einer allgemeinen Formel R—N=C=S Aglukone bilden, sowie auch durch den Gehalt des diese Glykoside aufspaltenden Fermentes, des Myrosins. Die Eigenart der Senfglykoside besteht darin, daß der Zucker sich in ihnen nicht durch Sauerstoff, sondern durch Schwefel mit dem Aglukon verbindet, wie beispielsweise in dem für *Sinapis nigra* typischen Sinigrin

$$\begin{array}{l} CH_2{=}CH{-}CH_2{-}N{=}C{-}O\cdot SO_2OH \\ \hphantom{CH_2{=}CH{-}CH_2{-}N{=}}| \\ \hphantom{CH_2{=}CH{-}CH_2{-}N{=}}S{-}C_6H_{11}O_5 \end{array}$$

Außer den Glykosiden eines derartigen Typs wurden bei der Kruziferen auch andere eigenartige, an Schwefel reiche Verbindungen, wie das Cheirolin des *Cheiranthus cheiri* festgestellt, der die Struktur $CH_3\cdot SO_2\cdot CH_2\cdot CH_2\cdot CH_2\cdot NCS$ hat und früher zu den Alkaloiden gezählt wurde, aber natürlich mit ihnen nichts Gemeinsames hat. Die Zuzählung dieser Stoffe zu den Alkaloiden beruhte nur auf ihren giftigen Eigenschaften, richtige Alkaloide aber, um so mehr irgendwie den für die Papaverazeen charakteristischen Verbindungen des Isochinolins nahestehende, gibt es bei den Kruziferen nicht, weil es diese auch in den benachbarten Familien nicht gibt, da die Stoffe, die bei *Capparis spinosa* und bei *Capparis persicifolia* (*Capparidaceae*) gefunden und zu den Alkaloiden zugerechnet wurden, unbekannte Strukturen besitzen. Leider gibt es bis jetzt keine Analysen der Eiweißstoffe der Kruziferen und man kann nicht beurteilen, ob nicht auch sie bei weitem reicher an Schwefel, als die Eiweißstoffe anderer Pflanzen. Jedoch reichen auch die vorhandenen Daten über die Biochemie der Kruziferen, der Kapparidazeen und der Resedazeen aus für die Schlußfolgerung, daß diese Gruppe von Familien erstens eine junge Abstammung (das Fehlen von Alkaloiden, Zykloterpenen usw.) aufweist und zweitens keineswegs in einer Ordnung mit dem Papaverazeen zusammengefaßt werden kann. Die Vertreter der Familie der Papaverazeen, gleichwie auch der Familie der Fumariazeen, werden durch die Fähigkeit ausgezeichnet charakterisiert, zahlreiche verschiedenartige und komplizierte Alkaloide, Isochinolinverbindungen zu bilden. Fast jede Gattung verfügt über ihr eigenes, für sie charakteristisches Alkaloid und neben diesem sind Alkaloide mit einer weiteren Verbreitung, beispielsweise das Protopin oder das Fumarin, vorhanden, das Hauptalkaloid von *Fumaria*, *Adlumia*, *Dicentra*, das gleichfalls aus *Papaver*, *Glaucium*, *Corydalis*, *Chelidonium*, *Stylonichium*, *Eschscholtzia* usw. erhalten wurde. Bei *Dicentra pusilla* wurde Fumarin nur in geringen Mengen festgestellt und es überwiegt das spezifische Alkaloid, das Dicentrin. Bei *Corydalis* und *Papaver somniferum* wurde Apomorphin gefunden. Die Art *Papaver somniferum* ist überhaupt durch einen außerordentlichen Reichtum an Alkaloiden charakterisiert, die zu den Gruppen des Papaverins und des Narkotins gehören. Insbesondere wurden nur in dieser Pflanze Morphin und Kodein gefunden, das ihnen nahestehende Thebain wurde außerdem im *Papaver orientale* festgestellt.

Überaus interessant ist es, daß das Papaverin oder das Tetramethoxylbenzylisochinolin in seiner Struktur dem Isoberberin sehr nahe steht, das in den Wurzeln von *Cissampelos Pareirae* aus der Familie *Lauraceae* gefunden wurde. Anscheinend kann man durch diese Familie der Laurazeen, wie auch durch die ihr nahe verwandte Familie *Hernandiaceae* einen Zusammenhang zwischen den Papaverazeen und Fumariazeen mit der Ordnung *Anonales* fetsstellen. Die Ordnung *Rhoeadales* muß man aber in dem Umfange wie Hutchinson annehmen und nicht in dem Umfange, den ihr A. A. Grossheim zuweist.

Die von A. A. Grossheim in eine besondere Ordnung abgesonderten *Batidales* der Familie der Batidazeen bezieht Hutchinson in die Ordnung *Chenopodiales* ein. Biochemische Daten gibt es nicht, die es ermöglichen die Stellung der Batidazeen im System zu klären.

Die von A. A. Grossheim zur Ordnung *Parietales* zugerechneten Zweige von *Campanulalia* der Familien *Cistaceae*, *Bixaceae*, *Cochlospermaceae*, *Flacourta-*

ceae und *Canellaceae* rechnet HUTCHINSON (zusammen mit der Familie *Samydaceae*, die von ENGLER und PRANTL unter den *Flacourtiaceae* untergebracht wird) zur Ordnung *Bixales* zu; die *Frankeniaceae*, *Tamaricaceae* und *Fouquieraceae* zu der ihr benachbarten Ordnung *Tamaricales*; *Malesherbiaceae*, *Passifloraceae* und *Achariaceae* zur Ordnung *Passiflorales* und *Begoniaceae*, *Datiscaceae* und *Caricaceae* zusammen mit *Cucurbitaceae* zu den *Cucurbitales*. Wenn schon diese 15 Familien nach HUTCHINSON untereinander auch überaus nahe stehen, so werden auch die Familien *Turneraceae* und *Loasaceae* von ihm zur Ordnung *Loasales* zugerechnet und zwischen *Papaveraceae* und *Fumariaceae* einerseits und *Capparidaceae*, *Moringaceae* und *Tovariaceae* andererseits untergebracht. Die *Violaceae* sind mit *Resedaceae* in der Ordnung *Violales* zusammengefaßt. Die *Elatinaceae* sind zu *Caryophyllales*, die *Ancistrocladaceae* zu *Theales*, die *Stachyuraceae* zu *Hamamelidales* und die *Lacistomaceae* zu *Piperales* zugerechnet. B. M. KOSO-POLJANSKI gruppiert eine Reihe von Familien, die von A. A. GROSSHEIM zur Ordnung *Parietales* zugerechnet werden, um die Familie *Flacourtiaceae*, indem er von dieser Familie die *Datisacceae* und die *Begoniaceae*, die *Passifloraceae* und die *Achariaceae*, die *Loasaceae*, *Turneraceae*, *Ancistrocladaceae* (vermittels der *Camelliaceae* und der *Dipterocarpaceae*), die *Bixaceae* und die *Cistaceae*, die *Tamaricaceae* und *Fouquieriaceae*, die *Lacistemoniaceae*, *Frankeniaceae* und die *Violaceae* ableitet. Abgesondert bringt er die *Canellaceae* und *Dipsacaceae* unter. WETTSTEIN und WARMING reihen an die *Parietales* die Familie *Droseraceae* an und WARMING auch die Familie *Cucurbitaceae*. Auf diese Weise wird der Umfang der Ordnung von verschiedenen Autoren fast gleichlautend angenommen, was durch die Stetigkeit des für die entsprechende Ordnung grundlegenden morphologischen Klassifizierungsmerkmals, des Aufbaus des Stempels aus drei Fruchtblättern zu erklären ist, die, indem sie zusammenwachsen, einen Fruchtknoten mit einem Nest oder mit vielen Nestern ergeben.

Infolge eines äußersten Mangels an Daten ist es sehr schwierig, die Ordnung *Parietales* biochemisch zu charakterisieren. Bei einigen Arten der *Caricaceae* wurde Karpain, eine Verbindung des Prolins gefunden. Nur mit knapper Not kann das Karpain zu Teilen der Alkaloide des Typs der Nikotine zugerechnet werden. Bei *Hybanothus ipecachuana* (Familie *Violanaceae*), der weißen brasilianischen Brechwurz, wurden komplizierte Alkaloide, das Emetin und das Psychotrin festgestellt, die mit den Alkaloiden der *Psychotria ipecachuana* (Familie *Rubiaceae*) identisch sind. Bei den *Cistaceae* (*Cistus creticus* und *Cistus ladaniflorus*) ist die Bildung von wohlriechenden Harzen charakteristisch. Bei der überwiegenden Mehrzahl von Vertretern der Familien der Ordnung *Parietales* wurden weder Alkaloide, noch zyklische Terpene festgestellt, was von der jugendlichen Art der zu dieser Ordnung gehörenden Pflanzen zeugt. Bei den *Droseraceae* und bei *Caricaceae* ist das Vorkommen von starken proteolytischen Fermenten charakteristisch, wobei bei den Droserazeen die Erzeugung dieser Fermente an die Auswertung einer Nahrung tierischer Herkunft gebunden ist.

Die Ansicht WARMINGS über die Notwendigkeit, die *Kukurbitazeen* in die *Parietales* einzubeziehen erscheint A. W. BLAGOWESTSCHENSKI vollkommen begründet, auch vom Gesichtspunkt der Biochemie, da diese Pflanzen durch ein Überwiegen der Prozesse des nicht spezialisierten Stoffwechsels charakterisiert sind. Bei *Ecballium* ist ein Dimethylnaphthalin, das Glykosid Elaterin $C_{22}H_{30}O_6$ und bei *Bryonia* das Bryonin $C_{20}H_{30}O_5$ enthalten. Nur bei *Citrulus Colocynthis* ist im Fruchtfleisch ein giftiges Glykosid, das Kolozynthin $C_{98}H_{140}O_{43}$ enthalten. Die von A. A. GROSSHEIM in die Ordnung *Campanulales* einbezogene Familie *Brunniaceae* zählt HUTCHINSON zur Ordnung *Hamamelidales*, die *Calyceraeae* und die *Compositae* zu *Asterales*, die *Campanulaceae*, *Goodeniaceae* und die *Stylidiaceae* zu den *Campanales*. B. M. KOSO-POLJANSKI leitet die *Compositae* und die *Calyceraceae* von den Umbelliferen ab; die Kampanulazeen bringt er in der entgegengesetzten Ecke seines Systems unter, indem er sie von den *Flacourtiaceae* vermittels der Tamarikazeen und der Fourquieriazeen ableitet. Die Polemoniazeen und die Goodeniazeen werden von ihm gleichfalls von den Flacourtiazeen, aber auf einem außerordentlichen Umwege über die Meliazeen, Auranthiazeen, Clusiazeen, Pittosporazeen und die Gentianazeen abgeleitet.

Die Familien der Goodeniazeen, Brunniazeen, Stylidazeen und Kalyzerazeen sind biochemisch wenig bekannt. Was aber die Kampanulazeen und die Kompositen anbetrifft, so fällt es sehr schwer über ihre Ähnlichkeit zu sprechen, da sie sich im Typ der Atmung deutlich unterscheiden: die Kampanulazeen sind Peroxydasepflanzen, gleichwie die an sie anschließenden Goodeniazeen und die Stylidazeen. Der Typ der Atmung der Kompositen ist ein Oxydasetyp. Die Peroxdasetypen sind durch einen nicht spezialisierten Stoffwechsel charakterisiert und bilden weder Alkaloide noch zyklische Terpene. Nur bei den Lobeliazeen (die von ENGLER in die Kampanulazeen einbezogen, aber von HUTCHINSON in eine besondere Familie abgesondert werden) sind Arten enthalten, die derartige Verbindungen wie Lobelin erzeugen, das wie Kautschuk die Struktur β-Phenyläthylmethylaminocyclohexan besitzt, der von verschiedenen Arten von *Siphocampylus* geliefert wird. Die Kampanulazeen sind durch Milchsaft charakterisiert, über dessen Zusammensetzung nichts bekannt ist. In einigen von ihnen (Gattung *Codonopsis*) wurden giftige Eigenschaften festgestellt, es ist aber unbekannt, mit welchen Stoffen sie zusammenhängen.

Die Familie der Kompositen, die nicht weniger als 15000 Arten und nach SMOLL sogar mehr als 25000 Arten, hauptsächlich Grasarten, umfaßt, die über die ganze Erdkugel, aber vorwiegend in den gemäßigten Ländern verbreitet sind, ist reich an Alkaloiden, Verbindungen des Pyridins (Achillein, Abortanin, Pyrethrin, Chrysanthemin, Seneziorin, Echinopsin usw.), die für die Gattungen *Achillea*, *Artemisia*, *Pyrethrum*, *Chrysanthemum*, *Senecio*, *Echinops*, *Centaurea*, *Helianthus*, *Picris*, *Lactuca* und für andere charakteristisch sind (im allgemeinen über 30 Gattungen). Die Alkaloide von *Lactuca virosa* und *Lactuca sativa* verfügen über die gleiche Eigenschaft wie Atropin, die Pupille zu erweitern.

Über die chemische Natur aller aufgezählten Stoffe ist wenig bekannt. Das Chrysanthemin aus *Chrysanthemum cinerariefolium* hat eine Struktur, die zwischen den richtigen Alkaloiden und den methylierten Aminen liegt.

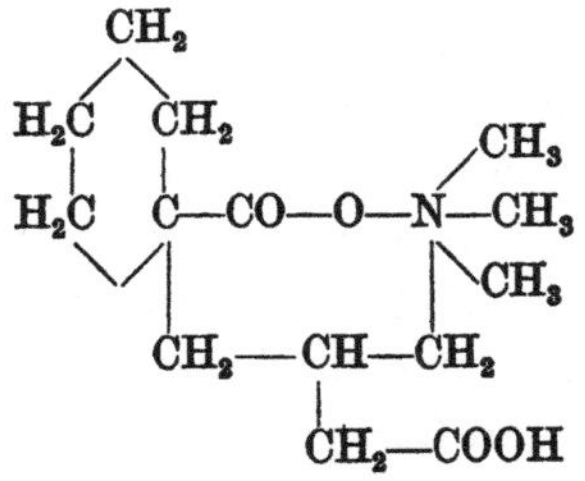

Chrysanthemin

Das in den Wurzeln von *Anacyllus pyrethrum DC.* gefundene Pyrethrin $C_{16}H_2NO_2$ erwies sich als mit dem Piperovatin aus *Piper ovatum* identisch. Hier haben wir einen auffallenden und sehr seltenen Fall einer chemischen Konvergenz ohne irgendeine morphologische Ähnlichkeit, da zwischen den Kompositen und Piperazeen nur das gemeinsam ist, daß sowohl diese, als auch jene hochspezialisierte Endstadien einer phylogenetischen Entwicklung einzelner Reihen von bedecktsamigen Pflanzen darstellen. In den Gattungen *Hieracium, Arctium, Cousinia* und bei anderen Gattungen wurden niemals Alkaloide festgestellt. Bei Vertretern einer Reihe von Gattungen wurden bittere Stoffe unbekannter Struktur entdeckt: das Lactucin, Taraxacin, Inthybin, Absinthin, Persizin, Achillin, wie auch solche Stoffe, wie die Verbindungen des Naphthalins Santonin $C_{15}H_{18}O_3$ (*Artemisia cina*), Arnizin, Artemisin und das Kartamin). Aus den Blütenblättern von *Creosis taraxicifolia* wurde das über antibiotische Eigenschaften verfügende Krepin $C_{14}H_{16}O_4$ isoliert. Der Milchsaft und die Zellen von vielen Kompositen enthalten Kautschuk (*Parthenium, Scorzonera, Taraxacum* und *Chondrilla*). Viele Reihen sind reich an zyklischen Terpenen: das Cineol (*Artemisia, Achillea, Inula* und andere), Kampfer (*Artemisia nana, Artemisia Leucodes* und *Chrysanthemium parthenium*), Borneol, Camphen und andere. Weit verbreitet sind Katechynveerbindungen (Chlorogensäure bei *Helianthus anuus*) und Phytomelane mit 70—76% Kohlenstoff (*Helianthus, Dahlia, Guisotia, Carthanus* u. a.). Bemerkenswert ist, daß der energetische Stand der Fermente (der Katalase), der vorläufig nur für sehr wenige Vertreter der Familie erforscht war, sich als hoch erwies. (Tabelle 91.)

Nach Hutchinson muß man als die ursprüngliche Familie der Ordnung *Guttiferales* die Dilleniazeen annehmen, eine Gruppe von Holz- und Gräsergewächsen, die, wenn auch entfernt, mit Magnolien zusammenhängen, die eine Grundlage bildet für: *Pittosporales, Bixales, Theales, Guttiferales* und für die holzartigen Rosalen. Vertreter dieser Familie nehmen ein Areal ein, das Madagaskar, Ceylon, die Sundainseln und Philippinen, Malakka und Neu-Guinea umfaßt. Die Vertreter der nahe verwandten Familie der Crossosomatazeen, die von Bentham und Hooker zu den Dilleniazeen gerechnet wurden, sind an Kalifornien angepaßt. Biochemisch wurden sie nicht erforscht, aber es wäre sehr interessant, sie von diesem Gesichtspunkte aus zu erforschen. Die Familien *Theaceae, Medusoginaceae, Marcgraviaceae, Caryocariaceae, Ochnaceae* und *Dipterocarpaceae* gehören zur Ordnung *Theales* und die übrigen drei Familien,

TABELLE 91 *Die Qualität der Katalase bei den Kompositen*

Art	μ, g-Kal	Art	μ, g-Kal
Parthenium argentatum .	8 000	*Artemisia pamirica* . . .	2 500
Echinposkarataviense . .	7 900	*Artemisia sacrorum* . . .	5 200
Crepis flexuosa	5 800	*Artemisia Scorniakowi* .	5 500
Cichorium inthybus . . .	6 300	*Artemisia macrocephala* .	6 000

die *Guttiferae, Eucryphiaceae* und die *Quiinaceae* zu den *Guttiferales*. Nach B. M. Koso-Poljanski werden die *Dileniaceae* unmittelbar von der Magnoliazeen abgeleitet und haben mit den übrigen vorher aufgezählten Familien nichts gemeinsam, von denen die Guttiferen und die Dipterokarpazeen vermittels der Kamelliazeen (Theazeen) mit den Flacourtiazeen zusammenhängen. Die Quiinazeen hängen doch mit den Dilleniazeen vermittels der Bixazeen zusammen. Die Magroviazeen werden unmittelbar von den Flacourtiazeen abgeleitet. Die Familien der Ochnazeen und Eukryphiazeen stehen im System von B. M. Koso-Poljanski unter den Flacourtiazeen und leiten sich von den zu den hypothetischen Proangiospermen nächstliegenden Familien Mondorazeen und Erythrospermazeen ab. Die Karyokarazeen sind den Klusiazeen verwandt, d. h. sie verfügen über eine entfernte Verwandtschaft mit den Flacourtiazeen.

Alle Vertreter der Ordnung *Guttiferales* unterscheiden sich anscheinend durch das Vorherrschen eines nicht spezialisierten Stoffwechsels, obwohl die Daten für diese Ordnung überaus spärlich sind. Die Früchte der Ordnung *Actinidia,* die früher zu den Dilleniazeen zugezählt wurden und jetzt als selbständige Familie der Aktinidiazeen abgesondert werden, sind sehr reich an Ascorbinsäure. In den Familien der Dilleniazeen, Ochnazeen, Eukryphiazeen, Karyokarazeen und Markgraviazeen sind weder Alkaloide noch zyklische Terpene bekannt. In den Familien der Theazeen ist das Vorkommen von bedeutenden Mengen an Koffein in den Blättern von *Thea chinensis* und von *Thea assamica* charakteristisch, was auf eine überschüssige Bildung an methylierten Purinverbindungen hinweist. In der Familie der Guttiferen enthalten alle vegetativen Organe ein Drüsengewebe und erzeugen eine große Menge an verschiedenen Harzen (Gummi-gut bei Vertretern der Gattung *Garcinia*). Bei Dipterokarpazeen, die eine höhere Stellung in der Ordnung der Familie einnehmen, verfügen fast alle Vertreter über Harzgänge und viele von ihnen liefern die in technischer oder in medizinischer Hinsicht wichtigen Harze: *Schorea Wiesneri* gibt Dammarharz und *Dryobalanops aromatica* Borneo-Kampfer. Diese biochemischen Besonderheiten einzelner Familien der Ordnung stimmen mit den morphologischen

Merkmalen gut überein: die morphologisch am weitesten Fortgeschrittenen sind auch biochemisch am kompliziertesten.

Nach dem Schema von HALLIR besteht zwischen den Familien der Ordnung *Ericales* folgender Zusammenhang:

Clethraceae	*Pirolaceae*	*Empetraceae*
	Ericaceae	*Epacridaceae*
		(*Diapensiaceae*)

Es ist offensichtlich, daß hierher auch die im Schema von A. A. GROSSHEIM ausgelassene Familie der Lennoazeen zugezählt werden muß, wie es HUTCHINSON und B. M. KOSO-POLJANSKI machen. Biochemisch sind die *Ericales* charakterisiert durch einen Oxydasetyp der Atmung und durch Chlorophyllarmut, mit denen womit die saprophytische und sogar die parasitische Lebensweise aller Lennoazeen und der Gruppe *Monotropoideae* der Pirolazeen zusammenhängt. Die Unterfamilien *Rhododendroideae* und *Arbutoideae* der Familie der Erikazeen sind reich an Glykosiden mit aromatischen Aglukonen, beispielsweise: Methylsalicyläther bei *Gaultheria procumbens*, Hydrochinon bei den Arten *Arbutus*, kampferähnlicher Alkohol, das Rhododendrol im kristallischen Glykosid der Blätter von *Rhododendron chrysanthum Pall.* ($C_{10}H_{12}O_2$), Erizinol $C_{10}H_{16}O$ in dem bei verschiedenen Erikazeen (in den Blättern von *Ledum*, *Erica*, *Calluna*, *Rhododendron*, *Gaultheria*, *Epigaea* und *Cassiope*) weit verbreiteten amorphen Glykosid Erikolin $C_{34}H_{56}O_{21}$. In den Blättern verschiedener Arten der Gattung *Andromeda* (*Andromeda polifolia* und *Andromeda japonica*), wie auch bei *Azalea sp.*, *Rhododendron ponticum*, *Rhododendron javanicum*, *Pernattya repens*, *Kalmia sp.* und bei der zu den Pirolazeen zählenden *Monotropa uniflora* ist das giftige Andromedotoxin $C_{31}H_{51}O_{10}$ verbreitet. Bei *Andromeda japonica* und bei *Kalmia latifolia* wurde ein Glykosid, das Asebotin $C_{24}H_{28}O_{12}$, bei *Agauria pyrifolia* ein toxisches Glykosid unbekannter Struktur und bei verschiedenen Arten der Gattung *Leucothoë* ein bitterer Giftstoff von einer Nicht-Glykosidnatur $C_9H_{14}O_3$ gefunden. Alkaloide und zyklische Terpene wurden nicht festgestellt. Gemäß A. A. GROSSHEIM sind die Zentrospermatophyten „ein reich aufgegliederter, eigenartiger Stamm der Entwicklung der Blütenpflanzen. Er beginnt mit unentwickelten Formen der Ordnung *Phytolaccales* und zwar mit der Familie der *Phytolaccaceae*. Die Abstammung aller übrigen Zentrospermatophyten von den *Phytolaccaceae* kann als genügend bewiesen gelten. Aus dem windbestäubten Typ *Centrospermatophyta* konnten die *Urticales* entstehen. Die in ihrer höchsten morphologischen Vervollkommnung eigenartige Ordnung *Polygonales* hat den Ursprung unmittelbar bei der Ordnung *Phytolaccales*. Die *Catales* sind zweifellos eine weitere Entwicklung des Typs *Aizoaceae* und die *Primulales* und die *Plumbaginales* eine weitere Entwicklung des Typs *Caryophyllaceae* ... Der Zusammenhang der *Phytolaccales* mit den *Ranales* kann nicht unmittelbar bewiesen werden, da die Verbindungsglieder hier anscheinend verloren gegangen sind. Jedenfalls erinnert die unentwickelte Familie *Phytolaccaeae* immer mehr an einige Ranelesformen". (1945, S. 15.)

Hutchinson meint, daß die *Carophyllales*, d. h. die Familien *Elastinaceae, Carophyllaceae, Molluginaceae, Aizoaceae* und *Portulacaceae* die ursprüngliche Gruppe der Ordnung *Centrospermae* darstellen. Die Ordnungen *Polygonales* (der Familien *Polygonaceae* und *Illecebraceae*) und *Chenopodiales* (der Familien *Phytolaccaceae, Cynocrambaceae, Chenopodiaceae, Batidaceae, Amarantaceae* und *Besellaceae*) hält er für ein Ergebnis der Reduzierung und Degration der *Caryophyllales.* B. M. Koso-Poljanski leitet, indem er die *Phytolacceae* für eine unentwickelte Gruppe hält, von ihnen die anderen Familien nach folgendem Schema ab:

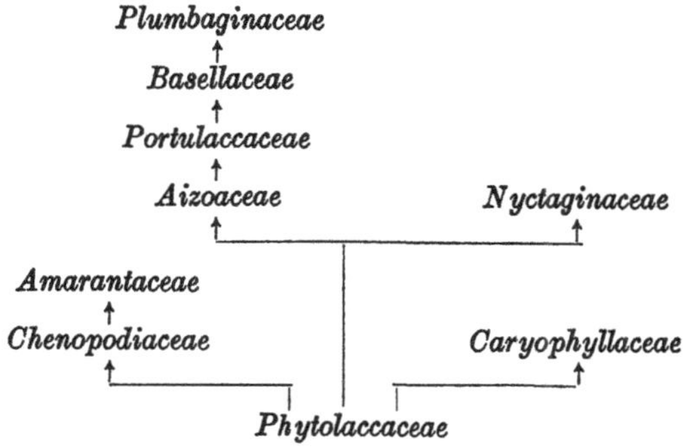

Aus den Wurzeln von *Phytolacca decandra* wurde das Alkaloid Phytolaccin erhalten, dessen chemische Natur nicht festgestellt wurde, und aus den Wurzeln *Phytolacca acinosa* ein Stoff, das Phytolaccotoxin $C_{24}H_{38}O_8$, das dem Pyrotoxin und dem Cicutotoxin nahe steht, dessen Struktur den Komplex des Pyrons entspricht:

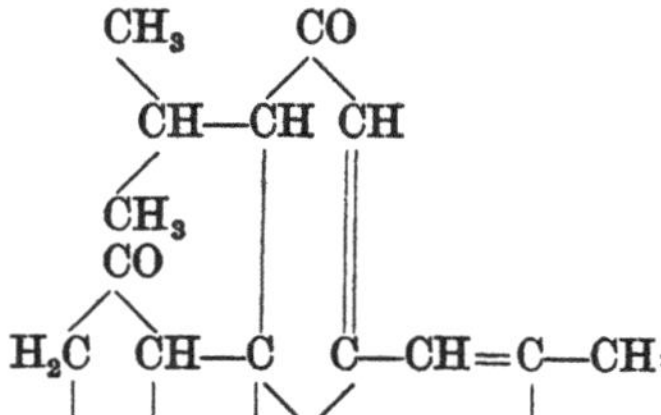

Phytolaccotoxin

In der Familie *Nyctaginaceae* wurden keine Alkaloide gefunden (in Mirabilis jalappa ist Trigonellin nicht enthalten).

Die Früchte von *Phytolacca abyssinica* enthalten ein Saponin, das bei der Aufspaltung amorphes Prosapogenin, Dextrose, Fruktose und Galaktose gibt. In der Familie der Aizoazeen wurde ein ungesättigter stickstoffhaltiger Stoff, das Mesembrin $C_{16}H_{19}NO_4$ festgestellt. Interessant ist es, daß zu der Gattung *Mesembryanthemum* Arten gehören, die Alkaloide enthalten oder auch nicht. Unter den anderen Familien der Zentrospermen wurden Alkaloide in der Art *Anabasis* der Familie der Chenopodiazeen entdeckt, dessen Anabasin eine verhältnismäßig einfache Struktur hat. Hierbei ist nur die Art *Anabasis aphylla* reich an Alkaloiden, bei deren Vertretern hiervon 1,35—4,31% gefunden wurden. Was die anderen Arten anbetrifft, so ist der Alkaloidgehalt bei ihnen unbedeutend: *Anabasis Eugeniae* 0,0207—0,0240%, *Anabasis truncata* 0,071—0,079% und *Anabasis ramosissima* 0,137—0,152%. Außer bei *Anabasis* wurden Alkaloide der einfachsten Struktur bei Vertretern der Gattung *Salsola* und zwar bei *Salsola Richteri* gefunden, bei der Salsolin $C_{11}H_{15}NO_2$ und Salsolidin $C_{12}H_{17}NO_2$ festgestellt wurden.

Terpene wurden bei den Chenopodiazeen nur in seltenen Fällen und in geringen Mengen gefunden. Der spezifische Geruch verschiedener Vertreter dieser Familie (*Chenpodium vulvaria* und *Salsola rigida*) ist vor allem durch das Vorkommen der einfachsten Amine bedingt (Trimethylamin.) In der Familie der Karyophyllazeen fehlen die Amine und der Geruch der Vertreter einiger Arten (*Dianthus*) ist durch aliphatische Terpene bedingt. Bei einigen Vertretern dieser Familie (*Agrostemma githago*, *Saponaria officinalis*, *Lychnis chalcedonica* und *Melandrium album*) sind Saponine enthalten, die im allgemeinen in der Pflanzenwelt recht weit verbreitet sind und die sich mit verschiedenen Verbindungen des Phenanthrens (Vitamin D, Phytosterin usw.) in einer engen chemischen Verwandtschaft befinden. Saponine sind Glykoside, deren Aglukone die sogenannten Genine sind. Ein derartiges Genin ist das Githogenin bei *Agrostemma githago*, dessen Bau aus folgender Formel zu ersehen ist:

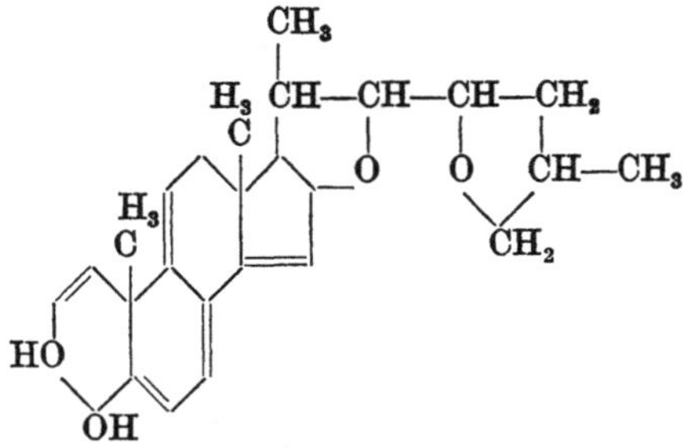

Githogenin

Bei *Herniaria hirsuta* und bei *Herniaria glabra* wurde ein eigenartiges Saponin gefunden, das bei Hydrolyse Glukose und Oxysapogenin $C_{14}H_{22}O_3$ ergibt.

Saponine wurden bei den Chenopodiazeen auch in der Zuckerrübe und in der Futterrübe festgestellt. Dieses Saponin erwies sich als ungiftig und ist in der Struktur ein Äther der Glukuronsäure. Saponine wurden auch sowohl bei Vertretern von *Spinacia* und in den Samen von *Chenopodium ambrosioides* festgestellt. Sie sind gleichfalls ungiftig. Saponin aus *Chenopodium* spaltet Glukuronsäure ab. Auf diese Weise weichen die Saponine der Chenopodiazeen etwas vom Typ ab und können zu den sogenannten Saponoiden hinzugezählt werden, wobei sie jedoch ihr grundlegendes Charakteristikum, den polyzyklischen Kern des Genins, behalten.

Die Qualität der Fermente ist nur für Vertreter der Familie der Chenopodiazeen etwas erforscht und befindet sich bei ihnen auf einer verhältnismäßig niedrigen Stufe: Die Werte μ für Katalase, die von A. W. BLAGOWESTSCHENSKI und seinen Mitarbeitern bestimmt wurden, sind auf der Tabelle 92 angeführt.

TABELLE 92 *Qualität der Katalase bei Chenopodiaceae*

Art	μ, g-Kal	Art	μ, g-Kal
Eurotia ceratoides . . .	12 000*)	*Ceratocarpus arenarius**)	11 500
Atriplex cana	11 100	*Haloxylon ammodendron*	8 000
Anabasis eriopoda . . .	9 900	*Haloxylon aphyllum* . .	13 400
Sueda physophora . . .	7 600	*Salsola arbuscula*	10 000
Halocnemum strobilaceum	6 200	*Salsola Paleckiana* . . .	7 000
Halogeton glomeratus .	5 200	*Salsola subaphylla* . . .	7 700
Salsola dendroides . . .	6 000	*Salsola callina*	10 900
Salsola gossypium . . .	15 600	*Salsola rigida*	10 000

*) Dieser Wert wurde bei Pflanzen in der Wüste Mojun-Kum gefunden. Bei Pamir-Vertretern von *Eurotia ceratoides* μ = 1900—5600 g-Kal

Der durchschnittliche Wert μ für diese 16 Vertreter der Chenpodiazeen beträgt somit 9700 g/cal.

Alle diese biochemisch jungen Eigenschaften der Zentrospermen, bei offensichtlichem Alter der Chenopodiazeen und Phytolakkazeen, verlangen ein besonderes Interesse beim Vergleich ihrer Stellung im System. Gemäß WETTSTEIN, N. I. KUSNEZOW und auch B. M. KOSO-POLJANSKI stellen die Zentrospermen eine Gruppe dar, welche die allerhöchste Entwicklung in der entsprechenden phylogenetischen Reihe (unter der Unterklasse der Monochlamydeen im Sinne der beiden ersten Autoren WETTSTEIN und N. I. KUSNEZOW) erreichten. Indem sich sie in einer Reihe von Merkmalen an die Urtikalen anschließen, stellen sie eine scharf spezialisierte Ordnung dar. Es genügt zu erinnern, daß die Familie der Chenopodiazeen solche hoch angepaßte spezialisierte Pflanzen, wie eine ganze Reihe von Salzkräutern, in sich einschließt, die für die Wüsten Mittelasiens charakteristisch sind und, die sich durch einen überaus eigenartigen Stoffwechsel, durch Halophylie, einen hohen osmotischen Druck und durch eine Sukkulenz vieler Vertreter auszeichnen.

Interessant ist es, daß über ebensolche physiologische Eigenschaften die Vertreter noch eines Zweiges der Zentrospermatophyten, die Kaktalien verfügen, deren einzige Familie die Kaktazeen, eine für die Wüsten der Neuen Welt charakteristische Familie, sich durch Besonderheiten des Atmungsprozesses auszeichnet, der mit Säurebildung (was auch für *Salsola subaphylla* bemerkt wurde), Sukkulenz, Reduktion der Blätter usw. vor sich geht. Von der biochemischen Seite ist es interessant zu bemerken, daß in der Sektion *Anhalo-*

nium der Gattung *Echinocactus* die einfachsten Alkaloide festgestellt wurden, wobei einige ihrer Vertreter, wie das Angalin und das Mezkalin nicht einmal einen für Alkaloide charakteristischen heterozyklischen Kern besitzen. Die Formel des Angalins hat folgendes Aussehen:

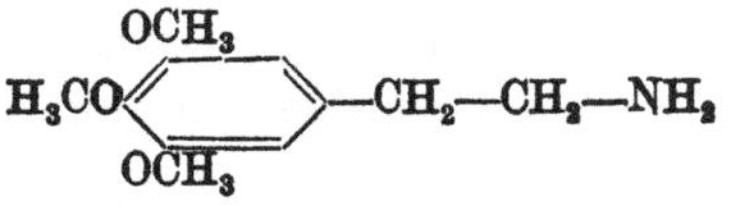

Bei *Cereus gummosus* wurde ein Saponin, die Zereinsäure $C_{66}H_{116}O_{28}$ festgestellt, das mit dem Saponin Jucca identisch ist.

Die Zuzählung der Kaktazeen durch B. M. Koso-Poljanski zu den Komponenten der Monodorazeen, d.h. zu derjenigen Reihe, unter der die Flacourtiazeen die zentrale Stelle einnehmen, ist biochemisch nicht begründet. Hallir bringt die Kaktazeen bedeutend richtiger zwischen den Portulakazeen und den Aizoazeen unter.

Die Reihe der Zentrospermen wird im Schema von B. M. Koso-Poljanski mit der Familie der Plumbaginazeen abgeschlossen, die zum Unterschied von den anderen zu den Sympetalen gehören. Diese Familie ist vorwiegend in den Mittelmeergebieten, in Vorder- und in Zentralasien weit verbreitet. Viele ihrer Vertreter (die Arten *Statice* u. a.) sind für Wüsten- und für Salzgebiete charakteristisch. Diese Familie ist zweifellos phylogenetisch jung; im Einklang damit sind für seine Vertreter weder Alkaloide noch zyklische Terpene bekannt. Einige Formen sind reich an Gerbstoffen. Der Wert der Wärme-Koeffizienten der Fermentprozesse ist vorläufig nur für *Acartholimon Hedini* (Pamir) bestimmt worden und erwies sich als $\mu = 3700$ g/cal, d. h. er zeigte einen hohen energetischen Stand dieser Pflanze an. A. A. Grossheim bringt die Plumbaginazeen im Zweige *Primulalia* neben der Ordnung *Primulales* unter, zu der er die Familien Theophrastazeen, Myrosinazeen und Primulazeen zurechnet. In der Ordnung *Primulales* faßt auch Hutchinson die Primulazeen und die Plumbaginazeen zusammen, der die Theophrastazeen in die Familie der Myrsinazeen einbezieht und diese in eine vollkommen getrennte Ordnung *Myrsinales* absondert. B. M. Koso-Poljanski trennt dagegen die Plumbaginazeen von den Primulazeen scharf ab, indem er die Primulazeen von den Flacourtiazeen über die Meliazeen, Styrakazeen und Myrsinazeen ableitet. Biochemisch spricht zugunsten einer Annäherung der Primulazeen an die Zentrospermen das Vorkommen von Saponinen bei einer Reihe von Arten der Primulazeen (*Cyclamen, Soldanella* und *Primula*), jedoch geben die anderen Merkmale hierzu keine Veranlassung: bei *Primula officinalis* wurden die spezifischen Glykoside Primiverin und Primulaverin gefunden, die durch ein Ferment, die Primiverase in Zucker und β-Methoxyresorzinsäure (Primiverin) und β-Methoxysalizylsäure (Primulaverin) gespalten werden. Die Blätter der *Primula obconica*, von *Primula sinensis* und von *Cortusa Matthioli* enthalten in besonderen Drüsen einen Giftstoff von bisher unbestimmter Struktur, der ein Erythem der Haut hervorruft. Zyklische Terpene und Alkaloide sind nicht vorhanden. Der Typ der Atmung der Primulazeen ist ein Peroxydasetyp.

Hutchinson reiht in die Ordnung *Urticales* die Ulmazeen, Barbeyazeen, Morazeen, Skyphosteigiazeen, Urtikazeen und die Kannabinazeen ein. Die Eukommiazeen rechnet er zu den *Hammamelidales*. Von diesen leitet B. M. Koso-Poljanski die Eukommiazeen, sowie auch die Morazeen ab, in dessen Schema die Kannabiazeen, Ulmazeen und die Urtikazeen fehlen, die anscheinend von ihm in die Morazeen einbezogen wurden. Bei A. A. Grossheim sind diese Familien selbständig.

Nach N. I. Kusneszow umfaßt die Ordnung *Urticales* die vier Familien: *Ulmaceae, Moraceae, Cannabinaceae* und die *Urticaceae* mit 109 Gattungen und 1650 Arten. Monotype Gattungen werden 35, oligotype (je 2—10 Arten) 52, oligotype (je 10—20 Arten) 10 und polymorphe (20—600 Arten) 12 Gattungen gezählt. Den allergrößten Polymorphismus zeigen die Gattungen *Ficus* (Familie der Morazeen 600 Arten), *Pilea* (Familie der Urtikazeen 100 Arten) und *Celtis* (Ulmazeen 70 Arten). Ein Vorherrschen normaler Stoffwechselprozesse in dieser phylogenetisch jungen Ordnung ist vollkommen offensichtlich: in ihr wurden, außer in einzelnen häufig zweifelhaften Fällen (*Cannabis indica* und *Cannabis sativa, Celtis reticulosa* und *Ficus altissima*) weder Alkaloide, noch Saponine und zyklische Terpene festgestellt; nur einige Vertreter der Morazeen (*Artocarpus, Ficus hypogaea*) unterscheiden sich durch die Fähigkeit, Kautschuk zu erzeugen. In der Gattung *Humulus* (*Cannabinaceae*) wurde in den Samen ein Alkaloid, das an Koniin erinnerte, des Flavon Querzetin und ein bitterer Stoff, das Lupulin und beim Antschar (*Anthiaris toxicaria* aus der Familie der Morazeen) ein giftiges Glykosid der empirischen Formel $C_{27}H_{40}O_{10}$ gefunden. Bei *Morus alba* wurde Trigonellin festgestellt. Der Wärmekoeffizient der Katalasespaltung von Wasserstoffsuperoxyd wurde von T. Ssergijewskaja für *Morus alba* mit $\mu = 5500$ g/cal und für *Maclura airantiaca* $\mu = 7600$ g-cal bestimmt.

Die von A. A. Grossheim in einen selbständigen dritten Zweig von *Centrospermaphyta* abgesonderten *Polygonalia*, mit einer einzigen Ordnung *Polygonales* und mit der einzigen Familie der Polygonazeen, werden von Hutchinson als von den *Caryophyllales* abgeleitet angesehen. N. I. Kusnezow hält diese für einen progressierenden Seitenzweig der *Urticales* und nur B. M. Koso-Poljanski trennt sie scharf ab von den übrigen Zentrospermen, indem er sie zwischen die Kanellazeen einerseits und die Piperazeen und Dioskoreazeen andererseits unterbringt, wobei er diese letzten beiden Familien für von den Polygonazeen abgeleitet hält. Die Polygonazeen können zweifellos als Pflanzen mit einem Vorherrschen der Prozesse des nicht spezialisierten Stoffwechsels charakterisiert werden. Weder Alkaloide, noch zyklische Terpene und Saponine wurden bei den Vertretern festgestellt. Bei Vertretern einiger Gattungen (*Rheum, Rumex* und *Polygonum*) sammeln sich Gerbstoffe in großen Mengen an. Bei *Rheum palmatum, Rumex Nepalensis, Rumex Ecklonianus, Rumex obtusifolius* und bei einigen anderen Arten wurde eine mit der bei *Cassia* und bei

Rhamnus festgestellten identische Chrysophansäure, d. h. ein Dioxy-1,8-Methyl-3-Anotrachinon gefunden.

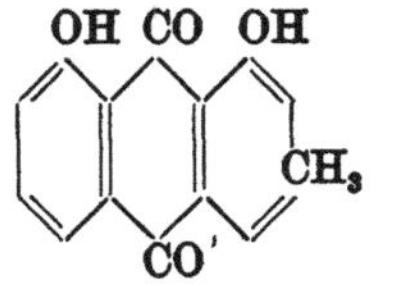

In diesen selben Pflanzen, wie auch bei *Polygonum cuspidatum* und bei *Polygonum dumetorum* kommt in der Form des Glykosids eine andere Verbindung des Anthrazens, das Emodin vor.

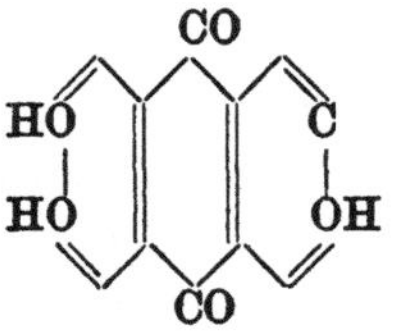

Emodin

Neben der Chrysophansäure und dem Emodin kommen auch andere Verbindungen des Anthrazens vor, die nicht näher erforscht sind. Man muß aber hervorheben, daß ebensolche Verbindungen auch bei verschiedenen und voneinander ziemlich entferntstehenden Pflanzengruppen festgestellt wurden (Flechte *Xanthoria*, die zu den Euphorbiazeen *Cluytia* gehört, Arten von *Rhamnus* und von *Aloë*, Arten *Morinda* aus den Rubiazeen und *Rubia* aus derselben Familie, verschiedene Boraginazeen, Vertreter einiger Gattungen der Leguminosen, wie *Ptherocarpus*, *Baphia*, *Copaifera*, wie auch bei der Grasart *Andropogon sorghum*), daher ihr Vorkommen nicht als Beweis des phylogenetischen Alterns dienen kann, wie auch, daß bei *Rheum rhaponticum* ein Glykosid, das Rhapontizin $C_{21}H_{24}O_3$ mit einem Aglukon gefunden wurde, das den Charakter einer Polyphenolsäure hatte, nicht aber eine Verbindung des Anthrazens ist.

Nach A. A. Grossheim stellen die Ebenophyten einen nicht großen Stamm der Blütenpflanzen dar, der insgesamt aus der einen Ordnung *Ebenales* besteht. Sie haben einen unmittelbaren Ursprung bei den *Ranales* und steigen ohne weitere Fortsetzung in ihrer Entwicklung bis zum zweiten Stadium an. Nach Hutchinson werden alle hierher zählenden Familien in zwei Ordnungen eingeteilt: in die Ordnung *Ebenales*, welche die Familien der Ebenazeen und Sapotazeen einbeziehen und eine gewisse Verwandtschaft mit den Anonazeen zeigen und in die Ordnung *Styracales*, welche die Familien der Styrakazeen, Symplokazeen, Diklidantherazeen und Lissokarpazeen einordnet, die von den *Olacales* abgeleitet wird und eine Verwandtschaft mit den Alangiazeen zeigt.

Nach B. M. Koso-Poljanski haben die Styrakazeen bei den Flacourtiazeen vermittels der Meliazeen den Ursprung und ergeben die Grundlage für einige

Zweige: 1) die Grubbiazeen, 2) Myrsinazeen mit ihren Verwandten und 3) Ebenazeen → Sapotazeen → Karyokarpazeen. Die Familie der Karyokarpazeen zählen HUTCHINSON und A. A. GROSSHEIM zu den *Celastrales*.

Biochemisch sind die *Ebenales* wenig erforscht. Alkaloide sind nur in wenigen Fällen bei *Achras sapota* und bei *Symplocos racemosa* gefunden. In verschiedenen Arten der Gattung *Illipe* (Familie *Sapotaceae*), *Omphalocarpum*, *Achras*, *Siederoxylon*, *Chrysophyllum*, *Mimusops*, *Palaquium*, wie auch bei *Styrax japonica* (*Styracaceae*) wurden ziemlich komplizierte Saponine festgestellt. Die Vertreter der Gattung *Palaquium* erzeugen Guttapercha und verschiedene Arten der Gattung *Styrax* komplizierte Harze. Diese Merkmale ermöglichen es die Ordnung *Ebenales* für phylogenetisch nicht jung zu halten.

Nach A. A. GROSSHEIM sind die *Krinophyta* „ein reich gegliederter Stamm einerseits, der durch unentwickelte Gruppen vertreten ist, die auf der ersten Stufe der Entwicklung stehen und unmittelbare Beziehungen zu den *Ranales* haben, der sich andererseits bis zu den äußersten Höhen des dritten Stadiums der Entwicklung der Blütenpflanzen, sowohl auf der Linie der Insektenbestäubung, als auch auf der Linie der Windbestäubung, erhebt. Die in ihren ursprünglichen Formen unentwickelte Ordnung *Helobiae*, die diesen Stamm einleitet, gibt in ihren Grenzen einige Linien einer schnellen Evolution zu vereinfachten Typen im Zusammenhang mit der Lebensweise im Wasser. Von dieser Ordnung zweigt sich auch eine kleine heterotrophe Ordnung, die *Triuridales* ab, die in ihrer Entwicklung nicht über die Grenzen der ersten Stufe hinausgeht. Die Ordnung *Liliiflorae*, die vom unentwickelten Typ *Helobiae* abstammt, entwickelt sich schon auf der zweiten Stufe und stellt ein ausgezeichnetes Beispiel dar einer Beziehung zu Insekten auf der Grundlage von nicht sehr spezialisierten Vorrichtungen. Von dieser Ordnung muß man die Mikrospermen, die bei einer tiefgehenden Vereinfachung der Vermehrungsorgane der Blüten für eine Insektenbestäubung am meisten spezialisierte Ordnung der Blütenpflanzen, unmittelbar ableiten. Diese Ordnung befindet sich vollzählig auf einer höheren Entwicklungsstufe und ist an Arten überaus reich. Seine einzige Familie, die Orchidaceen, steht in der Anzahl der Arten fast auf gleicher Höhe mit den anderen zwei größten Familien der Blütenpflanzen, mit den Kompositen und den Leguminosen. Eine nicht große Abweichung der Liliifloren nach der Seite der Windbestäubung zu, die durch die Familie der Junkazeen vertreten ist, ergab eine andere vollkommene Komponente der Liliifloren, die windbestäubte Ordnung *Cyperalese*, die an Arten überaus reich ist und in die dritte Stufe der Entwicklung übergeht. Von den *Liliiflorae* zweigt sich gleichfalls die sehr nahestehende Ordnung *Farinosae* (*Enanthioblastae*) ab, in der die Linie der Windbestäubung eine bevorzugte Entwicklung vor der Insektenbestäubung erhielt. Von der insektenbestäubten Linie der *Farinosae* spalteten sich die eigenartige Ordnung *Scitamineae* ab, die auf dem zweiten Stadium der Entwicklung zurückblieb, und von der windbestäubten Linie die umfangreiche und unter den jetzigen Lebensbedingungen überaus lebensfähige Ordnung *Glumiflorae*, die auf die höchste Stufe der Entwicklung emporstieg". 1945, Seite 15.)

Die Mehrzahl der jetzigen Systematiker nimmt an, daß die Ordnungen des Stammes *Krinophyta*, gemeinsam mit einigen Ordnungen *Spatophyta*, die früher zur Klasse der eindoldigen Pflanzen zusammengefaßt wurden, mit den unentwickelten *Ranales* zusammenhängen. Die morphologisch einfachsten Familien, die zur Ordnung *Helobiae* gehörten, stehen sowohl in der Struktur der Blätter, als auch im Aufbau der vegetativen Organe am nächsten zur Familie der Liliazeen und zu den *Ranales*, was auch die Veranlassung gibt, sie von den *Ranales* und von ihnen, vermittels der Liliazeen, alle übrigen Ordnungen der Eindoldigen abzuleiten. Vom biochemischen Gesichtspunkte aus kann man natürlich nicht die *Helobiae* von den jetzt lebenden *Ranales* ableiten, da bei keinem der Vertreter dieser Ordnung bisher weder ein einziges Alkaloid, noch irgend ein anderes Produkt des sekundären Stoffwechsels gefunden wurde. Insbesondere ist es vollkommen unmöglich sich vorzustellen, auf welch eine Weise von den Nymphaeazeen die Hydrocharitazeen und Stratiotazeen oder von den Magnoliazeen die Aponogetanonazeen, Junkaginazeen und Alismatazeen abgeleitet werden, wie es B. M. Koso-Poljanski annimmt.

Absolut keine Merkmale eines spezialisierten Stoffwechsels (weder Alkaloide, noch zyklische Terpene und Saponine) wurden auch unter der Ordnung *Cyperales* festgestellt. Der nicht spezialisierte Stoffwechsel, ein außerordentlicher Polymorphismus einzelner Gattungen der Ordnung, beispielsweise der Gattung *Carex*, und andere Merkmale zeugen davon, daß die ganze Ordnung auf einem hohen energetischen Stand steht und zu progressiv evolutionierenden jungen Gruppen der Pflanzenwelt angehört.

Eine gleiche Stellung nimmt auch die Ordnung *Glumiflorae* ein. Es wurde zwar früher angenommen, daß die Familie der Gramineen die Alkaloide Temulin und Hordein bildet, aber inzwischen bewiesen, daß das Temulin ein Produkt des Stoffwechsels eines Pilzes ist, der auf *Lolium temulentum* schmarotzt und außerdem wohl kaum zu richtigen Alkaloiden gehört, und daß Hordein ein biogenes Amin ist, ein p-Oxyphenyldimethyläthylamin. Das Donaxin, ein „Alkaloid" von *Arundo donax* ist ein methyliertes Amin des Tryptophans und das Avenin $C_{14}H_{20}O_8$ der Arten *Avena* ein Glykosid unbekannter Natur.

Von Terpenen kommen bei Gräserarten sowohl aliphatische Terpene: das Geraniol bei *Andropogon schoenanthus* und bei verschiedenen Arten von *Cymbopogon* und das Citronellol bei *Cymbopogon coloratus*, sowie das ihm entsprechende Aldehyd Citronellal bei *Andropogon nardus*, als auch bei Andropogonarten zyklische Terpene: das Dipepten vor, aber, wie zu sehen, ist ihre Verbreitung und Mannigfaltigkeit nicht sehr groß. Bei *Cymbopogon javanensis* wurde außerdem Methylvanillin gefunden und in den Arten *Anthoxanthum* und *Hierochloa*, bei *Milium effusum* und bei *Cinna arundinacea* das Cumarin, ein inneres Anhydrid der Kumarinsäure festgestellt:

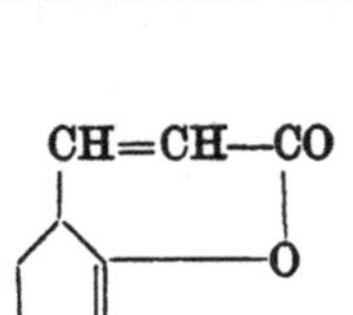

Kumarin

Bei Vertretern von 13 Familien, die zur Ordnung *Farinosae* des Zweiges *Glumiflorae* gehören, wurden weder Alkaloide, noch irgendwelche andere Produkte des spezialisierten Stoffwechsels festgestellt, aber bei der dritten der von A. A. Grossheim hierher zugezählten Ordnungen, und zwar bei den *Scitaminales* wurden Abweichungen nach der Seite des spezialisierten Stoffwechsels hin entdeckt. Alkaloide wurden auch bei ihnen nicht gefunden, aber bei *Zingiber officinalis* wurden zyklische Terpene, das Zingiberen, das Isozingiberen und das Zingiberol festgestellt, die zu den Sesquiterpenen gehören und folgende Struktur haben:

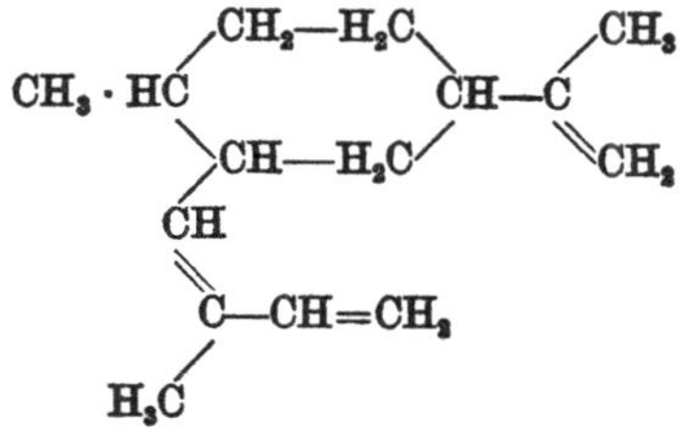

Zingiberen

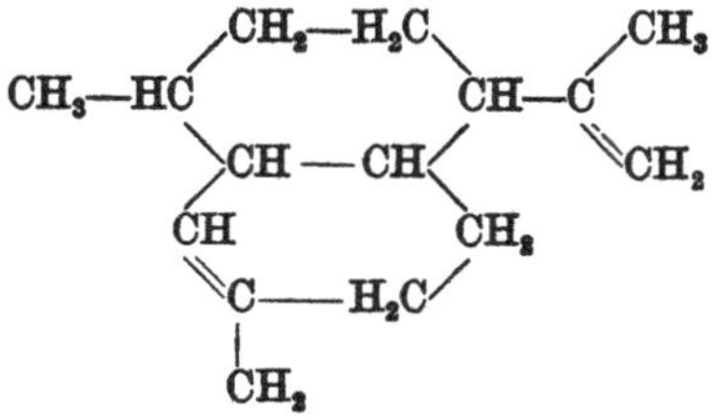

Isozingiberen

In den Rhizomen von *Alpinia officinarum* (*Zingeberaciae*) wurde eine Verbindung des Flavons, das Galangin $C_{15}H_{10}O_5$ gefunden. In den Rhizomen der Arten *Curcuma* ist, wie auch bei den anderen Zingiberazeen, Kurkumin $C_{21}H_{20}O_6$ enthalten.

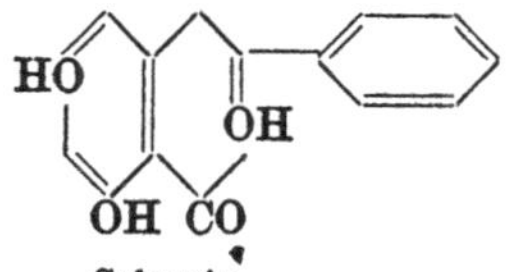

Galangin

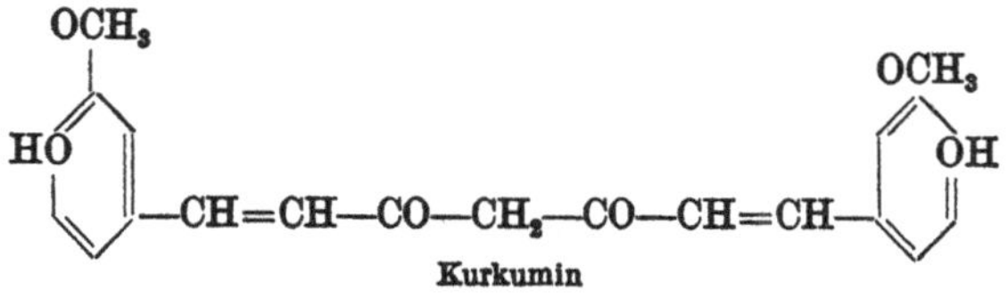

Kurkumin

Bei *Curcuma longa* wurde in den Rhizomen gleichfalls ein Alkohol $C_{19}H_{18}O$ gefunden, der Tumerol benannt wurde.

In den Familien, die zur Ordnung *Liliiflorae* gehören, beispielsweise bei den Kolchikazeen wurde eine Verbindung des Naphthalins mit einer azetylierten Aminogruppe und mit Methoxylen gefunden und zwar das Kolchizin.

Diese Verbindung wurde in allen Arten von *Colchicum* und von *Merendera* und in den Rhizomen von *Gloriose superba* gefunden. Der Gehalt an Kolchizin kann in den Samen von *Colchicum autumnale* 0,4—0,57%, in den Knollen 0,2% und

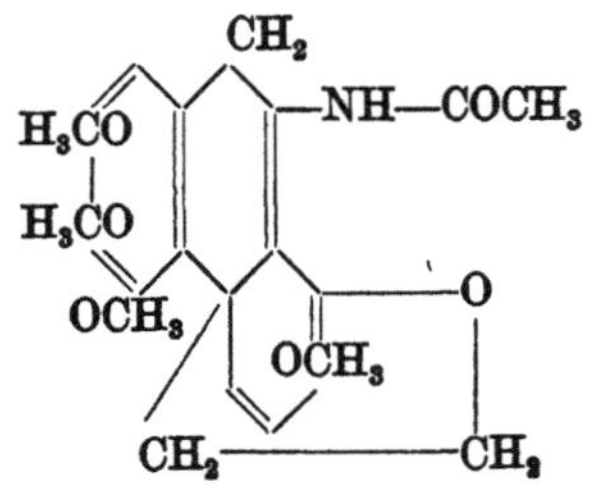

Kolchizin

in den Blüten 0,1% erreichen. Zusammen mit dem Kolchizin wurde bei *Gloriosa superba* ein anderer komplizierter Stoff, das Superbin $C_{33}H_{28}O_9N_2$ gefunden. Alkaloide unbekannter Struktur wurden bei verschiedenen Vertretern der Gattungen *Zygadenus* (Zygadenin $C_{39}H_{68}NO_{10}$), *Sabadilla* (der Gesamtgehalt in den Samen erreicht 0,6—0,7%; es wurden Zevadin $C_{32}H_{49}NO_9$, Veratridon $C_{37}H_{53}NO_{11}$, Sabadillin $C_{34}H_{53}NO_8$, Sabadin $C_{29}H_{51}NO_8$, Sabadinin $C_{29}H_{43}NO_8$ gefunden), und Veratrum gefunden (Gesamtgehalt in den Rhizomen bis 1,50%; es wurden festgestellt Cervin $C_{26}H_{17}NO_3$, Rubijervin $C_{26}H_{47}NO_3$, Pseudojervin $C_{29}H_{45}NO_8$, Protoveratrin $C_{32}H_{51}NO_{41}$, Protoveratridin $C_{26}H_{45}NO_8$ und Veratrin $C_{32}H_{49}NO_9$).

In der Familie der Liliazeen wurden Alkaloide unbekannter Struktur bei *Fritillaria* (Imperialin $C_{35}H_{60}NO_4$ und Fritillin $C_{25}H_{41}NO_3$) und bei *Tulipa* gefunden, wobei weder die Zusammensetzung, noch die Eigenschaften des Tulipinins bekannt sind. Die Familie der Amaryllidazeen ist durch die Fähigkeit charakterisiert, Phenanthridinverbindungen, das Lykorin bei den Arten *Lycoris*, das Tazettin bei *Narcissus tazetta*, das Ungernin bei *Ungernia Sewerzowi*, das Bellamarin bei *Amaryllis belladonna*, das Buphantin bei *Buphane toxicaria*, das Hydorin bei *Stemone sessiliflora* usw. zu erzeugen und aufzuspeichern.

In den Familien der Konvallariazeen, Pontederiazeen, Bromeliazeen, Haemodorazeen und Iridazeen wurden Alkaloide nicht gefunden. Der giftige Stoff von *Convallaria majalis* besteht aus zwei Glykosiden, deren Aglukone zu den Verbindungen des Typs der Saponine gehören, d. h. eine komplizierte polyzyklische Struktur besitzen. Dasselbe kann man auch hinsichtlich der Giftstoffe von Polygonatum behaupten. Das Paristyphnin $C_{38}H_{64}O_{18}$ von *Paris quadrifolia* gehört zu den richtigen Saponinen. Das Glykosid Scillain bei *Scilla* enthält ein aliphatisches Aglukon.

Richtige Alkaloide sind charakteristisch für die Vertreter der Familie der Dioskoreazeen. Das Dioskorin, das über einen Piperidinring verfügt, erinnert etwas an das Tropin, das für eine ganz andere Gruppe von Pflanzen (Familie der Solanazeen) charakteristisch ist und in dieser Hinsicht keine Analoga unter den übrigen Alkaloiden der Ordnung der Liliflorae hat.

Bei den Mikrospermen kommen Alkaloide in der Familie der Orchidazeen bei Vertretern der Gattungen *Catasetum*, *Dendrobium*, *Eria* und *Phalenopsis* vor, aber ihre chemische Struktur ist nicht geklärt. Es ist als interessant hervorzuheben, daß die aufgezählten Gattungen in dieser hoch spezialisierten Familie morphologisch am meisten spezialisiert sind. Das Glykosid Loroglosin, unbekannter Struktur, wurde bei *Himantoglossum hircinum* festgestellt.

Bestimmungen der Eigenschaften der Fermente wurden vorläufig nur für eine sehr geringe Anzahl von Vertretern der eine soeben besprochenen Ordnungen durchgeführt. Werte μ für eine Katalasespaltung in Wasserstoffsuperoxyd durch Fermente der Blätter ausgewachsener Pflanzen sind in der Tabelle 93 angeführt.

TABELLE 93 *Qualität der Katalase bei Krinophyta*

Art	μ, g-Kal	Art	μ, g-Kal
Musaceae		*Stipa glarreosa*	4 700
Musa sp.	7 900	*Alopecurus pratensis* . .	3 700
Gramineae		*Hordeum turkestanicum*	8 200
Zea mays	10 100	*Liliaceae*	
Phragmites communis .	6 700	*Cordyline indivisa* . . .	9 200
Lasiagrostis splendens .	6 700	*Allium sp.*.	7 000
Alopecurus sp.	3 700	*Commelinaceae*	
Phyllostachys aurea . .	9 800	*Rhoeo discolor*	9 300

Nur in einem von 12 Fällen überstieg der Wert μ 10000 g/cal, was von dem genügend hohen energetischen Stand der Katalase dieser Pflanzen zeugt. Leider sind für die Vertreter der Ordnung *Liliiflorae* die Daten über die Eigenschaft ihrer Fermente nur für zwei Pflanzen einander gegenübergestellt, indessen macht aber der deutlich ausgeprägte spezialisierte Charakter des Stoffwechsels und die von den Systematikern der Ordnung *Liliiflorae* zugewiesene Stellung des Stammvaters einer Reihe anderer Familien, die zu den Ordnungen *Glumiflorae*, *Cyperales*, *Scitaminales* und *Farinosae* gehören, ein derartiges Studium sehr interessant. Es sei hervorgehoben, daß bei Grasarten ihr nicht hoher Wärmekoeffizient der Reaktionen gut übereinstimmt sowohl mit dem Fehlen von Produkten des spezialisierten Stoffwechsels, als auch mit ihrer außerordentlichen Fähigkeit zur vegetativen Vermehrung, hohen Ausdauer gegen Dürre und Kälte, Widerstandsfähigkeit gegen Salzböden und gegen ein Vorkommen von saurem Humus, gegen eine vorübergehende Anaerobie des Wurzelsystems bei einer Wasserüberschwemmung, (*Phragmites*, *Saccharum*) Merkmalen, die zweifellos mit einem hohen energetischen Stand dieser Pflanzen zusammenhängen.

Die Liliazeen unterscheiden sich von den anderen *Krinophyta* sowohl durch ihren Reichtum an Saponinen, die bei verschiedenen Arten *Yucca* (*Yucca filamentosa*, *Yucca angustifolia*, *Yucca baccata* und *Yucca radiosa*), *Dracaena arborea*, *Chamaelirium luteum*, bei Arten von *Muscari*, *Chlorogallum pomarendia-*

num, Paris quadrifolia, bei Arten von *Trillium, Medeola virginia* und bei den Arten *Smilax* (*Sarsaparill*) und *Agave* gefunden wurden. Unter den Dioskoreazeen wurde bei *Dioscorea Tokoro* das Dioszin $C_{42}H_{38}O_9$ und das Dioskoreasapotoxin $C_{25}H_8O_{10}$ gefunden. Ein Gemisch von Saponinen wurde bei *Crocus* (*Iridaceae*) festgestellt.

Nach A. A. Grossheim „hängt die Entwicklung des Stammes *Spathophyta* mit dem Typ *Anonales* zusammen. Man kann es für bewiesen halten, daß die große Familie der Laktoridazeen, die in ihrem Bestande insgesamt nur eine Art aufweist und den Magnoliazeen nahesteht, uns zeigt, auf welchem Wege und auf welche Weise aus dem Typ *Anonales*, im Ergebnis einer Vereinfachung der Blüte, der Typ *Piperales* entstehen konnte und folglich auch andere mit ihm zusammenhängende Ordnungen des Stammes *Spathophyta*. Diese Zusammenhänge verschwinden übrigens in der Tiefe der Zeiten und man kann nur die Existenz gemeinsamer ausgestorbener Vorfahren aller dieser Ordnungen vermuten". (1945, Seite 16.)

B. M. Koso-Poljanski leitet die *Palmae* von einer gemeinsamen Ordnung mit den Magnoliazeen ab. Hierbei sondert er die Phytelephantiazeen in eine besondere Familie ab, indem er sie mit den übrigen *Spathifloralia* durch folgende Zusammenhänge verbindet und von ihnen die Gramineen ableitet:

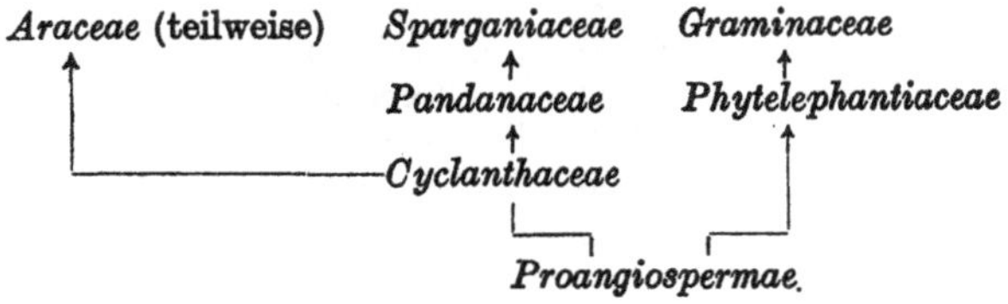

Den anderen Teil der Arazeen leitet der Autor von den Liliazeen ab und leitet von diesen die Typhazeen und die Najadazeen ab. Die *Piperales* von A. A. Grossheim brachte B. M. Koso-Poljanski an verschiedenen Stellen des Systems unter: die Saururazeen und die Chloranthazeen werden mit zwei einzelnen Zweigen von den Magnoliazeen abgeleitet, die Piperazeen von den Polygonazeen und die Lazistemonazeen von den Flacourtiazeen.

In der Familie der Palmazeen wurde eine unbedeutende Menge eines Alkaloids in den Samen von *Pseudophoenix vinifera* gefunden. Nur in der Gruppe der Arezineen wurden sehr einfach konstruierte Alkaloide: das Arekaedin, das Arekolin, das Arekolidin, das Homarekolin und das Guvazin festgestellt, die in ihrer Struktur dem biogenen Amin, dem Trigonellin nahestehen.

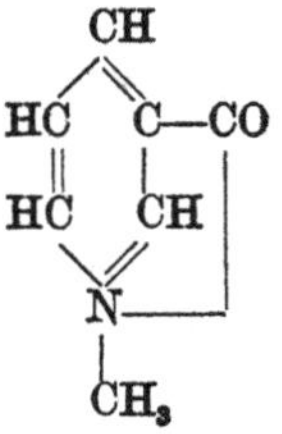

Trigonellin

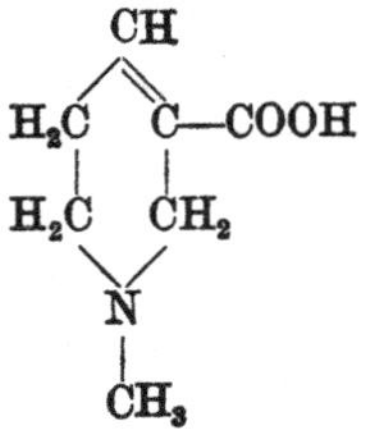

Arekadin

Somit ist die Gruppe der Arezineen in der Familie Palmazeen befähigt, die Verbindungen der Nikotinsäure — Trigonellin und die einfachsten Alkaloide zu bilden. Andere Produkte des spezialisierten Stoffwechsels sind bei den Palma-

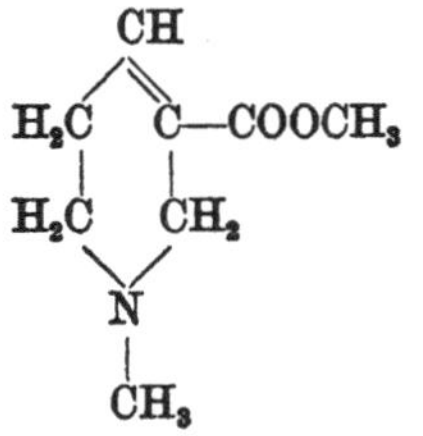

Arekolin

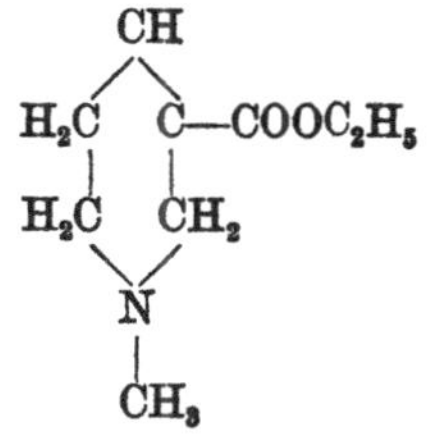

Homarekolin

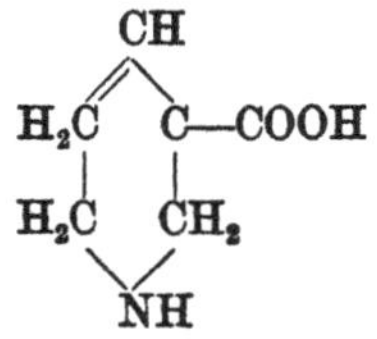

Guvazin

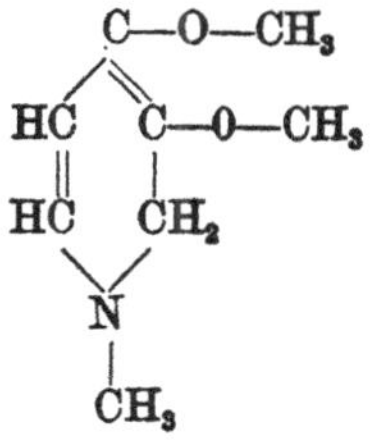

Arekolidin

zeen wenig bekannt. Terpene und Saponine sind in der Regel bei ihnen nicht vorhanden; nur bei *Pseudophoenix vinifera* wurden ein saures und ein neutrales Saponin und bei *Bactris specios* ein Glykosid, das Glyzerizin festgestellt, das für einige Hülsenfrüchte charakteristisch ist. Es verdient berücksichtigt zu werden, daß SCOTT (1924) die Familie der Palmazeen, obwohl auch für uralt, aber für seit uralten Zeiten verhältnismäßig wenig verändert hält. Seinen Äußerungen nach entspricht die Struktur der Palmen der Kreidezeit sogar in den Einzelheiten vollkommen den heutigen. Sie zweigten sich verhältnismäßig früh vom allgemeinen Stamm der Blütenpflanzen ab und erhielten sich, indem sie die tropischen Gebiete besiedelten, fast unverändert bis zu unserer Zeit. Im engen Zusammenhang mit dieser Stetigkeit der Struktur steht anscheinend auch, daß die Erscheinungen des spezialisierten Stoffwechsels bei ihnen sehr schwach ausgeprägt sind.

In den anderen Familien *Spathifloria* (*Cyclanthaceae, Lemnaceae, Pandanaceae, Sparganiaceae* und *Typhaceae*) sind Alkaloide unbekannt, ebenso wie auch zyklische Terpene, Kautschuk, Saponin und andere Produkte des spezialisierten Stoffwechsels fehlen. Nur in der Familie der Arakeen wurde ein Vorkommen von nicht großen Mengen eines nicht flüchtigen, chemisch unbekannten Stoffes bemerkt, der aber anscheinend dem Koniin nahesteht. In der gleichen Familie wurde ein in seiner Struktur unbekanntes Glykosid, das Akorin $C_{36}H_{60}O_6$ und Saponin bei *Arum italicum, Arum maculatum, Arisarum vulgare* festgestellt und bei *Acorus calamus* ein Sesquiterpen, das Kalamenol $C_{15}H_{24}O$.

Unter den *Piperalia* sind in den Familien Saururazeen, Chloranthazeen und Lazistemonazeen sowohl Alkaloide, als auch andere Produkte des spezialisierten

Stoffwechsels unbekannt, aber bei den Piperazeen wurden verschiedenartige Alkaloide festgestellt, ihr Gehalt erwies sich als hoch. So kommt beispielsweise das für die ganze Familie charakteristische Piperin (Piperidinäther der Piperinsäure) bei *Piper nigrum* bis 8,13% vor.

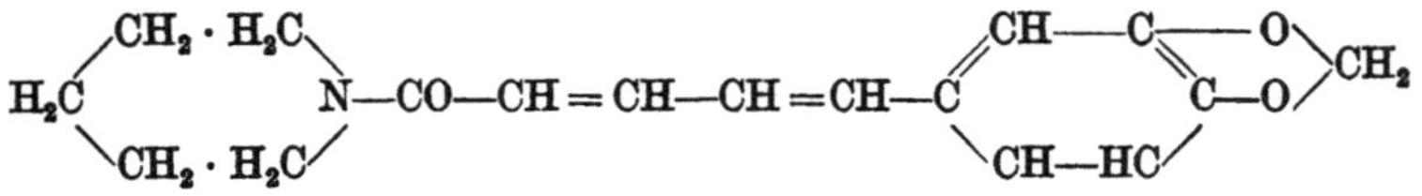

Piperin

Außer dem Piperin kommen bei verschiedenen Vertretern der Familie auch andere Alkaloide vor: bei *Piper ovatum* das Piperovatin $C_{16}H_{21}NO_2$ und bei *Piper methysticum* ein Alkaloid unbekannter Zusammensetzung. Bei dieser Pflanze wurde ein Glykosid unbekannter Struktur (Glykosid der Wurzeln „Kawa") festgestellt. Bei *Piper nigrum, Piper Betel* und bei *Piper Cubeba* wurde ein Sesquiterpen, das Kadinen (Cubeben) und bei *Piper Betel* neben ihm ein anderes Sesquiterpen, Karyophyllen, angetroffen:

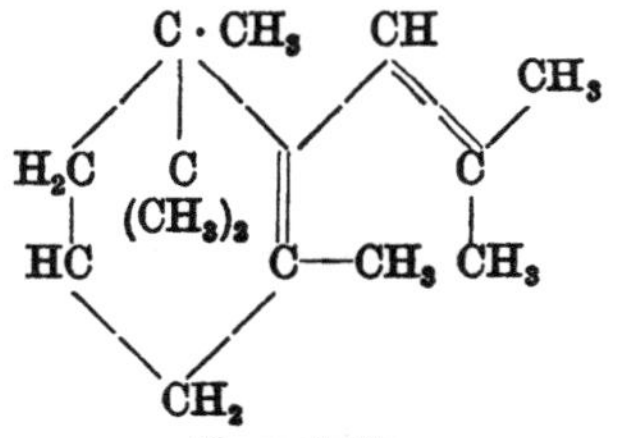

Karyophyllen

In den Blättern von Piper *angustifolium* wurde ein Sesquiterpenalkohol $C_{15}H_{26}O$ und bei *Piper camphoriferum* und bei *Piper acutifolium* Sesquiterpene festgestellt. Die Glieder der Familie der Piperazeen sind die morphologisch am meisten archaischen Vertreter der Blütenpflanzen und stellen anscheinend einen Zweig der *Ranales* dar. Nach Hutchinson ist die Familie der Piperazeen zweifelhafter Herkunft, stellt aber wahrscheinlich eine äußerste Vereinfachung der *Ranales* dar, die mehr oder weniger verholzten. Das phylogenetische Alter der Piperazeen spiegelt sich auch in ihren biochemischen Eigenschaften wider. Die Piperazeen von den Polygonazeen abzuleiten, ist wohl kaum möglich, da bei ihnen die für verschiedene Polygonazeen charakteristischen Verbindungen der Chrysophansäure nicht gefunden wurden.

Nach A. A. Grossheim (1945) sind die *Itephyta* „eine verhältnismäßig nicht große Gruppe der windbestäubten Pflanzen mit äußerstem Grade einer Blütenvereinfachung, die zweifellos einen besonderen Stamm der Entwicklung darstellt, der mit anderen Blütenpflanzen nicht verbunden ist und seinen Anfang vielleicht unter den Anonaceae-ähnlichen Vorfahren nimmt." Die Gruppe *Itephyta* umfaßt die eine Ordnung *Salicales*, die nur eine Familie, die Salikazeen enthält. B. M. Koso-Poljanski leitet die Salikazeen von den Flacourtiazeen vermittels der Tamarikazeen ab, jedoch meint Hutchinson, daß die gewisse

Ähnlichkeit der Salikazeen mit dem Tamerikazeen und mit den Flacourtiazeen durch einen Parallelismus bedingt ist und, daß es natürlicher ist, sie den *Hamamelidales* und den von diesen abgeleiteten *Myricales, Juglandales* und den *Fagales* näher zu bringen.

Von den zwei Gattungen der Salikazeen muß man zweifellos *Populus* (40 Arten) für älter und *Salix* (120 Arten) für jünger halten.

TABELLE 94 *Die Qualität der Katalase bei den Salikazeen*

Art	$k_{15} \cdot 10^5$	$k_{15} \cdot 10^5$	Q_{10}	μ, g-cal
Populus alba	348,1	480,0	1,36	5 500
„ *beroliniensis* .	512,9	806,4	1,57	7 700
„ *nigra*	200,7	259,6	1,29	4 300
„ *pyramidalis* .	325,8	935,9	2,87	17 000
„ *pruinosa* . . .	411,1	850,6	2,07	12 400
Salix babylonica	448,5	542,7	1,21	3 200
„ *sp.*	516,7	618,3	1,20	3 100
„ *sp.*	912,2	1679,0	1,84	10 400
„ *caprea*	405,5	545,1	1,34	5 300

In dieser Ordnung sind in der Regel weder Alkaloide noch zyklische Terpene und Saponine vorhanden. Es kommen Gerbstoffe und einfach konstruierte Glykoside (Salizin und Populin) vor. Bei *Populus nigra* wurden im einfachen ätherischen Öl viele Sesquiterpene festgestellt. Viele andere Vertreter dieser Gattung sind durch das Vorkommen von ätherischen Ölen in den vegetativen Teilen charakterisiert. Die Wärmekoeffizienten der Katalasespaltung in Wasserstoffsuperoxyd sind, wie es L. G. KORNIJEWSKAJA (1945) zeigte, bei den Arten *Populus* höher, was den phylogenetischen Beziehungen vollkommen entspricht.

Der durchschnittliche Wert Q_{10} beträgt für fünf Arten *Populus* 1,81 und $\mu = 10500$ g/cal. Der Durchschnittswert Q_{10} für die vier Arten von *Salix* ist 1,39 und $\mu = 5600$ g-cal. Diese Zahlen sind natürlich im höchsten Grade einleitende, aber das Auseinandergehen des energetischen Standes zweier Gattungen ist in ihnen ziemlich deutlich gekennzeichnet.

SCHLUSSFOLGERUNGEN

Die Betrachtung der biochemischen Merkmale der verschiedenen Vertreter des Pflanzensystems zeigte, daß man in den einzelnen Entwicklungszweigen zwei Richtungen verfolgen kann: Einerseits bestehen Ordnungen und Familien, die durch das Vorherrschen von Prozessen eines unspezialisierten Stoffwechsels und des Peroxydasetyps der Atmung charakterisiert sind, andererseits gibt es Ordnungen und Familien, bei denen der Oxydasetyp der Atmung vorhanden und die Tendenz zum spezialisierten Stoffwechsel deutlich ausgeprägt ist. Diese beiden Richtungen kann man sowohl an den Monokotyledonen und an den Dikotyledonen verfolgen. Der Typ des Stoffwechsels ist in allen Fällen eng mit der Höhe des Energiestandes verbunden, unter dem die Fermentreaktionen einer Pflanze verlaufen: ein hoher Energiegehalt, der sich in niedrigen Wärmekoeffizienten der Reaktionen ausdrückt, ist für Prozesse eines unspezialisierten Stoffwechsels charakteristisch; ein niedriger Energiegehalt bei hohen Wärmekoeffizienten setzt Prozesse eines spezialisierten Stoffwechsels voraus. Dieses kann man als allgemeine Regel ansehen, aber es gibt hiervon auch Ausnahmen.

So charakterisieren beispielsweise der Oxydasetyp der Atmung und der spezialisierte Stoffwechsel einerseits solche Pflanzen, wie die *Anonales* zweifellos ganz uralte Pflanzen mit archaischer Struktur, und andererseits die Kompositen, eine blühende Familie und höchste Stufe der morphologischen Entwicklung der Bedecktsamigen. Der Unterschied zwischen ihnen, ein überaus krasser Unterschied, besteht in der Höhe des Energiegehalts: wie gezeigt wurde, ist bei den *Anonales* der durchschnittliche Wert μ für Katalase 13900 g-Kal und bei den Kompositen 6000 g-Kal. Das bedeutet, daß alle Kompositen einen hohen Energiegehalt besitzen. Unter ihnen gibt es Pflanzen, die Alkaloide, zyklische Terpene und Kautschuk erzeugen. Die Tendenz zu einem spezialisierten Stoffwechsel ist bei ihnen offensichtlich, aber die überwiegende Mehrzahl der Vertreter ist ebenso sicher jung, progressiv und offensichtlich im Ergebnis eines Prozesses entstanden, der von A. N. Sewerzow als Aromorphose und von A. W. Blagowestschenski als Arochimose der biochemischen Merkmale bezeichnet wurde. Die abgeänderten Außenbedingungen wirken so tief auf ihre alternden Vorfahren ein, die schon eine hohe Spezialisierung erreicht hatten, daß sie die Grundlage für eine neue junge Gruppe gaben, obwohl sie sowohl die morphologische Spezialisierung als auch die Tendenz zum spezialisierten Stoffwechsel bewahrten, die sich in einzelnen Fällen äußerten.

Kann man einen höheren energetischen Stand für die in der Evolution jungen Pflanzengruppen unmittelbar beweisen? Zweifellos ist das möglich, obwohl in dieser Richtung fast nichts versucht worden ist. Der Energiegehalt irgendeines organischen Körpers, darunter natürlich auch der irgendeiner Pflanze, kann mittels Verbrennung im Kalorimeter bestimmt werden. Derartige Bestimmungen wurden an Pflanzen sehr wenig durchgeführt und man kann keine Vergleiche der einzelnen Formen anstellen. In den Versuchen von F. N. Krascheninnikow (1901) ergab die Verbrennungswärme von einem Gramm Trockensubstanz, in Gramm-Kalorien ausgedrückt, für *Bambus sp.* — 4456, für *Prunus laurocerasus* — 4577, für *Tilia sp.* — 4690 und für *Nicotiana tabacum* — 4269. In den Versuchen von K. Puriewitsch (914) für eine andere Serie von Pflanzen betrugen die entsprechenden Werte der Verbrennungswärme: *Polygonum sachaliniense* — 4423, bei *Acer platanoides* — 4300, bei *Saxifraga cordifolia* — 4312 und bei *Helianthus annuus* — 3984. Übrigens ist es wohl auch kaum möglich, bei der Verbrennung ganzer Pflanzen mit ihrer großen Anzahl von Verbindungen wie Zellulose, Stärke, Zucker und Fette, Daten über den Energiegehalt des Protoplasmas und ihre Fähigkeit für Reaktionen zu erhalten. Hierfür wäre es bedeutend rationeller, kalorimetrische Verbrennungen der Eiweißstoffe des Protoplasmas, und hierbei nicht der Reserveeiweiße, sondern der aktiven Eiweißstoffe, vorzunehmen, die an den grundlegenden lebenswichtigen Reaktionen teilnehmen. Derartige Eiweißstoffe sind zweifellos die Fermente.

In der Literatur gibt es nirgends Angaben über die Verbrennungswärme der einzelnen kristallinen Fermente. Indessen könnten derartige Daten eine gewisse Bedeutung haben, da bereits Schtoman eine gesetzmäßige Abhängigkeit zwischen den Verbrennungswärmen der organischen Säuren und ihren Reaktionskonstanten fand: beide Werte verändern sich bei isomeren Säuren gleichzeitig. A. W. Blagowestschenski (1925) zeigte auf Grund des vorliegenden Materials in der Literatur, daß die durchschnittlichen Wärmewerte der Verbrennung aromatischer Verbindungen geringer sind als die Verbrennungswärmen entsprechender aliphatischer Verbindungen, und daß das Zusammenlegen von Ringen und eine immer größere und größere Kondensation des Moleküls zu einer gesteigerten Widerstandsfähigkeit, einer geringeren Bereitschaft zu Reaktionen und zu einer Senkung der Verbrennungswärmen führt: die Verbrennungswärme des Phenols z. B. beträgt für ein Gramm 7800 g-Kal und die Verbrennungswärme des aus ihm erhaltenen Phenolamins 7000 g-Kal.

Die in der jetzigen Zeit einzig mögliche Methode zur Bestimmung des Energiegehalts einzelner Fermente (der aktiven Eiweißstoffe des Protoplasmas) ist die Messung der Fähigkeit dieser Fermente, die Aktivierungsenergie der von ihnen katalysierten Reaktionen zu senken. Natürlich ist es auch in diesem Fall nicht möglich, absolute Werte zu erhalten, da die Aktivierungsenergie der Reaktionen, die im lebenden Organismus vor sich gehen, unbekannt ist, aber immerhin können vergleichbare Daten für Fermente verschiedener Herkunft, die ein und dieselbe Reaktion katalysieren, erhalten werden, wie das von A. W. Blagowestschenski und seinen Mitarbeitern früher gezeigt wurde.

Tatsächlich, während bei Einwirkung der Katalase aus Blättern von *Wistaria sinensis* auf Wasserstoffsuperoxyd für die Aktivierung eines Gramm-Moleküls Wasserstoffsuperoxyd von außen zusätzlich nur etwa 6500 g-Kal hinzugefügt werden müssen, so benötigt für denselben Zweck die Katalase der Blätter von *Cycas revoluta* mehr als 14000 g-Kal.

Wenn man berücksichtigt, daß die Geschwindigkeit der von den Fermenten katalysierten Reaktionen von der Zahl der aktiven Moleküle der reagierenden Stoffe abhängt und der Zusammenhang dieser Zahl mit der Aktivierungsenergie der Reaktion durch eine Gleichung dargestellt wird, in welcher der Wert der Aktivierungsenergie, der sog. Koeffizient von Arrhenius μ in den Exponenten der Potenz $n_{akt} = n_0 \cdot e^{-\frac{\mu}{RT}}$ übergeht, wo n_{akt} = die Anzahl aktiver Moleküle ist; n_0 = die Gesamtzahl der Moleküle; e = Base der natürlichen Logarithmen; μ = Koeffizient von Arrhenius in g-Kal auf ein Gramm-Molekül; R = Gaskonstante aus der Gleichung von Clapeiron gleich 1986 g-Kal; T = absolute Temperatur (in Graden von Kelvin), so wird es verständlich, daß der energetische Stand der Katalase aus den Blättern von *Wistaria* nicht das Doppelte (14000:6500) des Standes der Katalase aus den Blättern von *Cycas* ist. Der Quotient ist:

$$\frac{e^{-\frac{6500}{RT}}}{e^{-\frac{14000}{RT}}}; \text{ d. h. für } R = e \text{ und } T = 300^\circ \text{ K:}$$

$$\frac{e^{-\frac{6500}{2\cdot 300}}}{e^{-\frac{14000}{2\cdot 300}}} = \frac{e^{-\frac{65}{6}}}{e^{-\frac{140}{6}}} = \frac{e^{-\frac{140}{6}}}{e^{-\frac{65}{2}}} = e^{\frac{140-65}{6}} = e^{\frac{75}{6}} = e^{12,5} = 26838\,.$$

Er beträgt also das 26838fache.

Zur Zeit gibt es noch keine Möglichkeit, sich einen Begriff zu machen von dem Mechanismus der Übertragung der Energie vom Ferment oder einem anderen Katalysator auf diejenigen Moleküle, welche die Aktivierung bestimmen, aber es besteht kein Zweifel, daß die Fermente nicht nur Transformatoren, sondern Akkumulatoren der Energie sind. Die Größe der vom Ferment akkumulierten Energie bestimmt seinen energetischen Stand, seine Fähigkeit, die Aktivierungsenergie der katalysierten Reaktion zu senken und diese zu zwingen, sich mit einem geringeren Aufwand an Energie abzuwickeln, die die reagierenden Körper von außen erhalten und, die für den Übergang des Moleküls in einen aktiven Zustand benötigt wird. In dieser Darlegung wurde gezeigt, daß natürlich nicht nur die Katalase Unterschiede in diesen Eigenschaften zeigt, d. h. über die Fähigkeit verfügt, die Aktivierungsenergie mehr oder weniger zu senken, sondern daß auch die anderen Fermente sich auf ähnliche Weise verhalten. Hierbei ist eine unterschiedliche Höhe des energetischen Standes für eine ganze

Serie von Fermenten des entsprechenden Organismus charakteristisch, was den Anlaß gibt, auch über den energetischen Stand des Organismus zu sprechen.

Natürlich hängen die Werte der thermischen Koeffizienten der Fermentreaktionen, nach denen man über den energetischen Stand der Fermente zu urteilen gezwungen ist, von vielen Bedingungen ab: auf sie wirken sowohl die Thermostabilität der Fermente bei verschiedenen Temperaturen, als auch das Alter des Organismus, sowie die spezifischen Besonderheiten des Substrats (im Fall von proteolytischen Fermenten Eiweißstoffe) und das Vorkommen verschiedener Produkte des Stoffwechsels ein. Aber, bei den verschiedenartigsten Bedingungen und bei exakt angesetzten vergleichenden Versuchen verfügen bestimmte Pflanzengruppen über höhere thermische Koeffizienten der Fermentreaktionen, d. h. über Fermente niedriger Eigenschaft, die auf einen niedrigen energetischen Stand des Organismus hinweisen. Kaum durch Zufall hängen diese hohen thermischen Koeffizienten der Fermentreaktionen gewöhnlich mit dem Vorkommen der Erscheinungen eines spezialisierten Stoffwechsels zusammen. Ein Molekül Lysin, das keine genügende Menge an Energie erhält, die es ihm ermöglicht, in die Reaktion der Bildung einer Peptidbindung mit anderen Aminosäuremolekülen einzutreten, kann vermittels einer spontanen, intramolekulären, exothermen Reaktion sich unter Bildung von Ammoniak und einer Piperidingruppierung zu einem Ring zusammenschließen. In diesem Falle entsteht nicht der normale Prozeß der Synthese der Bestandteile des Eiweißmoleküls, sondern es bilden sich Produkte eines spezialisierten Stoffwechsels.

Somit können die Zwischenprodukte des nicht spezialisierten Stoffwechsels bei einer energetischen Unzulänglichkeit die Grundlage für eine Kette von Abweichungen oder für einen spezialisierten Typ des Stoffwechsels geben, dessen Vorkommen sich in Form einer Bildung und Ansammlung verschiedener Alkaloide, ätherischer Öle und von Kautschuk in einer Reihe von Pflanzengruppen mit genügender Bestimmtheit äußert. Diese Produkte des spezialisierten Stoffwechsels nehmen in der überwiegenden Mehrzahl der Fälle am weiteren Stoffwechsel nicht teil, da sie gewissermaßen Abfallstoffe des grundlegenden Produktionsprozesses der Pflanzen darstellen. In einigen Fällen können sie eine sehr große biologische Rolle spielen, indem sie der sie erzeugenden Pflanze Vorteile bei der Anpassung an die Bedingungen der Umgebung einräumen. Die Ansammlung dieser Produkte (beispielsweise: Alkaloide, Harze, bittere Bestandteile der Glykoside, Stoffe des Typs der Antibiotika und Phytoncide) erweitert unmittelbar die Existenzmöglichkeiten der Pflanze im Prozeß der natürlichen Auslese, indem sie ihre Widerstandsfähigkeit gegenüber verschiedenen Feinden aus der Tierwelt steigert. Gleichzeitig kann absolut kein Zweifel bestehen, daß diese Produkte des spezialisierten Stoffwechsels Stoffe sind, die den allgemeinen energetischen Stand des Pflanzenorganismus senken. Der Umschwung des Stoffwechsels in der Richtung der Ansammlung von Produkten eines spezialisierten Metabolismus im Prozeß der Evolution führt, wie das durch zahlreiche Daten gezeigt wurde, die in der vorhergehenden Darlegung hier angeführt wurden, zur Bildung von widerstandsfähigen, sich wenig verändernden und der Einwirkung der äußeren Umwelt wenig nachgiebigen Formen.

Der Konservatismus der erblichen Natur des Pflanzenorganismus erreicht in diesen Fällen seine äußersten Grenzen, und zu seiner Überwindung, d. h. für die Auflockerung der Natur des Organismus zum Zwecke seiner gelenkten Veränderung ist es erforderlich, ungewöhnliche und stark, wie auch tiefgehend wirkende Bedingungen zu schaffen. Die Arbeiten von I. W. Mitschurin, T. D. Lyssenko und ihrer Schüler und Anhänger zeigen die Wege, auf denen der Forscher in dieser Richtung gehen muß, Wege, die von der Natur selbst vorgeschrieben sind, welche die Pflanze in extreme Lebensbedingungen versetzt. Die Veränderung der Lebensbedingungen, die an ein jugendliches Alter gebunden ist, die bemerkenswerten Erscheinungen, die in dem Mentorverfahren und in der wahlweisen Befruchtung bei einer Bestäubung mit einem Blütenstaubgemenge aufgedeckt wurde, entfernte und vegetative Hybridisierung — dieses alles überzeugt davon, daß sogar die progressive Entwicklung des spezialisierten Stoffwechsels unterbrochen und durch einen neuen qualitativen Umschwung in der Entwicklung abgelöst werden kann, der den Organismus auf eine höhere energetische Stufe führt. Es besteht alle Veranlassung, anzunehmen, daß eine derartige Veränderung des qualitativen Standes der Pflanzenorganismen in der Nachtertiärzeit der bergebildenden Prozesse vor sich ging, als Pflanzengruppen der strengen Einwirkung neuer klimatischer Bedingungen unterlagen, in äußerst schwierige Lebensbedingungen versetzt waren und hierauf mit einer Sprengung der artenbildenden Prozesse antworteten.

Riesige Gruppen von Hülsenfrüchten und von Korbblütlern geben für diese Stellung einen deutlichen Beweis. Diese beiden Gruppen sind in ihrer großen Masse nicht jung: sie besitzen eine Reihe von Formen, die zweifellos über einen spezialisierten Stoffwechsel verfügen (Alkaloide bei verschiedenen Hülsenfrüchten, die morphologisch etwas unentwickelter sind; Kautschuk und Terpene bei vielen Korbblütlern). Beide Gruppen erreichten einen überaus hohen Entwicklungsstand ihrer reproduktiven Teile, d. h. sie durchliefen schon einen langen Evolutionsweg und befinden sich als Ergebnis der Anpassung an die neuen Lebensbedingungen und als Ergebnis einer direkten Einwirkung dieser Lebensbedingungen, einer Einwirkung, die eine natürliche Reaktion seitens des Pflanzenorganismus hervorrief — wiederum auf einem hohen energetischen Stand. Sie bilden zahlreiche, an die Lebensbedingungen hoch angepaßte Formen und viele ihrer Vertreter gewannen ihren normalen, nicht spezialisierten Stoffwechsel wieder. Durch solch einen Stoffwechsel und durch eine hohe Eigenschaft der Fermente zeichnet sich in der jetzigen Zeit die Mehrzahl sowohl der Hülsenfrüchte, als auch der Korbblütler aus.

Die hervorragenden Versuche von T. D. Lyssenko mit der Jarowisierung der Wintergetreidearten und mit der Umgestaltung des harten Weizens in weichen zeigen, wie man durch Änderung der Stoffwechselbedingungen in den ersten Stadien der Entwicklung die Natur des Pflanzenorganismus ändern kann. Die Untersuchungen von W. P. Filatow über die Widerstandsfaktoren öffnen Wege zur Enthüllung der Prozesse der Natur, die unter den äußersten Bedingungen im Organismus vor sich gehen. Die Arbeiten von A. W. Blagowestschenski und Mitarbeitern über das Studium der biogenen Stimulatoren und ihrer Rolle als Faktoren, die den energetischen Stand der Fermente der Pflanzenzellen und zusammen mit der Veränderung des Standes der Fermente, auch den Stand des gesamten Organismus verändern, ermöglichen es, sich auch das biochemische Bild der Antwort der Pflanze auf die Einwirkung der äußeren Umwelt vorzustellen, eine Antwort, die mit tiefgehenden Veränderungen der aktiven Eiweißstoffe des Protoplasmas verbunden ist, die bei wiederholten, nach einer Seite hin gerichteten Einwirkungen sich befestigen und die neue Natur und die neue Vererbung des Organismus bestimmen.

Es besteht kein Zweifel, daß dieser Prozeß der Veränderung des energetischen Standes des Organismus und gleichzeitig hiermit auch des Charakters seines Stoffwechsels keinen einfachen Prozeß darstellt und nicht gleichmäßig bei verschiedenartigen Organismen verläuft; bei den einen ist die Vererbung soweit gefestigt, daß der Organismus entweder auf die Einwirkungen der äußeren Umwelt überhaupt nicht reagiert oder unter ihren Einwirkungen eingeht. Beispiele einer derartigen Unnachgiebigkeit, eines derartigen äußersten Konservatismus sind allgemein bekannt. Andere Pflanzen sind mehr oder weniger plastisch während verschiedenen Perioden ihrer Ontogenese.

Aus diesen Grundlagen ergeben sich auch die wichtigsten Folgerungen unserer Arbeit: das Herangehen mit offenen Augen an die Fähigkeiten der Pflanze. Wenn man die Richtung der biochemischen Evolution der Pflanzen und auch den Wert einer bestimmten Höhe des Energiezustandes kennt, auf dem die betreffende Art, Gattung und Familie sich befindet, kann man schließen, welche Aussichten für die Verwertung der betreffenden Pflanze mit diesem oder jenem Ziel und welcher Art die Wege der gelenkten Veränderung dieser oder jener ihrer Eigenschaften sind. Wenn man eine gesteigerte Produktion an Alkaloiden zu erhalten wünscht, kann man die Forschungen nach der Seite der Senkung des energetischen Standes hinlenken und umgekehrt, beim Wunsch, die Alkaloide aus der Pflanze zu entfernen, wird man ihren energetischen Stand steigern müssen. Die Wege hierzu können verschieden sein, dieses werden aber nicht Wege eines zufälligen Auffindens einer „Süßlupine", sondern Wege einer planmäßigen Veränderung der Natur der Pflanzen sein, Wege der Mitschurinschen Beherrschung der Natur.

Ohne Kenntnis des Stoffwechsels in den Pflanzen, der für die einzelnen Arten, Gattungen und Familien spezifisch ist, ohne Verstehen des Wesens der Erscheinungen des nicht spezialisierten und des spezialisierten Stoffwechsels und ohne Berücksichtigung der Veränderungen des Energiezustandes unter der Einwirkung der Bedingungen der Umwelt, ist eine Beherrschung des Wesens der Wechselwirkung des Organismus und der Umwelt und eine völlig bewußte Lenkung der Entwicklung der Pflanze unmöglich, d. h. man wird wiederum auf die Gnade der Natur warten müssen, statt ihre Gunst zu nehmen. Engels lehrte, daß das Leben eine Existenzform von Eiweißkörpern ist und der hervorragende russische Biochemiker A. Ja. Danilewski äußerte im Jahre 1886, als er die interessantesten Eiweißkörper, die Fermente, studierte und ihre Rolle in den Prozessen der Synthese und des Zerfalles festlegte, daß die Fermente die einzigen Initiatoren der Lebensprozesse sind. Zu unserer Zeit können wir nicht anders denken und, wenn wir die Entwicklung des lebenden Organismus nach der für uns notwendigen Seite lenken wollen, müssen wir uns die Natur und den Charakter der Einwirkung der aktiven Eiweißstoffe, der Fermente, klar vorstellen. Gleichzeitig hiermit scheint es, daß das hier entfaltete Bild der biochemischen Evolution der Pflanzen, das eine gesetzmäßige Veränderung der erblichen Grundlage der Pflanzen bei einer Wechselwirkung mit der äußeren Umwelt an den Tag bringt, anschaulich zeigt, daß ein biochemisches Herangehen an die Evolution keinen Platz für metaphysische Ansichten des Weismannismus-Morganismus übrig läßt, da die Vererbung des gesamten Organismus als Ganzes als Grundlage angenommen werden muß und kein Bedürfnis nach Genen und ihren Kombinationen besteht.

SCHLUSS

Das vorher betrachtete Material ermöglicht, einige Schlußfolgerungen zu ziehen:

1. Die biochemischen Merkmale der Pflanzen sind ebenso veränderlich wie die morphologischen Merkmale und diese Veränderlichkeit betrifft nicht nur irgendwelche zweitrangigen chemischen Stoffe, Produkte des Stoffwechsels, sondern auch grundlegende Bestandteile des Plasmas und des Kerns, die Eiweißkörper. Hierbei verändert sich im Rahmen dieser oder jener systematischen Einheit nicht nur die Menge der Eiweißstoffe, sondern auch ihre Qualität, die sich ihrer verschiedenen Löslichkeit, verschiedenen Aufspaltung durch proteolytische Fermente und durch eine unterschiedliche Fähigkeit zur Denaturierung ausdrückt. Sie hängt von Unterschieden der Anzahl und der gegenseitigen Lage der zu den Bestandteilen der Eiweißstoffe gehörenden Aminosäuren ab.

2. Je weiter entfernt die einzelnen Pflanzengruppen in systematischer Hinsicht voneinander stehen, desto mehr unterscheiden sie sich biochemisch. Die Sortenunterschiede sind im Rahmen der Art häufig sehr deutlich, aber im Grunde genommen nicht groß. Die Unterschiede aber zwischen Vertretern einzelner Familien und Ordnungen sind riesig: die Gräserarten werden ebensogut durch ihre Prolamine wie durch die Ährchen charakterisiert, da sowohl diese als auch jene nirgends sonst in der Pflanzenwelt angetroffen werden. Das Darwinistische Prinzip der Aufspaltung der Merkmale dann ebensogut biochemisch, als auch morphologisch begründet werden. Im Zusammenhang mit diesem Auseinandergehen der biochemischen Merkmale kann man für die einzelnen Arten, Gattungen und Familien und sogar für die einzelnen Ordnungen Charakteristiken über den ihnen eigentümlichen Stoffwechsel geben.

3. Bei einem Teil der Pflanzengruppen überwiegen die Erscheinungen des nicht spezialisierten Stoffwechsels, bei anderen sind die Abweichungen von diesem mehr oder weniger deutlich ausgeprägt, wobei Produkte des spezialisierten Stoffwechsels (Alkaloide, azyklische und zyklische Terpene, Kautschuk, Harz usw.) gebildet und häufig auch gespeichert werden. Die Erscheinungen des spezialisierten Stoffwechsels sind für phylogenetisch alte Gruppen der Pflanzenwelt charakteristisch und der energetische Stand der phylogenetisch jungen Pflanzen ist höher, als der phylogenetisch alter Pflanzen.

4. Von dem energetischen Stand der betreffenden Pflanze kann man sich einen Begriff machen, wenn man die Fähigkeit einzelner zum Bestande der betr. Pflanze gehörenden Fermente untersucht, die Aktivierungsenergie der von

ihnen katalysierten Reaktionen zu senken. Diese Fähigkeit wurde von A. W. Blagowestschenski und seinen Mitarbeitern als Qualität der Fermente bezeichnet und angenommen, daß bei phyolgenetisch jungen Gruppen diese Eigenschaft der Fermente hoch und bei phylogenetisch alten Gruppen niedrig ist.

5. Eine niedrige Fähigkeit der Fermente stellt eine Ursache der Abweichung des Stoffwechsels vom normalen Weg nach der Seite einer Bildung von Produkten des spezialisierten Stoffwechsels dar.

6. Der energetische Stand einer Pflanze bleibt im Laufe der individuellen Entwicklung nicht stetig und kann durch eine Kurve mit einem Höhepunkt, dem Maximum zur Zeit der allerhöchsten intensiven Entwicklung ausgedrückt werden. Unebenheiten im Verlauf der Kurve stimmen mit der Abwicklung der morphologischen Veränderungen während des Wachstums und der morphologischen Entwicklung gut überein.

7. Im Laufe der evolutionären Entwicklung einzelner phylogenetischer Reihen in der Richtung einer Senkung des energetischen Standes, kann zu bestimmten Zeitpunkten der Organismus sich wiederum auf eine höhere energetische Stufe erheben. Diese Steigerung entsteht bei einer Veränderung des Stoffwechsels des Organismus unter der umgestaltenden und ausrichtenden Einwirkung der Veränderung der äußeren Bedingungen und gibt den Anfang für ein neues Aufflammen des Evolutionsprozesses. Einen derartigen Aufschwung auf eine höhere energetische Stufe, der sich in den biochemischen Prozessen äußert, bezeichnen wir als Arochimose.

8. Die Bildung von neuen biochemischen Merkmalen unter dem Einfluß der Einwirkung der Umwelt, insbesondere die Bildung von neuen hochwirksamen, spezifischen Fermenten, stellt einen mächtigen Faktor der natürlichen Auslese dar. Das Erscheinen von neuen biochemischen Merkmalen, das zur Bildung von Fermenten mit hohen Eigenschaften führt, steigert die Widerstandsfähigkeit der Pflanzen gegen verschiedene ungünstige Einwirkungen der Umwelt, gegen Kälte, Dürre, durch Pilze und Bakterien verursachte Erkrankungen usw., und steigert hiermit die Lebensfähigkeit der Pflanzen.

Diese acht Leitsätze ermöglichten es uns, das ganze System der Blütenpflanzen, wie es in der allerletzten Zeit von A. A. Grossheim aufgestellt wurde, vom biochemischen Gesichtspunkte aus zu betrachten und zu zeigen, daß zwischen der Stellung der einzelnen Familien in diesem System und ihrem Stoffwechselcharakter, dem Typ der Atmung und der Eigenschaft der Fermente ein bestimmter Zusammenhang besteht: aussterbende, relikte Formen unterscheiden sich durch deutlich ausgeprägte Merkmale des Vorkommens eines spezialisierten Stoffwechsels und eines niedrigen Energiestandes von den im Gegensatz zu ihnen auf einem hohen Energiestande stehenden, progressiv sich entwickelnden Gruppen.

LITERATURVERZEICHNIS

Анисимова, В. А., Выяснение биохимических особенностей гриба *Verticillium Dahliae* Klebahn. Отчет станции защиты растений. Союз. Научн.-Иссл. Хлопк. ин-та.

ANISSIMOWA, W. A., Klärung der biochemischen Besonderheiten des Pilzes *Verticillium Dahliae* Klebahn. Bericht der Pflanzenschutzstation. Verband des wissenschaftlichen Forschungsinstitutes für Baumwolle. 1940.

Анисимова, В. А., Некоторые биохимическис особенноти гриба *Verticillium Dahliae* Klebahn. ДАН СССР.

ANISSIMOWA, W. A., Einige biochemische Besonderheiten des Pilzes *Verticillium Dahliae* Klebahn. Berichte der Akademie der Wissenschaften der UdSSR, Bd. 48, S. 442—445. 1945.

Арасимович, В. В., Биохимия арбуза. Биохимия культурных растений, IV; Биохимия дыни, там же; Биохимия тыквы, там же.

ARASSIMOWITSCH, W. W., Die Biochemie der Wassermelone. Die Biochemie der Kulturpflanzen, IV. Die Biochemie der Melone und des Kürbisses, ebendort. 1938.

Бах, А. Н., Теория окисления. Журн. Русск. физ.-хим. об-ва.

BACH, A. W., Die Theorie der Oxydation. Journal der russischen physikalisch-chemischen Gesellschaft, Bd. 26, S. 101. 1894.

Бах, А. Н., О роли перекисей в процессах медленного окисления.

BACH, A. N., Über die Bedeutung des Superoxydes in den Prozessen der langsamen Oxydation. Journal der russischen physikalisch-chemischen Gesellschaft, Bd. 29, S. 373—398. 1897.

Бах, А. Н., Химизм дыхательных процессов.

BACH, A. N., Der Chemismus der Atmungsprozesse. Journal der russischen physikalisch-chemischen Gesellschaft, Teil Chemie, Bd. 10, Abschnitt 2, S. 417—431. 1912.

Бах, А. Н., Химизм процессов дыхания. Третье Тимирязевское чтение. Фрунзе.

BACH, A. N., Der Chemismus der Prozesse der Atmung. Dritte Timirjasowsche Vorlesung. Frunse. 1942.

Берг, В. А., Биохимия опийного мака. Биохимия культруных растений.

BERG, W. A., Die Biochemie des opiumhaltigen Mohns. Die Biochemie der Kulturpflanzen, Bd. 6, S. 183—204. 1938.

Берг, В. А., Биохимия винограда. Биохимия культурных растений.

BERG, W. A., Die Biochemie der Weintraube. Die Biochemie der Kulturpflanzen, Bd. 7, S. 102—164. 1940.

Барановский, Т. О кристаллияеском миогене. Биохимия.
BARANOWSKI, T., Über das kristallische Myogen. Biochemie, Bd. 5. 1940.

Белозерский, А. Н. (совместно с А. Р. Киселем и С. Скворцовым). Опыт химической характеристиски белков чистых линий. Журн. экспер. биол. и мед.
BJELOSERSKI, A. N. (gemeinsam mit A. R. KISEL und S. SKWORZOW), Versuch zur chemischen Charakteristik der Eiweiße der reinen Linien. Zeitschrift für experimentelle Biologie und Medizin, 13, S. 538—547. 1927.

Белозерский, А. Н., Опыт исследования белков в семенах различных представителей сем. Malvaceae. Дневник Ленингр. съезда ботаников.
BJELOSERSKI, A. N., Versuch zur Erforschung der Eiweiße in den Samen verschiedener Vertreter von Malvaceae. Tagebuch des Leningrader Botaniker-Kongresses. 1928.

Белозерский, А. Н., Сравнительная характеристика белков некоторюых представителей сем. Malvaceae. Бюлл. Ср.-Аз. Гос. ув-та.
BJELOSERSKI A. N., Vergleichende Charakteristik der Eiweißstoffe einiger Vertreter der Familie Malvaceae. Bulletin der mittel-asiatischen staatlichen Universität, 18, S. 1—4. 1930.

Биоехимия чая. Сборник под ред. А. И. Опарина. Изд. АН СССР.
Die Biochemie des Tees. Handbuch unter der Redaktion von A. I. Oparin. Verlag der Akademie der Wissenschaften der UdSSR. 1935—1943.

Биохимия плодов и овощей. Сборник 1. Под ред. Б. А. Рубина. Изд. АН СССР.
Die Biochemie des Obstes und des Gemüses. Handbuch 1. Unter der Redaktion von B. A. Rubin. Verlag der Akademie der Wissenschaften der UdSSR. 1949.

Благовещенский, А. В., О пептазе семян. Журн. Русск. ботан. об-ва.
BLAGOWESTSCHENSKI, A. W., Über die Peptase der Samen. Journal der Russischen botanischen Gesellschaft, Bd. 4, S. 52—77. 1919.

Благовещенский, А. В., Специфичность действия растительных протеаз.
BLAGOWESTSCHENSKI, A. W., Spezifische Wirkungen der Pflanzenproteasen. Woronesch. 1919.

Благовещенский, А. В., О специфичности действия растительных протеаз. Труды Турк. научн. об-ва.
BLAGOWESTSCHENSKI, A. W., Über die spezifische Wirkung der Pflanzenproteasen. Arbeiten der Turkmenischen wissenschaftlichen Gesellschaft, Bd. 1, S. 127—133. 1923.

Благовещенский, А. В., Исследования над осмотическиим давлением у горных растений. Журн. Ботан. об-ва.
BLAGOWESTSCHENSKI, A. W., Untersuchungen über den osmotischen Druck bei Gebirgspflanzen. Journal der botanischen Gesellschaft, Bd. 7, S. 125—135. 1924.

Благовещенский, А. В., К ворпосу о направленности процесса эволюции. Бюлл. Ср.-Аз. гос. ун-та.
BLAGOWESTSCHENSKI, A. W., Zur Frage der Lenkung des Evolutionsprozesses. Bulletin der mittelasiatischen Staatsuniversität, Ausgabe X, 17—33. 1925.

Благовещенский, А. В., Осмотическое давление у горных растений. Журн. Русск. бот. об-ва.
BLAGOWESTSCHENSKI, A. W., Der osmotische Druck bei Gebirgspflanzen. Journal der Russischen botanischen Gesellschaft, Bd. 10, S. 71—88. 1925.

Благовещенский, А. В., Тощевикова, А. Г. и Курбатов И. М., Исследования по физиологни хлоптатинка. 1. О накоплении веществ различными сортами хлопчатика. Тр. Ср.-Аз. гос. ун-та.
BLAGOWESTSCHENSKI, A. W., TOSTSCHEWIKOWA, A. G. und KURBATOW, I. M., Untersuchungen über die Physiologie der Baumwollstaude. 1. Über die Stoffsammlung durch verschiedene Sorten der Baumwollstaude. Arbeiten der mittelasiatischen Staatsuniversität, Serie VIII in Botanik 4, S. 1—12. 1929.

Благовещенский, А. В. и Соседов, Н. И., О растворяющем клейковинину ферменте семян пшеницы и ячменя. Биохимия и микробиология пшеницы. Снабтехиздат.
BLAGOWESTSCHENSKI, A. W. und SOSSJEDOW, N. I., Über das den Kleber lösende Ferment der Samen des Weizens und der Gerste. Die Biochemie und Mikrobiologie des Weizens. Technischer Verlag, Moskau, S. 8—10. 1934.

Благовещенский, А. В. и Юргенсон, М. П., О первичном распаде белков при действии ферментов. Бюлл. эксп. биол. и мед.
BLAGOWESTSCHENSKI, A. W. und JÜRGENSON, M. P., Über den ursprünglichen Zerfall der Eiweißstoffe bei durch Einwirkung der Fermente. Bulletin für experimentelle Biologie und Medizin, Bd. 2, S. 74—75. 1936.

Благовещенский, А. В. и Блинникова, Е. И., Об адаптивном образовании протеолитических ферментов у Aspergillus. Бюлл. экспер. биол. и медиц.
BLAGOWESTSCHENSKI, A. W. und BLINNIKOWA, E. I., Über die adaptive Bildung von proteolytischen Fermenten bei Aspergillus. Bulletin für experimentelle Biologie und Medizin, Bd. 1, S. 187—189. 1936.

Благовещенский, А. В., Холодостойкость растений и качество ферментов. Природа.
BLAGOWESTSCHENSKI, A. W., Die Widerstandsfähigkeit der Pflanzen gegen Kälte und die Eigenschaft der Fermente. Die Natur, Nr. 2, S. 40—45. 1938.

Благовещенский, А. В., Биохимическая эволюция растений в связи с изменением качества ферментов. Успехи совр. биол.
BLAGOWESTSCHENSKI, A. W., Die biochemische Evolution der Pflanzen im Zusammenhang mit der Veränderung der Eigenschaft der Fermente. Fortschritte der zeitgenöss. Biologie, Bd. 11, S. 302—338. 1939.

Благовещенский, А. В., О влиянии строения дипептидов на величину термических коеффициентов их ферментного расщенления. Биохимия.
BLAGOWESTSCHENSKI, A. W., Über die Einwirkung der Struktur der Dipeptide auf die Höhe der thermischen Koeffizienten ihrer Fermentaufspaltung. Biochemie Bd. 4, S. 737—741. 1939.

Ьлаговещенский, А. В. и Юргенсон, М. П., Биохимические основы борьбы с картофельной болезнью хлеба. Хлебопек. промышленность.
BLAGOWESTSCHENSKI, A. W. und JÜRGENSON, M. P., Die biochemischen Grundlagen des Kampfes mit der Kartoffelkrankheit des Brotes. Die Bäckereiindustrie, Bd. 4, S. 4—5. 1940.

Благовещенский, А. В., Новые перспективы сравнительной физиологии процессов синтеза у растений. Сб. работ по физиологии растений памяти К. А. Тнмирязева.
Blagowestschenski, A. W., Die neuen Aussichten der vergleichenden Physiologie für Syntheseprozesse bei Pflanzen. Sammelwerk der Arbeiten über die Physiologie der Pflanzen, K. A. Timirjasew zum Gedächtnis. Akademie der Wissenschaften der UdSSR, S. 217—233. 1941.

Благовещенский, А. В. и Кологривова, А. Ю., О стимуляции роста корней некоторыми органическими кислотами. Активирование каталазы биогенными стимуляторами. Активирование каталазы продуктами дезаминирования аминокислот.
Blagowestschenski, A. W. und Kologriwowa, A. Ju., Über die Stimulierung des Wachstums der Wurzeln durch einige organische Säuren. Berichte der Akademie der Wissenschaften der UdSSR, Bd. 48, S. 467—470; Die Aktivierung der Katalase durch biogene Stimulatoren. Ebenda, Bd. 48, S. 599—602; Die Aktivierung der Katalase durch Produkte der Desaminierung der Aminosäuren. Ebenda, Bd. 50, S. 359—360. 1945.

Благовещенский, А. В. и Кудряшова, Н. А., Термические коэффициенты расщепления белков протеолитическими ферментами. Биохимия.
Blagowestschenski, A. W. und Kudrjaschowa, N. A., Die thermischen Koeffizienten der Aufspaltung der Eiweißstoffe durch proteolytische Fermente. Biochemie, Bd. 9, S. 248—255. 1944.

Благовещенский, В. А. (мл). Роль окислительнио-восстановительных процессов при фотосинтезе. Сб. „Синтез органического вещества и роль витаминов в растении".
Blagowestschenski, W. A. jr. Die Rolle der Oxydations- und Reduktionsprozesse bei der Photosynthese. Sammelwerk „Die Synthese der organischen Stoffe und die Rolle der Vitamine in der Pflanze". Verlag der Akademie der Wissenschaften der UdSSR, S. 67—86. 1940.

Бородулина, А. А. и Благовещенский, А. В., О распознавании внутри растения ферментов различного пронсхождения по их качеству.
Borodulina, A. A. und Blagowestschenski, A. W. Über die Erkennung der Fermente verschiedener Herkunft im Inneren der Pflanze nach ihrer Eigenschaft. Bulletin SAGU, Heft 23, S. 131—132. 1945.

Браунштейн, А. Е., Биохимия аминокислотного обмена.
Braunstein, A. E., Die Biochemie des aminosauren Stoffwechsels. Verlag AMN UdSSR, M.

Букин, В. Н., Биохимия брюквы и репы. Биохимия культ. раст.
Bukin, W. N., Die Biochemie der Steckrübe und der Runkelrübe. Die Biochemie der Kulturpflanzen, Bd. 4, S. 202—213. 1938.

Букин, В. Н., витамины. Изд. 2-е. Пищепромиздат.
Bukin, W. N., Die Vitamine. 2. Auflage. Verlag der Nahrungsmittelindustrie. S. 472. 1950.

Буланкин, Й. Н. и Блюмина, М. А., Возрастные изменения тканевых белков и протеиназы в животном организме. Ученые зап. Харьк. гос. ун-та.
Bulankin, I. N. und Bljumina, M. A., Die altersmäßigen Veränderungen der Gewebeeiweiße und der Proteinase im tierischen Organismus. Wissenschaftliche Schriften der Staatsuniversität Charkow, Bd. 25, S. 61—73. 1947.

Буш, Н. А., Курс систематики высших растений.
Busch, N. A., Kursus der Systematik der höheren Pflanzen. Leningrad 1940.

Былинкина, В. Н., Биохимия хлопчатника. Биох. культ. раст.
Bylinkina, W. N., Die Biochemie der Kulturpflanzen, Bd. 3, S. 133—177. 1938.

Вейдеман, М. Г., Современное направление исследовательской работы в области фитоиммунологии и селекции культурных растений иа иммунитет. Тр. по прикл. ботанике, генетике и селекции.
Weidemann, M. G., Die gegenwärtige Richtung der Forschungsarbeit auf dem Gebiet der Phytoimmunilogie und der Selektion der Kulturpflanzen auf Immunität. Arbeiten der angewandten Botanik, Genetik und Selektion. Serie II, S. 227—258. 1937.

Вишневзкий, В. П., Качество каталазы свекловичного корня и устойчивость сахарной свеклы к кагатной гнили. Биохимия.
Wischnewski, W. P., Die Eigenschaft der Katalase der Zuckerrübenwurzel und die Widerstandsfähigkeit der Zuckerrübe gegen Wurzelfäule. Biochemie, Bd. 5, S. 408—416. 1940.

Вобликова, Т. В., Интенснвность фотосинтеза и дыхания листа в зависимости от возраста.
Woblikowa, T. W., Die Intensität der Photosynthese und der Atmung des Blattes nach dem Alter. Berichte der Akademie der Wissenschaften der UdSSR, Bd. 33, S. 76—77. 1941.

Вобликова, Т. В., Активность пероксидазы у горных растений Западного Тянь-Шаня.
Woblikowa, T. W., Die Aktivität der Peroxydase bei Gebirgspflanzen des westlichen Tjan-Schan. Berichte der Akademie der Wissenschaften der UdSSR, Bd. 68, S. 557—560. 1949.

Гаузе, Г. Ф., Борьба за существование у микробов на службе лечения ран. Успехи совр. биологии.
Gause, G. F., Der Kampf ums Dasein bei Mikroben im Dienste der Behandlung von Wunden. Fortschritte der zeitgenöss. Biologie. Bd. 16, S. 530. 1943.

Гельчинская, Р. Б., Биохимия люцерны. Биох. культ. раст.
Geljtschinskaja, R. B., Die Biochemie der Luzerne. Die Biochemie der Kulturpflanzen, Bd. 2, S. 236—269. 1938.

Голдовский, А. М., Закон множественности представителей отдельных групп веществ в растительном организме. Успехи совр. биологии.
Goldowski, A. M., Das Gesetz über die Vielheit der Vertreter der einzelnen Stoffgruppen im Pflanzenorganismus. Die Fortschritte der zeitgemäßen Biologie. Bd. 14, S. 140—146. 1941.

Голдовский, А. М., Несколько теоретических обобщений в области биохимии растений. Сб. Всес. н.-и. ин-та жиров „Производство растительных масел".
Goldowski, A. M., Einige theoretische Verallgemeinerungen auf dem Gebiete der Biochemie der Pflanzen. Sammelwerk des wissenschaftlichen Allunions-Forschungsinstitutes für Fette „Erzeugung von Pflanzenfetten", S. 251—265. 1946.

Голдовский, А. М., Сходство и различие между химическими процессами, происходящини в растении и вне живого организма. Советская ботаника.
Goldowski, A. M., Die Ähnlichkeit und die Verschiedenheit zwischen den chemischen Prozessen, die in der Pflanze und außerhalb des lebenden Organismus vor sich gehen. Sowjetische Botanik, Bd. 14, S. 255—261. 1946.

Голдовский, А. М., Проблема органической целесообразности в биохимическом аспекте. Журн. общей биол.
Goldowski, A. M., Das Problem der organischen Zweckmäßigkeit im biochemischen Aspekt. Journal der allgemeinen Biologie. Bd. 7, S. 405—416. 1946.

Голдовский, А. М., Закономерности химического строения растительных веществ. Журн. прикл. химии.
Goldowski, A. M., Die Gesetzmäßigkeiten der chemischen Struktur der Pflanzenstoffe. Journal für angewandte Chemie, Bd. 19, S. 279; 1948, Bd. 21, S. 534—542. 1946.

Голдовский, А. М., О некоторых важных вопросах эволюционной биохимии. Вестник Ленингр.
Goldowski, A. M., Über einige wichtige Fragen der Evolutionsbiochemie. Nachrichtenblatt der Leningrader Universität. Nr. 7, S. 3—17. 1947.

Голдовский, А. М., Очерки биохимических измеиений организмов в ходе эволюции. Журн. общей биол.
Goldowski, A. M., Grundrisse der biochemischen Veränderungen der Organismen im Laufe der Evolution. Journal für allgemeine Biologie. Bd. 9, S. 181—201. 1948.

Голенкин, М. И., Курс высших растеиий.
Golenkin, M. I., Kursus über höhere Pflanzen. Moskau 1937.

Гончаренко, Ф. И., Биохимия ржи. Биох. культ. раст.
Gontscharenko, F. I., Die Biochemie des Roggens. Die Biochemie der Kulturpflanzen, Bd. 1, S. 87—126. 1936.

Гранитова, О. Н., Выяснение биохимической природы интоксикации хлопчатника под влиянием *Verticillium Dahliae* Klebahn.
Granitowa, O. N., Die Klärung der biochemischen Natur der Intoxikation der Baumwollstaude unter der Einwirkung von *Verticillium Dahliae* Klebahn. Berichte STASRA. 1940.

Глебинский, С. О., Биохимия сафлора. Биох. культ. раст.
Grebinski, S. O., Die Biochemie des Saflors. Die Biochemie der Kulturpflanzen, Bd. 3, S. 332—342. 1938.

Гребинский, С. О., Биохимия табака и махорки. Биох. культ. раст.
Grebinski, S. O., Die Biochemie des Tabaks und der Machorka. Die Biochemie der Kulturpflanzen, Bd. 5, S. 43—99. 1938.

Гроссгейм, А. А., К вопросу о графическом изображении системы цветковых растений. Сов. ботаника.
Grossheim, A. A. Zur Frage der graphischen Darstellung des Systems der Blütenpflanzen. Sowjetische Botanik, Bd. 13, Nr. 3, 2—27. 1945.

Гроссгейм, А. А., К вопросу о графическом изображении характера эволюции на филогенетических схемах. Ботан. журн.
GROSSHEIM, A. A. Zur Frage einer graphischen Darstellung des Charakters der Evolution in phylogenetischen Schemen. Botanisches Journal, Bd. 33, S. 407—415. 1948.

Данилевский, А. Я., Органопластические силы организма.
DANILEWSKI, A. JA. Die organoplastischen Kräfte des Organismus. Charkow. 1886.

Девятнин, В. А., Витамины. Пищепромиздат.
DEWJATNIN, W. A., Die Vitamine. Verlag für Nahrungsmittelindustrie, Moskau 1948.

Дворников, В. С., Биохимия донника. Биох. культ. раст.
DWORNIKOW, W. S. Die Biochemie des Steinklees. Die Biochemie der Kulturpflanzen. Bd. 2, S. 358—384. 1938.

Дименштейн, Ф. Н., Биохимия золотарника. Биох. культ. раст.
DIMENSTEIN, F. N., Die Biochemie der Kulturpflanzen, Bd. 5, S. 163—178. 1938.

Додонова, Е. В., Биохимия горчицы, рапса и рыжика. Биох. культ. раст.
DODONOWA, E. W., Die Biochemie des Senfes, Rapses und des Reizkers. Die Biochemie der Kulturpflanzen, Bd. 3, S. 211—268. 1938.

Дороганевская, Е. А., Климатические факторы химизма сельскохозяйственных растений. Изд. АН КазССР. Алма-Ата.
DOROGANEWSKAJA, E. A., Die klimatischen Faktoren des Chemismus der landwirtschaftlichen Pflanzen. Verlag der Akademie der Wissenschaften der Kasachischen SSR. Alma-Ata. 1948.

Ермаков, А. И., Биохимия льна. Биох. кульъ. раст.
JERMAKOW, A. I., Die Biochemie des Leins. Die Biochemie der Kulturpflanzen, Bd. 3, S. 67—132. 1938.

Ермаков, А. И., Биохимия подсолнечника. Биох. культ. раст.
JERMAKOW, A. I., Die Biochemie der Sonnenblume. Die Biochemie der Kulturpflanzen, Bd. 3, S. 5—64. 1938.

Ермошенко, М. Н., Влияние засоления почвы на активность каталазы листьевхлопчатника. Труды УзФАН СССР.
JERMOSCHENKO, M. N., Der Einfluß des Salzes des Bodens auf die Aktivität der Katalase der Blätter der Baumwollstaude. Arbeiten der Usbekischen Akad. d. Wiss. SSSR. Serie 11, Heft 5. 1942.

Иванов, Н. Н., Проблема белка. Биох. крльт. раст.
IWANOW, N. N., Das Eiweißproblem. Die Biochemie der Kulturpflanzen. Bd. 8. 1948.

Иванов, Н. Н. и Кирсанова, В. А., Биохимия ячменя. Биох. культ. раст.
IWANOW, N. N. und KIRSSANOWA, W. A., Die Biochemie der Gerste. Die Biochemie der Kulturpflanzen. Bd. 1, S. 127—191. 1936.

Иванов, Н. Н. и Княгинничев, М. Н., Биохимия пшеницы. Биох. культ. раст.
IWANOW, N. N., KNJAGINITSCHEW, M. N., Die Biochemie des Weizens. Die Biochemie der Kulturpflanzen, B. 1, S. 9—86. 1936.

Иванов, С. Л., Физиологические признаки растений и ботаническне семейства. Сообщ. Бюро растениеводства.
IWANOW, S. L., Die physiologischen Merkmale der Pflanzen und die botanischen Familien. Mitteilungen des Büros für Pflanzenbau Nr. 7. Petrograd. 1915.

Иванов, С. Л., Правильности в распределении запасного масла в растительном царстве. Журн. оп. агр.

IWANOW, S. L., Die Regelmäßigkeiten in der Verteilung des Reservefettes im Pflanzenreich. Journal für experimentelle Agronomie. 1917.

Иванов, С. Л., Влияние климатических факторов на физиологохимические признаки растений. Скрытые признаки. Тр. прикл. ботан. и сел.
IWANOW, S. L., Die Einwirkung der klimatischen Faktoren auf die physiologisch-chemischen Merkmale der Pflanzen. Verborgene Merkmale. Arbeiten für angewandte Botanik und Landwirtschaft, Bd. 13, S. 483—491. 1924.

Иванов, С. Л., Эволюция вещества в растительном мире. Изв. АН СССР.
IWANOW, S. L., Die Evolution des Stoffes in der Pflanzenwelt. Mitteilungen der Akademie der Wissenschaften der UdSSR, S. 355—362. 1926.

Иванов, С. Л., Основной биохимический закон — эволюции вещества в организмах. Тр. прикл. ботан. и лес.
IWANOW, S. L., Evolution in den Organismen, ein grundlegendes biochemisches Gesetz. Arbeiten für angewandte Botanik und Landwirtschaft, Bd. 89, S. 89. 1926.

Иванов, С. Л., Опыт реставрации химических особенностей растительного покрова прошлых геологических эпох на основе современной фотохимии. Тр. Геоморф. ин-та АН СССР.
IWANOW, S. L., Versuch zur Restaurierung der chemischen Besonderheiten der Pflanzendecke früherer geologischer Epochen auf der Grundlage einer zeitgemäßen Fotochemie. Arbeiten des geomorphologischen Instituts der Akademie der Wissenschaften der UdSSR, Nr. 1, 1934.

Ивановский, Д. И., Физиология растений.
IWANOWSKI, D. I., Die Physiologie der Pflanzen. Charkow-Rostow/Don. 1917—1919.

Карбоне, Д. и Арнауди, Иммунитет у растений. Сельхозгиз.
KARBONE D. und ARNAUDI. Die Immunität bei den Pflanzen. Staatsverlag für Landwirtschaft. Moskau 1937.

Каргополова, Н. Н., Химические особенности разлиьных видов пшеницы, в связи с их устойчивостью к *Puccinia triticina* Eriks. Тр. прикл. ботан.
KARGOPOLOWA, N. N., Die chemischen Besonderheiten verschiedener Weizenarten in Beziehung zu ihrer Widerstandfähigkeit gegen *Puccinia triticina* Eriks. Arbeiten über angewandte Botanik, Serie II, Band 12, S. 179—199. 1937.

Кирьялов, Н. П., Биохимия клещевины. Биох. культ. раст.
KIRJALOW, N. P., Die Biochemie der Rizinusstaude. Die Biochemie der Kulturpflanzen. Bd. 3, S. 271. 1938.

Книшевецкая, Т. И., Биохимия маслины. Биох. культ. раст.
KNISCHEWEZKAJA, T. I., Die Biochemie der Oliven. Die Biochemie der Kulturpflanzen, Bd. 7, S. 468—484. 1940.

Княгиничев, М. И., Биохимия риса.. Биох. культ. раст.
KNJAGITSCHEW, M. I., Die Biochemie des Reises. Die Biochemie der Kulturpflanzen, Bd. 1, S. 259—293. 1936.

Княгиничев, М. И., Биохимия фасоли. Биох. культ. раст.
KNJAGITSCHEW, M. I., Die Biochemie der Bohne. Die Biochemie der Kulturpflanzen, Bd. 2, S. 117—162. 1938.

Кокин, А. Я., О факторах, опреледяющих специфическую энергию накопления сухого вещества у зеленых растений. Изв. Гл. Бот. сада.
KOKIN, A. JA., Über die Faktoren, welche die spezifische Energie der Ansammlung von Trockensubstanz bei grünen Pflanzen bestimmen. Mitteilungen des Haupt-Botanischen Gartens, 25, Nr. 4, S. 379—412. 1926.

Княгиничев, М. И. и Гроссман, В. Ю. Биохимия чечевицы. Биох. культ. раст.
KNJAGITSCHEW, M. I. und GROSSMANN, W. JU., Die Biochemie der Linse. Die Biochemie der Kulturpflanzen, Bd. 2, S. 163. 1938.

Козо-Полянский, Б. М., Введение в филогеническую систематику высших растеиий.
KOSO-POLJANSKI, B. M., Einführung in die phylogenetische Systematik der höheren Pflanzen. Woronesch 1922.

Козьмина, Н. П. и Кретович, В. Л., Химия зерна и продуктов его переработки.
KOSJMINA, N. P. und KRETOWITSCH, W. L., Die Chemie des Korns und der Produkte seiner Verarbeitung. Moskau 1944.

Колобкова, Е. В., Протеолитические ферменты листьев филогенетически удаленных форм растений.
KOLOBKOWA, E. W., Die proteolytischen Fermente der Blätter phylogenetisch entfernt-stehender Pflanzenformen. Berichte der Akademie der Wissenschaften der UdSSR, Bd. 68, S. 107—109. 1949.

Комаров, В. Л., Учение о виде у растений.
KOMAROW, W. L., Die Lehre von der Art der Pflanzen. Moskau 1940.

Коникова, А. С. и Вадова, А. В., Каталаза кровп при развитии злокачествеиных заболеваний. Арх. биол. наук.
KONIKOWA, A. S. und WADOWA, A. W., Die Katalase des Blutes bei bösartigen Erkrankungen. Archiv für biologische Wissenschaften, Bd. 48. 1939.

Корниевская, Л. Г. и Благовещенский, А. В., Активиость и качество каталазю у видов *Salix* и *Populus*. Бюлл. Ср.- Аз. гос. ун-та.
KORNIJEWSKAJA, L. G. und BLAGOWESTSCHENSKI, A. W., Die Aktivität und die Eigenschaft der Katalase bei *Salix*- und *Populus*-Arten. Bulletin der mittelasiatischen Staatsuniversität, Heft 23, S. 134—135. 1945.

Костычев, С. П., Физиолого-химические исследования над дыханием растений.
KOSTYTSCHEW, S. P., Physiologisch-chemische Untersuchungen über die Atmung der Pflanzen. 1910.

Костычев, С. П., Физиология растений.
KOSTYTSCHEW, S. P., Die Physiologie der Pflanzen, Bd. 1. Leningrad 1937.

Костычев, С. П. и Солдатенков, С. В., Суточный ход и специфическая энергия фотосинтеза у видов растений. Дневник Всес. съезда ботан. в Москве, стр. 98—99.
KOSTYTSCHEW, S. P. und SOLDATENKOW, S. W., Der tägliche Verlauf und die spezifische Energie der Photosynthese bei den Pflanzenarten. Tagebuch des Botanikerkongresses der Sowjetunion in Moskau, S. 98. 1926.

Коялович, Н. Б., Биохимия кок-сагыза. Биох. культ. раст.
KOJALOWITSCH, N. B., Die Biochemie des Kok-Saghis. Die Biochemie der Kulturpflanzen, Bd. 5, S. 135—144. 1938.

Крашенинников, Ф. Н., Накопление солнечной энзргии в растении.
KRASCHENNIKOW, F. N., Die Speicherung der Sonnenenergie in der Pflanze. Moskau 1901.

Кребс, К., Изменение состава табака во время роста. Журн. оп. агрон.
KREBS, K., Veränderungen des Tabaks während des Wachstums. Zeitschrift für Agronomie, Bd. 17, S. 278. 1916.

Кренке, Н. П., Теория циклического старения и омоложения растений.
KRENKE, N. P., Die Theorie des zyklischen Alterns und der Verjüngung der Pflanzen. Moskau 1940.

Криштофович, А. Н., Курс палеоботаники.
KRISCHTOFOWITSCH, A. N., Kursus für Paläobotanik. Leningrad 1934.

Круссер, А. В., Биохемия лещины. Биох. культ. раст.
KRUSSER, A. W., Die Biochemie der Haselnuß. Die Biochemie der Kulturpflanzen, Bd. 7, S. 440—446. 1940.

Кудрявцева, М. А., Биохимия проса. Биох. культ. раст.
KUDRJAWZEWA, M. A., Die Biochemie der Hirse. Die Biochemie der Kulturpflanzen. Bd. 1, S. 295—305. 1936.

Кудрявцева, М. А., Биохимия сои. Биох. культ. раст.
KUDRJAWZEWA, M. A., Die Biochemie der Sojabohne. Die Biochemie der Kulturpflanzen, Bd. 2, S. 51—116. 1938.

Кудряшова, Н. А., О каталазе листьев представителей семейств бобовых, розоцветных и лютиковых.
KUDRJASCHOWA, N. A., Über die Katalase der Blätter der Leguminosen, Rosazeen und der Ranunculazeen. Berichte der Akademie der Wissenschaften der UdSSR, Bd. 63, S. 111—114. 1949.

Кузнецов, Н. И., Введение в систематику цветковых растений.
KUSNEZOW, N. I., Einführung in die Systematik der Blütenpflanzen. Moskau 1936.

Купревич, Б. Ф., Физиология больного растения.
KUPREWITSCH, B. F., Die Physiologie der kranken Pflanzen. Verlag der Akademie der Wissenschaften der UdSSR. 1947.

К у п ч е, А. К., Биохимия вики. Биох. культ. раст.
KUPTSCHE, A. K., Die Biochemie der Wicke. Die Biochemie der Kulturpflanzen, Bd. 2, S. 341—356. 1938.

К у п ч е, А. К., Биохимия конопли. Биох. культ. раст.
KUPTSCHE, A. K., Die Biochemie des Hanfes. Die Biochemie der Kulturpflanzen, Bd. 3, S. 178—209. 1938.

К у п ч е, А. К., Биоимия аниса. Биох. культ. раст.
KUPTSCHE, A. K., Die Biochemie des Anises. Die Biochemie der Kulturpflanzen, Bd. 6, S. 119—128. 1938.

К у р г а т н и к о в, М. И., Биохимия гороха. Биох. культ. раст.
KURGATNIKOW, M. I., Die Biochemie der Erbse. Die Biochemie der Kulturpflanzen, Bd. 2, S. 5—50. 1938.

К у р с а н о в, А. Л. и Крюкова, Н., Возрастные изменения дубильных веществ в растениях. Биохимия.
KURSSANOW, A. L. und KRJUKOWA, N., Die altersmäßigen Veränderungen der Gerbstoffe in den Pflanzen. Biochemie, Bd. 6, S. 326. 1941.

Лишкевич, М. И., Биохимия овса. Биох. культ. раст.
LISCHKEWITSCH, W. N., Die Biochemie des Hafers. Die Biochemie der Kulturpflanzen, Bd. 1, S. 193—218. 1916.

Л ю б и м е н к о, В. Н., О превращениях пигментов пластид в живой ткани растений. Зап. Ак. Наук.
LJUBIMENKO, W. N., Über die Veränderungen der Pigmente der Plastiden in dem lebenden Gewebe der Pflanzen. Schriften der Akademie der Wissenschaften. Serie VIII, Bd. 33, S. 1—274. 1916.

Л ю б и м о в а, М. Н. и Э н г е л ь г а р д т, В. А., Аденозинтрифосфатаза и миозин мышцы. Биохимия.
LJUBIMOWA, M. N. und ENGELHARDT, W. A., Adenosintriphosphatase und das Myosin der Muskeln. Biochemie, Bd. 4, S. 716—736. 1939.

Л ы с с е н к о, Т. Д., Агробиология.
LYSSENKO T. D. Agrobiologie, 3. Auflage, Moskau 1948.

М а н с к а я, С. М., Химический состав лигнина в различных растительных группах.
MANSKAJA S. M. Die chemische Zusammensetzung des Lignins in verschiedenen Pflanzengruppen. Berichte der Akademie der Wissenschaften der UdSSR, Bd. 54, S. 611—613. 1948.

М а н с к а я, С. М., Образование лигнина в растениях. Успехи совр. биол.
MANSKAJA, S. M., Die Ligninbildung in den Pflanzen. Fortschritte der zeitgenöss. Biologie, Bd. 23, S. 203. 1947.

М а н с к а я, С. М., Участие оксидаз в образовании лигнина.
MANSKAJA, S. M., Die Beteiligung der Oxydasen an der Ligninbildung. Berichte der Akademie der Wissenschaften der UdSSR, Bd. 62, S. 369—371. 1948.

Манская, С. М., и Кочнева, М. Н., Лигнин различных растительных групп.
MANSKAJA, S. M. und KOTSCHNJOWA, M. N., Das Lignin verschiedener Pflanzengruppen. Berichte der Akademie der Wissenschaften der UdSSR, Bd. 62, S. 505—507. 1948.

Михельсон, Л. А., Биохимия мускатного шалфея. Биох. культ. раст.
MICHELSON, L. A., Die Biochemie von Muskatsalbei. Die Biochemie der Kulturpflanzen, Bd. 6, S. 108—118. 1938.

Мичурин, И. В., Итоги шестидесятилетних работ.
MITSCHURIN, I. W., Ergebnisse sechzigjähriger Arbeit. Moskau 1936.

Мурри, И. Н., Биохимия моркови. Биох. культур. раст.
MURRI, I. N., Die Biochemie der Mohrrübe. Die Biochemie der Kulturpflanzen, Bd. 4, S. 231. 1938.

Ненюков, С. С., К вопросу о родственных отношениях *Papaveraceae*, *Compositae* и *Campanulaceae*. Советская ботаника.
NENJUKOW, S. S., Zur Frage der verwandtschaftlichen Beziehungen der *Papaveraceae*, *Compositae* und der *Campanulaceae*. Sowjetische Botanik, Nr. 3, S. 41—58. 1938.

Ненюков, С. С., О звязи между химизмом растений и их положением в системе. Природа.
NENJUKOW S. S. Über den Zusammenhang zwischen dem Chemismus der Pflanzen und ihrer Stellung im System. Die Natur, Nr. 9, S. 34—44. 1939.

Нилов, В. И., Биохимия лаванды. Биох. культ. раст.
NILOW, W. I., Die Biochemie des Lavendels. Die Biochemie der Kulturpflanzen, Bd. 6, S. 5—30. 1938.

Нилов, В. И. Михельсон, Л. А., Биохимия кориандра. Биох. культ. раст.
NILOW, W. I. und MICHELSON, L. A., Die Biochemie des Korianders. Die Biochemie der Kulturpflanzen. Bd. 6, S. 73—89. 1938.

Оканенко, А. С., Ферменты свеклы. Свекловодство.
OKANENKO, A. S., Die Fermente der Zuckerrübe. Der Zuckerrübenbau, S. 368—384. Kiew 1940.

Оканенко, А. С. и Товарницкий, В. И., Динамика и превращение углеводов, азотистых и минеральных веществ у свеклы второго года. Свекловодство.
OKANENKO, A. S. und TOWARNIZKI, W. I., Die Dynamik und die Umwandlung der Kohlenhydrate, der Stickstoffe und der Mineralien bei der Zuckerrübe des zweiten Jahres. Der Zuckerrübenbau, S. 420—441. Kiew 1940.

Оканенко, А. С., Образование и передвижение сахаров у свеклы. Свекловодство.
OKANENKO, A. S., Die Entstehung und Verschiebung (der Transport) des Zuckers bei der Zuckerrübe. Der Zuckerrübenbau, S. 261—288. Kiew 1940.

Опарин, А. И., К вопросу о регрессивном метаморфозе белков в прорастающих семенах. Изв. Росс. Ак. Наук.
OPARIN, A. I., Zur Frage der regressiven Metamorphose der Eiweißstoffe in keimenden Samen. Mitteilungen der Russischen Akademie der Wissenschaften, S. 525—534. 1922.

Опарин, А. И., Зеленый дыхательный пигмент *Helianthus annuus*.
OPARIN, A. I., Das grüne Atmungspigment von *Helianthus annuus*. Mitteilungen der Russ. Akademie der Wissenschaften, S. 535—546. 1922.

Опарин, А. И., Роль кислорода зв процессах образования ферментов in vivo и in vitro. Бюлл. Моск. об-ва испыт. природы.
OPARIN, A. I., Die Rolle des Sauerstoffes in den Prozessen der Fermente in vivo und in vitro. Bulletin der Moskauer Gesellschaft für Naturforschung. 1925.

Опарин, А. И., Значение инвертазы корня в процессе сахаронакопления у различных сортов свеклы. Биохимия, т. II, 135.
OPARIN, A. I., Die Bedeutung der Invertase der Wurzel beim Prozeß der Zuckerspeicherung bei verschiedenen Zuckerrübensorten. Biochimija, Bd. 2, S. 135. 1937.

Опарин, А. И., Ферментная система как основа физиологических признаков у растений.
OPARIN, A. I., Das Fermentsystem als Grundlage der physiologischen Merkmale bei Pflanzen. Mitteilungen der Akademie der Wissenschaften der UdSSR, Biologieserie Nr. 6. 1937.

Опарин, А. И., Ферменты в жизненном цикле растений. Юбил. сборник, посвящ. 30-летию Октябрьской революции, г. II.
OPARIN, A. I., Die Fermente im Lebenszyklus der Pflanzen. Jubiläumsschrift zur 30-Jahresfeier der Oktoberrevolution, II. 1947.

Орехов, А. П., Химия алкалоидов.
ORJECHOW, A. P., Die Chemie der Alkaloide. Moskau 1938.

Павленко, О. Н., Биохимия миндаля. Биох. культ. раст.
PAWLENKO, O. N., Die Biochemie der Mandel. Die Biochemie der Kulturpflanzen, Bd. 7, S. 447—467. 1940.

Палладин, В. И., Исследование над дыханием зеленых и этиолированных листьев. Зап. Харьк. ун-та, III.
PALLADIN, W. I., Untersuchung über die Atmung von grünen und äthyolierten Blättern. Schriften der Universität Charkow, III. 1893.

Палладин, В. И., Зависимость дыхания растений от качества находящихся в них непереваренных белковых веществ. Труды Харьк. общ-ва испыт. природы.
PALLADIN, W. I., Die Abhängigkeit der Atmung der Pflanzen von der Eigenschaft der sich in ihnen befindenden unverdauten Eiweißstoffe. Arbeiten der Gesellschaft für Naturforschung in Charkow. 1896.

Палладин, В. И., Влияине питания различными органическими соединениями на дыхание растений. Зап. Варшавск. об-ва естествоиспыт.
PALLADIN, W. I., Die Einwirkung der Ernährung mit verschiedenen organischen Verbindungen auf die Atmung der Pflanzen. Schriften der Gesellschaft für Naturforschung in Warschau. 1900.

Палладин, В. И., Влияние температуры на дыхание растений. Зап. Варшавск. об-ва естествоиспыт.
PALLADIN, W. I., Die Einwirkung der Temperatur auf die Atmung der Pflanzen. Schriften der Warschauer Gesellschaft für Naturforschung. 1899.

Палладин, В. И., Дыхание растений как сумма ферментативных процессов. Зап. ИАН, VIII, сер. по физ.-мат. отд.
Palladin, W. I., Die Atmung der Pflanzen als Summe der vegetativen Prozesse. Schriften IAN, VIII, Serie der physikalisch-mathematischen Abteilung, Bd. 20, Nr. 5. 1907.

Палладин, В. И., Дыхание растений и его отношение к процессам превращения вещества и энергии в растениях. Зап. АН СССР, сер. отд. физ.-мат. наук.
Palladin, W. I., Die Atmung der Pflanzen und ihr Verhalten zu den Prozessen der Umwandlung der Stoffe und der Energie in den Pflanzen. Schriften der Akademie der Wissenschaften der UdSSR, Bd. 8, Serie der Abteilung für physikalisch-mathematische Wissenschaften, Bd. 38, Nr. 3. 1930.

Петрушевская, А. Ф., Ассимиляционная способность листьев некоторых культурных растений. Журн. Русск. ботан. об-ва.
Petruschewskaja, A. F., Die Assimilationsfähigkeit der Blätter einiger Kulturpflanzen. Journal der Russischen botanischen Gesellschaft, Bd. 10, S. 19—37. 1925.

Пигулевский, Г. В., Влияние климатических условий на содержание смол. у хвойных. Журн. общеий химии.
Pigulewski, G. W., Die Einwirkung der klimatischen Bedingungen auf den Harzgehalt der Nadelbäume. Journal für allgemeine Chemie, Bd. 5, S. 1634—1638. 1935.

Пигулевский, Г. В., Химия терпенов.
Pigulewski, G. W., Die Chemie der Terpene. Leningrad 1949.

Принц, Я. И., Борьба с филлоксерой. Виноделие и виноградарство СССР.
Prinz, Ja., Der Kampf mit der Phylloxera. Weinbereitung und Weinwirtschaft der UdSSR, Nr. 7—8, S. 36. 1940.

Проблема биохимии в мичуринской биологии. Сб. 1, под ред. Н. М. Сисакяна.
Das Problem der Biochemie in der Biologie Mitschurins. Sammelwerk 1 unter der Redaktion von N. M. Sisakjan. Verlag der Akademie der Wissenschaften der UdSSR. 1949.

Прокофьев, А. А., Локализация, образование и состояние каучука в растениях.
Prokofjew, A. A., Die Lokalisierung, Bildung Lage des Kautschuks in den Pflanzen. Verlag der Akademie der Wissenschaften der UdSSR. 1948.

Прокошев, С. М., Биохимия катрофеля. Биох. культ. раст.
Prokoschew, S. M., Die Biochemie der Kartoffel. Die Biochemie der Kulturpflanzen. Bd. 4, S. 5—58. 1938.

Прокошев, С. М., Биохимия катофеля.
Prokoschew, S. M., Die Biochemie der Kartoffel. Verlag der Akademie der Wissenschaften der UdSSR. 1947.

Прянишников, Д. Н., Азот в жизни растений и в земледелии СССР.
Prjanischnikow, D. N., Der Stickstoff im Leben der Pflanzen und in der Landwirtschaft der UdSSR. Verlag der Akademie der Wissenschaften der UdSSR. 1945.

Пуриевич, К., Исследования над фотосинтезом. Зап. Киевск. об-ва естествоиспыт.
PURIEWITSCH, K., Untersuchungen über die Photosynthese. Schriften der Kiewer Gesellschaft für Naturforschung. Bd. 23. 1914.

Рубин, Б. А., Биохимия сахарной свеклы. Биох. крльт. раст.
RUBIN, B. A., Die Biochemie der Zuckerrübe. Die Biochemie der Kulturpflanzen, Bd. 4, S. 59—119. 1938.

Сапожников, Д. М., Превращение каротина и ксантофила при фоторедукции угольной кислоты. Биохимия.
SAPOSHNIKOW, D. M., DieUmwandlung des Carotins und des Xanthophylls bei Photoreduktion der Kohlensäure. Biochimija, Bd. 2, S. 730—733. 1937.

Сапожников, Д. М., Механизм фотосинтеза. Советская ботаника.
SAPOSHNIKOW, D. M., Der Mechanismus der Photosynthese. Sowjetische Botanik. Nr. 5—6, S. 93—112. 1940.

Сапожникова, Е. В., Биохимия граната. Биох. культ. раст.
SAPOSHNIKOWA, E. W., Die Biochemie des Granatapfels. Die Biochemie der Kulturpflanzen, Bd. 7, S. 493—506. 1940.

Семихатова, О. А. и Благовещенский, А. В., Качество каталазы у растений Памира. Биолл. САГУ.
SEMICHATOWA, O. A. und BLAGOWESTSCHENSKI, A. W., Die Eigenschaften der Katalase bei den Pflanzen des Pamirs. Bulletin SAGU, Nr. 23, S. 136—137. 1945.

Сергиевская, Т. Ю. и Благовещенский, А. В., Содержание витамина С в листьях некоторых растений. Бюлл. САГУ.
SERGIEWSKAJA, T. JU. und BLAGOWESTSCHENSKI, A. W., Der C-Vitamingehalt in den Blättern einiger Pflanzen. Bulletin SAGU, Nr. 23, S. 137. 1945.

Сисакян, Н. М., Биохимическая характеристика засухоустойчивости растений.
SISAKJAN, N. M., Die biochemische Charakteristik der Dürrefestigkeit der Pflanzen. Moskau 1940.

Смирнов, А. И., Физиолого-биохимические основы обработки табачного сырья.
SMIRNOW, A. I., Die physiologisch-biochemischen Grundlagen der Bearbeitung des Rohtabaks. Krasnodar 1933.

Смирнова, М. А., Биохимия тимофеевки. Биох. культ. раст.
SMIRNOWA, M. A., Die Biochemie des Timotheusgrases. Die Biochemie der Kulturpflanzen, Bd. 2, S. 328—340. 1938.

Смирнова, М. И., Биохимия кукурузы. Биох. культ. раст.
SMIRNOWA, M. I., Die Biochemie des Maises. Die Biochemie der Kulturpflanzen, Bd. 1, S. 221—258. 1936.

Смирнова, М. И., Биохимия люпина. Биох. культ. раст.
SMIRNOWA, M. I., Die Biochemie der Lupine. Die Biochemie der Kulturpflanzen, Bd. 2, S. 270—327. 1938.

Смирнова, М. И. и Кургатников, М. И., Биохимия клевера. Биох. культ. раст.
SMIRNOWA, M. I. und KURGATNIKOW M. I., Die Biochemie des Klees. Die Biochemie der Kulturpflanzen, Bd. 22, S. 193—235. 1938.

Сталин, И. В., О диалектическом и историческом материализме.
STALIN, J. W., Über den dialektischen und historischen Materialismus. Moskau 1938.

Страчицкий, К. И., Температурный коеффициент инвертинов различного происхождекия. Бюлл. экспер. биол. и мед.
STRATSCHITSKI, K. I., Der Temperaturkoeffizient des Invertins verschiedener Herkunft. Bulletin für experimentelle Biologie und Medizin, Bd. 5, S. 546—548. 1938.

Таран, Е. Н., Биохимия тунгового дерева. Биох. культ. раст.
TARAN, E. N., Die Biochemie des Tungbaumes. Die Biochemie der Kulturpflanzen, Bd. 3, S. 363—395. 1938.

Татарская, Р. И., Биохимия хинного дерева. Биох. культ. раст.
TATARSKAJA, P. I., Die Biochemie des Chinabaumes. Die Biochemie der Kulturpflanzen, Bd. 5, S. 100—129. 1938.

Тимирязев, К. А., Факторы органической эволюции.
TIMIRJASEW, K. A., Die Faktoren der organischen Evolution. Moskau 1890.

Тимирязев, К. А., Отбой менделъянцев. Вестник Европы.
TIMIRJASEW, K. A., Das Rückzugsignal der Mendelanhänger. Europa-Bote Nr. 5. S. 209—226. 1913.

Токин, Б. П., Фитонциды. Очерки об антисептиках растительного происхождения.
TOKIN, B. P., Phytoncide. Grundrisse über die Antiseptica pflanzlicher Herkunft, Moskau 1948.

Толмачев, И. М., Температура, свет, влажность и минеральное питание как факторы расвития сахарной свеклы. Свекловодство.
TOLMATSCHEW, I. M., Temperatur, Licht, Feuchtigkeit und Mineralzufuhr als Entwicklungsfaktoren der Zuckerrübe. Der Zuckerrübenbau, Bd. 1, S. 205, Kiew 1940.

Тощевикова, А. Г., Влияние биогенных стимуляторов на протоплазму растений.
TOSTSCHEWIKOWA, A. G., Die Einwirkung von biogenen Stimulatoren auf das Protoplasma der Pflanzen. Berichte der Akademie der Wissenschaften der UdSSR, Bd. 53. 1946.

Тощевикова, А. Г., Влияние биогенных стимуляторов на биохимические свойства хлопчатинка. Исв. АН УзбССР.
TOSTSCHEWIKOWA, A. G., Die Einwirkung von biogenen Stimulatoren auf die biochemischen Eigenschaften der Baumwollstaude. Mitteilungen der Akademie der Wissenschaften der Usbekischen SSR. Nr. 3, S. 58—68. 1948.

Уринсон, Р. П., Биохимия перечной мяты. Биох. куль. раст.
URINSON, R. P., Die Biochemie der Pfefferminze. Die Biochemie der Kulturpflanzen, Bd. 6, S. 31—50. 1938.

Федотова, В. И., Биохимический метод определения степени паразитизма. Зажита растений. 115—118.
FEDOTOWA, W. I., Die biochemische Bestimmungsmethode des Grades des Parasitismus, Pflanzenschutz, S. 115—118. 1935.

Филатов, В. П., Тканевая терапия.
FILATOW, W. P., Die Gewebetherapie. Taschkent. 1943.

Филатов, В. П., Опитческая пересадка роговицы и тканевая терапия.
FILATOW, W. P., Die optische Verpflanzung der Hornhaut und die Gewebetherapie. Moskau 1945.

Филатов, В. П., Тканевая терапия.
FILATOW, W. P., Die Gewebetherapie. Taschkent 1948.

Цепкова, В. П. и Благовещенский, А. В., Активность и качество каталазы при развитии *Aspergillus flavus*. Бюлл. САГУ.
ZEPKOWA, W. P. und BLAGOWESTSCHENSKI, A. W., Die Aktivität und Eigenschaft der Katalase bei der Entwicklung von *Assergillus flavus*. Bulletin SAGU. Heft 23. 1945.

Церевитинов, Ф. В., Химия и товароведение свежих плодов и овощей, Госторгиздат.
ZEREWITINOW, F. W., Chemie und Warenkunde von frischem Obst und Gemüse, Bd. 1 und 3. Staatlicher Handelsvertrag. Moskau 1949.

Чикало, И. И., Активирование протеолитических ферментов биогенными стимуляторами. Бюлл. САГУ.
TSCHIKALO, I. I., Die Aktivierung der proteolytischen Fermente durch biogene Stimulatoren. Bulletin SAGU. Heft 23, S. 140—141. 1945.

Шацкий, Е. А., Учение о растительных алкалоидах, глюкозидах и птомаинах. Ученые зап. Казанск. вет. ин-та.
SCHAZKI, E. A., Die Lehre über Pflanzenalkaloide, Glykoside und Ptomaine. Wissenschaftliche Schriften des Veterinärinstituts in Kasan, Bd. 6, S. 1—156. 1889.

Шемякин, М. М., и Хохлов, А. С., Химия антибиотических веществ.
SCHEMJAKIN, M. M., Chemie antibiotischer Stoffe, Moskau-Leningrad 1949.

Шиврина, А. Н., Биохимия лука и чеснока. Биох. культ. раст.
SCHIWRINA, A. N., Die Biochemie der Zwiebel und des Knoblauchs. Die Biochemie der Kulturpflanzen, Bd. 4, S. 237—256. 1938.

Шифрин, Х. Б., Биохимия арахиса. Биох. культ. раст.
SCHIFRIN, H. B., Die Biochemie der Kulturpflanzen, Bd. 3, S. 301—330. 1938.

Шифрин, Х. Б., Биохимия грецкого ореха. Биох. культ. раст.
SCHIFRIN, H. B., Die Biologie der Walnuß. Die Biochemie der Kulturpflanzen, Bd. 8, S. 421 bis 439. 1940.

Штейнбок, С. Д., Биохимия гречихи. Биох. культ. раст.
STEINBOCK, S. D., Die Biochemie des Buchweizens. Die Biochemie der Kulturpflanzen, Bd. 1, S. 307—315. 1936.

Aron, H. und Klempin, P., Studien über die proteolytischen Fermente in einigen pflanzlichen Nahrungsmitteln. Bioch. Ztschr., 9, 163, 1908.

Bach, A., Du rôle des peroxydes dans les phénomènes d'oxydation lente. Comptes Rendus Ac. Sc., v. 124, 951, 1897.

Bach, A. N. und Nikolajew, K. A., Sind sauerstoffübertragende Enzyme mit wasserstoffübertragenden identisch. Biochem. Ztschr., 169, 105, 1926.

Barger, G., The simpler natural bases. London 1914.

Beiler, A., Untersuchungen über die Kohlensäureassimilation der Strand- und Dünenpflanzen. Jahrb. Wiss. Bot., 87, 356, 1939.

Bialosuknja, W. W., Über Pflanzenfermente. Ztschr. physiol., Ch., Bd. 58, 487, 1909

Blagowestschenski, A. W., Der osmotische Wert bei den Gebirgspflanzen Mittel-Asiens. Jahrb. Wiss. Bot.,. 65, 279, 1926.

Blagowestschenski, A. W., Untersuchungen über die osmotischen Werte bei Pflanzen Mittel-Asiens. Jahrb. Wiss. Bot., 69, 191, 1928.

Blagoveschenski, A. V., On the relations between the biochemical properties and the degree of evolutionary development of organisms. Biologia Generalis, 5, 427, 1929.

Blagoveschenski, A. V. and Sossiedow, N. I., The glutendissolving ferment of wheat and barley seeds. Biochem. Journ., 27, 1575, 1933.

Blagowestschenski, A. W. und Melamed, R. M., Die proteolytischen Fermente der Samen einiger Pflanzen. Biochem. Ztschr., 273, 435, 1934.

Blagowestschenski, W. A. (jun.), Über den Verlauf der Photosynthese im Hochgebirge des Pamirs. Planta, 24, 276, 1935.

Czapek, K., Biochemie der Pflanzen, Bd. 1—3. 1921.

Dox, A. W., The intracellular enzymes of Penicillium camemberti. Journ. Biolog. Chem. 6, 461, 1909.

Chibnall, A. C., Protein Metabolism in the Plant. 1939.

Engels, F., Dialektik der Natur. Berlin 1952.

Friedemann, E., Sterols and related compounds. 1937.

Hoffmann, N. F. u. Gortner, K. A., Cer. Chem., 4, 221, 1927.

Hutchinson, J., The Families of Flowering plants. I. Dicotyledons. London 1926.

Keilin, D., On cytochrome and respiratory pigment, common to animals, yeast and higher. plants. Proc. Roy. Soc. By 98, 312, 1925.

Kendall, E. C. and Sherman, H. C., Amylase. II. Action of pancreatic amylase. Journ· Amer. Chem. Coc., 32, 1087, 1910.

Kostytschew, S. P., Kudriawzewa, M., Moisseiewa, M. und Smirnowa, M., Der tägliche Verlauf der Photosynthese bei Landpflanzen. Planta, 1, 671, 1926.

Kostytschew, S. P., Bazyrina, E. N. und Tschesnokow, W. A., Untersuchungen über die Photosynthese der Laubblätter unter natürlichen Verhältnissen. Planta, Bd. 5, 1928.

Kostyschew, S. P. und Berg, V., Untersuchungen über den Tagesverlauf der Photosynthese in Transkaukasien. Planta, Bd. 11. 1930.

Kostytschew, S. P. und Kardo-Syssoiewa, H. K., Untersuchungen über den Tagesverlauf der Photosynthese in Zentral-Asien. Planta, Bd. 11. 1930.

Kubowitz, F., Spaltung und Resynthese der Polyphenoloxydase und des Hämocyanins. Bioch. Ztschr., 299, 32 1939.

Lubimenko, W. N., Influence des blessures des feuilles sur la production des substances séches chez les plantes vertes. Comptes Rendus Ac. Sc., 177, 606, 1923.

Lugg, J. W. H., Biochem. J., 37, 132, 1943.

Lüers, H. und Wasmund, W., Über die Wirkungsweise der Amylase. Fermentforsch., 5, 169, 1922.

Molisch, H., Pflanzenchemie und Pflanzenverwandtschaft. Jena 1933.

Mönch, J., Untersuchungen über die Kohlensäureassimilation von Alpenpflanzen am Standort. Jahrb. Wiss. Bot., 85, 506, 1937.

Nicloux, M., Sur le pouvoire saponifiant de la grain de Ricin. Comptes rendus soc. biol., v. LVI, 701. 1904.

Nobécourt, P., L'immunité ches les végetaux. Contrib. a l'étude de Lyon. 1928.

Northrop, J. H., Crystalline pepsin. I. Isolation and tests of purity. Journ. Gen. Physiol., 13, 739, 1930.

Northrop, J. H., Crystalline pepsin. II. General properties and experimental methods. Journ. Gen. Physiol., 13, 767, 1930.

Northrop, J. H., Crystalline trypsin. IV. Reversibility of the inactivation and denaturation of trypsin by heat. Journ. Gen. Physiol., 16, 323, 1932.

Northrop, J. H., Crystalline trypsin. Kinetics of the digestion of proteins with crude and crystalline trypsin. Journ. Gen. Physiol., 16, 339, 1932.

Onslow, M. W., 1921, s. Onslow M. W. „Plant Biochemistry", 1930.

Oppenheimer, C., Die Fermente und ihre Wirkungen. 1925.

Palladin, W. I., Synergin, das Prochromogen des Atmungspigments der Weizenkeime. Biochem. Ztschr., 27, 442, 1910.

Palladin, W. I., Über die Bedeutung der Atmungspigmente in den Oxydationsprozessen der Pflanzen. Ber. d. Bot. Ges., 30, 104, 1912.

Pauling, L., A Theory of the Structure and Process of Formation of Antibodies. Journ. Amer. Chem. Soc., 62, 2643, 1940.

Pauling, L. and Campbell, D. H., The manufacture of antibodies in vitro. Journ. Exp. Med., 76, 211, 1942.

Roaf, H. E., The hydrolytic enzymes of invertebrates. Biochem. J., 3, 462, 1909.

Robinson, G. M. and Robinson, R., A survey of anthocyanins. Biochem. J., 25, 1687, 1931.

Robinson, G. M. and Robinson, R., A survey of anthocyanins. II. Biochem. J., 26, 1647, 1932.

Scott, D. H., Extinct Plants and Problems of Evolution. London 1924.

Spence, D. and Van Niel, C. B., Bacterial decomposition of the rubber in Hevea latex. Ind. Eng. Chem., v. 28, 847, 1936.

Sumner, J. B., The isolation and crystallization of the enzyme urease. Journ. Biol. Chem., 64, 435, 1926.

Szent-Györgyi, A., Towards a new biochemistry. Science, 93, 609, 1941.

Terroine, E. F., Kritik der Fettspaltung durch Pankreassaft. Biochem. Ztschr., 23, 404, 1910.

Wehmer, Die Pflanzenstoffe, I—III. Jena 1932.

Willstätter, R. und Stoll, A., Untersuchungen über Chlorophyll. Berlin 1913.

Willstätter, R. und Stoll, A., Untersuchungen über die Assimilation der Kohlensäure. Berlin 1913.

Winnick, Th., Davis, A. R. and Greenberg, M., Physico-chemical properties of the proteolytic enzyme from the latex of the milkweed Asclepias speciosa Torr. Some comparisons with other proteases. I. Chemical properties, Activation, Inhibiting, pH Activity and Temperature Activity Curves. Journ. Gen. Physiol., 23, 275, 1940.

NAMENVERZEICHNIS

SACHVERZEICHNIS

Bei Fragen zur Produktsicherheit wenden Sie sich bitte an:
If you have any questions regarding product safety,
please contact:

Walter de Gruyter GmbH
Genthiner Straße 13
10785 Berlin
productsafety@degruyterbrill.com